策划编辑：方国根

编辑主持：方国根　夏　青

责任编辑：夏　青

封面设计：石笑梦

版式设计：顾杰珍

国家社科基金重点项目(11AZD052)

朱志荣/主编

中国审美意识通史

ZHONGGUO SHENMEI YISHI TONGSHI

·夏商周卷·

朱志荣/著

人民出版社

目 录

绪　论

　　中国古代的审美意识有着悠久而灿烂的历史,早在石器时代就已经初露端倪。夏商周时代是审美意识逐步成型、逐步深化、逐步成熟,走向自觉、独立、丰富、多彩的一个时期,是中国传统审美思想的奠基时代。在这个时期,先民对宇宙万物、人间百态的审美感悟、审美体验构成了中华民族审美心理原型,并在此基础上创造了瑰丽的艺术文明。先民们在器物的制造中所体现的随物赋形、以形写意的审美倾向;在文学作品中显现出的想象奇特、情感真挚、哲理深邃的审美特征以及比兴寓意、虚实相衬、微言大义、夸饰借拟、首尾相统等审美手法的运用。

一、审美意识的历史起源

　　关于审美意识的起源问题,古今中外美学家们已经从不同角度作了论述,目前的主要看法有:神赋说、游戏说、劳动说、巫术说、摹仿说、表现说、压抑说、集体无意识说、原道说、理气说等,其中游戏说、劳动说、巫术说、摹仿说都触及了审美意识的历史起源。美学史的研究可以从历史角度使审美意识起源的探索更加具体。以打制石器为主要文化标志的旧石器时代,显露了先民们简朴的审美意识发展的历程,细石器工艺所代表的审美特征是这一时期的最高成就。新石器时期,石器的装饰性逐渐成为器物造型的重要因素,原始岩画对线条的娴熟运用与原始神话显示的"以象表意"的审美思维方式将新石器时期的审美意识推向了一个新的高度。

　　距今大约250万年至1万年以前的旧石器时代,以其原始的打制石器艺术开启了中国历史和文明的第一篇章。相对于新石器时代和夏商周时代的陶器、玉器、青铜器等丰富的艺术品种类,磨制、抛光、铸造、镶嵌等精湛的艺术制造工艺以及种植业、畜牧业、手工业等多样的生产生活方式而言,旧石器时代的整体文化显得朴素而原始——他们的生活方式以狩猎为主,用打制的方法生产简单而原始的石器工具,并开始在功用的基础上追求器物的形式感,正是这种旧石器时代的生产劳动和生产工具孕育了中国朴素的审美意识形态:审美性孕育于实用性之内,并与之紧密地交织统一于原始器物(石器、骨器)的打制之中,并在后来细石器和部分装饰品的创造中逐渐走上相对独立的发展道路,从而形成了中国审美意识的初始形态。

在旧石器时代早期,先民们经历了几十万年日积月累的探索,逐渐开始了工具的制造。170万年前的元谋人,已经制造了形状相对规整且方便实用的石器工具。它们尽管还显得简单粗糙,却从中显示了先民们对于均衡和对比的朦胧意识。到60万年前的蓝田人,在工具的打制和修制上,有了一定的方法和程序,制作了砍砸器、刮削器等工具。再到50万年前的北京人时代,人们已经注意到了选材,有了自己的选材标准。他们能够根据材料的特性,采用不同硬度、形状和纹理,用不同的方法制造工具,出现了石锤、石刀和石锥,还有了一些石球,反映出他们对石器的外在形式已经有了一定的意识。他们从使用的角度去考虑硬度和形状,从审美的角度巧妙地运用其纹理,并从整体上去把握,从而在工具上体现了个体的情感。"例如北京人制作的'尖状器',由于曾对器物两侧进行过细致的修理,使得它的整体的外轮廓呈现出颇为悦目的近于对称的三角形造型"。[1] 石制品的类型有石核、石片和砍砸器、刮削器、尖状器、石球等,造型的稳定性较差,因此出现的定型石器只有小型两面器。与此相对应的,石器技术也反映了极其朴素的一面,多运用比较单纯的石片剥离技术和定型的大石器技术。此时的石器基本上是纯粹用于生产和生活的实用工具,其审美意识包孕在实用功能之中,还有待先民们在劳动实践中进一步深化才得以独立。旧石器时代早期先民正是通过劳动实践,培养了朦胧

---

① 杨泓:《美术考古半世纪》,文物出版社1997年版,第6页。

的审美意识。

到旧石器时代中期，山西的襄汾丁村人，在砍砸器、尖状器和刮削器等工具的制造上，不但器型多样，而且在打制技术上有了明显的进步。在距今 10 万年左右的山西阳高许家窑遗址，不但刮削器等比以前复杂精巧得多，而且出现了一些细石器的基型，表明人们已经开始自觉地运用均衡和对称等审美的形式规律。石器器型出现了船底形石核、周边调整石器以及小型爪形刮器、锯齿状石器等；石器技术也有了一定的进步，预制单面和转体石核的剥离技术、软锤技术开始出现，石叶生产也已萌芽，石器制作的分工日益明确。从石器形式和石片剥离技术来看，旧石器时代中期的石器在总体上既体现了与早期劳动生产的连续性，又形成了新的合规律的形式要求，如节律、均匀、规整和光滑等。劳动工具和制作劳动工具的工艺技术中渗入了原始先民朴素的审美理想，实用功能和审美形式相互交织，使得这一时期工具的造型和工艺呈现多样化的形态，成为后代审美意识的滥觞。

而旧石器时代晚期，随着劳动经验的积累和生产方式的推进，原始先民在器物制造工艺、器物造型、艺术创作和意识形态等方面出现了革命性的飞跃。人们在制造工具时，开始有意识地选用石料，对石器原料的色彩有了讲究，磨制技术(如碰磨)和钻孔技术得到了进一步发展，并且有了木石结合的复合工具，许多工具有了相对固定的模式。打制和磨制的双重工艺，使得审美意识在对石料的技术性征服中得以物态化。据今28000 年前的山西峙峪文化中还出现了细石器的制作，其"技术更为规范，同类器物的大小和外形都大致相同"[1]。而细石器的制作也已初具磨制石器的雏形。峙峪文化中出土的石镞，有圆、尖两种底边，用压制法制出锐尖和周边，造型两侧对称，"压痕细密匀称，具有拙稚的韵律感"[2]。石器制作技术走出了直接打击法的历史，而辅以间接打击法和压制法等新工艺生产长石片和细石叶，并以此为毛坯制造石器，使得石器形式更加

---

① 杨泓:《美术考古半世纪》,文物出版社 1997 年版,第 6 页。
② 杨泓:《美术考古半世纪》,文物出版社 1997 年版,第 6 页。

美观、规整，尤其是云南塘子沟出土的旧石器角锥，上面还留有简单的刻纹；广泛生产和使用复合工具，包括投矛器、弓箭、鱼镖等，使得石器工具的类型更丰富、形制更规则、形态更美观、制作更精细、分工更具体、地区分化更明显、技术与文化传统的更替演变也更为迅速。

新石器时代大约出现于距今 1 万年左右，是在旧石器文化的基础上发展起来的。新石器时代与旧石器时代最大的区别就是磨制石器取代了打制石器，石器的装饰性逐渐成为器物造型的重要因素，并开始打破实用性一家独占的工艺创造原则，使得装饰与造型二者并行发展，有的甚至更注重器物的装饰性，形式因素逐步在石器的造型和纹饰中走向了独立发展的道路。在此基础上，先民们进一步熟练了磨制、钻孔、镶嵌等工艺制作技术，并且发明了陶器、玉器等新的器物种类。无论是从半坡、庙底沟、马家窑到河姆渡、良渚、大汶口、龙山的彩陶和灰陶，还是从红山到崧泽、良渚的北方玉器和南方玉器，都体现了原始先民从仿生、象形到写意、象征的审美思维的发展，从制物尚器、制器尚象向因料制宜、因物赋形的艺术构思转换。其构思独特的造型、风格多变的纹饰以及感性与理性相交融的整体构图，造就了丰富多样的艺术风格，奠定了中国器物制造的审美基础。

原始岩画在新石器时代也开始步入繁荣鼎盛期，自身也形成了鲜明而丰富的审美特征：线条的装饰性、时间性和情感性等线性特征作为最为突出的审美因素，无疑彰显了原始岩画独特的艺术魅力。同时，该时期岩画存在的空间范围之大，持续的时间范围之长，又使其在审美意象和风格上呈现出明显的时空差异，进一步丰富了中国原始岩画的多样性艺术风格。

新石器时代流传下来的原始神话，其审美的意象创构充分体现了该时期原始先民的宇宙观和他们对世界万物的独特体悟与理解。郭璞《山海经叙录》指出，在那时的人的心目中，世界万物是"游魂灵怪，触象而构"的产物。他们效仿着"象物以应怪"的宇宙法则来创构神话。这种巫术式的思维方式，正是独特的原始思维方式，并且影响着后代诗意的审美情趣。他们将自然拟人化，将无生命的事物生命化，开启了以象表意的传统,对后世文学艺术中的诗意情调产生了深远的影响。在意象的衍生和组合方面,中国的原始神话对后世的文学艺术也产生了一定的影响。无论是李贺诗歌的意象,还是古代小说的人物塑造方式与情节排列方式,都可以看出原始神话的影子。

总之,旧石器时代的生产劳动与生产工具孕育了中国朴素的审美意识形态,这一历史时期的打制石器艺术是中国艺术文明的最早形态。新石器的审美意识已发展到比较成熟的阶段,在工艺品的创造中,先民兼用了仿生写实与象征表意的艺术审美原则,凸显生命意识,既讲究器物造型和纹饰的整体性搭配,又注重欣赏者的审美需要和审美感受,而突出器物的特征性部位;在原始岩画中,对线条的运用体现了先民从具象写实向抽象写意的演化;在神话传说中,先民的意象构建能力和审美想象力得到了进一步的发展,尤其是以象表意的审美思维方式将新石器时期的审美意识推向了一个新的高度。新石器时代的审美意识影响了夏商周三代,夏商周三代正是在新石器时代已经取得的审美成果上的进一步发展,并最终完成了从审美意识到美学思想的过渡。

二、夏商周审美意识的发展历程

夏商周三代审美意识的变迁是一个逐步发展深化的过程,这是一个由自发走向自觉的过程。夏代在陶器和玉器的造型、装饰和工艺上均较新石器时代有所发展,青铜器也开始出现,许多具有独创性的器型和纹饰对后代的器物产生了广泛而深远的影响;商代进一步总结和发展了此前审美创造的经验,系统化的文字记载了商代先民的时代意识,各种器皿中熔铸了商代人的审美趣尚和理想,并在后人的审美创造中得到了继承和发扬光大;到了西周和东周,审美意识已经逐步形成了某些理论形态,对后世产生了深刻的影响。

公元前2070年至公元前1600年的夏代是中国第一个建立起国家政权的专制社会,是一个向专制集权统治渐进,却还未形成集权统治系统化的一个国家政权,神权与王权的合一酝酿了等级文化的逐步稳定和规范,其社会文化生活也从自由、民主的明朗质朴转向礼制的神秘庄重。以专制体制代替氏族民主制虽打破了原始社会关系的原初平衡,却有其历史合理性与进步性,夏代审美意识已初步表现等级差异的审美品位。相对于新、旧石器时代和商周时代而言,其审美风尚明显地具有过渡性质。一方面,随着社会形态和文化思想的逐步演化,自发、朦胧的人本意识初步萌芽,为人本意识在商周时代的解放奠定了基础,这主要表现为夏代豪华广阔的宫殿建筑、丰富多样的墓葬陈设、宏大壮观的乐舞演奏和英雄化色彩的神话传说;另一方面,在手工艺品和原始文字的创造上则表现为"新石器时代"向"青铜时代"即铜石并用的时代转化,其中器物的造型、纹饰、工艺都在石器时代朴素形态的基础上取得了长足发展,从而形成了青铜和甲骨文化的曙光。

夏代的宫殿建筑布局严整、主次分明,是宗庙的象征,也是古代国家政权的象征;夏代的乐舞气势宏大,以众为美,标示着神圣宗教与威严王权的合一。夏代器物文明是原始氏族文明的弥散和专制文明的奠基,形成了独特的时代特征。夏代陶器器型趋于规整,注重细节变化,并向质朴与精致两极裂变;夏代陶器纹饰中几何纹平实生动,仿生纹形象瑰丽。在方圆相生、动静相宜的创作风格中,质华交错、厚重典雅的夏代陶器展示出夏代专制文化初步建立所具有的冷静沉稳的精神面貌。夏代玉器大致经历了由"勾彻法"向"浮雕法"、由平面线条向立体浮雕演变的过程;夏代玉器的纹饰分为线条平面纹饰图案与浅浮雕式立体纹饰图案。均匀规整、多样统一的夏代玉器体现了凝重神秘的宗教氛围与等级分立的人文色彩。夏代青铜制造由粗放逐渐转向精致,大多数造型摹仿于陶器,纹饰以条带状纹与单层平雕为主,夏代青铜器是帝王权力与宗教威严的共同象征。在审美风格的转换方面,由夏代所开启的王权与宗教相结合的审美意识在商代得到了充分的继承和发展。

商代是中国的第一个信史时代,商代的文化有着悠久历史的苍茫感和原始宗教的神秘感。商代高扬着神的力量,又把神加以人格化,折射出丰富多彩的社会生活,显示出人与命运抗争的战斗精神。商代的审美意识具有自发的特征,并由于神权与政权等对艺术的需求,使得艺术与宗教、王政乃至求知等意识融为一体,这本身也推动着审美意识的发展,制约着艺术风格的变迁,而艺术变迁又有着自身的发展逻辑。这一方面表现在商代先民在艺术创造中体现了浓烈的生命意识,尤其是情感世界的生命节律。他们通过艺术的创造和欣赏肯定着生命、护卫着生命,使人的精神生命得以拓展。另一方面,商代艺术在线条、形象和色彩中体现了形式的规律。商代人在经验中体会到对称、均衡等形式的法则以及总体布局的和谐,并将它们自发地运用到艺术创造中。

商代先民从器皿和其他对象的功能中诱发出造型的灵感,强化了线条对主体情意的表现能力和艺术的装饰功能,并在线条中寓意,使作品具有象征的意味。商代陶器走向了严峻与刚直,完全写实的陶器纹饰已逐渐少见,而以抽象的想象动物纹和几何纹居多。商代的玉器应物赋形,并在仿生造型方面体现了玉料质地和色彩的独特优势。商代的青铜器胎壁较厚,纹饰繁多,体积较大,更加厚重稳健、威严肃穆,符合祭祀场合的需要。商代的甲骨文和青铜器铭文都保留了古人对对象感性情调的摹仿,并且逐步由不均衡、不对称到自发地运用均衡、对称①等形式规律。甲骨文的线条、结体、章法和风格以及青铜器铭文块面的象形及其独特的结体和章法,对于后世的书法艺术乃至整个中国艺术精神都产生了重要的影响。商代的甲骨卜辞、《易》卦爻辞、《尚书·商书·盘庚》和《诗经·商颂》等作品是中国文学的滥觞,其精练的语言、句式乃至叙事方式等,为后代的文献奠定了基础,成为中国文学长河的源头。商代给我们留下了具有很高的审美价值的艺术品和丰富的审美观念的记载。它们在中国古代审美意识的历史变迁中,无疑起着承前启后的重要作用,尤其对后世审美意识的发展产生了深远的影响。

西周作为中国青铜时代的最高峰,其审美意识的发展进入了活跃的变革期,器物的审美创造原则,由凝重走向轻灵,由繁复走向简朴,由怪诞走向平易,由神魔的世界走向世俗的世界,并开始逐步形成理论形态,这正是社会进步的体现。西周陶器在造型和纹饰上追求一种圆满具足的审

① 夏商周时期器物的对称,特别是纹饰的对称,都是手工对称,而不是绝对的对称,对称的两端总会有细微的区别。如青铜器中兽面纹的对称。倘若绝对对称,极有可能是今人造假。

美效果,而礼制文化的严格限制又使其呈现出规范化和程式化的倾向。这在风格上表现为端庄大方、中和静穆,同时在有限的形式规范背后蕴涵着无限的审美意蕴和生命追求。西周玉器在造型上日渐小巧化、精致化,龙凤成为造型的重要手段,并有多重组合的出现和金玉组合的出现,在纹饰上由细密而充实走向规整有序,装饰意味浓厚,表现出活泼灵动的审美风格。同时,佩玉人格化成为新的审美风范。另外,西周青铜器的礼制化、系列化特色突出,总体风格雄浑、庄严、稳重,体现"天命"的威严。后来伴随着理性化的进一步发展,属神性格衰落,属人性格凸显。殷商时期青铜器所特有的狰狞、恐怖、威慑、可怕的宗教神秘色彩在逐渐地消退、淡化乃至消失,而一种追求自然的真实美感、追求舒适自由的审美心理在逐步崛起。最后,青铜器铭文在由商代向西周风格转换的过程中,其原有的神圣庄严的光环也逐渐黯淡下来,从内容到形式都向着人间化、世俗化的方向发展,书法的审美意义增强了,更加注重铭文的形式感和艺术性。总之,西周器物创造逐步走向审美意识的解放,整体意象与装饰加工得到了完美的统一,实用内涵和精神内涵得到了进一步的丰富和加强,尤其是精神内涵中大量渗入的社会意识和人文意识,使这一时期的器物具有一种崇高的美学魅力,对春秋战国时期的美学思想特别是东周诸子的美学思想产生了深刻的影响。

东周是中国历史上的一个风雨飘摇而又极富思想性和创造性的时代。从春秋到战国的发展过程中,不断解构着旧有的审美规范,同时又在解构和传承中不断地建构着这个时代特有的审美风尚。那轻灵奇巧而又不失雅致,世俗趣味与人间情怀融合,技工于巧,变化中求统一,对称中见和谐的奇思巧构等审美风尚,作为源头活水滋润着后世工艺美术的发展。在文学的审美创造上,《诗经》《楚辞》、诸子散文和历史散文百花齐放,比兴传统、悲秋传统、深沉的忧患意识、丰富奇特的想象、浓烈的抒情性、深刻的哲理性以及语言形式美等,均为后代文学的审美特征定下了基调。

总之,夏商周三代美学的发展具有一定的连续性与阶段性,夏代审美意识是人本文化的开端,其器物的审美特征已初步表现了等级差异的审美品位;商代的审美意识与神权、王权融为一体,并在神本的背景中孕育出浓烈的主体意识,积极地推动了上古文化从神本向人本的过渡;西周的审美意识中神性衰弱,人性突出,礼制风格加重,审美品位中大量渗入了社会意识和人文意识;东周不断地解构着旧有的审美规范,在不断地创新中建构着多元的审美风尚。

三、夏商周审美意识的基本特征

夏商周的审美意识的发展奠定了后来审美意识的基础。这一时期的审美意识主要通过陶器、玉器、青铜器等器物,舞蹈、岩画、书法等造型艺术,铭文、《诗经》《尚书》、诸子散文和历史散文等早期文学作品,得以保存、流传下来,为后世中国美学思想的形成、发展和深化奠定了现实基础,提供了不竭的动力和源泉。因此,夏商周时期的审美意识既有自己独特的时代性,又具有中国审美意识的一般性,是特殊性和一般性的统一。具体说来,夏商周的审美意识具有以下六方面特点:

第一是主体意识。这主要表现在"象形表意"、"观物取象"的思维方式上。这种思维方式既体现了一定的主体意识,又高度重视自然对主体意识形成的基础性地位。因此,夏商周时期的审美意识从一开始就具有诗性智慧,体现了物我的统一。据考古发掘和后代文献的印证,夏代的审美意识已经在神权意识笼罩下初步觉醒。夏代的建筑设计、器物造型、乐舞演奏以及具有英雄主义色彩的神话传说都透露出早期先民逐步发现自我、解放自我和发展自我的审美主体意识,人的价值开始在政治、宗教和审美活动中占有重要地位。从现存的文字、器皿和文献中我们可以看到,中国先民自发而又自觉地进行立象尽意的艺术创造活动,从中体现出浓烈的主体意识。他们以积极主动的创新精神创造了大量的器皿、壁画、文字等艺术形式,又从这些艺术形式中诱发出创造的灵感,强化着审美形式对主体情意的表现能力和艺术装饰功能,从而使中国早期艺术作品具有浓厚的象征意味。

中国早期的器皿、壁画、文字等艺术形式既体现了主体对自然法则的体认,又反映了创造者的主体意识。可以说,上古时期的政治、宗教和其他社会文化因素具有孕育社会主体和个体主体的深厚潜力,也激发着主体用情感、气质、品格、趣味等个性因素进行各种创造活动。甲骨文、青铜器铭文等书法形式以及器皿上的各种抽象纹饰，都具有象形表意的特点，反映出夏商周时代注重主体的艺术精神。早期"近取诸身，远取诸物"的创造性思维，既是对象的神采和韵味在主体创造中的具象化和定型化，也是自然万物在主体心灵中的折射，更是主体情感表达的体现和结晶。这一精神特点在东周时期形成了儒道互补的中国美学传统。

第二是鲜明的整体观念。这与夏商周时代的历史地理环境密切相关。从夏代开始，中国就是一个统一的多方国国家，其文化也必然是统一性和多样性并存的文化。同时，中国艺术在不同时期和不同地区也体现出不同的审美风格，而这种审美风格的多样性又是在统一性主导之下的多样性。夏商周器物的艺术风格已经呈现出多样统一的审美特征。夏商周时期的礼器、酒器和乐舞等，也体现出国家王权大一统的审美风格，并且使礼乐文化得以萌芽。因此，夏商周的各种艺术形式无不体现着这种审美的整体意识。这也反映在后世文学作品中，尤其是诸子散文叙事手法的多样性上。

夏商周时期的审美意识具有强大的包容性和统合作用，各种艺术表现方式和审美趣味都可以获得多样性的统一。同时，夏商周时期的审美意识还体现了整体意识，这一方面主要表现在具象与抽象、内容与形式、平面与立体、时间与空间、动与静、方与圆等方面在各种艺术形式中的统一；另一方面，这种整体意识还表现为夏商周时代的尚圆意识。这种圆融精神在内容上表现为统一性，在形式上表现为圆润性。所以夏商周时期的各种艺术形式，无不体现出圆润流动的灵动感，而很少有那种僵硬、呆板的线条刻划。这一点从艺术线条的灵动多变到文学艺术的气韵生动与和谐音律中都可以得到体现。

第三是崇尚线条和形式感。夏商周时期的器物、壁画、文字等艺术形式都是以线条为手段，以求抽象与具象的统一，由此形成了夏商周高度重视线条的传统。这些艺术在造型中不是空洞的单纯的线条，而是在线条中蕴含着先民们深沉的宇宙意识、人生体验和艺术积淀。因此，夏商周时期的各种艺术形式中都蕴含着较为强烈的主体意识和思想意蕴。夏商周时期各种器物的外在线条与形式的华美、灵动与瑰丽,既给人有力度的视觉享受,又给人流畅、圆润的感觉体验,赋予了各种形式以生命的气息,产生了刚柔相济、虚实相生的艺术审美效果。同时,这些艺术线条与形式又承载着特定的文化意味和精神特质。先民们把现实以及臆想的形象抽象成形式图象,以线条简要勾勒出来,铸刻在象征权力、威仪及用以祭祀和生活的各种器物上,以此表达主体对自然和社会生活的体验。这些艺术线条和形式凝结着中国早期先民的生活经验、宗教体验和审美情趣,是先民情感和智慧的结晶。

同时,夏商周时期的各艺术门类都追求方圆统一、动静相宜以及具象与抽象高度统一的形式感。这些形式搭配和谐自然,刚柔相济,形成了独立自足的艺术审美空间。如青铜鼎腹部较深,配三只三棱锥形空心足,两耳立于口沿上,其中一耳与一足呈垂直线对应,另一耳则位于另外两足中间,整体造型兼具实用和审美的双重要求,给人一种规整中有生气、对比中显和谐的审美感受。青铜器的兽面纹饰①,玉器上的方圆图形,阴刻和阳刻线条的变化,凸凹有致的刻纹以及铭文和甲骨文上的笔画,都给主体的想象力和情感体验留下了广阔空间。从新石器时代的彩陶,到后来的青铜器、玉器、陶器,出现了各种几何纹饰。这些几何纹饰与线条虽然相对单纯和平面化,却具有形式上的变化和结构上的美感,还包含了丰富的审美意蕴和极具时代性的文化内涵。这些"有意味的形式"开启了中国美学崇尚形式美的先河,乃至于诸子散文、《尚书》、《易经》等作品也高度

---

① 兽面纹,常常是由两个或两个以上的动物如牛、羊、虎等纹样重组拼合起来的纹样。又称饕餮纹,其实饕餮纹只是兽面纹的一种。"饕餮"一词,本于《吕氏春秋·先识览》中对周鼎的描绘:"周鼎著饕餮,有首无身,食人未咽,害及其身,以言报更也。"马承源说它"以鼻梁为中线,两侧作对称排列,上端第一道是角,角下有目,形象比较具体的兽面纹在目上还有眉,目的两侧有的有耳。多数兽面纹有曲张的爪,两侧有左右展开的躯体或兽尾。"(参见马承源:《中国古代青铜器》,上海人民出版社1982年版,第325页)陈公柔、张天寿认为兽面纹大体上可以分为四类:独立兽面纹,即只有独立的兽面图案,没有爪及躯干;歧尾兽面纹,即兽面两侧为连有躯干,尾部分歧;连体兽面纹,即兽面两侧连接躯干,尾部卷扬而不分歧;分解兽面纹,即没有兽面的轮廓,角、眉、眼、耳、鼻、嘴等器官的位置与独立兽面纹相同(参见陈公柔、张天寿:《殷商青铜器上兽面纹的断代研究》,《考古学报》1990年第2期)。

重视语言的形式和节奏,并以叠字、叠词、叠句、押韵等艺术形式表达出来。

第四是高超的工艺技巧。中国早期审美意识在各种器物的制造、欣赏中萌芽,因此器物的制作技术对夏商周审美意识乃至审美思想的形成具有极其重要的作用。早在旧石器时代元谋猿人使用砾石石器时,审美意识就开始在实用器具中孕育了。在各种器具的制造和使用过程中,先民的审美意识逐步觉醒。从新石器时代开始到夏代、商代,这一审美意识逐渐走向成熟,而每一次器具制作工艺的进步都会对先民审美意识的发展起到很大的促进作用。比如夏代制陶技术的不断提高,使器物的艺术形式更加规范与复杂。夏代陶器从平底向圜底和从折沿唇向圆唇的演变正说明了这一点。圆形器物力求做到更加圆满,使之"首尾圆合,条贯统序"。在这一过程中,"方"作为与"圆"相对应的形式也进入艺术领域,并占有重要地位。青铜器冶炼技术的成熟使青铜器在中国艺术史上获得重要地位。而玉器的制作也是在石器制作技术的基础上逐步发展起来的。玉器能在众多造型艺术中占有一席之地,与新石器时代玉器制作技术的不断改进有密切关系。书法、绘画因为工具和技术的进步在后世走向了顶峰,毛笔代替雕刻刀以后,文学创造也空前繁荣起来。因此,在夏商周时代,工艺水平对于审美意识的生成和发展起着重要作用。人们使用工具技术创造出无数形式多样的艺术作品,这些艺术作品又反过来陶养着人们的审美趣味,刺激审美意识的形成。

第五是具有威严深沉的政治宗教色彩。夏商周的审美意识在一定程度上受到政治、宗教等意识形态的影响,其艺术形式常常承担着政治和宗教的功能。青铜器的兽面纹作为帝王享有灵物和权力的象征,有攫取权力和树立威信的政治意义;西周玉器由祭祀型向礼仪型转化,被上层贵族集团作为信物用于婚聘、军事调动等,并出现专门从事玉器生产的"玉人"以及专门负责掌管、收藏玉器事务的"玉符"等官职。这些功能都导致青铜器、玉器受到高度重视,对审美意识的发展产生相当的影响。这些艺术形式的数量、质地、规格等都具有严格的规定,在当时起到"明贵贱,辨等列"的作用。从殷商时期艺术形式中表现的浓厚的宗教色彩和狂热浪漫的气息,到周代艺术的鲜明的政治内涵、严格的制度文化和所谓的"器以藏礼",艺术形式中所蕴含的政治思想和等级观念一直居主导地位。礼乐文化形成以后,人们还强调"德"在艺术形式中的统摄作用,以不同艺术器具的使用来划分等级身份。因此,这一时期的艺术形式打上了政治和宗教的烙印。

第六是审美意识和观念脱胎于日常生活。这一时期的审美意识以及美学思想一直与政治、宗教、战争等社会生活紧密地结合在一起,即使在审美活动获得独立地位以后,仍然与它们有一定的联系。因此,夏商周时期的审美活动一直融入在主体的日常生活之中。夏商周的各种器皿以及舞蹈、壁画、音乐、文字、文学等艺术形式的发明、创造和使用都与先民的现实生存需求紧密相关。他们从实用需要的满足中获得精神需要的满足,并逐渐形成自觉的审美需要,体现人们的理想、愿望和诉求。上至王侯贵族,下至平民百姓,无论是国家集体活动,还是个体日常生活活动,夏商周时期的各种艺术形式都参与其中。他们从青铜器、玉器和陶器等不同品质的礼器和日常生活用具的艺术形式中获得精神的满足和情感的愉悦。在这一点上,陶器烧制技术的发明、改进和陶器的大量使用具有重要意义。这样,中国上古的审美意识从一开始就具有了世俗化倾向,渗透到人们日常生活的各个方面,使人们在满足日常生活实用需要的同时,也获得了审美享受。

尤其是东周时期的器物,洋溢着世俗的人间兴味,活泼的生活气息迎面而来。这种生活气息既表现在器物新增的种类上,也明显地渗透于器物的造型和纹饰中。在器物种类方面,玉器中玉梳、玉刀、玉册、玉牌、玉笄等日用器物的大量出现,表现出浓郁的生活气息;陶器中作为明器的彩绘陶的兴盛,透露出先民一贯的世俗生活趣味。在造型方面,不但有跃跃欲动的龙和螭,而且出现了日常生活中常见的植物形象;在纹饰方面,这一时期的艺术更多地展现了现实的生活场景和社会画面,出现了鸟、兽、人物骑射和狩猎宴饮等生活内容的花纹图案。因此,这些艺术形式终于挣脱了宗教和礼教的束缚,突出了艺术本身的活泼生动、自然纯真,又满蕴着世俗生活的情趣。人们在栩栩如生的器物中传递着他们对生活的热爱,对人生的眷恋。东周艺术这种现实化、世俗化的人间情怀在后世官方和民间的器物工艺中均得以承续和发扬。

总之,夏商周时期的审美意识以主体意识为核心、以整体意识为统摄、以工艺技术为依托、崇尚线条和形式感,并受到政治和世俗的深刻影响。随着时代的发展,夏商周的审美意识以及相关的艺术形式不仅没有随着时代的流逝而丧失它的魅力,反而随着时代的前进而焕发出无限的生机和活力,体现出经久不衰、与世长存的艺术品质。

四、从审美意识到美学思想

中国早期文明,尤其是石器时代至夏商周时期的文明,由于缺乏直接和丰富的原始文献资料,前辈们尚无法作学理上的考究,人们对这一时期的社会生活水平及审美意识也无从作全面的考察和了解,尤其是从清末开始到20世纪初盛行的疑古思潮,几乎要否定所有现存的上古文献。幸亏越来越多的出土文物,有力地证明了现存大多数历史文献的准确性。在此基础上,我们可以依据考古发现的文物遗存和部分宝贵的间接文献资料,探索先民生产生活中的心理特点,进而发掘原始的审美意识。在这一时期,虽然完整而系统的美学思想尚未形成,但先民们已经有了原始的审美意识和质朴的美学思想形态,乃至相对丰富的美学思想。他们的审美体验与其劳动实践、器物创造是浑然一体的,我们透过史前至商周时期的石器、玉器、陶器和青铜器等器物形式以及文学艺术、哲学思想等精神形式,依稀可见蕴含于其中的审美意识的历史变迁。

本书旨在贯通夏商周的审美意识与美学思想史,从器物研究出发,考察这三个时代器物的器型、纹饰以及器型与纹饰相结合表现出的审美意识,结合文字、文学等艺术形式,将它们与后来形成的美学思想相印证,以求探索古人审美活动的发生、发展。

首先,审美意识作为人的心灵在审美活动中所表现出来的自发状态,受各种社会生活因素和一般文化心理的影响,是总体社会意识的有机部分。而美学思想是被系统化的审美意识,审美意识的外延大于美学思想。目前对夏商周美学思想的研究中,常以周为重点,因为周代具有美学思想文献,利于美学术语、概念、范畴的辨析研究。而夏商由于缺乏文献资料,并未发现夏商时期的美学思想,所以把美学史看作美学思想史的学者,在著书立说中,自然而然从周代写起,也就形成了夏商美学领域的大块空白,即使偶有飞鸿踏雪,也均未留痕。

把美学思想的出现作为人类审美活动的源头显然是不符合实际情况的。理论的总结一般总是远远地落后于艺术活动的产生。早在美学思想理论问世之前,人类就已经在对自然的体悟中,在物品的制造中,在情感的表达中,展现了他们的审美意识。这些在历史轨道中一闪而过的审美活动,还未抽象为美学思想而得到保存,它们还只是作为审美意识而存在,但它们正是以后美学思想的萌芽。所以对于人类审美活动源头的探索,不应从理论形态的美学思想开始,而应从先民的审美意识着手。

审美的艺术形式与美学思想都是人类审美意识的外化和表现,一个时代的审美艺术形式与美学思想具有共通性,它们共同表现着一个时代人们的审美精神。审美艺术形式与美学思想的表现方式不同,它们可以互为补充、相互印证,将它们联系起来理解,便于我们更全面地把握该时代的审美精神。对审美艺术形式的研究可以解决文献匮乏的困窘,从器物制作中,从文字创造中,从文学里,从先民们制物象形、制象表意的审美操作中直观求证他们的审美精神。美学思想是具有理论形态的审美意识,是审美意识的集中概括,对于美学思想的研究又可以补充审美意识分散化,缺乏系统性的缺憾。

审美艺术形式较之美学思想具有前驱性,艺术形式是美学思想形成的基础。注重从艺术形式到美学思想形成的流变,贯通审美艺术形式研究与美学思想研究可以更好地考察一个民族的审美活动史。而且,通过研究审美活动发生的最早源头,我们或许可以窥见不同民族先民审美方式的不同以及发现导致后来各民族美学思维差异的原因。

其次,在研究对象上,我们在夏商周三代中,应建立器物、书法、文学艺术分析等具体审美意识研究和美学思想研究两者结合的系统性研究格局。美学史的研究不能仅限定为美学思想,但也不能无限地扩大,美学史的研究应具有一定的边界。过于广泛的美学史研究可能陷入时尚、风情等细节性的局部趣味而无法找到有代表性的文化主流。中国美学思想史研究应为每一个朝代的美学思想研究在普遍原则的基础上,因时制宜,寻找恰当的研究对象和研究方式。

感性形象是审美意识孕育、产生和发展的基础。器皿是史前至商周时期人们沟通心灵的重要工具。先民们在器皿制作中所表现出来的造型能力,乃是出于人的一种天性;器皿上的各种纹饰,既反映了当时人们的审美要求、情趣和水平,也反映了他们的艺术创造力。这些器皿中既包孕了当时的宗教、政治等方面的社会内容,又不乏创造者的情感和趣味等方面的个性因素,是中国传统艺术象形表意的滥觞,显示了先民们独特的创造力和审美的想象力,对后世的审美意识特别是造型艺术产生了深远的影响。三代审美意识的基本特征从石器、玉器、陶器、岩画和神话等方面表现出来,从前人的器物和日常生活中诱发的造型的灵感,强化了线条对主体情感的表现能力和艺术的装饰功能,并让人们体味到蕴含在这些载体上的艺术魅力。所以,夏商周的器物是人在天性的推动下对情感的一种传达,具有超越时空的独特精神气质,凝聚着整个人的生命活力,也反映出人对自然和生活的热爱。在文字使用以前,人们在自己的创造物中,传达思想感情,并通过器皿进行交流。文字发明以后,人们依然把器皿当成沟通心灵的重要工具。尤其是作为一个时代象征的青铜器,是夏商周三代体现审美意识的最重要的器皿。直到今天,我们仍可以透过青铜器体悟到夏商周那段沉重的历史,领略三代时期人们那种悲怆的情调以及蕴含在青铜艺术中的那种深邃的人生哲理和神秘的命运意识。

中国文字的历史主要也是从感性的象形图象开始的。文字从人对事物的体验出发,运用了丰富的想象力来象形表意,又逐渐走向纯抽象的线形艺术,在具象与抽象的变动中、在点划提钩的交错中、在转换顿挫的节奏中表现出重要的审美价值。甲骨文与青铜器铭文包含着丰富的形象意味,其点画多拟形表意,是象形中的抽象,其线条的流动、结体的布置与章法的安排呈现了古人对宇宙万物的体验,并表现了古人的内在生命精神。从陶文到甲骨文与青铜器铭文的发展,文字越来越趋于系统,这些指象表意的符号不仅具有记载与交流信息的功能,它们的形式韵味也体现着不同时代的审美风格,成为中国传统书法艺术的开端。

文学是审美艺术形式中最具备审美韵味的一种,从最早记言立文的器物铭文,到省文寡事的史传文学、哲理深邃的诸子散文以及大量的比兴寓意、想象瑰丽的诗文,都给后人留下了意味隽永,可反复品味、解读、赏析的审美意象。文学以活泼灵动的语言风格、表情达意的叙述功能、波澜起伏的组文技巧给人们提供了最为丰富蕴藉的审美意象,使其在众多的审美艺术形式中独占鳌头,脱颖而出。文学是夏商周审美意识的重要组成部分,特别是东周文学的诗文传统为后代文学的审美风格定下了基调。

美学思想是审美意识的高度凝聚形态,以哲理的形式直面而又隐晦地陈述了夏商周审美意识。它直接用文字的方式评判审美对象的好恶,又在直论中用尽可能精练的语言微言大义地点评"美",何为"美","美"的本质为何,如何认识"美","美"与"世界"的关系等问题。东周诸子思想中蕴藏的丰富美学思想睿智精妙,在几千年的艺术行程中一路流光溢彩,抛金撒玉,既建立了中国艺术家感悟自然的独特审美心理,又塑造了中国人于艺术中栖身养生的士大夫审美品格。

因此,器物、书法、文学、美学思想是夏商周美学思想的四大组成部分,它们共同体现了当时的审美意识,舍一不全,应综而论之。针对这四者形态的极大差异,我们应采用不同的偏重方式,对器物、书法的研究应以田野考古获得的信息为主;文学研究要以夏商周文学文本的研究为基础;美学思想应以美学思想文本为研究中心,在此三者的基础上参照历代文献记载,使田野考古、文本研究、文献记载三种理论资源相互结合。

五、夏商周审美意识的研究方法

从 20 世纪 80 年代开始,美学和中国美学史的研究方法问题越来越被人们所重视。从最初对信息论、控制论、系统论方法的关注,到目前的心理学、社会学、人类学、民俗学等各种方法的运用,美学研究方法具有了空前的多样性。特定的方法具有它特定的系统框架与研究视角,正如我们前文所述,夏商周审美意识具有自身的时代特征,我们将依据它的特征从以下三个方面对夏商周的审美意识进行系统研究。

第一,建立实证与思辨相统一的审美意识史。实证与思辨的统一是描述与概括的统一,具体与抽象的统一,器与道的统一。在理论建构中,我们要借助田野调查的成果,对具体艺术形式进行细致描述,并加以概括、总结,发现其中的规律,这是从器上升到道的研究。另一方面,我们还要对具体的审美意识加以概括,从审美意识的源头活水中进行理论总结,并且将审美意识与前人所总结的美学思想相参证,体现历史与逻辑的统一。

实证法注重对材料的考证,采用"二重证据法",地下实物与纸上的遗文互相释证,以地下的材料补证纸上的材料,田野考古成果与文献记载相互补充。借助于考古学的成果,我们得以用考古发现并鉴定的器物从事美学研究,并将之与文献材料相参证。考古学取得的显著成果让我们的研究极为受益。大量出土的陶器、玉器、青铜器以多样统一的造型、纹饰、艺术风格展示着各个时代审美风味的继承与演变。文献材料中史料与思想的记载更让我们可以直接获取当时的相关信息,目前我们对夏商周信息的了解与考证大多还受益于文献资料的记载。考古实物与文献资料相印证,文献资料与文献资料相印证是实证法的主要方式。

对材料的直观感悟与描述可以获得对审美意识的了解,但我们还需要用思辨思维从审美材料中进行美学思想的概括。这思辨包括归纳与演绎两种方式,分别为从具体到抽象、从抽象到具体的不同思维方向。归纳法采用的是经验主义方法,从多个个别性中归纳出一般,寻求差异物中普遍性的存在,我们对审美艺术形式的理论总结大多属于此类。

第二,将夏商周审美意识的发展放到社会生活、宗教活动和歌舞、建筑、服饰等艺术变迁的大背景中去理解。透过社会、宗教和文化背景,我们可以看到审美活动与社会变迁具有互动性,审美活动作为整个社会系统的有机组成部分,显示着社会的变迁,从社会的变迁中又可以反观审美活动的流变。

审美活动不能完全脱离社会关系。审美活动具有自身独立的领域,但是如果把它从社会现实中孤立起来,完全切断它的外部关系,塑造的就只是虚无而空想的理论楼阁。审美意识的发生总是与其他活动相互纠缠,美学思想的作者也总是有一定的种族、时代、环境背景。审美活动会对社会活动产生"观、群、怨"的影响,而对审美艺术形式与审美意识的了解又需要我们去"知人论世"。因此,审美意识研究离不开社会背景的考察。

本书从社会生活、宗教生活、艺术文化三方面介绍了夏商周的社会背景。社会生活包括政治变迁、体制改革与经济发展三方面,社会生活变迁包含了审美意识的变迁,审美意识的变迁也显示了社会生活变化。从具体的审美活动出发,概括时代自发的审美意识特征,离不开对社会生活的关照,审美活动往往就包含于社会生活之中。夏商周三代作为神性未泯,人性方醒的时代,宗教在社会生活中占据重要地位,在形式上极大地影响了审美意识。艺术文化更是直接呈现了时代的审美意识,出于对夏商周时代特征的考虑,本书把音乐、绘画、建筑、服饰等艺术作为背景进行考察。

审美活动与现实密切相关,但将审美活动作为对现实的直接摹仿和反映,过于强调美学社会功利的研究方法又是不足取的。强调社会背景的重要性,就是承认社会其他活动与审美活动是相互影响、相互促成的关系。无论是超越现实,还是呈现现实,审美活动都与人的生活密切相关,它显露了各个时代人的情感特征与生命精神。审美意识渗透于人类的各项活动之中,审美活动属于社会系统的一部分,在审美艺术形式与审美意识中深刻地体现着时代背景与时代风貌。

第三,运用现代性的视角,将中国上古审美意识放到世界美学的大背景下,以西方美学思想为参照坐标,具体阐释夏商周审美意识的独特性,探寻中国审美意识的变迁脉络,以揭示出夏商周审美意识的当代价值,为现代美学的建构寻找丰富的思想资源,为发现中国美学思想对世界美学思想的价值与贡献奠定基础。

总之,夏商周时代审美意识的发展历程上承新石器时代审美意识,下启秦汉及以后的中国传统美学,是从审美意识到美学思想的形成时代,它演示了中国美学轴夏商周时期的审美意识在受技术、政治、世俗影响的同时,形成了以主体意识为核心、以整体观念为统摄、崇尚线条和形式感的审美特征。夏商周审美意识的研究应顾及夏商周时代的特征,选择适当的研究对象,采用实证与思辨相统一,审美意识与社会背景相统一,中西参证、古今结合的方法对夏商周审美意识进行系统而集中的研究,从而揭示出夏商周审美意识的历史价值,并从中得到现代美学建构的启示,从而为中国当代美学,乃至世界美学提供养分。

第一章
夏代的审美意识

《太平御览》卷八十二引《竹书纪年》：“自禹至桀十七世，有王与无王，用岁四百七一年。”夏商周断代工程根据碳 14 测年也将夏代的起止时间暂定为公元前 2070 年至公元前 1600 年，历经四百多年。同时，随着夏代社会形态的逐步演化，在器物制作上则是由“新石器时代”走向“青铜时代”。夏王朝四百多年的时间历程和截然不同形态的历史变革，导致其社会风尚和审美追求也理所当然地发生着流变。在审美风格的转换方面，夏代在新石器时代和商周时代之间起到了承前启后的衔接作用，由它开启的审美意识在商代得到了充分的继承和发展。

第一节　社会背景

夏代疆域辽阔，是中国历史上第一个建立了国家政权的时代。由于刚从原始社会脱胎而来，夏代仍保留了原始氏族社会的习俗，具有从原始氏族社会向国家政权社会过渡的性质，建立了分封制和世袭制的国家政权体制，军队、刑法、设防城邑等国家权力的工具也已形成，并且形成了农业、渔业、畜牧业、手工业等多种经济形式，拥有祖先神与社神崇拜的夏代宗教更具有人文精神，它们为专制社会的建设与兴起奠定了开端。夏代社会体制与结构发生的巨大变革带来了夏代先民们在思维、礼仪、艺术等方面的迅速变动。

一、政权的变迁

夏朝所处的位置有豫西、晋南、山东、安徽、浙江、四川等地的不同说法。1959 年发掘到的偃师二里头遗址,学术界普遍认为是夏王朝的都城斟鄩①。《逸周书·度邑》记载:"自洛汭延于伊汭,居阳无固,其有夏之居。"因此,一般认为夏王朝中心处于豫西,在伊水与洛水之间。夏代地域广袤,《禹贡》《尚书》以及春秋时期的齐叔夷镈和钟铭文等都记载了夏代九州说,夏族的活动范围东到山东,南到安徽、浙江,西到川北。《吕氏春秋·用民》记载"当禹之时,天下万国",疆界宽广、部落众多的夏王朝需要一个较为集中的中央政权的指挥与统治。

夏代仍然保存了原始氏族社会的一些特征,它保存了以氏族部落为单位的集体生活方式,夏代是以夏部落为首的多个部落联盟国家,是一个多方国家,《庄子·天策》称:"(禹)沐圣雨,栉疾风,置万国",《战国策·齐策四》载:"大禹之时,诸侯万国"。"万国"指夏部落以外的其他各部落,不一定有一万个,却表明了夏代联盟中部落数量之多。在这多个部落的联盟中,夏部落居于统治地位,夏王朝对其方国在政治、军事上具有生杀大权,在文化上有教化优势。《国语·鲁语下》记:"昔禹致群于会稽山,防风氏后至,禹杀而戮之。"《左传·哀公七年》书:"禹合诸侯于伯山,执玉帛者万国。"《汉书·郊祀志》言:"禹收九牧之金,铸九鼎,象九州。"这都说明夏王朝国家权势的形成过程。

常年征战的夏朝不断地用武力来巩固自己的政权。大禹就曾与三苗作战,《墨子·非攻下》录:"昔者三苗大乱,天命殛之。日妖宵出,雨血三朝。龙生于庙,犬哭乎市。夏冰,地坼及泉。五谷变化,民乃大振。高阳乃命玄宫,禹亲把天之瑞令,以征有苗。"禹与苗的战争,禹大获全胜。启不同于传统的继位方式更是遭到了方国的反对。《史记·夏本纪》录,"有扈氏不服,启伐之,大战于甘。"启最终用武力征服了有扈氏。启有五子,启亡后,兄弟五人闹内讧,又发生了"五子"之乱。《逸周书·尝麦解》载:"其在殷之五子,忘伯禹之命,假国无正,用胥兴作乱,远凶厥国,皇天哀禹,赐以彭寿,思正夏略。""殷"字应为"夏"或为"启","胥兴作乱",即"五子"之乱。太康时期,内政的动乱削弱了夏朝的国力,夏朝一度被夷

① 参见陈旭:《夏商考古》,文物出版社 2001 年版,第 66 页。

人所侵,《后汉书·东夷列传》曰:"夏后氏太康失德,夷人始畔。"可见,夏代前期是个战事不断、政权不稳、动乱不安的时期。

少康时期,战事虽依然持续不断,但政权的不稳局面得到了控制。少康即位后采用重农与治水的改革措施增强了国力。《古本竹书纪年》云:"少康即位,方夷来宾。"《后汉书·东夷列传》云:"自少康已后,世服王化,遂宾于王门,献其乐舞。"少康之后,历经予、槐、芒、泄、不降、扃、厪六世七王。这一时期,夏朝处于稳定发展阶段,疆界也在战争中向东方继续扩展,达及山东、苏北、皖北等地区。

从帝孔甲开始,历经皋、发、癸(桀)四世,夏朝灭亡。《国语·周语下》录:"昔孔甲乱夏,四世而陨。"《史记·夏本纪》云:"帝孔甲立,好方鬼神,事淫乱。夏后氏德衰,诸侯畔之。"夏代最后一位君主桀的荒淫暴行更是加快了夏朝的灭亡。桀大肆修建楼台,劳民伤财,加深了百姓的负担,《古本竹书纪年》记录:"筑倾宫,饰瑶台。"同时,夏朝又逢大旱,《国语·周语上》记:"伊洛竭而夏亡。"天灾人祸之际,颓弱的夏王朝难以抵挡外族的入侵,《后汉书·东夷列传》记:"桀为暴虐,诸夷内侵。"在众叛亲离,四面临敌的无助处境中,夏最终被它原来的附属国之一"商"所代替。

夏代是以夏部落为首的方国联盟,一方面,夏王朝在政治、经济、军事上的优势使它能控制、影响其他方国的文化。特别是夏中期国势较为昌盛,声望远播,方夷来宾,政治的稳定又促使了器物创作的繁华,使方夷各地都具有夏文化的痕迹。另一方面夏代方国众多,中央集权制尚未稳定。夏代前后期皆动乱不安,战事不断,这时期夏部落对方国的影响衰退,致使方国文化保持了其自身特色。所以,夏代是一个向专制集权统治渐进,却还未形成集权统治系统化的国家政权建立的初涉时代,这使夏代的文化具有显著的趋同与多样并存的特色,在其政治、经济、文化上表现出处于两极之间的过渡性质。

二、体制的变革

夏朝以强大武力使众多方国臣服于它,但它还未能形成中央集权制。夏朝采取的是分封制,即分封一些同姓子弟、异姓功臣,承认一些氏族部落的合理存在。《左传·昭公二十九年》载:"刘累……以事孔甲……夏后嘉之,赐氏曰御龙。"《史记·夏本纪》记载:"禹为姒姓,其后分封,用国为姓。"有夏一代不断地进行分封,并用分封制来加强自己的统治力量。

夏王朝在政治体制上与原始氏族社会的另一项不同表现为世袭制的确立。夏王朝从禹建立王位开始,到汤灭夏桀为止,共经17世17王。禹又称"夏禹"、"大禹"、"伯禹"、"崇禹",是传说中治水的英雄。启是夏朝第二代君主,禹死,传位于益,可王位最终却被禹的儿子启继承了,这违背了原始氏族社会的禅让制,从此中国就开始了世袭王位制。从禅让到世袭的政治体系的演变使原始氏族社会转变为专制社会,随之而来的除了用武力巩固政权外,便是需要一套维护既定秩序的道理,夏朝也就开始了礼法文明的萌芽。

从考古的成果中我们也可以得知夏代的礼制已具有相当的规模。夏代遗址发掘出了大量作为礼器的陶器、玉器和青铜器。夏代器物中觚、爵、盉三种陶器经常成套出现,应为具有特殊意蕴的礼器;二里头出土大量的玉钺、玉圭、玉刀、玉璋、玉琮等玉石礼器;青铜器爵、斝、角、盉、鼎等也是夏代重要的礼器。同时二里头遗址的宫殿群中发现了宗庙,这进一步证明了礼制文化在夏代的盛行。

文献记载中也有对此的大量论述。在夏代,原始社会自由、民主、平等的社会关系逐渐被专制王权所代替,而王权需要更繁缛的仪式、教化、刑法来维护和巩固,这就导致了夏代社会基本体制的巨变。这种巨变主要反映在两方面:赏罚制的实行与礼仪意识的萌芽。

《左传·昭公六年》记载叔向对子产说:"夏有乱政,而作禹刑。""禹刑"是夏代刑法的总称,是我国历史上最早出现的刑法。之所以认为夏代是一个发生了重大变革且不同于之前的社会,就是因为它是一个推行赏罚制的专制社会。《庄子·天地篇》记载:"尧治天下,伯成子高立为诸侯。尧授舜,舜授禹,伯成子高辞为诸侯而耕。禹往见之,则耕在野。禹趋就下风,立而问焉,曰:'昔尧治天下,吾子立为诸侯。尧授舜,舜授禹,而吾子辞为诸侯而耕,敢问,其故何也?'子高曰:'昔尧治天下,不赏而民勤,不罚而民畏,今子赏罚而民且不仁,德自此衰,刑自此立,后世之乱自此始矣。夫子阖行邪? 无落吾事!'"

庄子认为,建立有赏有罚的制度说明了夏代压制、剥削措施的强化,利益之争、权势之斗从此而起。尧舜时期无赏无罚的社会才是太平、安定的古代理想社会。这当然是道家"无为而无不为"的思想的显现,但庄子对尧舜社会时代的激赏反映了人们对原始社会的美好构想,而对"后世之乱自此始矣"的夏代则持了一种断然否定的态势。

无独有偶,在《礼记》、《淮南子》、《吕氏春秋》中都有关于此类社会分界的记载。《礼记·礼运》对和谐无私的大同社会的称颂就是定位于尧舜时代,认为从夏禹时期开始,大同社会沦落为各自为政的小康社会:"今大道既隐,天下为家,各亲其亲,各子其子,货力为己,大人世及以为礼,城郭沟池以为固,礼义以为纪,以正君臣,以笃父子,以睦兄弟,以和夫妇,以设制度,以立田里,以贤勇知,以功为己,故谋用是作而兵由此起,禹、汤、文、武、成王、周公由此其选也……是谓小康。"

礼仪的出现正是大道没落的象征。"天下为公"的大道被等级制度所取代,这才有君臣、父子、兄弟、夫妇等代表森严等级身份的区分与强调,这才需要礼仪来设立,来巩固人与人之间的等级关系,并使之规范化与系统化。自由的仁爱被舍弃,并逐渐消弭在礼仪的规训之中,而这正是历史前进的合理性,"由于文明时代的基础是一个阶级对另一个阶级的剥削,所以它的全部发展都是在经常的矛盾中进行的。生产的每一进步,同时也就是被压迫阶级即大多数人的生活状况的一个退步"①。

当然,对于原始社会一派升平的描述很可能是人们的美好愿望,是人们对当世现实不满而想象出来的理想社会,是用于抨击、批判当世现实的理论武器。但是,不管原始社会与文明社会孰优孰劣,夏代从原始社会向专制社会过渡的时期,是礼仪逐渐形成、专制集权统治逐渐加强的时期,已为大家所公认。

---

① 《马克思恩格斯文集》第4卷,人民出版社2009年版,第196页。

三、经济的发展

4000 年前的夏代气候温暖湿润，黄河中游地带平均气温高于现在 2℃左右。温暖的气候适宜农作物生长。夏代经济生产以农业为主，制酒业、畜牧业、渔业、狩猎业、手工业等多种经济形式并存。

早期的夏代并不重视农耕，《国语·周语上》记祭公谋父曰："昔我先王世后稷，以服事虞夏。及夏之衰也，弃稷不务"，韦昭注："谓启子太康废稷之官，不复务农。"少康复国后恢复农业生产。《今本竹书纪年》记载少康复国后："三年，复田稷。"为保证农事的发展，少康致力于治水。《今本竹书纪年》记录少康帝"十一年，使商侯冥治水。"治水的功效促使了农业的丰收，夏朝国力逐渐强盛，形成了一番繁荣的"少康中兴"景象。山西省夏县东下冯遗址的灰炕中发现了堆积近一米的碳化粟粒，灰炕两端还有竖槽用于吹风透气，创造更好的储粮条件。在夏代的陶器上也发现了稻穗形的图案。夏代，粮食生产已形成一定的规模，储存粮食是必要的谋生手段。

粮食的大量生产，带来了饮酒之风的盛行。《说文·酉部·酒》："古者仪狄作酒醪。禹尝之而美，遂疏仪狄，杜康作秫酒。"《尚书·大传》云："夏人饮酒，醉者持不醉者，不醉者持醉者相和而歌。"夏代社会流传的饮酒与造酒的风俗，使夏代制作了大量的酒器，夏代出土的众多样式精美的酒器便是其佐证。

以农业为基础，夏代还发展了渔业。二里头遗址中出土了骨鱼钩、蚌鱼钩、骨鱼镖、骨网坠、铜鱼钩等渔猎工具，而且在出土的陶器和骨片上，屡屡发现有刻划鱼纹。这说明，夏代渔业已非常发达。夏代遗址中发现了许多兽骨，从数量上看依次为牛、猪、羊、狗、鹿。"家畜中，以猪为最多，牛羊次之，狗最少"[1]，夏代的畜牧业也成为农业经济的重要补充。

手工业是夏代重要的经济构成。首先，器物制造业在夏代特别发达。

---

[1]　中国社会科学院考古研究所、中国历史博物馆、山西省考古研究所：《夏县东下冯》，文物出版社 1988 年版，第 208—209 页。

陶器、玉器、青铜器、漆器制造业都有一定的进步。特别是陶器与玉器在夏代遗址中均有大量的发现。其次，纺织业在夏代也被发现。《帝王世纪·夏第二》记："妹喜好闻裂缯之声，桀为发裂缯，以顺适其意。"缯是一种丝织品。夏代墓室中随葬的玉器与铜器有一些被纺织品包裹着，这些器物上或附着纺织品的残片，或具有纺织品脱落后留下来的痕迹。二里头文化遗址出土了不少纺轮，有陶纺轮、蚌纺轮、铜纺轮、玉纺轮。这些都说明纺织业在夏代有了进一步的发展。

多项经济形式并存的夏文化，具有更加广阔的审美对象和审美物化方式的选择。生产的发展，技术的提高，也丰富了夏代先民们的审美意识。

四、宗　教

夏朝先民尊天敬神，重视祭祀。《论语·泰伯》言禹"菲饮食而致孝乎鬼神，恶衣服而致美乎黻冕"，就是赞美禹尊崇鬼神、重视祭祀的品质。夏代是神权盛行的时代，在夏这个由神权统治一切的时代，世俗间的一切都不能完全脱离神的框架而获得自身的独立蕴味。宗教生活渗透进夏代先民日常生活的每个领域，夏人的审美意识中也具有巫术信仰的痕迹。

夏代尊奉天命，在与对手交战前，夏人的誓词中往往把自己的作战归为天命一方，以强调己方作战的正义性，激发战士们的必胜信念。《尚书·甘誓》载启与有扈氏在战于甘之前所盟之誓曰："有扈氏威侮五行，怠弃三正，天用剿绝其命，今予惟恭行天之罚。"《墨子·兼爱下》引禹誓："济济有众，咸听朕言！非惟小子，敢行称乱。蠢兹有苗，用天之罚。若予既率尔群对诸群，以征有苗。"夏人认为最高的主宰为"天"，《尚书·召诰》录"有夏服天命"，所以夏人在行大事时总是称自己是服从于天命。

不但战事如此，连艺术也被归结于天命。《山海经·大荒西经》云："开上三嫔于天，得《九辩》与《九歌》以下。"开即夏启，他从天神处得到了《九辩》与《九歌》。把《九辩》、《九歌》的来源归于天神，一方面表现了夏代先民对天的崇敬，认为美好的东西都是上天赐予；另一方面也表现了夏代先民对艺术的重视，在他们看来艺术是神圣的，非俗世所创，只能来源于上天。

除天神外,夏人还要祭祀祖先神和社神。《国语·鲁语》载:"夏后氏禘黄帝而祖颛顼,郊鲧而宗禹。"《国语·鲁语》又载:"杼,能帅禹者也,故夏后氏报焉。"黄帝、颛顼、鲧、禹、杼都是受夏人祭拜的祖先形象。在夏代,社神的地位也很高。哀公问社于宰我,宰我对曰:"夏后氏以松,殷人以柏,周人以栗。"夏人用松木做夏社神主。《史记·封禅书》云:"自禹兴而修社祀。"另《史记·殷本纪》云:"汤既胜夏,欲迁其社,不可,作《夏社》。"整个夏代都存在社祭。

夏人在祭祀场合有他们独特的要求。《礼记·檀弓》云:"夏后氏尚黑……殷人尚白……周人尚赤。"《礼记·明堂记》载:"夏后氏尚明水,殷尚醴,周尚酒。""有虞氏祭首,夏后氏祭心,殷祭肝,周祭肺。"在祭祀的色彩、供品方面,夏代与其他朝代都有差别,在这些差别中也可窥见夏人的精神实质。

夏人的尊天尊神中透露着人文风格。《礼记·表记》中曾表述了孔子对夏代宗教信仰的看法:"夏道尊命,事鬼敬神而远之。"孔子的意思是说,夏代在仪式上尊奉鬼神,而实际上更注重人事。夏代先民崇拜祖先神,这是把人神化,使神近于人化的起步。社神也是由于从农事的丰产出发造出的一个具体的神。祖先神与社神崇拜与玄之又玄的天神崇拜不同,它们已经有了具体的形象,可感可知。

可见,夏代已经有了非常具体的、程序化的宗教活动。系统性的宗教活动必然会影响夏人的审美思维,让他们在塑形造物时融入宗教元素。另一方面,夏人对人事的注重,又使他们具有较为明显的理性色彩。理性思维与宗教思维相融的审美体验表现在器物上便是整体倾向于庄严肃穆的艺术风格。

五、艺术文化

夏代的艺术已具有了一定的形式。夏代的音乐、舞蹈、建筑、工艺制品既吸收了宗教氛围的神秘,是神性与艺术相结合的艺术文化,又具有新的时代特征。夏代的艺术文化大量采用了宗教因素,是趋向于神性的艺术呈现,同时也展示了夏代人们世俗生活的审美品位,注重艺术的礼仪性,呈现出神圣崇拜与世俗关注的审美张力。

与原始氏族音乐相比,夏代音乐开启了中国延绵几千年的礼乐文化的序幕。夏代的纯器乐作品《九夏》,据《周礼·钟师》记载为《王夏》、《肆夏》、《昭夏》、《纳夏》、《章夏》、《齐夏》、《族夏》、《祴夏》、《骜夏》,这九种音乐分别适用于不同场合,不同等级。《周礼·钟师》云:"钟师掌金奏。凡乐事以钟鼓奏《九夏》"。《大司乐》:"大祭祀……王出入,则令奏《王夏》;尸出入,则令奏《肆夏》;牲出入,则令奏《昭夏》。"这样不同的音乐与不同的阶级划上了等号。产生于夏代的乐舞作品《大夏》,是"王者功成作乐"思想的产物,作乐的目的是为了"以昭其功",歌颂夏禹治水的丰功伟绩,说明以礼制乐,乐为礼用、礼乐结合是历史必然的演变历程。夏代很多音乐作品都以九命名:《九韶》(《韶乐》以九命名自夏代始)、《九招》(即《九韶》)、《九代》、《九辩》、《九歌》、《九夏》,既指九段制的音乐结构,同时其中也渗透着夏代"以九为尊"的强烈的王权意识和审美心理。

夏代的音乐,由原始氏族社会全民狂欢式娱神的祭祀乐舞变为了供奴隶主享乐的声色之乐。《山海经·大荒西经》载:"开上三嫔于天,得《九辩》与《九歌》以下。"《九辩》、《九歌》是祭祀乐舞,按照礼乐之制,包括君主本人是不能拿来私自娱乐的,只能娱神不能娱己,否则会天怒神怨,国家不保。夏代对音乐的审美还停留在感官享受阶段,由感官获得的声色之乐,是其主要特征。这种声色之乐主要停留在感官性的快感层次上,其精神愉悦的成分非常有限。

夏代的舞蹈应与巫同源。夏代舞蹈步伐中的禹步,就是禹在主持巫事跳舞时,迈着细碎的步子。据尸佼的《尸子》说:"禹于是疏河决江,十年未阚其家。手不爪,胫不毛,生偏枯之疾,步不相过,人曰禹步。"夏启时代的舞蹈也有同样的巫术氛围。《山海经·海外西经》中记载:"大乐之野,夏后启于此舞《九代》,乘两龙,云盖三层。左手操翳,右手操环,佩玉璜。在大运山北。一曰大遗之野。"夏启拿的"翳"、"环"应是巫师用的道具。上古的舞蹈不仅为宗教服务,还为政治服务。《大夏》乐舞,就是歌颂禹治水功绩的大型乐舞。

夏代神话中出现的人物形象,往往是英雄式的人物,是夏代所崇拜的祖先形象。《山海经·大荒西经》载"西南海之外,赤水之南,流沙之西,有人珥两青蛇,乘两龙,名曰夏后开,开上三嫔于天,得《九辩》与《九歌》以下。此天穆之野,高二千仞。开焉得始歌《九招》",描绘了夏后启以龙为坐骑,以蛇为耳饰,威风凛凛地上天做客,与神交流的英雄形象。这是神化的英雄,让他与神关联,提升了英雄祖先地位,加强了王者在世人心中的神圣感。

建筑在夏代已颇具规模,《世本》:"禹作宫室",《古本竹书纪年》:"桀作倾宫、瑶台",说明夏代已有供王族专门居住的宫殿建筑存在。在偃师二里头遗址中部,发现了一座大型的宫殿建筑基址。这是一个整体略呈方形的夯土基址,最厚处有 4 米多,东西长 108 米,南北宽 100 米,总面积约一万平方米。基址北部正中,有一座略微高起的长方形台基,东西长 30.4 米,南北宽 11.4 米,四周有檐柱洞,可复原为面阔八间、进深三间的四阿重屋式的大型殿堂建筑,殿堂前布置的是平坦的庭院,围绕殿堂和庭院四周的则是廊庑建筑,台基正南的边缘中部有一个面阔七间的牌坊式大门。[1] 该宫殿内发现了祭祀坑,很可能就是宗庙建筑遗存。这座建筑布局严整、主次分明、气势壮观,是宗庙的象征,也是古代国家政权的象征,标示着神圣宗教与威严王权的合谋。

夏代的艺术文化既受宗教影响,又展示出对世俗品位的追求。夏代艺术从宗教氛围向世俗氛围的转向,从祭祀礼仪向世俗等级礼仪的转向值得我们注意、深思。得益于考古学的丰硕成果,我们可以在现已挖掘的夏代工艺制品上更加清楚地看到夏代艺术文化的特征。当时主要有陶器、玉器、青铜器这三种工艺品。因此,对于夏代审美意识的考察必须以这三种器物的审美研究为基础,音乐、舞蹈、建筑等艺术文化与器物具有相通处,它们作为夏代器物研究的背景印证了器物中所表现出来的审美蕴味。

夏代是我国第一个建立起国家政权的专制社会,是一个向专制集权

---

[1] 参见张之恒、周裕兴:《夏商周考古》,南京大学出版社 1995 年版,第 37 页。

统治渐进,却还未形成集权统治的一个国家政权建立的时代,神权与王权的合一酝酿了等级文化的逐步稳定和规范,其社会文化生活也从自由、民主的明朗质朴转向礼制的神秘庄重。夏代的礼制还处于初步建立阶段,既不具备商代那样的浓厚神性权威,更不具备周代的道德意识,只是对法制规则的现实要求。如果说商代社会偏向于神教统治,周代社会推行宗法礼制,那么夏代正处于神人未分,理性刚刚觉醒的朦胧时代。

第二节　审美意识概述

据考古发现和后代文献印证,夏代的审美风尚逐渐形成并得以显现。从夏代豪华广阔的宫殿建筑、丰富发达的手工制造业、宏大壮观的乐舞演奏和英雄化色彩的神话传说中,可以看出人本观念逐渐觉醒的夏代先民的审美意识。二里头发掘的夏代都邑布局规整、气势宏大,成为中心权力的象征,并从一个侧面彰显了夏代先民在浓厚神权意识笼罩下的人本意识的初步觉醒,透露了他们逐步发现自我、解放自我和发展自我的审美主体观。夏代乐舞《大夏》、《九辩》、《九歌》的发展历程体现了从原始娱神风格的集体乐舞的模拟向后来娱人风格的专业乐舞的表演的审美转化,这正是乐舞的审美萌芽;二里头遗址出土的大量的陶器、玉器、青铜器等可与之相印证。当时关于音乐的音阶、音律等纯审美形式也开始受到注意。夏代手工艺品和原始文字的创造则表明此时正逐渐走向"铜石并用"的时代,其中器物的造型、纹饰、工艺都在石器时代朴素形态的基础上取得了长足的发展,形成了甲骨和青铜文化的曙光。夏代的各种陶器、青铜酒器的造型,也对商代产生了深远的影响。夏代陶器上的刻符和文字,在一定程度上是后来甲骨文和青铜器铭文的渊源。而后世关于大禹治水、后羿射日等英雄式的神话传说,也打破了以往唯神神话的格局,创造了英雄式的人物,开始关注人的价值。在此基础上,夏代的器物形成了独具时代特色的艺术风格。这具体表现为以下几个方面:

一是整体和谐的审美特征。首先,夏代器物实现了"美"、"用"、"礼"的和谐统一。夏代出土的陶器、玉器和青铜器等常常体现着美观和功能的统一。其中实用性为创造的基础,而审美性为表现手段,礼仪性则为器物构形和装饰的终极目标,并且处于核心地位。夏代的陶器、玉器、青铜器等器物的用途种类大多为礼器,并且造型规整,纹饰庄重,蕴含着礼的精神特质。与艺术创造原则相对应,夏代器物的器型结构、装饰纹样和功用目的也是紧密联系在一起的,三者融为一体,相得益彰,从而形成了三位一体的整体和谐的审美特征。起初,器物的创造多只考虑其实用性和造型的关系,如源于新石器时期的三足陶鼎,在夏代则更进一步体现了烧煮的实用和灵动的器型的统一。后来随着经验的积累,许多实用性的器物,也逐渐开始考虑其与造型相搭配的装饰性。如作为酒器的陶盉,在有塔的一侧,器身略微内倾,使全器显得均衡,体现了实用性与装饰性的统一。束腰爵的造型在稳定性的基础上也讲究仿生,具有动态感:其鋬既可手握,也使得整个器型自然、灵动;其流槽形似鸟尾,既显得飘逸、生动,又不妨碍倒酒的实用功能。青铜器上的圆点纹等,也是防碰撞的实用功能和相对规则的装饰性的统一,后来其实用功能退化,渐渐演化为专门装饰的乳钉纹。尤其是在罐、盆等陶器上多以细线阴刻的方式饰以鱼、蛇等形象生动的动物纹,将水中游鱼的形象与水器融为一体,使得其造型、纹饰和功能相得益彰,更增添了一分生命的气息。诸如陶盉安上象鼻式管状流,青铜爵铸为立雀形,木漆乐器鼍鼓饰以猛兽纹饰,玉器柄形饰浮雕兽面等,也都是这种器型结构、装饰纹样和功用目的整体和谐特征的具体体现。

夏代各种器物器型之间的相互借鉴,同样表现出夏代先民和谐一致的创造性思维。夏代工艺制品中不同材质的器物之间,在造型和纹饰以及工艺等方面相互借鉴、相互影响,使得其创造技术突破了器质的限制,成为普遍的工艺方法。在相互影响的过程中,一般先出现的器类影响到后起的器类。如夏代后期的青铜器,其形制、纹饰等均主要来自前期的各类陶器,如作为食器的青铜三足云纹鼎的祖型就是陶鼎;作为酒器的束腰青铜爵,其流的长短、俯仰以及爵身体趋于扁宽的形式也仿自陶爵。夏代晚期的青铜器开始出现一些简单的弦纹、网络纹和乳钉纹等,也均来自陶器的各种纹饰类型。当然,也有很多夏代的陶器和玉器纹饰,到商代早期才被借鉴、运用到青铜器中。如新寨二里头一期文化遗存中发现的陶器盖上的怪兽纹饰,逐渐发展成二里头玉柄形器上的饕餮图案,后来才成为商代早期及其以后青铜器的主要纹饰。青铜器在工艺技术上的发展进步,也受到陶器的影响。例如乳钉纹管流爵,复杂的分铸合范的器型,在原来器型的基础上加管,多少受到了复杂的合成陶器的启发。其他如玉器的碾雕技术也继承了新石器时代的工艺。这种器物间相互的传承和借鉴,使夏代各类器物的外型得以共通,体现出一种和谐之美。

二是抽象表意的表现手法。社会生活内容和礼仪的丰富,特别是礼器的精神性特征,强化了夏代器物创造的抽象表意性。《左传·宣公三年》载:"昔夏之方有德也,远方图物,贡金九牧,铸鼎象物,百物而为之备,使民知神奸。"夏代青铜九鼎的纹饰图案在仿生的背后,仍然隐含着一定的表意性。这种表意性既是天下各地自然资源和财富的体现,也是帝王享有灵物和征收贡赋的象征。因此,装饰性纹饰自此一改以往的形式模拟,更多地向着抽象性方向发展。如二里头五区 M4 出土的青铜兽面牌饰,有突出的圆目,装饰性和抽象性特征较明显,镶嵌十字纹方钺上的十字纹,也是一种抽象的线条。夏代玉器中有许多专用的礼器如玉牙璋、玉圭和玉琮等,也有一些形似实用器型的仪仗器,如玉戈、玉钺和玉刀等,一般形制较实用器为小,却蕴含着天地之精华,多用来祭祀和殉葬,一方面,表达对神的敬意,另一方面则是人自身权力和身份的象征。而另外一些饰玉如柄形饰、锥形饰、玉镯和玉坠等,虽少了礼仪性的表意特征,但在装饰意味的表达上也能与时俱进,进一步丰富了玉器的审美表现力。

这种抽象表意的表现手法的强化使夏代器物呈现出由明朗质朴向神秘庄重的转化。夏代的纹饰逐步由早期的生意盎然和流畅自如的写实和仿生纹逐渐演变为庄严沉重的虚拟和抽象纹,其权威统治力量加重。如陶器在早期多饰以绳纹和篮纹,清新自然,后来则变为云雷纹和兽面纹,浑圆厚重。尤其是兽面纹那近方圆形的兽面额、近心形的蒜头鼻和近臣字形的纵目所构成的怪兽图案成为青铜器纹样的先导。"从总的趋向看,陶器纹饰的美学风格由活泼愉快走向沉重神秘,确是走向青铜时代的无可质疑的实证。"①夏代玉器始饰以成组的阴刻细线,后变为云雷纹,且在两侧雕出复杂的齿牙,还用浅浮雕的方法刻成凶恶的兽面纹,进而演变成一种象征权力和威严的礼器,其庄重风格自是格外凸显。至于夏代青铜器,其造型和纹饰大多仿自陶器和玉器,其风格的演变也自然与上述二者无异。"厚重而不失其精致,形体规整而又显得大方"②,正是这样一种风格的转变,可以窥视到夏代先民在器物创造中抽象思维与形象思维相互交织,从而实现了器物的庄重风格和现实社会权力等级制度威严的统一。

三是多元统一的审美风格。夏代作为一个统一的多方国国家,其文化也必然是统一性和多元性并存的文化,不同时期和不同地区,夏代器物的艺术风格也呈现出多样统一的审美特征。夏代诸方国的器物受各地区影响而形成了各具特色的地方风格。如二里头遗址出土的器物在不同的时期就呈现出不同的风格。如一、二期陶器陶质多为夹砂陶和泥质灰陶,以篮纹为主,简单朴实,到了三四期,则灰陶增多,内壁有麻点,纹饰以绳纹为主,风格趋于繁复。夏代青铜器更是随着时间的推移呈现出由简单朴素向复杂多样演进的过程。同时,受特定时代和地区间相互交流的影响,夏代器物又形成了统一的艺术审美风格。如玉器器型一般大而薄,流行的齿扉装饰也由简而繁,且有了细劲的阴刻直线纹。陶器以罐、鼎、盆、尊和大量的酒具为主,其中圆腹罐附加一对鸡冠形鋬,深腹盆的口沿则多饰以花边。

礼乐制度的兴起和发展同样展现出夏王朝在多元文化中树立统一礼制的风貌。酒文化和宴饮礼制是礼制的重要方面,夏代陶器类如觚、鬶、盉等,铜器类如爵、斝等,其造型和纹饰的搭配除了注重实用价值外,还蕴含了浓厚的礼仪性特征。如河南巩义出土的夏代白陶鬶,系高山黑土烧制,陶质坚硬,造型规整,庄重厚实,承载着礼制等精神特质。"礼以酒成",尤其是青铜酒器成了夏代青铜文明的艺术至高点,成了夏代礼制的

---

① 李泽厚:《美的历程》,三联书店 2009 年版,第 33 页。
② 郑杰祥:《新石器文化与夏代文明》,江苏教育出版社 2005 年版,第 377 页。

标志性器皿。关于夏代的乐舞,《吕氏春秋·侈乐》载:夏桀之时"作为侈乐,大鼓、钟磬、管箫之音,以钜为美,以众为观"。夏代遗址中也出土了二音孔的陶埙、薄器壁的铜铃、鳄鱼皮蒙的鼍鼓,还有石磬、特磬等。此时,原始全民性乐舞的巫术礼仪和专职巫师也演变为部分统治者所垄断的社会统治等级法规和政治宰辅。音乐和舞蹈逐渐脱离了虚妄的巫术性,而向着属人的政治等级礼仪和专门审美的方向发展,成为礼乐文化的源头活水,展现了夏代多元文化样式逐渐规范统一的风貌。

第三节　陶　器

夏代是部落联盟国,以夏部落为政治文化中心。考古学家于 1959 年发掘的偃师二里头遗址,学术界普遍认为是夏王朝的都城斟鄩。因此,偃师二里头和山西省夏县东下冯的陶器可以作为夏代陶器艺术的主流代表,而夏代周边的内蒙古夏家店下层以及山东和苏北的岳石等地所出土的大量陶器也体现了夏代陶器工艺的历程,彰显了夏代陶器独特的审美风貌。从现有的考古成果上看,夏代陶器工艺在新石器时代的基础上取得了长足的发展,其制陶工艺更趋复杂。夏代制陶技术以轮制为主,一些特殊器型为手制,手捏、拍打、泥条盘筑、慢轮修整、快轮修整和模制等多种方法相结合,还普遍采用范片组合等方法。夏代陶器施纹方式以拍印、压印、戳印为主,另有附加堆贴、刻划、捏塑等方式与之配合。多种制陶方法使夏代陶器在造型与纹饰上都表现得机巧复杂、绚丽丰富,并使夏代陶器走向形式多变的同时,又呈现出质华交错、庄重典雅的审美风格。

一、造型特征

夏代陶器以泥质和夹沙为主,多为灰陶与黑衣陶,器壁较薄,器型多变,在继承新石器晚期陶器工艺的基础上有所发展,在造型上表现出了独特的时代特征。夏代陶器器型种类众多,炊煮器有鼎、鬲;饮食器有豆、簋、三足盘、甑、刻槽盆;储盛器有大口尊、小口尊、瓮、缸、盆、罐;酒器有壶、盉、瓿、鬶、爵、角和杯等。此外,夏代还出现了新的陶器器型,有爵、卷沿圜底盆、大口尊、方鼎等，使夏代陶器别具一格。夏代器型塑造仿生式手法运用较少，器型基本趋于稳定、规整，注重细节上的变化，并向质朴与精致两极发展。夏代陶器器型的变化显现了夏代先民由新石器时代活泼热情的审美风格演变为冷静沉稳、充满机智变化的理性品位。

夏代陶器的造型特征主要表现在以下三个方面：

首先，在稳定的基础上求规整。经历了新石器时代对形式的摸索，夏代的陶器艺术家们具有了将器物的器型稳定下来的意识。以陶爵为例，陶爵是二里头时期特殊的文物，它由新石器时代的鬶演化而来，但它原来的仿生性特征已较为隐晦。新石器时代的鬶的塑形大都模拟动物，传神写实，仿生性特征突出，如山东省胶县三里河出土的大汶口文化猪形鬶、狗形鬶就直接把鬶体塑为动物形象，生动逼真，如在目前。夏代陶爵更加注重形体的抽象性，经历了变形的爵，原来形体上仿生的痕迹演变得更为间接，使爵具有了稳定的艺术造型。我们可以发现，纯仿生性的器物很难有自己的固定造型，也难以流传，要使一器物成为一器物，必须经历一个酝酿自身形象的过程。经历了新石器时代到夏代的磨合、演变，爵的形象基本定型。夏代其他器具基本不再直接用生动的仿生方法来塑形，而是采用归于自身的、抽象的、较为稳定的造型。

在器型稳定的基础上，夏代陶器器型进一步向规整化方向发展。首先，器型上的规整意识表现为夏代陶器器型由不规整的圆体向规整圆体的渐近。夏代陶器的罐、盆的平底逐渐消失成为圜底。平底器物在放置上更加稳定，更具有实用性。夏代的陶器艺术家们逐渐放弃更具实用性的平底，把罐、盆塑为圜底，以符合器物底部线条与腹部弧形线条相互协调的要求，腹部呈现出相对完整的圆形线条，并拉伸了器腹，使整个器物秀丽端庄、圆润浑然，突出了圆体的弧线美感。夏代陶器的口沿也有向圆形发展的倾向，早期的器类多为折沿，有折沿盆、折沿缸、折沿鼎，后来渐次出现了卷沿盆和卷沿鬲。折沿厚实刚劲，与鼎、缸搭配衬托了器物的宽博庄严；卷沿圆整单薄，与盆等小型器物搭配更显得小巧精致，折沿与卷沿的并存与变化表现了夏代陶器在龙山文化庄重肃穆的审美风格中融入了端正典雅的审美品位，显示了夏代陶器在塑形上追求规整、雅致的要求。

夏代陶器规整化的另一个重要表现是规整方形的出现。在向圆形发展的基础上,夏代还出现了一些方型陶器,有方杯、方鼎、方盒,三足盘的三足也是近似方形的舌状足,这说明除圆形与直线外,夏代的陶器艺术家们已经意识到了用方形来塑形的重要性。当时方形的运用虽远远不如圆形,但它作为与圆形并立的造型因素,正是从夏代开始起步。

其次是注重细节的变化。在走向整体规整的同时,夏代陶器器型注重细节的变化,显得规整而不呆板。除规整方圆形外,夏代陶器中还有鸡冠耳、鸡冠形鋬、蒜头形器盖、椎形器盖等众多形式因素,这使夏代陶器的造型更具有包涵性。就算是同一类器型,也会有相当复杂的变化。尊类就器口部分而言就有高领、直领、短领、侈口、小口、大口等不同的造型。罐类则有敛口罐、高领罐、捏口罐、子口罐、圆腹罐、深腹罐。豆类分深浅盘、高矮柄。瓮类分直领瓮、短领瓮、蛋形瓮。甑类分盆形、筒形。壶类则有四系壶、贯耳壶、胆式壶。盉类有平顶盉、象鼻盉,甚至打破盉三组袋状足的固定形式,出现了圈足盉等……同种类型器物细节上的微妙变化显示了夏代人在陶器造型上丰富广博的审美创造力。

不但是形体,从高度上来说,夏代陶器也有一些变化。圆腹罐大腹下坠,形体圆浑,更为敦实稳重;爵、觚、豆、盉都由修长苗条形渐趋粗矮,突出器物的口沿,器型饱满;相反,三足盘与甑却日益增高:陶器的制造充分表现出随物赋形的特点,不同器物随着自身器型变化的流向具有不同甚至是相反的变形。平圆的演绎,方圆的对举,高矮的并立酝酿了夏代陶器多样的器型,使夏代陶器在造型上灵活多变。

第三是向质朴与精致两极裂变。在规整与变动中,夏代陶器器型具有向质朴与精致两极裂变的倾向。夏代陶器器型可分为两类。一类主要为生活用具,注重实用与审美的搭配组合,如炊煮器鬶的乳状三袋足为空心,在表现出完满充实的同时,也增加了自身的容量,可以加快内部食物的对流速度与受热面积。再如胆式壶,平底,腹部下坠,具有稳定感,圆唇,颈部内缩,便于抓取,从下往上逐渐缩小的胆式形状典雅又轻巧。这类陶器在实用中寻求美的韵味,大多造型素朴,器型简洁,是质朴的一极。另一类为礼器,是精致的一极。它们淡化了实用的因素,更注重器物礼仪性与审美性的结合。如二里头84YLIVM51：1出土的盉,小平底,以圈足代替乳状三袋足,减小了盉的容量,其顶部塑为兽头,象鼻,双目鼓出,炯然有神,散发出礼仪性的威慑感,审美形式感突出。二里头后期的陶爵,腰部缩短,口部增大,塑形不如小口径爵平稳,注满水后极易倾倒。其大张的口,长长的流,满水即倾的性质,显然不在于实用,而应是一种传神达意的礼器。爵、大口尊、深腹罐、瓮这一些下小上大的器物平衡性都不强,从理论上讲都不适合装满食物,说明它们可能是礼器,所以在塑形上审美特征更为突出、独立。以蛋形瓮来说,其形态两头尖,中部鼓出,像一个摇摇欲坠的竖立着的鸡蛋,形态虽轻盈却未必实用,应为礼器。在这一类陶器中,它们的实用性明显减弱,审美形式感越发加强。夏代陶器两极裂变的造型方式昭示着夏代陶器在生活与礼仪中已得到普及,并根据不同的用法分化出不同的审美韵味。

夏代陶器体现了鲜明的时代特征。国家政权的建立,专制文化的形成,使夏代陶器的造型也表现出向规整形体变化的趋向,具体的仿生性造型方式淡出,陶器艺术家们抽象出更加稳定的器型。对于形式的运用也更为规整,表现为圆者更圆,方者更方。由于器型的基本稳定和规整造型的成熟,夏代陶器往往随物赋形,注重细节的修正,在规整中显得变化无穷、精妙细腻。富于变化的夏代陶器延续了新石器时代审美、实用、礼仪三种塑形因素的组合,并在这种组合中表现出向质朴与精致两极裂变的发展倾向,显示出夏代人已经具有差异性的审美品位。

二、纹饰特征

夏代陶器大都平实、古朴,有不少陶器甚至就是通体磨光,素面无纹,其纹饰多为几何纹,在平实中求变化,其他如刻划纹与想象动物纹皆对后世有深远的影响。与新石器时代相比,夏代陶器上的纹饰种类大为减少,但夏代先民在对有限纹饰的成熟运用中表现了他们的机智严谨。

夏代陶器的纹饰以篮纹、绳纹等几何形的拍印纹为主,纹样简单、质朴,甚至近乎粗糙。在经历了新石器时代彩陶的绚烂以后,夏代陶器的纹饰又有了恢复古朴的趋势。这种回归因为有了新的审美因素的参与而表现出自身的时代特色。在篮纹与绳纹的主导下,弦纹、方格纹、堆加纹穿插来回,云雷纹、动物纹旁枝逸出,再加上小泥丁,内壁麻点,符号刻纹的零星点缀,夏代陶器的纹饰显得平实而生动。这些纹饰以线条为主,直线纵横的篮纹,或直、或曲、或斜、或折的绳纹,线条回环的云雷纹,圆形的弦纹和凸棱纹,还有方格纹与菱形、方形、三角形的附加堆纹交相组合,极尽变化之能事,纹饰规整而灵动,从中反映出夏代人对线条的娴熟运用,表现了他们较高的审美抽象能力。

夏代陶器上的刻划纹精练神秘。夏代陶器的刻划纹大都出现在盉、鬶、爵的鋬上,罐、尊的肩腹部与内沿,其中有直线、三角纹的简单符号,也有一些较为复杂的刻划纹。1965 年发布的《河南偃师二里头遗址发掘简报》称,在二里头的陶器发现刻划符号 24 种,刻划符号的形式类似象形文字,应为可以记载与交流信息的夏代文字。"这些所谓的刻划符号基本上都是夏代文字。这些文字分两部分:一部分如'丨、‖、×'等,应是古代的数码;而另一部分,如'↑、□'等,则属于文字。上述陶文都与后来的甲骨、青铜器铭文有极为紧密的渊源关系。"①文字刻划符号虽不是在夏代最早出现,但这些具有浓缩意味的表情达意的符号无疑进一步表明了夏代人高度的审美抽象能力。

夏代仿生纹想象瑰丽。与新石器时代的仿生纹不同,夏代仿生纹中出现了新的想象动物纹。夏代陶器上龙的形象是后来中国传统龙的雏形。夏代先民崇敬龙,已能用线条生动地勾勒出龙纹,二里头 92YLⅢH2:1 与 92YLⅢH2:2 单位出土的透底器各攀附有蛇形小龙浮雕,龙眼突起,龙鳞为菱形,尾部还有锥形刻纹。在二里头的碎陶片上还发现了刻划龙纹,龙的鳞甲、巨眼与利爪均清晰可见。其中一件为一头二身,头朝下,头部两侧饰有云雷纹,眼眶为翠绿色,眼珠外凸,龙纹刻线的线条内涂有朱砂,纹饰相当精致。这说明在夏代龙的形象已完备,也证实了龙为夏代人所崇敬,《左传·昭公二十九年》说:"陶唐氏既衰,其后有

---

① 参见曹定云:《中国文字起源试探》,《殷都学刊》2001 年第 3 期。

刘累,学扰龙于豢龙氏,以事孔甲,能饮食之,夏后嘉之,赐氏曰卸龙。"和《列子·黄帝篇》说:"夏后氏'人面蛇身'",即为其佐证。新寨二里头一期文化遗存的陶器盖上发现兽面纹饰,双眼突出,其狰狞与神秘的纹样后来逐渐发展成二里头玉器上的兽面图案,成为早商及以后青铜器兽面纹的祖型。

从纹饰的布局来说,夏代陶器纹饰已基本遍及陶器全身,从新石器时代的纹饰偏于放置中上部,发展为根据审美需要在陶器周身各个位置随器布纹,并偏重于在口沿与腹部做变化。陶器口沿的花瓣形纹、附加堆纹都给规整的圆唇增加了灵动与活泼。夏代陶器纹饰多集中于腹部,肩颈留白,增强了器物的沉稳感,这种特征尤其明显地表现在盆、罐、尊上。有些陶器还把纹饰的变化集中在下腹部,如二里头遗址 84YLIVH2 出土的圈足尊,颈部、肩部、上腹部磨光,饰有多圈弦纹,下腹部就变成了绳纹;81YLIIIH23 出土的束颈盆下腹为绳纹,余处磨光;85YLVIT11④单位的敛口罐颈部、肩部、上腹部磨光有弦纹,下腹部改为绳纹。最为有趣的是出土于 84YLVT2 单位的折腹盆,在腹部中间有一个折棱,折棱上部磨光,下部绳纹,不但在造型上把下腹突出,而且在纹饰上区分了腹部的不同部位,是造型与纹饰在方位上的统一。

夏代陶器纹饰善于运用有限的材料表现广博的变化,显得简明而丰富。夏代陶器纹饰以几何纹为主,抽象线条的运用规整而灵动;夏代陶器上刻划纹神秘精练,应为记载与交流信息的文字;想象瑰丽的仿生纹是夏代陶器上的重要发现,其中兽面纹是商代青铜器纹饰的祖型,而龙纹更是中国古代龙的形象的雏形。夏代陶器纹饰的布局改变了新石器时代偏重上腹部布纹的习惯,而转为注意器物下腹部纹饰的变化,使器物更显沉稳。

三、艺术风格

陶器在夏代主要为日常生活所用,而夏代又是第一个专制文化形成的时代。因此,夏代陶器就形成了两种演变风格:一方面,陶器继续向日常生活发展,在实用性的基础上注重审美性,将实用与审美结合起来,显得朴实而自然;另一方面,陶器超越了纯巫术韵味,具有等级文化礼仪的印迹,由神秘热烈的巫术氛围发展为冷静沉稳的文化特征,有了等级差异的审美品位。这主要表现在以下四个方面。

第一,质华交错。夏代陶器在日常生活中的大量使用,促使了质华交错风格的形成。夏代许多日常陶器相当素朴,通体磨光,造型简单。二里头 86YLVIH5 的方杯和圆杯,一为方体,一为圆体,磨光,无任何装饰,造型与纹饰都朴素至极。夏代陶器造型趋于端正规整,纹饰以相对较为简单的篮纹与绳纹为主,图案诡异、色彩绚丽的仿生纹相对减少,有一种返璞归真的意识。

大量精美的礼器与乐器体现了夏代陶器华丽风格的一面。二里头 82YLVI20 的小尊,圆唇,高领,肩部与上腹部比例一致,腹部下收,凹底,造型稳定端正,肩部饰两圈弦纹,弦纹之间戳印雷纹,凸显了肩部的宽正平和,腹部上饰弦纹,下饰方格纹,明朗而有变化,纹饰与造型相得益彰,搭配协调,器物显得精美肃静。襄汾陶寺遗址出土的蟠龙绘彩陶盘华美绚丽,在陶盘黑色的底子上用红色画出蟠龙,红黑对比色彩分明、高贵庄严。蟠龙曲卷于盘中,长身吐信,身上绘着斑斓彩纹,威严庄重。这些制作精美的陶器富丽中见严整,它们与夏代浑朴自然的陶器交相辉映,使夏代陶器灿烂而质朴,精致而自然,呈现出鲜明的质华交错的时代特色。

夏代陶器的历史流变也是一个质华交错的过程,前后期相对要质朴些,中期是鼎盛期,陶器丰富繁盛,这种质华交错的发展使夏代陶器具有时代变迁的特色。二里头一期陶器继承了河南龙山文化陶器的风格,不仅在色彩上崇尚灰黑,而且在器型上也以河南龙山文化器型为基础,如对河南龙山文化深腹罐、折沿盆、瓿、盉、鬶、三角形足鼎等器物的直接继承,表现出质朴无华的审美趣味。二里头文化二、三期陶器风格骤变,首先是在器型上有所突破,出现了大口尊、卷沿圜底盆等新的器型,罐、瓮等器型也由平底转为圜底。二、三期的纹饰一改之前的古朴素静,表现得丰富华丽。在后期的陶器又呈现出简朴之风,二里头文化"从三期往后陶器制作由繁华似锦逐渐走向简单粗糙、色彩黯淡,种类、数量减少"①。陶器审美风味的嬗变,一方面表现了一个王朝的兴盛衰败,另一方面也表现了陶器自身发展的规律。从二里头二、三期陶器的繁荣富丽,可以推测夏王朝的政治、经济、文化的繁盛时期为二里头二、三期陶器制作的时期,政治文化的昌盛带动了陶器制作的繁荣。另外,陶器经历了自身的高潮,面临被青铜器多方位取而代之的命运而走向衰弱,也应是二里头陶器后期艺术风格回归古朴的重要原因。

第二,庄重典雅。夏代陶器多为灰陶与黑衣陶,灰陶占大多数,彩陶、白陶极少。灰陶与黑衣陶的色彩不如彩陶绚烂,也不如白陶高贵典雅,但灰色静穆,黑色庄重,静穆庄重的灰黑色调展示了夏代人冷静沉稳的理性精神。文献记载尚黑是夏代先民的习俗。《礼记·檀弓上》云:"夏后氏尚黑,大事敛用昏,戎事乘骊,牲用玄。"这种说法正好与夏代陶器普遍采用灰黑色调的审美特征一致。彩陶向单色陶的演化表示天真烂漫、热情奔放的时代已然过去,严整规范、崇尚理性的时代悄然到来。表现专制等级文化严肃性的端正、内敛的灰黑色与夏代要求等级规范的政治文化特征相吻合,从而形成了这个时代的审美风格。

夏代陶器有不少表层磨光,通体不饰纹,它的饰纹不像彩陶那样,浓妆艳抹,绚丽夺目,而大都采用整齐规划的几何纹来装饰。夏代陶器的纹饰繁杂多变,从主流来看,却无非是篮纹与绳纹两种。取材简单、线条规整的夏代陶器体现了自然素朴之美,表现出于线条中求韵味的沉静特点。夏代陶器的造型丰富多变,特别是在同类器物的细节变化上有了很大的发展。在对于细节的专注中,夏代陶器器型向规整形体的变化与多数器物渐趋粗矮的倾向呈现了夏代陶器庄重典雅的特点。陶器艺术家们因器施艺,在造型的变化以及与纹饰的组合上充分发挥灰陶、黑衣陶色泽简朴内敛的特征。无论是朴质无华的日常陶器还是庄重精美的礼器,都注重线条的节奏韵律,器物的饱满稳健,这使夏代陶器稍稍脱离了巫术氛围的神秘感,而更具有世俗文化冷静沉稳的审美风格。

---

① 郑光:《二里头陶器文化论略》,《二里头陶器集粹》,中国社会科学出版社 1995 年版,第 24 页。

　　夏代的酒器文化同样表现了庄重典雅的艺术风格。二里头遗址的随葬陶器中,占比例最大的是酒器。① 夏代酒器渐趋粗矮、饱满。二里头爵前后期的造型差异显示了这种变化。二里头一、二期的爵为管流爵,在爵口的下部有一管状流,此管状流呈45度角高高耸起,直指长空,组合在早期修长的爵体上,使器物更显峻拔典雅。三、四期时这种管状流就逐渐消失,爵身变得简洁,口部的流逐渐加长、加宽,与后期粗矮的爵体搭配呈现出端庄、凝练之美。从鬶演化而来的盉也体现了庄重典雅的风格。《礼记·明堂位》记载:"灌尊,夏后氏以鸡夷(鸡彝)。"鸡彝是陶鬶,因为鬶常为雄鸡状而命名。鸡彝又指盉,盉是陶鬶的另一种变体发展。与爵相比,它更多地保持了鬶昂首高鸣的雄鸡状。盉的头部加了盖,加上直立的管状流,鼓鼓的袋状足与之组合,表现得圆浑饱满,而且盉腰颈部经常配弦纹、附加堆纹以凸显部位的转换与腰部的内收,这给凝重的盉增添了几分轻盈的动感,在圆浑之中注入轻雅之风。

　　第三,动静相宜。中国古代器物基本是主静的,在静默中并不乏韵律百变的动势,其动态承载在造型与纹饰的变化中,需要通过审美者的想象才能完成。静中观动,动中显静的审美方式丰富了器物的审美内涵,也提高了人们的审美想象力。夏代陶器对动静关系的运用出类拔萃,简单的造型与纹饰能带来丰富的审美享受,诀窍在于夏代陶器线条变化中静与动的相生相宜。

　　动静相宜的特点首先表现在夏代陶器的纹饰布局上。夏代陶器纹饰布局变化多端,时而把纹饰刻划在圆腹中,颈肩部与下腹部全部留白,凸显出圆腹的浑厚饱满;时而把纹饰布置在下腹部,上部留白,装点出器物的沉稳凝重;时而全身磨光,錾部留纹,给器物平添几分精致神气;许多盉、爵喜欢在腰部留纹,加深了它们的腰部内收效果,更显轻盈秀气。空白的沉静与纹饰的装点变化相配合,动静交杂、虚虚实实地谱写陶器的变奏。

---

　　① 参见中国科学院考古研究所洛阳发掘队:《河南偃师二里头遗址发掘简报》,《考古》1965年第5期。

　　夏代陶器对称、均衡的器型给器物带来沉稳、规整的静感,特别是磨光的陶器。夏代的豆与瓿经常是磨光无纹,器物显得简明安静。这种庄严肃穆的静默感又常被几圈小小的弦纹击破。装饰在豆与瓿柄上的弦纹,只是一圈围绕在器物上的圈形阴刻纹,刻在圆形器物的颈、肩、腹部,与器型正好吻合,强调了圆形器物的环绕回旋之意,稳定了圆形器物的圆状。但弦纹能随着器型的变化改变着自身的直径,一圈一圈看过去像水面被石子激起了涟漪,动与静之间,把握得恰如其分。这一圈小小的弦纹能激起器物的动感,但它并不热烈夸张,因为它本身就是规则几何图形,天生就带着规范性,因此弦纹的装饰稳重而不激昂。绳纹、篮纹、方格纹等几何纹稍微复杂些,却也有规律可言,都有质朴、静谧、静中求动的审美风格。夏代陶器仿生纹为数不多,而以几何纹为主。夏代几何纹形体较为固定、简单,但它们的变换同样体现出动感,只是它们并不追求夸张,而是在线条的沉静中有节律地彰显一种简约而冷静的动态。

　　正是在动静相生相宜的节奏变化中,夏代陶器凸显出其规整典雅的审美风格。无论是纹饰错落有致的布置,还是几何纹简单规范的搭配,夏代以几何纹为主的灰陶、黑衣陶器更多地表现了静穆沉稳的特色。这种静穆沉稳的动静交汇方式给予了夏代陶器独特的审美特色,表现了夏代先民的内敛与沉稳,为夏代审美增强了人文性。

　　第四,方圆相生。夏代陶器上,方与圆两种审美因素的映衬、配合表现了先民们最初方圆体分的审美心理。无论是在造型还是在纹饰上我们都可以看见夏代的陶器艺术家对这两种形式的注重。夏代的陶器艺术家在陶器造型上逐渐有区分方圆两种造型的意识,所以出现了圆杯、圆腹罐、圆盆与方鼎、方杯、方盒等的对比。纹饰上也有从圆形的云纹、弦纹到方形的方格纹、雷纹等的变化。

　　夏代人继承了前人的审美趣味,陶器多塑为圆形,并把器物的圆形塑得更加规范与复杂。夏代陶器从平底向圜底、从折沿唇向圆唇的演变正说明了这一点,圆形器物要力求做到更加圆满,使之首尾圆合,条贯统序。更可贵的是夏代人在向圆的追逐中见到了另一种形式的重要,方形陶器与方形纹饰的出现,预示着"方"作为与"圆"相对应的一种塑形因素已进入艺术领域,并占据重要地位。

有些陶器自然地融合了方圆两种形式,利用方圆两种形式的审美特征相互配合,衍生出新的审美风格。二里头 83YLIVT18③:1 出土的四足方鼎,打破了此前鼎为圆腹的常规,它的腹为四方体,口沿有一对竖耳,四个舌状足支撑在下。腹部四面皆有双阴线刻成的一块大矩形,大矩形中又有一个四角近圆的小矩形,小矩形中有一朵花形的图案,花蕊为圆形,月牙形花瓣按顺时针方向旋转,像转动的火轮。方的端正,能给人整齐划一、规范严整的美感,方鼎上的圆形图案中和了方鼎的呆板,使方鼎规整而有变化。此外,还有其他的方形纹如菱形方格纹也是夏代陶器上常见的纹饰,它们可以给圆形器物增添几分庄严肃穆的氛围。

圆方具有不同的意蕴。先民们对圆方的钟爱可能直接来自独立于巫术意识的审美体验,圆形表示生生不息、循环不断、周而复始、无始无终的宇宙观与生命观;方形代表严肃正直、刚正不阿、稳定安乐、静默威严的面世情怀。圆方各行其是,表现出不同的文化韵味与审美韵味。从夏代的陶器上,我们可以发现中国人效法自然的"天圆地方","规之以圆,矩之以方"的文化心理已有萌芽。正是因为有夏代先民对圆、方体感性的抽象,并将其投射到器物上,让人们在对器物的观照中对其反复涵咏,才会形成后人对圆方的理性思辨,赋予圆方意象中丰富的文化内涵。

规整朴实的夏代陶器器型与规整灵动的夏代陶器的纹饰相结合,于沉静中求变化,于多样中求定型,动静相宜,方圆相生,在线条的规范与变化中造就了夏代陶器庄重典雅的艺术风格。夏代陶器得到了普遍使用,它在礼器与生活用品中都占有很大比例,这使夏代陶器呈现出质华交错的两极差异,表现了夏代等级文化的形成。质华交错的等级差异风格与庄重典雅的稳定规整风格传达出夏代专制文化初步形成期的冷静沉稳、威严肃穆的精神风貌。

总之,夏代陶器工艺在新石器时代的基础上取得了长足的发展,其制陶工艺复杂多样,器型丰富多彩,纹饰精致多变,但同时它又呈现出返璞归真的倾向。夏代陶器艺术表现出夏代先民高度发达的审美思维能力与丰富广博的审美想象力。夏代陶器器型中仿生性特征淡化,造型趋于规整和稳定,注重细节变化,并向质朴与精致两极裂变。夏代陶器纹饰以平实生动的几何纹为主要特色,想象瑰丽的仿生纹、精致神秘的刻划纹是其补充。在方圆相生、动静相宜的创作风格中,质华交错、庄重典雅的夏代陶器展示出夏代专制文化初步确立所具有的冷静沉稳的精神面貌。夏代陶器艺术在陶器史上占据着重要地位,也为商代陶器与青铜器的繁盛奠定了坚实的基础。

第四节　玉　器

　　夏代出土的玉器迄今为止并不算多,但明显具有多元文化因素的特征,它在吸收史前玉器审美特征的基础上进一步发展,形成了自己鲜明的特色。20世纪50年代以来,我国考古工作者对夏代晚期的二里头遗址进行了多次发掘,获得了第一手资料,揭开了夏王朝玉器文化的面纱,并能和古代文献相印证。因此,目前所知的二里头文化玉器,就是夏代玉器的代表。二里头文化玉器说明,随着夏王朝作为第一个统一的国家出现,玉器具有作为礼器的文化内涵,而且有许多创新。当时的玉器集合新石器时期和周边地区同时期各地玉器之精华于一身,并由以周边地区为主体的玉器制作和使用,向夏王朝腹心地带转移,显示出夏王朝强大的地位和实力。在青铜礼器出现以前,玉器作为最重要的礼器在中国社会发展中起着重要的作用,每件玉器都闪烁着文明之初人类社会发展的信息,是人们价值取向、审美意识最完美最真实的体现。作为中国文明社会第一个朝代的玉器,是新石器时代玉器的历史总结,为商代玉器的发展奠定了基础,从中起着承前启后的作用。夏代玉器的总体特征是古朴庄重,但有一些器物上的造型、纹饰和风格较之史前有了创新,已经逐步脱离了史前的玉雕形式,开创了玉器审美特征的新纪元。

一、造　型

　　与史前玉器相比,夏代玉器中的璧、琮已经明显衰微,在二里头遗址中甚至已经找寻不到或很少见到它们的踪迹了。但夏代玉器出现了玉戈这样的器型,并且在二里头文化中发挥了重要作用。夏代以仪仗、装饰用玉为主,而其中的牙璋、钺、多孔刀、柄形器及绿松石饰等尤其醒目。与良渚文化相比,夏代玉器的巫术风格不太浓重,它更侧重于作为祭祀和礼仪等庄重和严肃场合的用玉。夏代玉器在器物的造型特点上,主要表现在以下几个方面:

一是注重对称。戚、钺、牙璋、刀和戈上的齿扉装饰不仅上下对称,而且还保持了左右对称。二里头遗址五号坑出土的玉钺,呈圆弧背,两侧逐渐外侈呈宽刃,每侧有扉牙两组,每组为三齿,呈对称状;刃呈莲弧形,分四段,左右均衡对称。这几种器物当中,齿状饰最为瞩目的当属牙璋。二里头三、四期出土一件玉璋,每侧扉牙复杂,上"阑"扉牙一般以左侧保存较好者为准;下"阑"可分为两小部分,下端为高开口兽首形,首顶有两个对称的小扉牙"鬃",上端为接近但还未完备的兽首形,上"阑"上端上折,下端为一组两个小扉牙,两"阑"之间也有一组两个对称的小扉牙"鬃"。这时,对称已经从原始的审美状态上升为人们有意识的追求,并在生产和生活的许多方面得到了体现。

二是轮廓和线条流畅,富于动感。2002年春在偃师二里头遗址中心发现的一件绿松石龙形器就是一例。此器的龙头较托座微微隆起,略呈浅浮雕状,为扁圆形巨首,吻部略突出。以三节实心半圆体形的青、白玉柱组成额面和鼻梁,绿松石质蒜头状鼻端硕大醒目。两侧弧切出对称的眼眶轮廓,为梭形眼,轮廓和线条非常富于动感。另外,在二里头村东南高地上的二里头文化三期,出土玉柄形器1件,该器为白玉制成,扁长条形,柄部较薄,两侧束腰,顶部较宽,两侧略圆。器身一侧较薄而圆,另一侧厚而方,末端较薄。整体造型轮廓和线条都极为简练明晰,飘逸灵动。

三是器型大而薄。夏代玉器器物大、长、薄,以片状、长条状的几何形体居多。如斧、圭、刀、璋、戈等,显示出夏代先民在玉器造型中的平面意识。二里头文化中不乏恢宏之器,其玉刀长均在25厘米以上,尤其是C型和D型长均超过50厘米,最长的一件刃部已达65厘米。二里头文化的牙璋体长一般也在50厘米左右,最大的一件体长达到了54厘米。另一方面,这些器物的厚度表现得与本身不甚协调,如玉刀和牙璋的厚度一般在 0.5 厘米左右,与器型的硕大相比,比例失调,不具备实用性。

四是高超的玉器镶嵌工艺。夏代的绿松石镶嵌工艺可谓精美绝伦。1987 年发现的片形青玉半月形器,中部有一圆孔,孔内两面嵌满圆形绿松石,有的玉钻孔内也镶绿松石,展现了夏代典型的玉器钻嵌工艺。前文提到过的龙形器,总长达 70.2 厘米,全身用 2000 余片各种形状的绿松石片组合而成,头部用绿松石拼合出有层次的图案,器体用绿松石组成菱形纹样,尾尖内卷,起伏有致,形象生动,精妙别致,开启了商代玉器镶嵌绿松石工艺的先河。

总之,夏代玉器的造型,在继承中更注重创新,突出强调了玉器的礼仪性功能。如牙璋、玉圭和玉琮在造型上讲究对称和规整,器型普遍大而薄,具有古朴庄重的审美特征,一方面表达对神的敬意,另一方面则是人自身权力和身份的象征,蕴含着礼的精神特质。在造型装饰上的表达也能与时俱进,轮廓和线条流畅,并开始使用镶嵌绿松石的工艺,进一步丰富了夏代玉器的审美表现力。

二、纹 饰

夏代玉器在形制上早晚期有比较大的分别。这主要从二里头文化一到四期就可以看出来。早期玉器器型比较单一,多素面无纹,形体不甚规整,器物平面与器壁薄厚不均。晚期玉器器型多样,许多器物上出现了阴线雕琢,浅浮雕、圆雕及嵌绿松石等花纹装饰。常见的是在玉璋或玉刀等器物上的细线平行阴刻纹饰,其阴刻细线细如发丝,线条极其规整娴熟。有些玉器的浅浮雕装饰上还有琢磨成平行的直线或圆弧线,而圆雕的人物和鸟兽形玉器雕工浑厚质朴,古拙厚重之气迎面扑来。其纹饰主要体现了以下几个特点:

第一,抽象化和象征性的线条刻划,构成简略而精致的纹饰构图。夏代的纹饰由早期的生意盎然、流畅自如的写实和仿生纹逐渐演变为庄严沉重的虚拟纹和抽象纹,显示出权威统治意味的加重。具体说来,夏代玉器纹饰主要有直线纹、斜格纹、云雷纹和兽面纹。云雷纹见于玉圭,兽面纹见于兽面纹柄形饰,直线纹、斜格纹见于玉刀、玉戈、玉圭等。这些纹饰大多线条简约流畅,富于抽象感。如二里头遗址三区二号墓出土的玉圭,其二圆间穿以细阴线刻划的菱形四方连续式云雷纹,琢刻精致,立体感强。据后代文献记载,夏代的玉圭一般用于祭祀云神,因土地需山川之气而致时雨,云行雷响方能有雨,故刻划云雷纹以象征云神。而兽面纹以象征手法夸大其头部,强调五官,尤其擅长抓住其眼部特征局部放大,作"臣"字形眼,钻圆圈眼瞳,其装饰趣味和象征趣味相得益彰,使礼的威严和审美情趣融为一体。

第二,多用阴线雕刻、浅浮雕和镶嵌绿松石等手法构成装饰。二里头文化的玉器表面光素的居多,少数器物如刀、戈、牙璋、柄形器等,饰有直线刻纹和浅浮雕兽面纹等。玉刀上的刻纹主要是由数组阴刻直线组成,即在两组阴刻直线间由数组交叉的直线构成菱形图案。玉戈上的刻纹多为阴刻细直线,位于援的后部。牙璋上的刻纹位于阑部或两阑之间。与其他器物不同的是,玉璋的刻纹是阳刻直线,贯通左右齿状饰。这几种器物上的刻纹都是笔直的,线条的粗细与深浅始终如一,非常规整。很多柄形器上的兽目和花瓣纹用浅刻和浮雕刻成,线条流畅,磨制细腻,形象生动。有学者认为,这是用能够高速旋转的"砣子"制作的。

绿松石饰是贯穿整个二里头文化的玉器种类,三期的绿松石数量最多。很多物品装饰镶嵌有绿松石。龙形器饰物由两千余块绿松石饰片组合而成,龙身略呈波状起伏,中部有稍微隆起的脊线,左右两侧由里到外略微向下倾斜,外缘边线立面粘嵌着一排绿松石片。由绿松石片组成的菱形纹饰象征着龙的鳞片,连续分布于全身,每片绿松石片都是经过精密加工而成的,正反两面均十分平整光滑,加工工艺精良。

第三,因形赋纹,因材施艺。1975 年发现的二里头文化三期出土的玉柄形器,用青玉制成。外形似四棱鞭,两面上下同宽,两侧上端稍窄。器分六节,每节粗细不同,饰有相同的兽面纹和花瓣纹,组配匀称。第一节两侧稍窄,每面中部有两道纵刻线,组成八个长方形花瓣,首部扁平,中部内凹,下端有一周凸弦纹。第二节每面有半个单线和双线雕刻的兽面纹,刻线相连,组成两个完整的兽面纹,下面各有一周细凸弦纹。第三节每面中部刻成两个花瓣纹,上下各有一周细凸弦纹。第四节纹饰与第二节相同,唯兽面纹的方面用浅刻和浮雕方法雕刻成一个完整的兽头,两面的兽头形象生动,两侧为变形兽头。每节之间器身束腰,中间有一周细凸弦纹,让这件玉柄形器散发着一种厚重而不失精致的美感。二里头文化的玉器以网格阴刻线为主要特征,这件器物根据玉料的颜色、质地和大小既雕刻了阴刻线,又采用了双线雕甚至浅浮雕的技法,代表了当时最为先进的治玉工艺。

夏代玉器纹饰内容丰富,形象生动,精美绝伦,不仅深刻反映出当时人们的生活习俗、思想观念,也表现了成熟的琢制工艺和独特的审美情趣。抽象的线条与形象生动的纹饰给玉器艺术带来了更大更自由的表现空间。在布局上,夏代玉器艺术充分考虑了器物的用途、性质,以突出、强调它们在政治和宗教祭祀上的意义;同时也考虑到器物的形状、体外轮廓线的变化,因形赋纹,为夏代玉器文化注入了新的内涵,并在另一种意义上反映着夏代人的精神追求和生命意识。

三、风 格

夏代玉器的艺术风格承袭了新石器时代的审美风尚。就造型风格而言,玉圭的方形结构和钻孔的审美形制是龙山文化玉圭的延续,玉牙璋则是龙山文化铲形器的完善化和复杂化,玉琮的方圆构形则受到了良渚文化的深远影响。就纹饰风格而言,以兽面纹为例,其橄榄形眼眶与石家河玉器相似,其宽鼻翼和阔嘴巴又直接脱胎于龙山文化石锛。对于夏代玉器的整体艺术风格问题,杨伯达先生曾说:"从其前后玉器工艺美术的发展情况来看,夏代玉器的风格,应是红山文化、龙山文化、良渚文化玉器向殷商玉器的过渡形态,这从二里头遗址出土的玉器可以窥见一斑。"[1]另一方面,夏代玉器在继承新石器的基础上形成直方的独特造型和神秘的兽面纹饰,对商周玉器的创造产生了久远的影响。因此,夏代玉器也具有自己的时代风格和审美特征,大致有以下几个方面:

---

[1] 杨伯达:《中国玉器的发展历程》,见《中国美术全集》,文物出版社 1986 年版,第 6 页。

　　第一，整体风格古朴庄重。夏代玉器的用途种类大都为礼仪器，并且造型规整，纹饰庄重，蕴含着礼的精神特质。夏代玉器中有许多专用的礼器，如玉牙璋、玉圭和玉琮等，也有一些形似实用器型的礼仪器，如玉戈、玉钺和玉刀等，一般形制较实用器大，并且多数光素无纹，表面光洁度极高，玉质莹润细腻，极富立体感，给人一种古朴庄重感。这些玉器多用来祭祀和殉葬，一方面表达对神的敬意，另一方面则是人自身权力和身份的象征。有学者称夏代器物"厚重而不失精致，形体规整而又显得大方"①，正是这样一种风格，让我们窥视到夏代先民在器物创造中理性思维逐渐形成的痕迹，从而实现了器物的庄重风格和现实社会权力等级制度威严的统一。

　　第二，凝重与神秘交融。从纹饰上来看，夏代玉器初始装饰以成组的阴刻细线，后变为云雷纹，且在两侧雕出复杂的齿扉，还用浅浮雕的方法刻成凶恶的兽面纹，尤其是变形的兽面纹，用夸张手法处理的两眼圆瞪，有一种狰狞神秘的庄严。从造型和用途种类上来看，夏代玉器也多沟通天地的宗教法器和社会生活中的仪仗礼器，极具凝重神秘感。如二里头四期出土一件整体为一猛兽形象的器物。圆角梯形，瓦状隆起，两侧各二钮。以青铜铸成兽纹镂空框架，镶嵌绿松石片，出土时绿松石片全部悬空。其头端窄而身部宽，圆头，两眼圆睁，弯眉，虎鼻状直鼻，下颌有利齿数颗，身有鳞状斑纹。镶嵌 400 余块长条形、方形和三角形绿松石片，厚约 0.2 厘米，多数十分细小，大者宽仅 0.5 厘米左右，它们排列致密有序，镶嵌十分牢固，给人以栩栩如生之感。此件铜牌从整体看，形象凶猛、威武而生动，充满神秘感，是件工艺精湛、艺术水平高超的珍宝。夏代社会浓厚的礼制风尚和等级观念，使其玉器所透显的人文意识之中始终笼罩着一层浓厚的庄重感和神秘感。

　　第三，既具有统一性，又具有地域风格。夏代玉器在统一风格的基础上，又受各地区的影响而形成了各具特色的地方风格。杨伯达先生说："到了夏代，出现了第一个统一的中央王朝之后，玉文化的形式亦发

----

① 郑杰祥：《新石器文化和夏代文明》，江苏教育出版社 2005 年版，第 377 页。

生了相应的变化,遂而出现了统一的玉文化,或与地方玉文化暂时并存,对峙。"①夏代作为一个统一的多方国国家,其文化必然是统一性和多元性并存的文化。如前文总结的玉器器型的大而薄,流行装饰齿扉和镶嵌工艺等。同时,不同时期和不同地区,器物的艺术风格也呈现出多样统一的审美特征。如山西襄汾陶寺遗址出土的夏代玉器多为装饰类的臂环、玉管等,而少礼仪器,呈现出祥和的氏族审美风味;山西神木石峁遗址的夏代玉器则多璧、牙璋、钺和多孔刀等,形制和风格倾向于庄重和威严,使灵物与政权统治、等级礼仪紧密相连,巫术性与人文性相交织;河南偃师二里头遗址出土的玉器,种类增加,工艺精细,风格多样,达到了更高的艺术水准。

夏代玉器的风格明显代表了那个时代的发展要求,总体上呈现古朴凝重、具有宗教化和神化的特征,既体现了王权国家大统一的审美风格,同时不同时期和地区又呈现不同的审美风尚。正是这些风格的高扬,形成了独具特色的夏代玉器审美文化,并深深影响了后来蓬勃发展的商代玉文明。

总之,夏代玉器在造型、纹饰和风格上都有了自己长足的发展,由此而衍生的自发、朦胧的人本意识初步萌芽,为人本意识在商周时代的解放奠定了基础。从审美风格的转换而言,是古代玉器发展史承上启下的交替时代,许多具有独创性的造型和装饰工艺对商代及以后的器物产生了广泛而深远的影响。作为一个特定的历史年代来考察,夏代乃是上新石器时代和作为信史的商周时代之间的关键一环。

第五节　青　铜　器

在夏代晚期,先民们已经具备对青铜器进行规模生产和铸造的能力。夏代偃师二里头宫殿基址附近发现了三处铸铜作坊的遗址,并有炉壁残块、铜渣块、陶范等出土,1983—1984 年期间清理出四处较为完整的铸铜工作面,其中最大者长 16 米,宽 6 米②,由此可见当时青铜器铸造的规

---

① 杨伯达:《中国和田玉玉文化叙要》,《中国历史文物》2002 年第 6 期。
② 参见中国考古学会:《中国考古学年鉴 1985》,文物出版社 1985 年版,第 163 页。

模。技术方面,夏代二里头文化时期的先民已经掌握了使用陶范进行青铜器铸造的技术,青铜礼器如爵、斝等采用双范和三范的铸造方法,[①]奠定了商周青铜器型的基本形制。铸造场所的固定和块范铸造技术的采用,标明夏代青铜器铸造已初步发展,逐渐走向"铜石并用"时代。据《左传·宣公三年》载,夏朝"贡金九牧,铸鼎象物";《越绝书·记宝剑》中则说夏禹"以铜为兵"。夏代青铜器以礼器和兵器为主的铸造模式奠定了商周青铜器礼器和兵器两大类的主格局,显现出中国青铜艺术幼年期所独有的原始拙朴、简约抽象、冷静自然的艺术风格。

一、造型特征

夏代是青铜器的滥觞时期,此时已经呈现出以礼器和兵器为主格局的轮廓。在其代表文化二里头文化遗址中,青铜礼器包括鼎、斝、爵等,青铜兵器包括戈、戚、镞、钺等,此外还有青铜乐器铜铃,装饰器兽面纹牌和少量锛、凿、刀等青铜用具。从其类别的分布来看,夏代青铜器依然有着浓厚的实用器具的意味,而这一点在其造型特征中也有体现。一些青铜器型是直接对陶器和玉、石器的模仿,简单朴素,实用意味明显。同时,也有一些青铜器逐渐摆脱了实用性的束缚转向礼仪性的表达,比如青铜兽面纹牌、镶嵌十字纹方钺等。总体看来,夏代青铜器的造型呈现出以下特点:

首先是青铜器中陶器和玉、石器意味逐渐淡化。夏代青铜礼器的造型最初受到陶器的影响,直到二里头三期,才有了青铜礼器的出现。而陶器作为夏代二里头文化出土最多的器物,完整和已复原的陶器达三四千件,[②]是当时先民的日常生活器具。制陶业的发达和成熟使先民们对器物构型的基本思维得以树立,青铜器作为较晚出现的器物,受此影响很深。多类青铜礼器的身上都可以看到各类陶器器型的影子。目前所见的青铜鼎有两类:一为青铜三足云纹鼎,藏于上海博物馆,器型矮小、足短腹

---

① 参见宫本一夫:《二里头青铜彝器的演变及意义》,见《二里头遗址与二里头文化研究》,科学出版社 2006 年版,第 209—211 页。

② 参见郑光:《二里头陶器文化论略》,《二里头陶器集粹》,中国社会科学出版社1995 年版,第 2 页。

深、口沿平直;另一为三足方格纹铜鼎,出土于二里头遗址 M1,器型高瘦、平底长足、口沿平直。这两类鼎均为三足圆鼎,有两立耳。两类青铜鼎的祖型就是同时代的陶鼎,其鼎腹的形制、鼎足位置的安排、口沿的特征,均对陶鼎有颇多继承之处。上海博物馆所藏夏代晚期的青铜束腰爵,素面无柱,腰部略束,通体扁圆,以曲线为主,"没有形成青铜器所特有的准确造型和挺劲的轮廓线,也未经精工磨砺"①,其基本特征和二里头三期的陶爵一致——束腰,流部粗短,造型圆浑拙朴。另一方面,夏代青铜兵器则多来源于玉、石器的造型。"以石为兵"有着很长的历史,青铜的出现为兵器制造提供了新的材质,渐渐被铸造成兵器,供贵族作战时使用。由于兵器的造型已经固定,夏代先民便直接制作类似玉、石兵器型的陶范,浇铸成为青铜兵器。

进入夏代青铜器铸造的后期,陶器和玉、石器的造型对其影响逐渐式微。随着夏代先民对青铜这一材质属性的掌握以及铸造技术的提高,他们生产的青铜礼器逐渐摆脱了陶器形制的束缚。一方面,青铜礼器外形线条变得硬朗伸展。作为金属的青铜具有较好的延展性和坚硬度,夏代陶器限于材质无法实现的直线线条和高度拉伸在青铜器上得以实现。二里头三期青铜爵有的流部较短、足部粗笨、爵鋬宽扁,没有爵柱,这些部分的设计明显受到陶爵的影响,显得笨拙不堪。但是到了二里头四期,出现了流部细长、足部劲健、爵鋬细瘦的爵,同时还出现了爵柱,这时的青铜爵造型挺拔高挑,线条清晰硬朗,各部分比例与后世的铜爵差别已经不大。另一方面,青铜兵器的铸造也取得较大发展,其中的重要原因是青铜的贵重使青铜兵器渐渐转为礼仪所用。出于礼仪的功用,新纹饰和新工艺的出现提升了青铜兵器的审美价值。青铜戈的内部不但有玉、石戈所具备的弦纹,还出现了曲线构成的云纹(二里头 75YLIVKM3:2);采用新的工艺镶嵌十字纹的方钺更是作为贵族权势的象征,以绿松石十字纹和青铜的结合赋予了青铜钺庄严高贵的审美特质。可见,在夏代青铜器发展进入二里头四期的时候,青铜礼器已经完成了"类陶器"向青铜器的转变,

① 陈佩芬:《夏商周青铜器研究》上,上海古籍出版社 2006 年版,第 7 页。

青铜兵器也逐渐完成了部分兵器由实用器向礼器的转变,为商周时代青铜礼器进入鼎盛时期奠定了基础。

其次是功能与美观的统一。夏代青铜器多在礼仪中具备实用功能,其造型设计不仅便于使用,而且还高度美观。常见的青铜礼器如爵、鼎、斝等,它们的重心处于器物的几何中心偏上的位置,不但保证了器物的平衡稳定,而且还有一种与陶器风格迥异的挺拔丰姿。有些器物则通过巧妙创造和结合一些部件使其更为美观,如进入二里头四期之后,青铜爵出现了流与口沿相接处竖立两柱的特点。爵的两柱最初具有加固流与器身相接合的实际功用,①但从审美的角度看,一侧一个对称爵柱的设置给人造成一种视觉上的分割——爵柱成为铜爵上端视觉的焦点,使两端都更为开阔和延展。此外,在青铜鼎口沿设立两耳,本出于实用的设计,对称的双耳客观上填补了铜鼎上端的空白。铜鼎的祖型——陶鼎本来是没有双耳的,二里头文化出土包括陶鼎在内的陶器,双耳多在器身,尚未发现口沿设耳的现象,而目前可见的夏代青铜鼎均在口沿设有两耳。青铜鼎中空的双耳和浑圆的鼎腹一虚一实、一小一大,成为铜鼎有力的点缀,从而奠定了商周青铜鼎口沿设双耳的基本形制,是功能与美观统一的典范。

夏代青铜器常见的器型有鼎、爵、斝、戈、钺、镞等,既呈现出与陶器和玉、石器和谐一致的气息,又散发着独具特色的新意。在造型上经历了从模仿陶器和玉、石器向具备独立特点的发展过程,夏代青铜器逐渐摆脱了陶器和玉、石器形制的束缚,为后世青铜器的基本造型树立了楷模,体现出夏代先民在器物造型上由承袭向创新的转化。夏代青铜器发展中礼仪性的不断加强使青铜器的很多设计在肩负实用功能的同时,又具有很高的审美价值,实现了功能与美观的统一。

二、纹饰特征

夏代青铜器由于处在草创阶段,纹饰简单、创新变化较少,多承袭和模仿同时期的陶器纹饰,但在纹饰的载体和制作手法等方面已有所创新,

① 参见李济:《俯身葬》,见《李济考古学论文集》,文物出版社 1990 年版,第 263 页。

这在青铜兽面纹牌上表现得尤为明显。夏代青铜器纹饰以几何纹为主，包括弦纹、圆点纹、云纹等。而兽面纹的出现成为商周青铜器兽面纹的滥觞。夏代青铜器的纹饰具有以下三个方面的特点：

一是抽象性。夏代青铜器的纹饰分为几何纹和动物纹两种，都富有高度的抽象性。夏代青铜器上几何纹的运用受到夏代陶器的影响颇多，承袭了夏代陶器纹饰的线条特点。以简约的几何线条构成纹饰，充分体现了抽象性的特征。弦纹在夏代青铜器上出现较为频繁，为一条或数条，多出现在爵、斝的颈部，与圆点纹组合呈带状。在兵器上也有弦纹的出现，二里头出土的青铜直内戈（Ⅲ采：60）内部有一个长方形的穿，后面有四道弦纹。圆点纹是夏代青铜器特有的纹饰，其来源可能是夏代陶器凸点状的直线绳纹，均为单列，和弦纹形成带状分布，点与线的结合显得抽象简洁、灵动流畅。云纹见于两个三足云纹鼎上，以一阳文线圈为中心，两条曲线环绕线圈向斜前方和斜后方拉伸，呈近似斜角目纹状，每个云纹与前后的云纹相互勾连，环绕器壁，形成带状，图案线条流畅自如，具有高度的抽象能力。

夏代青铜器上的动物纹饰，同样具有高度的抽象性。这类纹饰见于二里头出土的青铜兽面纹牌上。青铜兽面纹牌的图案由绿松石镶嵌而成，呈左右对称分布，除一双圆鼓的兽眼外，动物的面部和身体均被高度地抽象变形，整体凝练紧凑。夏代陶器中已经出现了立体的动物造型，二里头两个透底器92YLⅢH2∶1 和92YLⅢH2∶2 上塑有蛇形小龙，四系尊91YLⅣH6∶1 的肩部有一立体的兽头，该兽头经过抽象变化只有圆鼓的双眼可辨，耳口鼻等均模糊简化。可见，夏代青铜器动物纹饰的抽象性特征并非偶然的创造，而是手工业经过长期发展，先民艺术创造力不断凝练进步的结果。

二是单一性。青铜器在当时贵重稀少，不可能大量制造，其铸造工艺也无法丰富多变，这在纹饰方面尤为明显。夏代青铜器纹饰不但图案具有单一性，而且其纹饰位置也多雷同。其中所见的圆点纹、弦纹、云纹、方格纹等出现的形式很少有变化。如富有特色的圆点纹和弦纹的组合纹饰，在铜爵、铜斝上均可见到。这种组合纹饰为一列圆点纹等距分布在中间,两道弦纹在其上下平行分布形成带状,不但图案固定,且分布位置大体一致,往往在爵的腹部或者斝的颈部出现。这一组合中未见两列或多列圆点纹中间不加弦纹直接排列。不但几何纹饰如此,动物纹饰同样也缺少变化。二里头出土的青铜兽面纹牌,大小基本一致,均作圆角矩形,中间弧线束腰,外型线条柔和弯曲。兽面纹形制相近,双眼均安排在一侧的大约三分之一处,躯干和其他部位用卷曲的线条来表示。虽然细节有些不同,但是其布局和运用的手法极为相似,是夏代先民抽象思维能力的展示,具有一种高度抽象的神秘感。

三是合成性。青铜镶嵌工艺的出现,使夏代青铜器纹饰具备了合成性,并赋予青铜器纹饰图案和载体以新的艺术生命力。国外同类的镶嵌工艺即马赛克(Mosaic)最早出现于公元前4世纪,马其顿王国城市埃格(Aegae)宫殿的地上出现了由各类宝石镶嵌地板构成的图案。早在新石器时代的马厂文化中我国已出现镶嵌工艺。该时期出土的一个镶嵌绿松石的彩陶罐,在罐的口沿和颈部等距镶嵌绿松石,口沿4粒、颈部6粒,可以看出当时镶嵌技术已趋成熟。而二里头出土的青铜兽面纹牌和镶绿松石十字纹方钺,其工艺则已经超越陶器上的镶嵌工艺——以镶嵌物构建图案。这时,镶嵌物不再是整体器物本身的点缀,而是描绘纹饰的主要因素。绿松石纯净明亮的蓝绿色泽和青铜厚重庄严的深色质地相映衬,淡化了青铜拙朴凝重的风格,增添了明亮丰富的审美意味,成为我国青铜器镶嵌工艺发展的开端。

总之,实现礼仪、实用和美观兼顾的夏代青铜器铸造工艺中,纹饰不再具有石器时代常见的具象的仿生纹饰,而是以一种抽象的形式固定下来,展现了夏代先民抽象的创作思维能力。与夏代变化丰富的陶器纹饰相比,由于技术方面的限制,青铜器纹饰的形式缺少变化,显得简约单一。在纹饰的承载对象和表现手法上,夏代开创了青铜镶嵌工艺的先河,对青铜器的铸造工艺意义重大。

三、艺术风格

夏代生产力水平低下、青铜铸造技术不成熟,青铜兵器和礼器的生产和铸造数量极少,是贵族在战争、礼仪中使用的器具。青铜器凝结了夏代先民的智慧和他们对审美的追求。这些青铜器脱胎于同时期的陶器和玉、石器,有着自然拙朴的风格。在造型纹饰上,夏代青铜器未见写实的表达,而更多地体现了夏代先民们抽象的思维能力。其独特的艺术风格,主要体现在以下三个方面:

第一,原始拙朴。夏代青铜器体现出夏代国家初建时期的一种拙朴的韵味。这种自然拙朴的韵味和夏代陶器的质华交错、厚重典雅不同,夏代陶器经过新石器时代的发展成熟,已经大规模地生产使用,器型逐渐稳定,纹饰变化丰富。其主要的特点在于,器型创制尚不规范、细节把握尚不精确、器物表面也不够光滑和规则。此外,由于技术的限制,青铜器器壁较薄,在视觉效果上无法呈现出陶器厚重沉稳的审美感受。上海博物馆所藏鼓腹三足青铜斝,粗壮的腰部和中空的三足也显得饱满挺拔,口沿外展,上饰两柱。该青铜斝口沿部此时未形成规则的圆形,两柱大小形状略有差异,斝的底部和斝足补丁状的补旧颇多,这种不规则的形状、不均衡的形态以及易残损的性质是早期青铜器技术不发达所致,也使它显得质朴笨拙,与商周青铜器的精工巧做形成鲜明的对比。夏代二里头三期出土的铜镞 VH108∶1,两侧带翼,主棱呈菱形柱状,可以看出该铜镞造型仿自二里头文化的石镞,与石镞的光滑锋利相比,铜镞刃部不够锋利,且镞身未经打磨,加上青铜本身质地粗重,使铜镞显现出朴实粗拙的韵味。无论是青铜礼器还是青铜兵器,处在初创阶段的夏代青铜器器型没有太多的变化,细节部分把握不够精准,外表往往未经打磨,显现出一种原始拙朴的审美风格。

第二,简约抽象。在器物外形线条和纹饰形态上,夏代青铜器都具有简约抽象的艺术风格。在器物的外形方面,夏代青铜器往往取法于陶器和玉、石器,渐渐由模仿陶器流畅的弧形线条不断向青铜器应有的屈折挺劲转变。从实用出发是夏代青铜器物的特点,这决定了其简约的风格,如鼎的口沿设立双耳是为了方便移动和携带;爵的流口部出现双柱是为了把爵铸造得更为坚固。夏代青铜器简约抽象的风格特征在纹饰方面更为明显。首先,出现的纹饰以几何纹为主,每件器物往往只有一处施以纹饰,而且在相对固定的位置,如爵的腰部、斝的颈部、戈的内部等,变化较少。其次,动物纹具有很强的抽象性,青铜兽面纹牌的兽面纹以绿松石排列组成图案,无法从图案中直接判断所描绘的是何种动物,甚至难于分辨其面部和身体的各个部分,但是一双圆鼓有力的兽眼又向我们显示这的确是一幅兽面纹图案。兽面纹的出现表明先民早在夏代已经具备对物象抽象组合的能力,并且以平面图案勾画兽面,开创了中国青铜器兽面纹的先河。

第三,冷静自然。夏代青铜器多用于礼仪,坚硬的质地,未经打磨的表面显得深沉凝重,加之纹饰较少,使夏代青铜器具备了一种冷静自然的审美风格。上海博物馆藏的数件青铜斝,颈部瘦长、锥足高耸、斝口外敞,饰以简单的圆点纹,没有复杂的纹饰,没有丰富的变化,造型稳定,线条简单,显现出一种瘦劲冷静的风格。三足云纹鼎的鼎腹圆鼓敦实,具有占据空间的稳定感,环绕一周的云纹更增添其神秘气息,使整个鼎显得冷静凝重。和商代青铜器变化丰富、狞厉庄严的艺术风格相比,没有仿生器型出现,纹饰稀少简单,表面朴素粗糙的夏代青铜器赋有一种冷静之美。从器型大小上看,夏代青铜器有着自然纯朴的审美风格。夏代的青铜礼器中,鼎的高度一般在 20 厘米左右,口径 15 厘米左右;斝的高度不过 30 厘米,口径最大 18 厘米;爵的高度在 10 厘米到 20 厘米不等,流尾长度达 30 多厘米。这些青铜礼器大小都还处在日常生活器具的状态中。和商周时代经过夸张变形用于重要祭祀礼仪的巨大体量的青铜器表现出的庄严压抑不同,夏代青铜器给人带来一种冷静自然的审美感受。

夏代的青铜器铸造处于滥觞阶段,受到同时代陶器和玉、石器的影响很深,从模仿到创造,造型逐渐具备了青铜器独有的硬朗劲健的外观;其纹饰出现兽面纹和镶嵌的表现手法,在很多方面富有开创性的意义。由于青铜铸造等技术处于起步阶段,夏代青铜器仍然显现出原始拙朴、简约抽象和冷静自然的艺术风格,具有国家初创阶段的拙朴自然之美,显现出夏代先民发达的审美思维能力和高超的手工艺水平,奠定了商周青铜器以礼器和兵器为主的格局,为商周时代青铜器鼎盛时期的到来做好了准备。

　　总而言之,夏代器物的创造体现了审美、实用、礼仪三者的统一,它们在日常生活中逐渐普及实用的同时,又兼顾到审美与礼仪的因素,体现了夏人将实用、礼仪融入审美创造的追求。其制作工序日渐程序化、细致化,造型更加规整多变,纹饰表现得严谨灵活,并由自然活泼的风格向庄严肃穆的风格过渡。其中的陶器动静相杂、方圆相生,在灰黑的色调中呈现了庄重典雅的氛围,并向质朴与精致两极发展;其玉器大而薄,讲究均匀对称和线条的流畅,并能娴熟地运用镶嵌手法制造纹饰,具有浓厚的礼仪特色。而其青铜器造型渐渐摆脱陶器的束缚,线条变得硬朗伸展,纹饰简约单一,风格原始古朴,冷静自然。夏代器物所具备的规整稳定、简约典雅的特色显示了专制社会初步形成阶段,先民们朴素沉稳的理性精神。

第二章

商代的社会背景

商代是中华文明走向成熟、进入灿烂期的开端。文字系统的成熟,给文化的积累和传承奠定了坚实的基础。精湛的青铜器艺术,不仅在造型和纹饰上,将前人在陶器等器物中的艺术成就推向高峰,而且对宗教、礼仪、饮食、生产、日用等生活方式和生活习惯产生了深远的影响。商代的宫廷和神庙等建筑,乃至城市的格局等,也对后代产生了重要影响。所有这些成就,都为周代的社会文明和辉煌的文化做了足够的精神上和物质上的准备。在中华民族文化精神的形成过程中,商代起着重要作用。

第一节 社 会 生 活

在商代存续的六百多年间,其社会形态从先商的原始氏族社会开始向阶级社会过渡,经历了中国历史上一个重要的变革时期。这一方面显示出商代对外族掠夺和压迫的残酷性,另一方面也使物质文化和精神文化得到了大力发展。农业畜牧业的发展,酿酒技术和烹饪技术的提高,青铜器等器皿的制造,文字的整理和使用,乃至商业的贸易往来等,形成了推动社会文明总体发展的良性互动体系,为早期的中华文化包括审美意识的发展提供了必要的社会基础。

一、社会变迁

“商”本是上古时代的地名。王国维《说商》说:“商之国号,本于地名。”[1]

---

① 王国维:《说商》,见《观堂集林》第二册,中华书局 1959 年版,第 516 页。

唐代徐坚的《初学记》中引杨方《五经钩沉》云：“东夷之人，以牛骨占事。”甲骨文的出土，印证了这句自古传下来的话，也反映出商族起源于东夷。在建立王朝以前，商就作为部落和方国存在了很久。商人第一个被提及的男性祖先叫“契”，是东方夷人帝喾高辛氏的后裔，传说是有娀氏女简狄吞食玄鸟卵感孕而生。司马迁《史记·殷本纪》载：“殷契，母曰简狄，有娀氏之女，为帝喾次妃。三人行浴，见玄鸟堕其卵，简狄取吞之，因孕，生契。契长而佐禹治水，有功，……封于商，赐姓子氏。”这种说法前后是矛盾的。契既是帝喾的后裔，何来又由玄鸟所生？玄鸟当是东夷人的族徽。族徽被当作祖先起源的神话在商代是习以为常的。司马迁可能是把两个传说糅合到一起了。

一般以二里岗遗址代表夏代的先商时期，二里冈文化时期代表早商，郑州商城代表中商，安阳殷墟代表晚商。从 20 世纪 50 年代末起，人们就把王朝以前商人在夏代生活的时期，称为“先商”时期。这个时期，是指从契到汤，共 15 代。根据《史记·殷本纪》的记载，商人的始祖契与禹大致是同时代人。传说他与禹一同治水有功，被舜任命为司徒，主持民众的道德教育，《史记·殷本纪》记载：“百姓不亲，五品不训，汝为司徒而敬敷五教。”这说明道德意识在先商时期已经开始起航。

起初，商是夏王朝的一个方国，契之孙相土曾在夏王朝担任火正之官。《诗经·商颂·长发》歌颂相土说：“相土烈烈，海外有截。”另外，相土曾孙冥在夏王朝也担任过司空之职，《国语·鲁语》载曰：“冥勤其官而水死。”这时的商，还只是一个小国。《孟子·公孙丑上》说：“汤以七十里，文王以百里……”《管子·轻重甲》说：“夫汤以七十里之薄，兼桀之天下。”《淮南子·泰族训》也说：“汤处亳，七十里。”这里的“七十里”是指成汤发迹以前商人的地盘。

后来，商人逐步兼并了一些小的方国和部族，使地域不断扩大。这个发展壮大的过程，是一个血淋淋的武力征伐的过程。《孟子·滕文公下》讲，“汤居亳，与葛为邻，葛伯放而不祀”，对于亳众对葛的助耕馈食，竟杀而夺之，于是商汤征服了葛，并如法炮制，连征 11 国。商汤在征服中也有重视民心的一面。《孟子·滕文公下》说：“汤始征，自葛载，十一征而无敌于天下","救民于水火之中"。甚至西夷、北狄还因未被征伐而生怨。魏徵的所谓"以人为镜",乃是商汤"人视水见形,视民知治不"的唐代阐释。《竹书纪年》说:"汤有七名而九征。"《帝王世纪》也说:"诸侯有不义者,汤从而征之,诛其君,吊其民,天下咸服……凡二十七征而德施于诸侯焉。"9征、11征、27征,大概是从不同角度概括出来的约数。从内容看,这类记载显然是汤的后人对汤征伐的美化。《史记·殷本纪》上所谓成汤因"网开一面",而被诸侯誉为"德及禽兽"的说法,可能也是采自商代流传下来的文献。这也说明商当时已经成为中原部落联盟中的主要部族。

在商汤时代,商人完成了灭夏立国的大业。汤趁桀不能调动东夷兵力之机,兴师讨伐并于鸣条大败之,迁桀于南巢而死之。《帝王世纪》说:"汤来伐桀,以乙卯日,战于鸣条之野。桀未战而败绩……乃与妹喜及诸嬖妾,同舟浮海,奔于南巢之山而死。"《淮南子·氾论训》亦云:"桀囚于焦门,而不能自非其所行,而悔不杀汤于夏台。"这时,商的地域已经比夏更为辽阔了。《战国策·齐策》说:"大禹之时,诸侯万国……及汤之时,诸侯三千。"应该说,商汤所统治的地域不会比夏禹小,可能是商汤时诸侯的地域在兼并中扩大了,只不过诸侯的数量减少了。虽然现存文献中所提及的商朝诸侯国(甲骨文以"方"相称)只有几十个,主要反映了那些与商王朝发生过纠纷、战争和密切合作关系的方国。但现存文献是有局限的,当时的方国应该远不止这些。

在拥有了一定的实力以后,商汤就开始实行一种强权政治。这从他动辄训斥诸侯就可以看出。在讨伐夏桀时,他要求诸侯加盟,威胁他们,《史记·殷本纪》引《汤诰》记载:"女(汝)不从誓言,予则帑僇女,无有攸赦。"登上天子宝座以后又训斥诸侯:"毋不有功于民,勤力乃事。予乃大罚殛女,毋予怨。""不道,女之在国,女毋我怨。"显示出强硬的态度。

与前人一样,商人也把祖先美化为神异的、不平凡的英雄人物,具有超人的力量。对典型人物的社会性塑造,在中国古已有之,到商代已经逐步由神化过渡到英雄化。现存的上古文献中有很多歌颂商汤武功的内容。《诗经·商颂·玄鸟》中就大肆称颂商汤："古帝命武汤,正域彼四方","武王靡不胜,龙旂十乘,大糦是承。邦畿千里,维民所止。肇域彼四海,四海来假。"《诗经·商颂·殷武》也说:"昔有成汤,自彼氐羌,莫敢不来享,莫敢不来王。"《史记·殷本纪》称汤曾自谓:"吾甚武,号曰武王。"这反映出商代建立王朝时血腥的一面。

商代以盘庚迁殷为界分为前后两期。商汤灭夏,对当时及后世影响极大。《诗·大雅·荡篇》说:"殷鉴不远,在夏后之世。"商汤积极吸取夏桀灭亡的教训,具有一定的"民本思想"。前引《史记·殷本纪》载汤之语曰:"人视水见形,视民知治不",就是一个例证。商汤统治时期,国家稳定,国力也日益强盛。汤死后,长子太丁早死,其弟外丙即位,其后历中壬、太甲。商朝前期,统治集团争权夺利的斗争非常严重,据说太甲曾为伊尹所流放,后来悔过自新,伊尹复迎其归位。《史记·殷本纪》载:"帝太甲修德,诸侯咸归殷,百姓以宁,伊尹嘉之……褒帝太甲称太宗。"《史记·殷本纪》云:"自中丁以来,废适而更立诸弟子,弟子或争相代立,比九世乱,于是诸侯莫朝。"而且还有外患,《竹书纪年》说仲丁时"征于蓝夷",河亶甲时"征蓝夷,再征班方"。《后汉书·东夷传》亦载:"至于仲丁,蓝夷作寇。"为了解决外忧内患,盘庚决定迁都于殷。迁都后,商王朝的统治又得到了稳定,至武丁时达到鼎盛。《史记·殷本纪》说:"武丁修政行德,天下咸欢,殷道复兴。"武丁突出的功绩在于武功。当时的文献多有武丁、高宗伐鬼方的记载。如《易·既济·九三》:"高宗伐鬼方,三年克之。"《易·未济·九四》:"震用伐鬼方,三年,有赏于大国"等。另外,甲骨文中亦屡有"获羌"的记载。

商代早期的政治体制主要是一种方国联盟,商王只是一个盟主,与诸侯的关系不同于后来的君臣关系。商王太甲还一度被伊尹放逐,说明那时的王权体制尚不完备。商代的重臣伊尹、傅说都出身微贱。早期的商王还要亲耕和放牧。商王在早期常常担负着巫和史的任务。《尚书·洪范》说:"谋及卿士,谋及庶人,谋及卜筮。"这反映了当时一定的政治民主,类似于由"上议院"、"下议院"和宗教定夺军国大事。到商代晚期,王权已经逐渐强化,文献中已称"一人"、"余一人",祖庚、祖甲时的甲骨卜辞中,商王也自称"余一人"①,《尚书·盘庚》中盘庚自称"予一人"。甲骨文的"王"字是"大"字下面划"一",或"大"上下各划"一"。

商代的王位继承以兄终弟及为主,辅以父死子继、叔死侄继。起初可能与当时人的较短的平均寿命及恶劣的生存环境有关。严峻的内忧外患的形势,要求继任的商王必须是成年的、有丰富政治经验的王室成员,而当时的平均寿命一般在35—40岁,所以父王去世时,儿子的年龄常常尚不足以继承王位。这种现实情形,久而久之形成了一个特定的王位继承传统,在一定的时期内实行。到后期,渐渐地实行了嫡长子继承制。这种变化反映了当时私有化程度的加深和王权的日益加强。在此基础上,商代又逐渐形成了宗法制度和分封制度。

商代的灭亡是一个渐变的过程。如俗话所说:"冰冻三尺,非一日之寒。"武丁以后,统治者的生活越来越腐化,社会矛盾趋于尖锐。《国语·周语下》:"帝甲乱之,七世而殒。"《尚书·无逸篇》说:"自时厥后,立王,生则逸;生则逸,不知稼穑之艰难,不闻小人之劳,惟耽乐之从。自时厥后,亦罔或克寿,或十年,或七八年,或五六年,或三四年。"至纣时达到极致,《史记·殷本纪》说:"厚赋税以实鹿台之钱,而盈钜桥之粟","以酒为池,县肉为林,使男女倮相逐其间,为长夜之饮。"对老百姓的剥削与压榨也更为残酷,《尚书·微子篇》说:"殷罔不小大,好草窃奸宄,卿士师师非度,凡有辜罪,乃罔恒获。"《诗经·大雅·荡》说:"咨女殷商,如蜩如螗,如沸如羹。小大近丧,人尚乎由行。内奰于中国,覃及鬼方。"纣王因多行不义,沉湎酒色,弄得内外交困,一片混乱,导致天怒人怨,众叛亲离。而纣王非但不思悔过,反而对内迁怒于中原,对外挞伐鬼方。加之纣王远贤臣,亲小人,重用费仲、恶来,《史记·殷本纪》说:"费仲善谀、好利,殷人弗亲","恶来善毁谗,诸侯以此益疏"。《尚书·牧誓》记述周武王责之曰:"今商王受,惟妇言是用。昏弃厥肆祀,弗答;昏弃厥遗王父母弟,不迪。乃惟四方之多罪逋逃,是崇是长,是信是使,是以为大夫卿士;俾暴虐于百姓,奸宄于商邑。"这就导致了下层民众与平民的反抗风起云涌,《尚

---

① 参见胡厚宣:《释"余一人"》,《历史研究》1957年第1期。

书·微子》说："小民方兴,相为敌仇。"同时,周边少数民族也乘机入侵,《左传·昭公四年》说："商纣为黎之搜,东夷叛之",东夷的叛乱虽最终为商纣王平定,但国力亦为之耗尽。如《左传·昭公十一年》所言,"纣克东夷,而殒其身"。这时的周民族在西部已经逐步壮大起来,由牧野一战而灭商。

当然,平心而论,商王朝的覆灭并非纣王一人造成的。商王朝发展到一定的程度,问题成堆,气数已尽,必然会走向没落。而纣王的腐败、堕落和刚愎自用,则加速了商王朝灭亡的进程。

二、生产力水平

商代社会的发展主要反映在生产力的发展上。生产力的发展,促进了经济的繁荣,为艺术和审美意识乃至整个社会的文明提供了物质基础。在商代,采摘业与畜牧业已退居次要地位,农业成为最主要的生产部门,但畜牧业仍占有相当重要地位。除了前代的陶器和玉器还被继续生产和使用外,这时的青铜制造业已经十分发达,所生产的青铜器做工精细,工艺复杂,堪称世界美术史上的精品。

农业是商代社会主要产业,尤其到商代后期,农业劳动已是当时人们生活所依赖的主要生产活动。商代除农田外,还有圃(菜地)、囿(园林)和栗(果树)等,形成了以农田为中心的农业经济体系。那时繁盛的情景,在甲骨卜辞中可以略窥一斑,甲骨文中就有许多诸如农、畴、疆、田、井、米等有关农事的文字。在农产品方面则有麦、粟、禾等字。到商代后期,已经有了黍、麦、稷(粟)、稻、菽、秬、麻等多种农作物,农业生产也更为稳定。商王对农作十分重视并且非常熟悉,不少生产环节都要由商王亲自过问或莅临。相传成汤时曾有旱灾,《齐民要术》引《氾胜之书》曰:"汤有旱灾,伊尹作为区田,教民粪种,负水浇稼。"盘庚迁殷时就曾向民众强调农作的重要性。《尚书·盘庚》说:"若农服田力穑,乃亦有秋","惰农自安,不昏作劳,不服田亩,越其罔有黍稷"。农业的持续发展使得商朝进入定居生活的时代,人们不必再因生计而频频搬家,农产品的丰歉已经直接影响到了商代的人民和统治者的生活。

　　商朝主要是以族为单位的土地公有制,农业生产往往采取集体劳作的方式进行。商王直接拥有的土地要征发各族的族众来耕种。在殷墟考古发掘中,曾在一个坑内集中出土1千多把石刀,另有一坑内出土440把石镰和78件蚌器。农具的集中存放说明了当时的生产方式主要是集体劳作。殷代的农业种植技术,已经有了施肥的记载。"庚辰卜,贞塑癸未尿西单受业年。十三月。"意思是:"在润十三月的庚辰这天占卜,问由庚辰起到第四天癸未这几天打算在西单平地上施用粪肥,将来能够得到丰收么?"①

　　农业生产力的提高,带来了粮食的丰收,在郑州、辉县和藁城等地的早商遗址和殷墟的晚商遗址中,都发现了大量的贮藏粮食的窖穴。历年出土的商代文物中大量的酒器,从一个侧面说明当时的谷物产量有了很大的增长。

　　谷类作物不仅是商朝的主要粮食作物,而且还是酿酒的主要原料。商代的酿酒业已经相当发达,《尚书·酒诰》中就有相关的文字记载,并以此定了商人好酒乱国的罪状。殷墟出土的铜器绝大部分都是酒器,且制作相当精美,可见统治者对酒器的制作和酿酒之重视。当时饮酒风气很盛,甚至成了商王朝致灭的原因。《尚书·微子》说:"我用沉酗于酒,用乱败厥德于下。……天毒降灾荒殷邦,方兴沉酗于酒。"《韩非子·说林上》也说:"纣为长夜之饮,惧以失日。"商代晚期,觚爵象征性陶酒器是必不可少的随葬品,殷人耽酒之状可见一斑。此外,通过粮食酿制的醋在商代开始出现。

　　商代的畜牧业虽已退居到农业之后,但仍然相当盛行,商族历来以重视畜牧业而著称。首先是养猪业已经十分发达。如果说浙江河姆渡文化的家猪遗骨和二里头文化的家猪骨骼还有争议的话,那么,商代家庭养猪业的盛行,则是有史可证的。甲骨文的"家"字,就是在房子(宝盖头)下面有一"豕"。而甲骨文的"圂"字意思是猪圈,更加说明了家猪饲养的存在。当时的肉食、祭祀和丧葬都大量地用到猪。商代的养牛养马业也十

---

　　① 白寿彝主编:《中国通史》第3卷,上海人民出版社1994年版,第247页。

分发达。商王经常向各方国征收马匹,还驯养牛马作为交通工具,如乘马去狩猎等。《世本·作篇》称"相土作乘马"、"王亥作服牛",其他如羊、犬、牛等,也被普遍地饲养。在频繁、奢侈的祭祀中,大量地用牲,是需要繁荣的畜牧业作后盾的。此外,商代还有驯象的记载,《吕氏春秋·古乐》称:"商人服象,为虐于东夷。"这是说商人驯服大象,对东夷作战。这使得商代的生产力乃至战斗力都发生了一个重大的飞跃。

商代的农具以石制农具为主,其次是蚌制和木制,中商以后开始有了青铜农具。安阳小屯村北部殷墟 1928 年的第三次发掘曾一次出土过上千件石刀。1937 年的第七次发掘,又出土了石刀 444 件、石斧 1 件、蚌器 78 件。当时的蚌器主要有蚌刀和蚌锯,后期又有蚌铲和蚌铚。古书上就有类似的记载。《淮南子·氾论训》说:"古者剡耜而耕,摩蜃而耨。"蜃即淡水蛤蚌。这是最早有关蚌制农具的记载。木制农具的制作取材则更为便利。由于木质易腐,我们现在已经无法见到当时木制农具的遗存了,但甲骨文"耒"字的造形,证明当时已经出现了木制农具。青铜农具虽然很少,但也有发现。如湖北黄陂盘龙城遗址的中商墓葬中,就曾出土过锸、锛、斧等青铜农具。

当时的青铜器制造代表了商代生产力的发展水平。青铜器在商代造价昂贵,且工艺复杂,是王室和贵族权力与财富的象征。商代素以青铜器著称,历年出土的商代青铜器有数千件之多,可见当时青铜制造业的发达。商代的青铜器造型奇特,古朴庄重,雄浑厚重,而且具有繁缛复杂的纹饰,是商代文明的象征。

商代青铜器的种类已经很齐全,武器类的有戈、矛、钺、镞等,生产工具有铲、锛、凿、鱼钩等,还有车马器和乐器,但数量最多的还是日常生活用具,如瓿、壶、觥、角、爵、鬲、尊、簋等。商代青铜器的代表作品就是鼎。一般的鼎是一种容器,相当于现在的锅,可烧鱼肉等。但也有一些巨型大鼎,专供祭祀使用。如河南郑州杜岭出土的铜方鼎、河南宁乡出土的人面铜方鼎等。其中安阳殷墟发现的司母戊鼎,是目前出土的最大青铜容器,其次是司母辛鼎。这样的巨型大鼎的成功制造,需要相当的人力、场地,说明商代的青铜铸造,是大规模的集体劳动;而且工艺复杂,各工序还要紧密配合,说明当时的青铜制造技术已经相当娴熟,青铜制造业也已经达到了高峰。同时,商代还出现了铁刃铜钺,表明商人已知道铁刃比铜刃更尖锐锋利,人们对铁的性能已有所认识,预示了铁器时代的来临。

青铜器的贵重,决定了青铜制品只能供少数王公贵族享用。而商代下层社会中普遍使用的主要还是陶器。商代的手工业,除了青铜器制造业外,陶器制造业也具有相当的水平。陶瓷业是当时一个重要的生产部门。郑州出土的殷商早期瓷器多为白色,也有青绿釉色。晚商时期主要是刻纹白陶,饰以兽面纹、云雷纹,色泽皎洁,雕刻精美,代表了晚商陶瓷的发展高度。

养蚕业在商代已有了相当大的进步。藁城台西商代遗址出土的陶器、铜器均以丝帛缠包,殷墟武官村出土的铜戈上也有绢帛的残迹,安阳大司空村和山东益都工业化埠屯还出土了逼真的玉蚕。与此相关的是,商代的纺织业也相当发达。甲骨文的“丝”、“系”及以“丝”为偏旁的字,以及玉蚕的发现和依附于青铜器表的布纹痕迹,证明当时丝绸类的纺织品已相当普遍。《说苑·反质篇》说纣王“锦绣被堂,金玉珍玮,妇女优倡,钟鼓管弦,流漫不禁”,“身死国亡,为天下戮,非惟锦绣絺纻之用邪!”《帝王世纪》也说纣王“多发美女,以充倾宫之室,妇女衣绫纨者三百余人。”丝织品主要是贵族的奢侈品,而劳动人民穿用的是粗糙的麻布。我国是最早发明麻纺织技术的国家,麻布纺织在我国具有悠久的历史。《诗经》中的相关记载如《大雅·生民》:“麻麦幪幪,瓜瓞唪唪。”《豳风·七月》:“黍稷重穋,禾麻菽麦。”《齐风·南山》:“艺麻如之何?衡从其亩”等,不仅是西周社会的写照,也当包括商代的种麻及纺织。浙江余姚河姆渡新石器时代遗址、河北武安磁山遗址就出土了陶纺轮、木纺轮和纺织用的木刀和骨刀等。河北藁城台西村商代遗址也出土了麻织品实物,是大麻纤维,平纹组织,其经纬密度不一,体现了商代高超的纺织技艺。

随着农业、手工业和纺织业的发展,商代后期的商业也发展了起来。这在《尚书·酒诰》中就有记载:“肇牵车牛远服贾,用孝养厥父母。”这说明当时已经有了专门从事贸易活动的商人。商代的商业主要是产品的以物易物。《孟子·公孙丑下》说:“古之为市也,以其所有,易其所无者。”

可见当时的行业分工已比较精细明确,商业已具有一定的水平。

三、王权意识与艺术

原始的政治与宗教是结合在一起的。政职和神职,政务和神务在商代常常相互融合。到了商代后期,两者才有所区分。王权利用了教权,教权又培育了王权。《左传·成公二年》说:"唯器与名不可以假人。"《礼记·王制》说:"宗庙之器,不鬻于市。"这些后代的思想当时在一定程度上继承了商代人的传统,体现了神的权威和政权的权威。《左传·宣公三年》载王孙满说:"桀有昏德,鼎迁于商,载祀六百。商纣暴虐,鼎迁于周。"尽管他认为政治统治"在德不在鼎",但鼎本身就是权威的象征。五期卜辞中有一片叫作"宰丰骨"的著名卜辞,记载的是王田猎于麦麓并赏赐宰丰的情况,其最后标明时间为"在五月,惟王六祀肜日"。这里已没有神灵置喙的余地,完全是威严的王权的体现了。

商代艺术的发展,需要仰仗教权、政权和经济实力。那些器物的艺术性常常是为了满足教权、政权等方面的需要。一些青铜器和玉器等,甚至成了王权、宗法制度和贵族身份的象征。尤其到了商代后期,专制政权已完全确立与巩固,王权意识在艺术上得到了更为充分的体现。随着社会分工的细化,特别是脑体分工的日益明确,这时的艺术主要由贵族文人所创造,也是他们享受的对象,同时还是他们维持统治秩序的教化手段。但商代的艺术作品同时也反映出商代人丰富的想象力与创造力。

王权意识影响了器皿的制造。兽面纹多数由夸张与幻想相结合的动物正面形象构成,常常有巨睛咧口,口中有獠牙,额上有立耳和大犄角,目的是突出王权的威严。那时的青铜斧钺,实际上是商代王权的象征。《史记·殷本纪》:"汤自把钺,以伐昆吾,遂伐桀。"商代的兽面纹大钺,其兽面装饰图案,象征着人王的面孔,继承了原始的恐怖假面,从巫术的意义上赋予主人以神力,衬托出王权的威严,给人以震慑感。试看妇好墓中那硕大的青铜鸮鸟:蹲踞,头稍昂,高翘嘴巴,圆睁的小眼睛傲然睥视,目空一切,也同样是权威的体现。因而许多礼器是专用、专造的,是权威的象征。后来中国古代社会中朝廷与官府衙门里象征威严的狮虎象,显然是对商代艺术中王权意识的继承。

商代的工艺受到高度的重视,当时的工艺艺术家的地位也是崇高的,并且自觉地将其技艺传之后代。《礼记·考工记》还说:"百工之事,皆圣人之作也。"据《史记·殷本纪》、《世本·作篇》,商人在传说中将自己的英雄祖先追忆为许多技艺的发明者。这与后来孔孟的观念是完全不同的。《论语·子张》说:"百工居肆以成其事,君子学以致其道。"《孟子·滕文公上》说:"劳心者治人,劳力者治于人。"这里显然已经大大地贬低了百工。中国后来的科学技术不够发达,与孔孟的这类思想的负面影响是不无关系的。

中国艺术从庙底沟、半坡、将军崖等童年时代的天真活泼、明快清新的风格,转变为商代那庄严、神秘、恐怖乃至富有浪漫情调的风格,这一变化与严酷的社会现实有着密切的关系,从一个角度说,是现实生活的投影。人类文明的进步不是温情脉脉的人道牧歌,而是野蛮的战争与杀戮。罗泌《路史·前纪》卷五说:"自剥林木而来,何日而无战?大昊之难,七十战而后济;黄帝之难,五十二战而后济;少昊之难,四十八战而后济;昆吾之战,五十战而后济;牧野之战,血流漂杵。"这是有一定的道理的。商代残酷的现实,造就了商代艺术神秘、狞厉的审美风格。

总体上说,商代的艺术具有功利性、神圣性和审美性地抒发情感这三重功能,它含蓄练达、热烈奔放、单纯凝重。同时,商代艺术还具有寓杂多于统一的"和"的特点,这是王权体制和时代精神的体现,也由此开创了中国古代和谐美的理想之先河。

第二节 宗 教

宗教信仰属于意识形态的范畴,是社会存在的反映,也是原始人类最朴素世界观的体现。宗教活动是人类文化活动的早期形态,祭司是早期的文官。祭祀和占卜是商代重要的宗教活动。商代是中国原始宗教形成系统的时代。商代的宗教信仰,与巫术活动结合在一起,已渗透在日常生活的各个方面,并通过祭祀、占卜等活动加以表现。在社会心理方面,宗教巫术也内化为商代人的精神力量,并在社会生活中演化为各种相应的礼仪制度。商代的宗教意识制约着社会生活的各个方面,其中对文化艺术的影响更为明显。当时的宗教活动和艺术活动浑然一体,两者在思维方式上是相通的。以艺术的眼光我们甚至可以说,商代的宗教本身就体现了艺术化的思维,是一种艺术活动。

一、祭祀与巫术

宗教在商代人的生活中占有很重要的地位,是商代人生活的重要内容。商代的宗教经历了从早期的原始宗教进入到一元多神的宗教体系的过程,其思维特征仍然含有神秘性的特征,但已经打上了人间等级制度的烙印。商代的王朝,由王、方国、部族血缘组织联成一个整体。宗教的体系,正是这种政治体系的反映。在商代,政治与宗教是合一的,民间宗教与官方宗教也是合一的。这是一种政教合一、官巫合一的国家形态。

商代的各级首脑既是行政长官,处理日常政务,又是宗教领袖,主持祭祀活动。《礼记·表记》中所谓"殷人尊神,率民以事神,先鬼而后礼,先罚而后赏,尊而不亲",这里"率"的主语应该是商王。史书上记载的最著名的古巫是巫咸,他被看成是商代的大臣。其他如巫贤、巫彭等,也是商代的大臣。陈梦家认为,殷王自己就是众巫的首领。"由巫而史,而为王者的行政官吏;王者自己虽为政治领袖,同时仍为群巫之长。"[1]并且还说这是由古代传下来的。商王被视为上帝与诸神在人间一元的最高代表,是上传下达的最高使者和教长,与各级人士迥然有别,如商汤能祭天求雨。人们可以借助于巫的帮助,与天地相通。因此,巫术在商代是一种权力的象征。宗教行为同时是政治行为,张光直将其称为"巫觋政治"[2]。占卜活动也常常为商王的仪式和政治目的服务,卜人是商王与神灵相会的中介,而卜问的对象常常是久别人世的祖先。

商代的宗教主要包括上帝崇拜、祖先崇拜和自然神崇拜三种,涉及天

---

① 陈梦家:《古代的神话与巫术》,《燕京学报》1936 年第 20 期。

② 参见张光直:《美术、神话与祭祀》,郭净译,辽宁教育出版社 2002 年版,第 88 页。

神、人鬼和地祇。这是一个一元多神的信仰体系。在这个体系里,"帝"、"上帝"主宰统一着诸多的祖先神和自然神。这实际是人间秩序的神化,是以己度神。这些神的能力被视为一种超自然的力量,主宰着自然万物。这虽然是继承了夏代以前的宗教遗产,吸纳了边远方国和部落的可取仪式,但更为系统化,并且在思维方式上有了一定的发展。

上帝崇拜在商代具有更加权威的地位。商代对天神的崇拜,主要有帝或上帝、东母、西母等天神,但最主要的是帝或上帝,即人格化了的"上天"。卜辞中多处提到帝或上帝并且赋予他以无边的神力,说他能支配气象,有"令雨"、"令风"、"令雷"、"降旱"、"降祸"、"降菫"等权威,而风、云、雷、雨,则都是受"帝"支配的神灵。祖先世界作为神的世界的一部分,也受到上帝的调配。可见这里的上帝,既综合了日、月、风、雨、云、雷等天上诸神对农业社会的影响力,又综合了鬼神祖先对农业社会的影响力,从而决定人的生死和成败。这个神话体系受世俗政治体系的影响,上帝是一元神,但自然神或祖先又常常有独立运作的能力,如同方国之于商王。通常,人们认为死亡的祖先成了神灵,可通上帝;自然神也可通上帝。故人由巫通上帝,必先求助于死亡了的祖先或自然神。

族徽崇拜是商代人继承了远古祖先传统的一种崇拜。在华夏的远古先民中,族徽是先民们的一种精神寄托,也是增强族类凝聚力的有效途径。他们所崇敬的族徽,起初往往表示的是动物的神灵,而非某一具体的动物本身。如远古羌人以羊为族徽,羊是他们赖以生存的衣食之源,故他们崇尚羊神,而非以某一具体的羊为族徽。这与后来的一些少数民族崇尚某一类动物,即以这些动物为禁忌是不同的。

商人的祖先以鸟为族徽。《诗经·商颂·玄鸟》说:"天命玄鸟,降而生商。"其祖先王亥是神鸟合一的形象。《山海经·大荒东经》云:"有人曰王亥,两手操鸟,方食其头。"甲骨文的"王亥"的"亥"字,有写成"隹"下加一个"亥"字的。这反映了"知其母不知其父"的母系社会的痕迹。凤鸟的流行,也与族徽有关。

祖先崇拜主要是崇拜那些帝王、英雄、有德性的前辈和传说中的人,如黄帝、颛顼、帝喾、尧、舜、鲧、禹等,特别是商代自己历朝历代的王。他们在死后被视为后代的保护神,故被后世追封为"帝"。而"帝"在商末以前是天地间最高的一元神。幸福在商人看来都是神所赐予的。甲骨文的"福"字,是双手持酒器以对神主(示)之形,是祭祀中"飨神"情景的描述。

商代的族徽崇拜与祖先崇拜是结合在一起的。在仰韶文化时代,祖先崇拜具有浓厚的世俗色彩,且顺其自然。到商代,祖先崇拜已经向人格神转化,且同时作为王权的象征。把祖先神异化,也是其中的一种做法。《左传·襄公三十年》说商人的祖先王亥"有二首六身",甲骨文的"亥"字,有人认为是怪兽之形。这样做,一方面是神化祖先,另一方面也是表示对祖宗的崇拜。重视祖先神,其实在某种程度上也体现了人本的倾向。同时,祭祀等节日活动,还有同宗同祖联络感情的目的。

商代对自然神的崇拜,已经由直接向土地献祭、礼拜,转向崇拜拟人化的自然神。当然这种拟人化本身依然有着土地的影响力,这反映了商代人对自然的敬仰。在殷墟卜辞中,有大量的卜辞记载祭祀天、地、日、月、风、云、雨、雪、山、川,而且祭祀仪式很隆重,所用牺牲很多。这种强烈的宗教情感在中国文化传统中产生了一定的影响,直接影响了后代的浪漫型艺术。尽管后来它只限于民间,但是被升华了。

商代巫术活动的主要职责是奉祀天地鬼神,主持婚丧嫁娶,为人祈福禳灾,并兼事占卜星历之术等,但最主要的职能是"绝天地通"。商代的巫是一个广义的称谓,史官和医人等,都属于巫,是当时知识阶层的名称。商代的巫术文化隐含着神秘超自然的力量。这种祭祀和巫术活动,既是诗意的又是神圣的。《孟子·滕文公下》记载,商汤曾以"葛伯放而不祀"的罪名讨伐葛伯。商代末年的周武王伐纣,数说纣的罪名重要的一条也是"弗事上帝神祇,遗厥先宗庙弗祀。"《尚书·泰誓》说:"郊社不修,宗庙不享。"《尚书·牧誓》说:"昏弃厥肆祀弗答"。这是当时最大的罪名和陷害的借口,一如古希腊时处死苏格拉底的"渎神"罪。这也从侧面反映了当时人对天地鬼神的笃信和对祭祀的重视。在必要的时候,甚至王也可以成为牺牲品。《吕氏春秋·顺民》说:"昔者汤克夏而正天下,天下大旱,五年不收,汤乃以身祷于桑林",准备自焚以祭天。故裘锡圭说:"在上古时代,由于宗教上或习俗上的需要,地位比较高的人也可以成为牺牲品。"①这反映了天地鬼神在当时人们心中的无上权威。

尽管如此,反对神本的传统在商代后期已经开始孕育。如《史记·殷本纪》说:"帝武乙无道,为偶人,谓之天神。与之博,令人为行。天神不胜,乃僇辱之,为革囊,盛血,印而射之,命曰'射天'。"这在当时人的眼里虽属无道,但已开始向神挑战。商纣王帝辛也有"慢于鬼神"之类的记载。在商代的早中期,诸王皆称王不称帝,唯商末的帝乙和帝辛两位称帝。另外,《尚书·商书·微子》云:"今殷民乃攘窃神祇之牺牷牲,用以容,将食无灾。"晚商之民"攘窃"供神的牺牲,显然失去了对神的敬畏之心。而以人俑替代活人殉葬,如妇好墓的踞坐人俑,既是万物有灵思想的延续,又在一定程度上表现了人道精神。这些都说明商代后期的文化已经逐步从神本文化向人本文化过渡。

二、甲骨占卜

上古时代,人们常用龟甲和兽骨的裂纹——"兆璺"来预测吉凶,这就是甲骨占卜。占卜属于巫术占验范畴,源于原始宗教中的前兆迷信。人们在与自然界打交道的过程中,由于无知或害怕,往往把一些偶然发生的前后事件当成必然的因果关系,认定是神的指示或征兆,发展到后来就开始以占具为中介,来沟通人神,以测吉凶。商人当然也不例外。

商人甲骨占卜的过程可分为整治甲骨、占卜、刻辞、存储等阶段。占卜得到结果后,他们把占卜时间、占卜人即贞人、所问事项以及占卜结果等刻在甲骨上,有时还将灵验的情况即应验之事也刻在上面。除了刻字,也有以墨或朱砂来写卜辞的,或是在刻好的字上填朱或涂墨。这就是甲骨文。它是中国最早的成系统的文字,也是商代文化的重要组成部分。甲骨文中所见的单字有 4500 个左右,它们规范有序,刻字娴熟,其内容反映了商代文化的发展和变迁。

---

① 裘锡圭:《论卜辞的焚巫尪与作土龙》,见胡厚宣主编:《甲骨文与殷商史》,上海古籍出版社 1983 年版,第 31 页。

商代卜用骨大多为牛胛骨和龟甲,也有一些是鹿、羊、猪、狗等的胛骨。出土的胛骨有的经过了精密的加工,削平了骨脊和关节,使周边变得平整,然后或钻或灼。占卜方式主要有三种形态:一为仅施火灼,多为牛、猪骨;二是先钻后灼,牛骨为主,次为龟甲;三是钻凿后灼,则多是龟甲,又有单钻、双联钻和三联钻之分,这种钻法所显示的纹路既深且密。

由出土的甲骨文显示,商代人的占卜很频繁。当时每事必占卜,几乎每天都要占卜。商人从生老病死、出入征伐到立邑为官、农作田猎以及婚嫁丧娶、祭祖祀神、天气风云变幻等,事无大小,必占卜问卦。久而久之,便有了一套具体的胛骨占卜制度:如一事数占、正反对卜、同事异问、习卜之制、三卜之制、卜与筮参照联系等。

占卜是将既往偶然发生的事实,看成与环境或与其他事件之间的必然的因果关系。其中主要包括农业方面的如"卜禾"、"卜年"、"卜雨"等以及战争、疾病乃至祭祀等各个方面。卜辞一般分前辞、命辞、占辞、验辞四个部分,是否应验也常常被严肃地记录下来。因此,其中也记录了大量的事实。占卜不用易得的竹木简,而专用动物甲骨,显然是有意为之的。这与动物作牺牲以及动物造型的祭器一样,是借甲骨以使人沟通天地的。"占卜本身,就是借助动物甲骨来实现的,可见它们的确是沟通天地的工具"①。商代信巫好祀的传统在楚文化中得到了传承。

甲骨占卜是商代最为重要的文化载体,也是当时独具特色的文化现象。甲骨卜辞对商代社会生活作了全面而丰富的记载,内容包括社会、礼俗和科技等方面。从卜辞的记载我们可以了解到,商人对天文知识已经有了一定程度的认识,他们对科技知识已经有了初步的积累。对于日蚀、月蚀这类自然现象,商代人虽然还不能知道其真正的原因,但对它们已经有所注意。他们还对虹这一现象有了记载,尽管以比拟的方式将其生命化了。他们对东、南、西、北四方和四方风也各有专名。从甲骨卜辞中我们可以看出,商代已经发明了自己的历法,而且还有平年和闰年之分。这说明商代人的数学也已经发展到了一定的水平,否则无法发明历法。

---

① 张光直:《美术、神话与祭祀》,郭净译,辽宁教育出版社2002年版,第48页。

从卜辞的符号中可以见出,他们还能绘制出比较复杂的几何图形。到商代后期,这些卜辞已经不仅仅是单纯记录占卜的结果,还开始侧重于记录历史性的重大事件,有了历史的成分。

这些卜辞是早期文学的萌芽。殷墟卜辞已经注意到了记事的完整性,尽管非常简单,但关于事件的时间、地点、人物、事件的发展和结果都有所交代。而武丁时期的"土方侵我田"①等甚至已是比较详细的叙述了。卜辞的这些记叙已经能够表达出作者的愿望和思想,虽然在形式和文采上和后世的文学作品相比,还有一定的距离,但毕竟有了相当的文学因素。

第三节　文 化 艺 术

商代的艺术与宗教有紧密的联系。音乐歌舞在中国传统的诸艺术中具有核心的地位,在饮食、祭礼、享乐方面具有重要作用。中国诗画中的空间意识和音乐化、节奏化,深深地受到歌舞的影响。商代乐舞的繁荣与祭祀和王权的需要有一定关系。歌舞从不自觉的娱乐行为,上升到符合自然节律的程式,与宗教仪式的推动密切相关。"钟鸣鼎食"正是当时社会生活的描述。丰富的身体语言、音乐语言和内在情感,从实用中日渐丰富起来。而建筑和服饰,则在物质形式中体现了音乐的生命精神和美术的意味。它们在商代的物质文化和精神文化中交互影响,相互促进,共同构建了商代审美意识的总体风貌。

一、宗教与艺术

商代的艺术与历代的艺术一样,受娱乐的驱使,更受当时盛行的巫术和贿神需要的推动。在这种背景下,中国远古的族徽逐步被仪式化、世俗化,从而进入艺术的创造中,或对艺术创造产生重要的影响。商代的艺术充满了宗教和巫术的色彩,体现了人们超人和超自然的理想。商代的艺

---

① 参见《甲骨文合集》六〇五七。

术品和艺术化的生活用品,大都既供人间享用,又是死后随葬的明器(冥器)。

宗教在商代是最为庄严和神圣的,因而备受尊崇。商代人首先将宗教的观念和情感倾注在宗教器皿的制造上,并进而推及日常生活的器皿。兽面纹和人面像的面具与器皿等,都被用作自然崇拜和祖先崇拜。源远流长的龙凤造型和纹饰,正是远古和部族兼容中族徽综合体在艺术中的表现。《桑林》之舞和商代纹饰等,都形象地表现了凤鸟。青铜器的艺术性追求就是在宗教礼仪的框架下进行的。在青铜器中,商人通过精湛的艺术技巧以贿神,从而提高祭祀效果。后来大量工艺品的制造,是社会财富到达一定程度的结果,也与商人尊神有一定的关系。文字和青铜器在宗教生活中的广泛运用,成为天人沟通的工具。原始神话及由神话产生的民俗,对工艺品产生了重要影响。

原始的宗教是与巫术杂糅在一起的,因而艺术会作为巫术的形式被用作征服自然的法术。巫术是当时人们试图征服自然的方法,后来逐渐诗意化了。操作的器具和行为也逐步艺术化了,乃至艺术本身被当作一种控制自然的巫术力量,当然也审美地传达了自身对世界的感受。其仿生造型的做法,为后世的造型艺术作了楷模,形成了源远流长的传统。因此,狂热的宗教客观上也推动了艺术的繁荣。

商代的宗教活动不仅有其庄严与神圣的一面,而且有其神秘、狰狞的一面,这就决定了商代艺术既具有庄重、古朴、厚实与凝练的风格,更具有原始恐怖的狞厉之美,包含着原始的象征意蕴。这就是宗教象征与艺术象征合一的表现形态。这集中地体现在青铜器的铸造上。商代青铜器的纹饰就典型地反映了宗教的观念。纹饰有兽面纹、人面纹、亦兽亦人纹。亦兽亦人纹"给人格神增添野兽的神力,同时它也是原始民族盛行兽类装饰的真实写照"[1]。兽面的狞厉是驱鬼护身、威吓敌人的,表示敬畏权威和强大。因此,商代的艺术与狞厉神秘的繁饰是社会生活的折射。

商代的人本精神与崇天敬祖的尊神心态是互补的。《尚书·泰誓

---

① 谢崇安:《商周艺术》,巴蜀书社1997年版,第76页。

上》说:"惟人为万物之灵。""灵",许慎《说文解字》的玉部解释为:"巫以玉事神。"就是说,人为万物之灵,在尊神的前提下。在神之下,人高于万物,且可以物通神。尽管如此,人本精神还是开始萌芽了。春秋时代子产的"天道远,人道迩",西门豹治邺,把巫婆扔到河里去,说明理性精神的兴起,而这在商代已经开始孕育。

在商代,宗教的生活是神圣的,同时又是理想的。商族热情奔放的个性,永不满足的欲求,推动了艺术的发展。那些器皿中物中见人的表达方式,体现了一定的主体意识。在商代人的眼里,自然是一个拟人化的世界。因此,商代人的艺术创作又体现了他们的浪漫情调。商代宗教中充满着原始的情感和想象力,与艺术在思维方式上是相通的,并且与艺术相互影响。而宗教中对自然的人格化和拟人化,与审美的思维方式也是同源的。

二、音 乐

商代的音乐有了进一步的发展。商代乐器的品种与数量较夏代更为丰富,在音程、调式和调性方面都有一定的讲究。商代的音乐与身份、地位是紧密相关的。商代音乐以祭祀为主,兼有供感官享受的音乐,分为"巫乐"与"淫乐"两大类。商代是一个音乐繁荣的社会。

(一)音乐的起源

在上古文献中,我们可以看到许多音乐方面的史料,可惜由于音乐作为声音,如果像历史事件那样仅靠文字的描述来研究,显然是不能让人身临其境的。那些丰富多彩的乐器遗存,虽然让我们体会到了上古的音乐水平,但依然不能重现当日音乐的风采。在没有录音机的上古时代,显然无法给我们留下上古音乐的真实面貌,我们只能靠保存到今天的历史文献和出土文物来间接地研究上古音乐。这是历史的遗憾。

《山海经·大荒西经》说:"西南海之外,赤水之南,流沙之西,有人珥两青蛇,乘两龙,名曰夏后开。开上三嫔(宾)于天,得《九辩》与《九歌》以下。此天穆之野,高二千仞,开焉得始歌《九招》。"这是一个美妙的神话,认为音乐来自天国,夏禹的儿子夏后开(即启)是位神通广大的英雄,曾乘飞龙上天,献上三位美女贿神,得《九辩》、《九歌》改编成《九韶(招)》,在"天穆之野"演奏。后世人称颂最美妙的音乐时,也说是天乐。杜甫《赠花卿》形容美妙的音乐说"此曲只应天上有,人间能得几回闻",就是在延续这个传统的说法。

实际上,音乐的出现,是与人们的娱乐、劳动结合在一起的。音乐是生活场景的游戏化。当人们在闲暇的时刻,愉快地回忆和摹仿劳动、生活情景的时候,手舞足蹈地敲击石块、木棒等,并且符合他们自发地意识到的节奏时,就产生了早期的音乐。音乐作为人们游戏的产物,既体现了人的摹仿本能,又体现了人的创造精神。尽管音乐在本质上是一种创造,但其音律形式,依然是在摹仿中获得的,正如《吕氏春秋·古乐》依然可以"效八方之音"、"效山林溪谷之音"、"听凤凰之鸣"。所以古人们早就认识到了音乐的这种独特的审美价值及其潜移默化的感动功能。孔子竟然对韶乐痴迷到三月不知肉味的地步。司马迁在《史记·乐书》中说:"音乐者,所以动荡血脉,通流精神而和正心也。"这些都是从身心节律的角度来理解音乐的。

后代的儒家从意识形态的层面特别是道德的层面上评价上古音乐,认为只有具有盛德的帝王,才会具有盛德的音乐,音乐被视为德行的花朵。黄帝时代的《咸池》,颛顼时代的《承云》,帝喾时代的《唐歌》,帝尧时代的《大章》,舜时代的《九招》、《六列》、《六英》等,都反映了帝王对功德的尊崇。如大禹治水,形劳天下,三过家门而不入,于是舜命皋陶作《夏迭》九章;商汤伐桀,黔首安宁,汤命伊尹作《大护》之舞、《晨露》之歌;武王克商,乃命周公作《大武》。所以《礼记·乐记》记载子夏说:"纪纲既正,天下大定。天下大定,然后正六律,和五声,弦歌诗颂,此之谓德音;德音之谓乐。"在儒家看来,夏桀、殷纣两人骄奢淫逸,就不能真正懂得音乐,故违背艺术规律,徒费大量的财力物力,作侈乐、造大鼓,不中律吕,闻之令人心气惊骇,意念摇荡,致使君臣失位,父子失处,夫妇失宜,人民呻吟,还有何乐可言?这种观念,客观上排斥了不符合上述理想的音乐。尤其是在音乐很难保留的当时,致使一批其他主题和风格的音乐被淹没,得不到流传和继承。

随着宗教的出现，音乐又被用来服务于巫术礼仪。《吕氏春秋·古乐》说："昔古朱襄氏之治天下也，多风而阳气蓄积，万物散解，果实不成，故士达作为五弦瑟，以来阴气，以定群生。"这是通过音乐作法，以乐声与自然抗争。虽然从科学的角度看是荒谬的，但在原始宗教盛行的当时，用音乐进行巫术活动是正常的。《吕氏春秋·古乐》又说："昔葛天氏之乐，三人操牛尾，投足以歌八阕：一曰载民，二曰玄鸟，三曰遂草木，四曰奋五谷，五曰敬天常，六曰达帝功，七曰依地德，八曰总万物之极。"这八阕显然是从远古流传下来的，带有巫术的色彩，表现先民希望能得到先祖的庇护，获得粮食和畜牧业丰收的愿望。

乐器的出现，是音乐发展的重要标志。甲骨文和青铜器铭文中的"乐"（樂）字，罗振玉《殷虚书契前编》认为是"从丝柎木上，琴瑟之象也。或增'白'以象调弦之器，犹今琵琶、阮咸之有拨矣"[①]。起初是一个具体的弦乐的象形字，后来转为抽象的音乐之"乐"和快乐之"乐"。最初的乐器主要是日常器具等常见之物，如"击石拊石"的石、竹管等。后来，兵器、饮具甚至弓也常被当作乐器。《周易》卦爻辞《离》九三说："日昃之离，不击缶而歌，则大耋之嗟。"缶是一种陶器，类似于今天的坛子。这种情形一直延续到后代。秦代和汉代均有击筑、击缶的记载。早在新石器晚期，我国就有了石制乐器磬，还有了陶鼓、陶铃、陶埙等乐器。河南省舞阳县贾湖曾经出土了8000年前的18只7音孔、8音孔的骨笛，其中保存完整的可吹出各种曲调。这是我国迄今发现的最早的乐器。《大夏》因为主要吹奏乐器为龠，所以也称《夏龠》。甲骨文中的"龠"字字形是若干吹管编排在一起。《吕氏春秋·古乐》记载大禹治水，"勤劳天下，疏三江五湖，注制之东海"，"于是命皋陶作《夏龠》九成，以昭其功"。

河姆渡遗址中出土距今7000年前的160件骨哨，是用鸟禽类中段肢骨制作的。多开有2—3孔，能吹出各种较简单的音调。距今约6700年前的半坡陶埙，是中国特有古老的闭口吹奏的旋律性乐器，其发音原理与普通管乐器有所不同，在世界艺术史中占有特殊地位。它对于考证中国

---

① 罗振玉:《殷虚书契考释》（增订本）卷中，东方学会1925年版，第40页。

古代音阶发展的历史有着重要的价值。在山西省襄汾县陶寺出土的一具鼍鼓中,鼓腔里就有散落的鳄鱼甲皮。这是新石器时代龙山文化晚期的物品,距今约 4000 多年。这也是我国迄今发现的最早的打击乐乐器。《诗经·大雅·灵台》有“鼍鼓逢逢”,晚唐李商隐《河内诗》第一首也有“鼍鼓沉沉虬水咽”,说明鼍鼓一直被沿用下来。另外,各地还出土过商代以前的陶钟、陶铃、陶鼓等陶制乐器。

(二)商代的音乐

商代的音乐已相当发达。《礼记·郊特牲》说:“殷人尚声。臭味未成,涤荡其声,乐三阕,然后出迎牲。声音之号,所以诏告于天地之间也。”说明了商代人对音乐的喜爱和重视。音乐在人们日常生活如饮食、祭祀、享受方面都发挥了重要的作用,而且随着生产的进一步发展,以及社会分工的进一步细化,商代已出现了教授音乐的专职人员和专职机构。

在商代,“乐以体政,政以正民”的“乐政”体系已经基本确立。音乐的享受与社会地位和政治身份是紧密相连的。地位愈高,身份愈尊,乐器的种类就愈齐全,数量也就越多。这在编磬和编铙的数目组合上表现得尤为明显。而鼓,则是商王或方国君王的专用品。《周礼·大司乐》云:“王大食,三宥,皆令奏钟鼓。”《乐师》亦云:“飨食诸侯,序其乐事,令奏钟鼓。”商代的统治者一方面利用音乐来维护自己的统治秩序,另一方面也在满足自己的享受。

“巫乐”和“淫乐”是商代音乐的两大部分。商族尚鬼神,重享乐。其巫乐主要用于祭祀。音乐是祭祀的重要内容,商王也经常亲自参加祭祀,有时还要亲自歌舞祈神。巫乐的首要特征是酣歌狂舞,漫无节制。狂热的宗教意识体现着巫乐的本质。“淫乐”是商统治者纵情声色,为欢作乐的产物。《史记·殷本纪》:“帝纣……好酒淫乐,嬖于妇人……于是使师涓作新淫声,北里之舞,靡靡之乐。”“益广沙丘苑台,多取野兽蜚鸟置其中。慢于鬼神。大聚乐戏于沙丘,以酒为池,县肉为林,……为长夜之饮。”它们在形式上是繁、慢、细、过,而在内容上则是穷奢极欲。

商朝最重要的祭祀乐舞是《桑林》,是商裔祭祀其玄鸟和先妣简狄的乐舞。《濩》则是歌颂汤的开国功勋的乐舞。据《墨子·三辩》说:“汤放桀于大水,环天下自立为王。事成功立,无大后患,因先王之乐,又自作乐,命曰《濩》,又修《九招》。"《吕氏春秋·古乐》也说:"殷汤即位,夏为无道,暴虐万民,侵削诸侯,不用轨度,天下患之。汤于是率六州以讨桀罪,功名大成,黔首安宁。汤乃命伊尹作为《大濩》、歌《晨露》、修《九招》、《六列》,以见其善。"《今本竹书纪年》也说:"殷商成汤二十五年作《大濩》之乐。"《濩》是歌颂商汤伐桀的开国功勋的乐舞。商代在祭祀活动中尤其重视乐,如《濩》,甲骨文中多有提及《濩》的。《周礼·大司乐》还有"舞《大濩》以享先妣"的说法,说明《大濩》一直影响到后代。

　　商代音乐的繁荣还体现在乐器的品种和数量上,这与手工业技术水平的提高密切相关。商代的乐器已经较为丰富,甲骨文和青铜器铭文中都有大量的乐器名称。《吕氏春秋·侈乐》说商纣时已经有乐器大鼓、钟、磬、管箫。鼓的发明很早,殷墟的土层中已经有腐烂了的鼓形器物,鼓皮的花纹也很明显。青铜器中的铜鼓虽然以铜为皮,但铜皮上有摹仿动物的鳞状皮纹。在金属乐器方面,商代晚期除了铜铃外,还出现了编庸,制作也颇为精良、精确。其中铙等大型青铜乐器,大都用兽面纹作装饰。它们使用的地域也是非常广泛的。[①] 在石制的乐器方面,商代的特磬从外形到音质,已经较以前更为精致、准确和规范,并且出现了编磬。编磬以审辨音律为基础。这说明商代对音乐已经有了相当的自觉意识。商代后期的青铜乐器庸、镛、镈、埙等,在音程、调式和调性方面,都有一定的讲究,为十二音律的发明奠定了基础。到了周代的石磬,已经在磬上刻有十二音律的名称了。如洛阳金村出土的三个周磬中,已经分别刻有"介钟(夹钟)右八"、"古先(姑洗)右六"、"古先(姑洗)齐屈左七"等。

三、舞 蹈

　　舞蹈与音乐同源。甲骨文"舞"字像两人执牛尾舞。远古时代的诗、歌、舞是浑然一体、互相结合的。"投足"是一种舞的姿态。三人操牛尾,

_____

　　① 参见陈荃有:《从出土乐器探索商代音乐文化的交流、演变与发展》,《中国音乐学》1999 年第 4 期。

投足而歌,正是舞蹈和音乐相结合的说明。原始的舞蹈主要是闲暇时刻的娱乐和狂欢,《尚书·益稷》中有"鸟兽跄跄"、"凤凰来仪"、"击石拊石,百兽率舞",类似于今天的化装舞会。

现在所见到最早的舞蹈,是新石器时代的舞蹈纹彩陶盆上的图画。这是在青海大通孙家寨马家窑墓出土的。内壁上端绘有三组舞人的形象,每组五人,牵手摆动,动作整齐划一。每个舞人身后的装饰大概摹拟的是野兽的尾巴。传说黄帝时代就有叫《云门》的乐舞。尧时命质作乐,质作《大章》效山林溪谷之音,用石鼓和石片敲出节奏,增5弦瑟为15弦瑟。《路史》说,尧时将8弦瑟增为23弦。"制《咸池》之舞","以享上帝"。"咸池"本为天上西方的星座,主管五谷。祭祀它,主要是祈求五谷丰收。《吕氏春秋·古乐》中载远古之时,洪水泛滥,于是发明了健身的舞蹈。《大韶》简称《韶》,相传是舜帝的乐舞。据《史记·夏本纪》记载,《韶》是庆祝大禹治水胜利,歌颂舜的贤德。《大夏》是歌颂夏禹治水的乐舞。

舞与巫也同源,《说文解字》云:"巫,祝也,女能事无形以舞降神者也。像人两袖舞形。"舞、無、巫,古代本为一字,说明成形的舞蹈后来也成了掌管巫术活动的原始形式。从祖先崇拜的角度讲,舞为事奉玄妙无形之神,故舞、無相通,同时最善舞者为巫。王国维《宋元戏曲史》说:"歌舞之兴,其始于古之巫乎? 巫之兴也,盖在上古之世……古代之巫,实以歌舞为职,以乐神人者也。"[1]陈梦家说:"舞巫既同出一形,故古音亦相同,义亦相合,金文舞無一字,《说文》舞無巫三字分隶三部,其于卜辞则一也。"[2]杨向奎说:"巫当然不仅是女人,而舞的确是巫的专长,在甲骨文中'無'(舞)本来就是巫,也是一种舞蹈的姿态……"[3]刘师培也说:"三代以前之乐舞,无一不原于祭神。钟师、大司乐诸职,盖均出于古代之巫官。"[4]驱傩源于原始社会的崇拜,是腊月举行的一种驱除厉鬼的仪式,到

① 王国维:《宋元戏曲史》,华东师范大学出版社1995年版,第1页。
② 陈梦家:《商代的神话与巫术》,《燕京学报》1936年第20期。
③ 杨向奎:《中国古代社会与古代思想研究》,上海人民出版社1962年版,第163页。
④ 刘师培:《舞法起于祭神考》,见刘梦溪主编《中国现代学术经典·黄侃 刘师培卷》,河北教育出版社1996年版,第790页。

商代便形成了固定的祭祀仪式。

夏代后期即有尚巫风气。禹作为集王权与神权一身的大巫,在主持巫事跳舞时,迈着细碎的步子,被称为禹步。据说这是由于禹的病足造成的。据尸佼的《尸子》说:"禹于是疏河决江,十年未阚其家。手不爪,胫不毛,生偏枯之疾,步不相过,人曰禹步。"后《杨子·法言》的李轨注等对禹步的解释也因袭此说。当今巫作法,犹有"禹步"之说。上古的舞蹈不仅为宗教服务,还为政治服务。《大夏》乐舞,就是夏代颂扬自己功德的大型乐舞,主要歌颂禹治水功绩。

商汤灭夏,自立为王,命伊尹作《大濩》歌颂开国元勋。汤死后,它被作为祭祀祖先的乐舞。殷舞《桑林》("桑林"是人们举行祭祀的地方)的内容主要是商族祭祀其先祖和先妣简狄的乐舞。特别是商代后期定都殷后,乐舞不仅早已成为一种专业性的活动,而且发展为表演性乐舞,或庆祝丰收,或祭祀祖先,或崇拜自然,特别是巫舞更为兴旺。商代的乐舞用以通鬼神和天地,常常通过"舞"或"奏舞"的巫术仪式求雨。甲骨卜辞中常有"舞,雨"、"舞,允从雨","甲午奏舞,雨","丁卯奏舞,……雨","今夕奏舞,……从雨"①等记载。商代的求雨巫雩。《吕氏春秋·顺民》(又见《淮南子·修务训》):"天大旱,五年不收,汤乃以身祷于桑林。"

在商代,战争仪式与宗教仪式是舞蹈创作的两大动因。商代"文舞"谓之舞,"武舞"谓之"武"。"文舞"的舞,甲骨文中"舞"、"無"为一,作人持旄羽状。后期的"巫"字即由"舞"字演变而来。"武舞"的"武",是持兵器迈步。甲骨文从戈从止,作人持干戈前进状。舞蹈的道具,最初也是从兵器、日常用具中信手拈来的。据后人考证,商代的舞蹈因其功能和伴奏方式的差异而有多种形式,如祭祀的《隶舞》和《羽舞》;求雨的《"上雨下皇"舞》和《"上竹下無"舞》;奏乐而跳的《奏舞》和《庸舞》;击鼓而舞的《乡祭》和吹奏而舞的《龠祭》;执干而舞的《伐祭》;以及《龙舞》和《面具舞》等。甲骨文里已经有了专业的舞蹈家"万"或"万人"的记载。

舞蹈是时间与空间结合的艺术,反映了先民的审美理想。宗白华

---

① 陈梦家:《殷墟卜辞综述》,中华书局1988年版,第599—600页。

用"舞"来表述中国艺术的空间意识,认为"'舞'是中国一切艺术意境的典型"①,是中国艺术家的精神与意志交融的最直接、最具体的自然流露。它所揭示的最深刻的内容,就是中国人所说的"道",亦即生命的节奏。

四、建 筑

在新石器早期,北方的先民们大都穴居,西安半坡遗址还是半地穴式的。穴居野处是原始人的习俗,《周易·系辞下》记载"上古穴居而野处,后世圣人易之以宫室"。而南方的先民则大都巢居。有巢氏就是他们中的模范。后来的建筑,正是综合了巢、穴两方面的经验积累发展起来的。吕思勉《先秦史》说:"栋宇者,巢居之变,筑墙则穴居之变也。"②《淮南子·修务训》载:"舜作室,筑墙茨屋,辟地种谷,令民皆知去岩穴,各有家室。"说明在舜的时代就开始造屋了。

但是,在先商的初期,商人多是迁徙游动而居的。但随着商人的扩张及商王朝的建立,这种生活方式逐步被淘汰了。政局的稳定,商代国家的根基日益坚固,经济也获得了持续的增长,历代商王逐步建立起了"商邑翼翼,四方之极"的"邦畿千里"。在这样一个固定的政治疆域内,商人已经不再频频迁徙,而开始了定点的居住生活。

到夏代的二里头文化时期,先商开始出现了廊庑式的宫廷、宗庙建筑。二里头先商宫殿是我国目前发现的最早宫殿。该宫殿由堂、庑、门、庭等建筑构成,主次分明,结构严谨。其平面布局,开启了我国宫殿建筑之先河。它按一定的营造设计而建成,宫殿的组合、布局与规模,反映了当时的宫室制度。宫殿居于二里头遗址中部,占地约1万平方米,台基中部是一座宽8间、进深3间的殿堂。堂前是平坦的庭院,南面是宽敞的正门,彼此相连的廊庑环绕殿堂四周,组成壮观的宫殿建筑。晚商望楼建筑,是二里头文化主体宫殿的"翻版和变体"③。

---

① 宗白华:《宗白华全集》第2卷,安徽教育出版社1994年版,第373页。
② 吕思勉:《先秦史》,上海古籍出版社1982年版,第347页。
③ 参见谢崇安:《商周艺术》,巴蜀书社1997年版,第92页。

从仰韶文化开始的夯土，为商代城池建设所继承。城池具有防御功能，说明当时人们的财富已经有了剩余，已经从游牧向定居过渡。相传夏朝建国之前已有城池建筑，《礼记》引《世本》云："鲧作城郭。"现今发现的最早城墙建筑是郑州的商城和湖北盘龙商城，属商代二里岗文化期。它们的显著特征是夯土台基，用层层水平的夯土筑出城垣的主体部分，内侧筑出层层斜行夯土，在两种夯土的交接处有垂直的木板朽痕。这样，筑起的城墙主体高耸而内侧为斜坡。城内有大面积的夯土台基和大型房基，还出土了大量玉器、铜器等；城外还有手工业作坊的遗址，且已有明显的行业分工，这说明当时的城市已颇具规模。古城的城垣是与宫殿同时建筑的，这既说明城市是城墙建筑以后形成的，也说明了城墙是保卫宫殿城市的。

商代后期，随着农业、畜牧业、手工业的发展，人们的居住条件也有了显著的改善。尤其是盘庚迁殷以后，商代的宫室建筑技术得到了显著的提高，建筑的规模也得到了极大的发展。《周礼·考工记·匠人》里说："殷人重屋，堂修七寻，堂崇三尺，四阿重屋。"可以推想，当时的宫室崇楼已具有了相当的规模。商代修建宫室，一般是先在地面上筑台，之后再在台上盖房。《史记·殷本纪》记载，商代末年纣王"益广沙丘苑台"，又言他修建了"鹿台"并在鹿台处自焚，"走入，登鹿台，衣其宝玉衣，赴火而死"。

从考古发现的商代建筑遗址，可以看出当时的贵族所居宫室的情况和特点。原先有居穴的在居穴处填土并夯平夯实；或在地面挖1米多深，再填土夯实，直至地面以上约1米处，目的是使房基牢固。接着是埋柱础，先挖一方形或圆形坑，夯打底部，并埋些石料作为垫石。有的宫殿还使用铜础。再后则是立柱、架梁、筑墙和盖房顶。商代宫室修建有一定的程序。

商代前期王邑的偃室商城遗址，分为内城、外郭与"宫城"三重。内城中部为"宫城"，而大型的主体宫室坐北朝南，两侧分别为两座与之相仿的建筑，各自都有独立的正殿、中庭、庑室、门道等，自成一体。两侧又有拱卫小城一座。在宫城北部还发现了当时人工挖掘的一个池苑，这是国内迄今所见到的最早的王室池苑。另一座王邑郑州商城,宫室区坐落于城内北部中央迤至东北部一带,主要由二十多座夯土基址建筑组成,大体可分为三组宫室群体。宫室区还发现了水井及专供王室统治者饮用的人工构砌的大型蓄水池。在其附近还有一道北偏东走向的夯土墙,似为宫墙,把宫室区与城区隔开。

而诸侯臣属或方国一级的邑,其贵族宅落或宫室,亦以错落有致的房屋相组合。如山西桓曲商城、湖北黄陂盘龙城、陕西清涧立家崖商代城邑等,不难想象,商代臣属诸侯或方国邑内的贵族统治者宅落或宫室,无不以建筑的高规格和群体组合,占据邑内要位,其规模虽不及王邑,但已经明显地近于王邑宫室群体的格局模式,是王邑国家级最高建筑层次的缩小版。

商代的地面建筑已完全毁损,无实物可征,但在文献中留下了一定的记载。《说苑·反质》:"纣为鹿台糟邱、酒池肉林,宫墙文画,雕琢刻镂,锦绣被堂,金玉珍玮。"《文选·东京赋》及《吴都赋》注引《古本竹书纪年》:"殷纣作琼室,立玉门。"《史记·殷本纪》:"益收狗马奇物,充仞宫室,益广沙丘苑台,多取野兽蜚鸟置其中。"张守节《殷本纪正义》:"纣时稍大其邑,南距朝歌,北据邯郸及沙丘,皆为离宫别馆。"由此可见当时宫殿之奢华富丽。商代宫廷居室内部的装饰更趋华美。盘龙商代方国贵族墓葬,棺椁雕花,色彩斑斓,洛阳东郊商代地方贵族之墓,用红、黄、黑、白四色布幔作居室装饰。居室舒适与装饰美观,是商代贵族奢侈生活的反映,但也体现了商人的审美追求。

与帝王贵族宫室的富丽堂皇相反,商代的平民居室则非常简陋。在殷墟外围的晚商遗址中,有一些城市贫民的房屋基址。它们规模比较小,一般不打夯,也不涂"白灰面",墙上开一小门,房内迎面处是一片烧土地面,也有的在房内挖一火坑。这反映出晚商时期社会的贫富分化已十分明显。

商代建筑仪式用人兽作祭品十分普遍,无论王邑、方国邑、诸侯臣属邑还是普通平民的住宅,甚至手工业作坊,在建造过程中往往用人兽作祭。《尚书·盘庚》说:"盘庚既迁,奠厥攸居,乃正厥位。"建设殷都王邑的第一件大事就是奠居正位。《诗·鄘风·定之方中》说:"定之方中,作于楚宫,揆之以日,作于楚室。"城邑或宫室的正位、奠基等建筑仪式,已与商代统治者的宗教信仰、巫术活动密切联系,是"经国家,定社稷,序人民"的"礼以体政"的重要方面。

五、服　饰

服装的发明首先是因为审美的需要,与纹身同理。对性器官作"欲盖弥彰"式的遮蔽,也是出于对审美的追求。人首先不是为了御寒而发明衣服的,而是由于服装的发明,导致了人的体毛的退化,不能再像一般动物那样以自身的体毛御寒。服装的发明,既使得人通过自身的调节来适应环境的能力有所退化,又使得人的寿命有所延长,进而人的思维能力也有所进化。

衣、裳在商代已有了区别。《说文解字》说:"衣,依也。上曰衣,下曰裳。"这种衣与裳的区别,古已有之。殷墟发现的跪坐人石刻像,石人所穿的,就是交领右衽的衣。这是继承了夏代的传统。因为狄夷诸族,往往是"披发左衽"的。而商代的丧服是左衽。当时已经开始习惯于用右手,右衽便于解带。左衽则表示不再解带。商代右衽衣的衣长多到膝盖上下,有的后裾长至足部。外面一般有腰带。上衣的前胸部位,常有上狭下宽的梯形装饰,叫作"黼",或叫作"韦韡"。与周代相比,商代的衣服相对狭小。

商代的纺织业有了一定的基础。《管子·轻重甲》就曾说:"伊尹以薄(亳)之游女工文绣,篡组一纯,得粟百钟于桀之国。"商朝的衣料品种趋于多样,质地亦相当华贵。《盐铁论·力耕》说:"桀女乐充宫室,文绣衣裳。"《帝王世纪》也说商末"纣不能服短褐处于茅屋之下,必将衣绣游于九重之台",并"多发美女,以充倾宫之室,妇女衣绫纨者三百余人"。这些记载或从正面或从侧面说明了当时衣料种类的多样与质地的华美。商代衣料以麻、丝织品为主,但编织技术已经大为提高。殷墟王邑出土的衣料,有粗细不一的麻布,未成品的麻线、麻绳及成束的丝和丝绳。丝织品的种类繁多,仅妇好墓中就有6种之多。殷墟还出土了皮革衣料,材料取之家畜和兽类,而且加工技术高超。除此以外,商代还有木棉织物。

商代的衣料,无论麻、丝、棉织物还是皮革制品,都施彩绘及染色。《尚书·皋陶谟》说:"以五采彰施于五色作服。"《礼记·明堂位》说:"有虞氏服韨,夏后氏山,殷火,周龙章。"《礼记·檀弓》也说:"夏后氏尚黑,殷人尚白,周人尚赤。"这些说法未必准确,但商人服饰尚彩不容置疑。受当时的造型艺术的图案纹饰影响,衣服的领口、袖口和衽边,常镶上花边。从功能上看,这样做也保护了衣边。衣的袖口被称为"袂",商代的衣袖较长,故袂的装饰尤为重要。《周易·归妹》说:"帝乙归妹,其君之袂,不如娣之袂良。"虽然主要是在说娣的魅力喧宾夺主,但也从侧面说明了"袂"的装饰的重要性。

商人冠式与冠饰也趋于审美追求。常服的冠,殷人称为"章甫"。《礼记·郊特牲》说:"章甫,殷道也。"说明商代就已经有了冠礼。冠虽有御寒避暑、保护头发的作用,但更是审美装饰之物。商代的发型饰物不外两类,一是依发为饰,一为戴冠增饰。商代的冠式主要有玄冠、缁布冠、皮弁、爵弁、冠卷、支页、巾帻 7 种;据石璋《殷代头饰举例》,商代冠饰有椎髻冠饰、额箍饰、髻箍饰、双髻饰、多笄饰、玉冠饰、编石饰、雀屏冠饰、编珠鹰鱼饰、织贝鱼尾饰、耳饰、髻饰、鬓饰 13 种。发型和冠饰,是商朝的服饰礼仪的重要方面。当时的平民发型与头饰,格调寻常。而贵族阶层则好戴冠饰,冠式群出,推陈翻新,并内抑于礼,成为后世等级制服中枢的冠冕制的源头。

商代已经有了鞋。《实录》说:"夏商舄履皆以皮为之。"商代贵族脚穿翘头船式样的翘尖鞋,而商代武士穿的则是薄底翘尖皮履。从河南安阳出土的商代玉人,也已着履,并有鞋翘。其实,在殷商时,人们已熟练地掌握了丝织技术,丝织物和纺织物已普遍流行。当时在贵族阶层中,除穿皮履外,已经普遍地穿着各种麻鞋和丝鞋了。

第三章

商代审美意识概述

第一节　商代审美意识的基本特征

从现存的文字、器皿和文献中,我们可以看到,商代人自发地在进行立象尽意的艺术创造,从中体现出浓烈的主体意识。这种主体意识是在神本文化的背景中孕育起来的,又积极地推动了中国上古文化从神本向人本的过渡。他们从器皿和其他对象的功能中诱发出造型的灵感,强化了线条对主体情意的表现能力和艺术的装饰功能,并从线条中寓意,使作品具有象征的意味。

一、观物取象与立象尽意

在商代,无论是文字的创造还是器皿的制造,都体现了商代人的尚象精神。他们开始有了"观物取象"、"立象尽意"的意识,这种意识,经历了一个逐步觉醒的过程。他们观象制器,在审美意识的影响下进行器皿的制造,把对生活的感受衍变成艺术的表象。文字和器物中的均衡、对称以及节奏韵律的表现,反映了古人对自然法则的自觉领悟;同时又受着这种自然法则的启发,凭借丰富的想象力再造自然。于是,在各类工艺品中,既有对现实中物象的摹仿,又有通过想象力重组的意象。

商代先民的审美的创造既体现了对自然法则的体认,又反映了强烈的主体意识。这种主体意识,既包括政治、宗教和其他社会文化因素对个体的影响,也包括创造者的情感、气质、品格、趣味等个性因素。这是在象形的基础上的"表意"。文字及其书法的象形表意精神,就典型地折射出商代的艺术精神。商代文字"近取诸身,远取诸物",使对象的神采和韵味在生命主体的创造中得以具象化和定型化,宇宙精神的符号化形成了象形表意的文字。它既是自然万物在人心灵中的折射,更是人类自身情感表达的需要。三分之一的象形文字通过对对象感性形态的描摹而表情达意,而会意、形声、指事等其他三种造字方式,也依托于独体的象形字符。这使得具有感性物态形象的文字符号在助忆和交流上具有普遍意义和价值,以至许多象形文字常常可以让人们"望文生义"。许多象形的文字往往捕捉自然物象最富表现力的特征,贯注了主体的哲理和深情,以形传神。从总体看,甲骨文点划结构的对称、均衡是商代人内心情感韵律的体现,是人眼中的自然形式和宇宙奥秘。它是从人的视野出发,象其形,肖其音,在表情达意的外表下凝结了丰厚的人文内核。商代文字不仅刻写了那个时代人的生命情调,也在调动我们每一个读者进行积极的情感体验。商代甲骨文的文字是先民诗性智慧的双眼对自然物象的"诗意"描绘。

　　商代的其他各类艺术也同样体现了这种象形表意的特点。无论是商代青铜器、陶器和玉器的造型还是纹饰,都可以分为几何型和象生型,其中象生型反映了人们摹仿的本能,几何型则体现了人们抽象的本能。青铜器的许多造型模仿了动物造型和人形,牛、犀、象、羊、龙、鸮等鸟兽形象成为青铜器重要的艺术原型。自然生态的勃勃生机使厚重僵硬的青铜器也能透露出生命的活力。集中了多种动物造型的想象动物型青铜器尤为体现商代的时代精神。夸张变异的鸟兽纹觥、狰狞怪诞的虎食人卣等,都传达出丰富的宗教意义。在祭祀的烟火中,威严狰厉的神兽具有辟邪降福的力量,引领先民与天地鬼神相沟通。青铜器上的写实动物纹、想象动物纹也是以自然界的动物为艺术摹本。在花、鱼、鸟、蛙等母题花纹的基础上,对于同一母题的反复绘制,使先民脑海中的装饰美的概念逐步定型,并加以几何化和抽象化,最终凝定为先民们审美的心灵图式。商代陶器的造型和纹饰基本上沿袭了新石器时代和夏代陶器造型、纹饰制器尚象、立象尽意的表现手法。与前代不同的是,商代陶器的造型、纹饰在"创意立体"上走得更远。它们已经不是对自然界的简单模仿和修饰,而是对客观物象颇有装饰意匠的艺术表现。象生拟人的造型特征在商代的尊、觥、盉中都有体现,被认为是生殖崇拜的象征或是丰产巫术的遗留,具有丰富的象征内涵。陶器的纹饰也由早期的对蛙、鸟、鱼的形态写实模拟,上升到抽象写意的层次。对于自然物象的夸张、变形和省略,使人感受到无穷的想象意味。他们在生动的神态中孕育着丰富的情感形态。简练的情感叙述,写其大意,主要诉诸于"意"的表达。而几何纹饰则完全脱离了象生形态,演变为纯粹的精神和宗教意蕴的象征。

实际上,不论是象生型还是几何型,它们都是先民观物取象的结果。象生型与几何型的区别不过是同一观照方式的不同表现形式。几何型虽然在外观上与自然物象的原生形态相去甚远,但详细考辨,其中所律动的生命精神依稀可见。几何型的造型或纹饰的抽象化的过程,实质仍是写实的精致化。商代和商代以前的先民受到表达能力不足的制约,不能惟妙惟肖,才有了不自觉的变形和抽象。由不自觉到自觉,由制器尚象到立象尽意,自然法则与骨肉情感在中国商代的艺术里开始走向融合。

二、意识形态对艺术的影响

商代人把当时的社会意识倾注在工艺创造中,特别是王权和神权观念。青铜器是商代最富时代特征的宗教使命和政治意义的载体。《左传·宣公三年》中指出,青铜礼器"能协于上下,以承天休"。商代是"青铜时代",但青铜器异常昂贵,并非为普通百姓所能消费。青铜器实际上只为少数王公贵族所专有,是庄严肃穆的神权和独断跋扈的王权意识的象征。在敬天地畏鬼神的商代,美仑美奂的青铜器大量用作祭祀礼器,商代人以精美的青铜器贿神,对神的恭敬、虔诚之心促进了青铜器的制造技艺日臻完美。青铜器造型与装饰端庄、雄浑、华美狞厉,体现出稳固、庄严和神秘、威慑的气氛。庞大沉重的青铜器象征着浩瀚坚稳的王权。青铜器中大量狰狞的想象动物造型和纹饰也使王公贵族附丽了莫须有的神力,营造起无形的威慑力与震撼力,成为王权的守护者。商代陶器的造型纹饰也受到青铜器的显著影响。彩陶质朴文雅的审美风格,在商代独断跋扈的王权面前,已经显得异常纤弱。许多商代灰陶和白陶的造型是青铜礼器的仿制。特别是商代白陶为绝世珍品,其造型端正凝重,装饰华丽,完全可与青铜器一比高下,尽显商代王公生活的奢华。商代许多陶器造型和纹饰一变新石器时代的自然柔媚风格,走向凝重严整。审美意识和审美观念的变迁背后,整个时代深沉的社会意识变迁也得到了具象的折射。

商代艺术起源于因器尚象。宗教的以象沟通人神的方式,丰富了艺术的表现力。"自然崇拜是人将外部自然对象化的起始,是人与自然经过一种符号中介进行交往的最初方式。"①而象就是一种中介。在商代青铜器、陶器和玉器中,大量出现了宗教中的模仿动物或人与动物合一的造型和纹饰。摹拟动物形象的象生形造型,形象生动,制作精湛,体现出商代人的生命意识。动物造型和人形互为感应,意在拓展人的自我,将兽类强旺的生命力、生殖力传递到人类的身上。动物的形象具有神圣的性质,是先民的一种巫术实践。人化的器形成了人类观照自身的载体,是人类的精神化身。在商代,还有很多将人神化的器形,说明人们对人类自身的崇拜已经开始出现。器形人神合一,将神拟人化,也表达了人们获得神护佑的愿望。象生的器形,特别是神化的器形,为先民们打开了通向神、鬼、祖先的道路。神形的器形或纹饰赋予器物以超人的力量,集中体现了时代的意志风貌。神化的器形传达了心声,颂扬了天意。

饕餮纹是最具有商代时代特征的纹饰,在青铜器、陶器的装饰中扮演着极其重要的角色。饕餮的形象是羊角、牛耳、蛇身、鹰爪、鸟羽等的复合体。自然物象与理想、幻觉、梦境融为一体。在饕餮的身上,商代人突破了生物和非生物的区别,打破了时空的局限。它可以引领人们超越生活经验,使有限的自然能力得以延伸和拓展。饕餮纹的巨角令人触目惊心,巨目瞪视着我们的内心,不怒自威。极端夸张变异的外形狰狞恐怖,神秘威严,令人生畏。商代人试图通过饕餮,通天地,敬鬼神,辟邪祈福,有驱邪避祸的功能。它一方面是恐怖的化身,另一方面也是护佑的神祇。对外族来说是威吓的信号,对本族而言是保护的神灵。在商代的文化体系中,它已经不只是一个臆想的动物,而是时代的精神符号,它将先民们指向对超世间权威神力的顶礼膜拜。

商代艺术所体现的宗教意味的背后,显示出浓厚的理性意识和教化

---

① 汪裕雄:《意象探源》,安徽教育出版社1996年版,第65页。

作用。借助于想象力,利用青铜、玉器的不同质地,乃至玉的自然色彩,因物赋形,匠心独具,反映出古人巧妙的构思。《易传·系辞上》:"《易》有圣人之道四焉:以言者尚其辞,以动者尚其变,以制器者尚其象,以卜筮者尚其占。"把制器尚象看成是圣人之道。这实际上是上古尚象制器实践的概括。"象"是取自然之象,创构器物之象,同时具有象征的意味,以象寓意,以传达时代、政权乃至个人的深刻的意蕴。在商代人看来,客观物象的生态规律和物理结构为他们提供了艺术创造的框架,但这一框架并没有束缚住自由的心灵。与前代相比,商代的造型和纹饰的显著变化是时代的精神风貌、个人情感、宗教思想和王权意识已经相对凝定为内在的审美规律。商代器皿的形制严整规范,对称均衡,比例匀称,其自然和谐的原则正是商代人对自然大化和谐原则的体悟。同时,商代纹饰的图案性也得到了空前的强调。纹饰的绘制不再主观随意,没有规律可寻。器物的线条、形象、色彩已经形成有规律的反复、交替和变化,出现了同一母题和不同母题的纹饰对称组合,呈现出纵向重叠和横向连续、二方连续和四方连续的结构形态。纹饰与器形的搭配也有了复杂的定位法,整体纹饰更加规范统一。

《左传·宣公三年》:"铸鼎象物,百物而为之备,使民知神奸。"铸鼎象物也提高了对象审美的表现力。不同器皿之间的造型与纹饰,既有源流之别,又是相互影响的。在新石器时代的马家窑文化时期,后代的陶器造型已趋于完备。青铜器的造型最初受到陶器的影响,二里岗时期的青铜器胎壁薄纹饰少,体态较小,古朴简单。到后期,商代青铜器发展到了巅峰,上升为传达宗教观念和王权意识的礼器。其造型也自然走向厚重稳健、狰狞凝重。

三、审美的思维方式

商代的审美意识,更偏向于南方的浪漫气质。郭沫若在《两周金文辞大系·序》中说:"商人气质倾向艺术,彝器之制作精绝千古,而好饮酒,好田猎,好崇祀鬼神,均其超现实之证,周人气质则偏重现实,与古人所谓'殷尚质,周尚文'者适得其反。民族之商、周,益依地域之南北,故二系之色彩浑如泾渭之异流。"①南方重玄想,北方重实际。鸟兽纹觚受南楚文化的影响,各种动物的形象纵横交错,瑰丽多姿,通过具体的形象,表达了玄远而神秘的色彩,构思缜密、深邃。

商代艺术的审美方式首先来源于对自然物象、自然规律的自发体验。自然大化的生命节律在艺术中具象为对称、均衡、连续、反复、节奏等形式美的法则。观物取象是商代人基本的艺术表现手法。无论是文字还是器皿造型,都要选择富有独特特征和表现力的形态加以描摹,开创了中国造型艺术传神的先河。因此,商代的各种艺术形态始终不能脱离感性形象。商代人从自然物象中感受到其中的生命精神,并从情感上与自然发生诗意的共鸣。他们近取诸身,远取诸物,将躯体自然化,自然躯体化。形式法则的运用,富于节奏感和韵律感,体现了情感节律与自然法则的完美结合。商代的各种艺术形态集中表现了对自然节奏的体认。商代人通过对自然规律的体悟和再现,将自然现象生命化。由自然物象变形、夸张而创造出来的动物形象,体现了丰富的想象力,有着丰富的象征意义。如商代的水盆中饰以鱼,就是具有象征意义的因物赋象。其他如"火以圜;山以獐;水以龙……凡画缋之事,后素功"②等,认为水器要饰以龙之类的观念,都具有象征的意义。象生的造型和纹饰抓住对象的主要特征和部位加以刻画,重整体而忽略细节,具有象征意味的写意性。而想象动物的形象,则反映了商代人崇拜自然生灵的巫术信仰,企求神力的作用以沟通神灵、驱邪避祸。

线条在商代的艺术创造中具有特殊的价值。线条是情感韵律的具象化,商代人在艺术创造中寓意于线条之中,使物象获得象征的意味。通过象征和意象的创构实现了具象和抽象、物与我、情与景、形式法则与主观情趣的统一。工艺品中的图案纹饰,常常是对事物感受的抽象,将自然物象从生态环境中抽象出来,折射出人在空间感和平衡感等方面有先验的理想。至于何时表现及如何表现,则有发现与发明的区别。在商代的各

---

① 郭沫若:《青铜时代·附录》,科学出版社 1957 年版,第 312—313 页。

② (汉)郑玄注,(唐)陆德明释文:《周礼》,北京图书馆出版社 2005 年版,第 48 页。

种艺术形式中,我们明显地看出他们已经着意按照形式的规律,利用线条、形态和色彩,在各种主观的夸张变形的艺术中注入丰富的内涵。不同的艺术门类在造型和纹饰上相互影响,形成了图案化的装饰。动感的线条和图案总体上体现出动态的和谐,由线条体现出生命和运动的生动节奏。图案的组合对比着重于意的表达,以形写神,形神兼备,生动、传神,充满韵味。这在商代青铜器、陶器和玉器中都很明显。

四、抽象与具象的关系

人们由于摹仿的本能,力图逼肖对象,故有具象写实的追求,但传达的限制又使人们力求强化其象征的意味,从而有抽象写意的一路。蝉纹从写实到写意以至到象征的演化过程,反映了人们对这种表达效果的追求。又如夔龙纹、象纹和鸟纹的演化,通常由分解简化再到夸张变形。而传达技巧的提高,客观上又强化了写实的能力。商代的图形,一是抽象的图案,二是具体写实的形态。因此,艺术造型是从半抽象向具象和抽象两个方向发展。人们因摹仿能力的提高而具象,又因逐步走向完善而抽象。例如,兽面纹在良渚文化时期,是一种半写实的形象,但到了商代的《古父己卣》,已经相当写实,酷似牛头,且非常传神。商代的《豕尊》,在礼器中造出具象写实的猪,这是继承了河姆渡文化和大汶口文化的遗存。大汶口文化中的猪形鬶已经初具雏形,但写实能力还弱。当然,这种写实也删繁就简,概括传神,如犀牛形犀尊等。而鱼纹、鸟纹和蛙纹,则经历了从具象到抽象的过程。在商代的工艺品中,几何型的抽象和动物型的具象互补,共同织成了器皿的纹饰。仰韶文化中的蛙纹图形在商代逐步演变,抽象化为折肢纹、勾连纹、曲折纹和万字纹。马家窑文化的蛙纹中,青蛙的眼睛得到特别的强调,起到了特殊的效果,点和圈单纯的几何图形等被赋予了生命和律动。实际上,在基础层面上,抽象也是人的一种内在能力,但抽象的追求则是后天的,受着文化因素制约的,通过富于想象力的夸张手法的大胆运用而得以实现。

简括而传神的商代兽面纹,在其形成过程中经历了偏于抽象和偏于具象的几次变迁,从中显示了中国古代审美意识渐进突变的特征。王大有说,饕餮"最初是相向凤鸟纹,人面纹,翼式羽状高冠人面纹;而后是翼式羽状高冠牛角人面纹,人面兽角兽爪足复合纹,人身牛首纹,人耳牛首牛角兽足纹;然后开始抽象化,转为兽形的几何图案纹,但到了商代的中、晚期又具象起来,并得以定型化。定型初期的饕餮是侧视人立式牛首夔龙相向并置复合纹,侧视伏卧式牛首夔龙相向并置复合纹;而后舍去龙身,保留头部;再往后,又开始抽象化,只保留龙目。"①这种抽象与具象的交互偏重和相互影响,正反映了中国传统审美趣尚发展的历史轨迹。

　　总之,商代的文字和器皿都体现了商代人尚象制器的艺术精神。其中既包孕了宗教、政治等方面的社会内容,又不乏创造者的情感和趣味方面的个性因素,是中国传统艺术象形表意的滥觞。其观物取象的独特思维方式,寓意于线条、以抽象形式象征、以具象形态传神的表现手法,对后世的审美意识特别是造型艺术产生了深远的影响。

第二节　商代审美意识变迁的特征

　　在商代审美意识的历史变迁中,除了宗教和其他意识形态的影响外,从实用到审美的转换过程、多民族的文化交融以及对待遗产的意识和继承的方式,均具有重要的意义。它昭示了后世中国数千年审美意识的发展方向,确立了中国人审美意识的独特特征。对于它的总结,不仅有助于我们理清审美意识发展的脉络,而且有助于我们强化审美意识发展的自觉意识,推动审美意识顺应规律地向前发展。

一、从实用到审美

　　生存需要是人类的首要需求,商代的青铜器、陶器、玉器乃至文字的发明都与人类原初的生存需求有关。商代的青铜器、陶器、玉器和文字起先都在商代人日常生活中担负着重要的实用功能。商代人从满足实用的需要到满足精神的需要,并逐渐形成自发的审美需要,从中体现出人们的

---

① 王大有:《龙凤文化源流》,北京工艺美术出版社1988年版,第126页。

理想和愿望。在旧石器时代,从元谋猿人用砾石石器开始,艺术就在实用器具中开始孕育了。这样,在工具的制造和使用过程中,审美的意识在游戏心态中逐步觉醒。从新石器时代,到夏代、商代这一审美意识逐渐走向成熟。器皿的装饰最初受偶然现象的效果启发,也受文身的影响,而文身又是受其他动物影响的结果。具有实用功能的感性形态,一旦脱离了实用内容,进入韵律化和节奏化的形式之中,就具有了审美的价值。

实用技术的进步提高了人们驾驭形式的能力。如石器、玉器由打制到磨制,陶器由手工制作到轮制,都使得工艺品更为实用,更为精美。到了商代,这类技术在前人的基础上又有了提高。由于工艺技术的积累、传承的因素,形成了许多世代相传的手工艺氏族,这还影响了后来的姓氏。当时的诸侯贵族以国为姓,①百工以职业为姓。② 以职业为姓,如陶氏是世代的陶工、樊氏是世代的篱笆工、施氏是旗工、索氏世代以制绳为业等。随着分工的越来越精细,工艺制作便越来越精。其节奏、对称,都是运用了他们所感受到的自然法则。商代的各类艺术形式都体现着对称、节奏、律动,奇妙、自由、活泼的生命形态,可谓千变万化。从再造的自然中体现出自己的理想。一个文字、一件工艺品,就被当成一个完整的生命形态,一个完整的天地境界。

无论是商代的造型艺术还是文字,其最初的形态都是由其实用功能决定的。如有些尊贵的青铜器也有浑圆的腹部、丰满的袋足,和大多数圆形的陶器一样,这种造型可以容纳更多的生产生活物资。早期的玉器也和石器一样,有很多的玉斧、玉刀等实用工具的造型。器皿的实用功能启迪了商代人的审美意识,物质器皿也因此具有了精神的意义。物质材料逐渐为艺术家所征服,成为传达艺术精神的语言。而艺术家灵心妙悟的传达也受制于物质材料自身特征的限制。因而,艺术的构思与作为物质材料或节约物质材料特征的语言水乳交融,方能创造审美的新境界。商代文字的创造动因也是首先来源于人们交流的需要。人类表情、手势和

---

① "契为子姓,其后分封,以国为姓,有殷氏、来氏、宋氏……"。(汉)司马迁:《史记·殷本纪第三》,中华书局 1959 年版,第 109 页。

② 参见杨伯峻:《春秋左传注·定公四年》,中华书局 1981 年版,第 1532—1549 页。

声音的瞬间即逝性不利于思想的表达和文化的传播,因此就有了对超越时空的刻画符号和图象的迫切需要。纯粹实用的抽象记事符号,一旦在结构上进入感性化、节律化的状态,使抽象符号具体化、节律化,便进入了审美的状态,体现出人文的情调和生命的意识。

因此,实用、宗教、政治与审美的关系是互动的。很难说明它们与审美是一种单向、必然的因果关系。在宗教礼仪中广泛使用的商代青铜器、玉器和陶器,实现了动物纹饰和实用器形的完美结合。器皿中的大多数把手、盖纽、耳、脚等,既有实用的价值,又富于装饰功能,这样的器皿不仅易拿易提,又使造型灵动、富有生机,凝固的物质产品延伸出了巨大的精神意蕴。

二、迁徙与文化交融

在人与人的关系上,古代政治对文化的发展起着重要作用。商代的文化在夏代的文化中孕育成长。其间各地域、各部族、各方国之间相互交流、相互渗透、相互融合,形成了商代的文化、心理和习俗等。特别是在征伐、兼并过程中,在商贸交流中,商代实现了多民族的融合。

商代人在前期屡屡迁徙。《尚书序》说:"自契至于成汤八迁,汤始居亳。"张衡《西京赋》又说:"殷人屡迁,前八后五。"说明商建国前曾大规模地迁徙八次,汤建国后到盘庚迁殷,又大规模地迁徙了五次。前期是部落迁徙,上甲微率商代人在黄河北岸崛起后,部落一直在迁徙,后来从先王居,回到故里,开始了灭亡夏王朝的事业。

商建国后主要是都城的迁徙。商代神圣的宗庙之都和世俗的政权之都,有时是合一的,有时是分开的。最早的城市建筑与宗法礼仪有一定的联系,故其都主要指宗庙之都。《左传·庄公十二年》:"凡邑,有宗庙先君之主曰都。""君子将营宫室,宗庙为先……居室为后",《说文解字》:"有先君之旧宗庙曰都。"而政权之都起初一般在宗庙之都。这是当时的生产力水平和筑城的成本决定的。故《广韵》说:"天子所宫曰都。"《释名》:"都者,国君所居,人所都会也。"其意义在商代便有了。商代祖先的宗庙之都早期在郑州商城,后期在安阳殷墟,相对比较稳定。政权之都却履经迁徙,特别是在早期征伐频繁,环境恶劣的背景下。

无论是宗庙之都,还是政权之都,其迁徙的原因主要有以下六个方面:一是河流改道,水资源变化,或连年干旱,水资源枯竭;或洪水泛滥,为避水害而迁徙。顾颉刚、刘起釪曾说:"水涝给旧地造成祸患,引起经济、社会问题,不得不迁。这是促使其离开旧都的客观原因。"①二是宗教原因,商人信巫,天灾人祸,一定要占卜。卜卦说要迁,当然就迁。三是农业生产,土地耕种一段时间后,肥力下降,庄稼收成也随之下降,土地需要息耕。傅筑夫认为这就是盘庚所说的"殷降大虐"②。从《尚书·盘庚》中"惰农自安,不昏作劳,不服田亩,越其罔有黍稷"以及"若农服田力穑,乃亦有秋"的比方,可知农业已经成了生活的中心。首都居民特别是手工业者、军人较多,在交通不太便利的背景下,尤其需要靠近丰产地。四是军事原因。由于征伐需要供给,也需要指挥便利。这可能既有主动的征讨,又有被动的外患、内忧(如王室内部纷争,诸侯或大臣造反等)③的威胁因素。五是其他资源枯竭,特别是地表铜矿资源枯竭,需要找新的资源。六是环境污染问题。群居集中生活了一段时间后,环境污染、疾病滋生是不可避免的。每次迁徙的原因可能只是其中的部分原因,但客观上造成了迁都的事实,以至有时候,人们为着既有的财富,不肯迁都,而其中的陶器、玉器、青铜器及纺织、酿造业等手工业者,又是都城迫切需要的人才,缺之不可的。于是有盘庚的那次重要的演说,动员大家迁徙。这是一次宗庙之都、政权之都同时迁徙的重大工程。后来,由于交通发达、生产力进一步提高和政局的稳定,才在安阳定居下来而不再迁徙。商代审美意识的变迁显然在一定程度上受到了迁徙的影响。

商人的屡屡迁徙、战争及其兼并客观上带来了民族融合,也带来了各民族文化和风俗的融合,包括造型艺术的形制和纹饰的融合。根据《诗经·商颂·殷武》的记载,说明当时殷王武丁曾经南伐荆楚。商代

---

① 顾颉刚、刘起釪:《〈盘庚〉三篇校释译论》,《历史学》1979 年第 2 期。
② 傅筑夫:《关于殷人不常厥邑的一个经济解释》,《文史杂志》1944 年第 5、6 期合刊。
③ 参见(汉)司马迁:《史记·殷本纪第三》,中华书局 1959 年版,第 114—133 页。

的青铜器也随之进入了南方。南方文化的丰富想象力也影响了商代工艺品的形制。包括当时被视为敌人的羌人的审美意识也影响了商人。当时的羌人、姜人等以羊为图腾,人戴羊角为装饰之美,是美的本义。后来又以美形容美味。其中对羊由热爱而崇敬,本来是北方游猎和畜牧民族间兴起的习俗,后来为商代的艺术所继承和发扬。《山海经·东山经》:"自尸胡之山至于无皋之山⋯⋯其神状皆人身而羊角。"羊人合一,使人获得神异。妇好墓中男女阴阳合体的玉人,有着羊角似的发髻,北方多牛羊,中原多养猪,祭祀和供品多采用当地常见之物,后来便融为一体。这在随葬品及相关的艺术品中均有所反映。至今,羊还是作为吉祥的形象出现于各种社会场合。而吉祥物的选择,是图腾意识思维方式的体现。这说明不同时期的审美意识的变迁,明显体现了地域环境的影响。商代的文化和艺术的风格,体现了当时多民族融合的特征。在商代的艺术作品中,中原文化、淮夷文化、荆楚文化和北方文化相互融合、相互影响。

商代人屡屡迁徙、"不常厥邑"的生活,客观上带来了对各部族文化的吸收。而不断的征伐,疆域的扩大,又把商代的艺术和文字,带到了黄河、长江两岸等部族。可以说,商代完成了中华民族共同文化心理的系统奠基工作。

三、继承与创新的关系

文化传统有自己延伸和继承的内在规律,常常不以人的意志为转变。《史记·殷本纪》载:"汤既胜夏,欲迁其社,不可,作《夏社》。"社神是远古共工氏之子句龙,能平水土,夏代祭祀社神。商代人取代夏代人,本想变易社神,但考虑到远古传统,便依然保留了夏代传承下来的社神。这说明商代人对夏代乃至远古传下来的文化传统的重视,也说明了远古文化逐年的传承关系。《论语·为政》说:"殷因于夏礼,所损益,可知也;周因于殷礼,所损益,可知也。"正是从礼的角度总结了这种继承与创新的关系,而审美意识的发展也不例外。

张光直曾说,河南龙山文化、偃师二里头文化、郑州商城文化和安阳殷墟文化,作为一个序列,具有两个特点,"一是一线的相承,二是逐步的演变"①。他曾引述《论语·八佾》中三代社祭的差异:"哀公问社于宰我,宰我对曰:夏侯氏以松,殷人以柏,周人以栗。"《孟子·滕文公》关于学校名称的差异:"夏曰校,殷曰序,周曰庠,学则三代共之",认为三代大同而小异。

在二里头文化时期,日用陶器朴实无华,青铜礼器中有着浓重的仿陶痕迹,器身也没有装饰纹样,这种中原的本土风格是从夏代继承下来的。而礼仪性的玉器与陶器,乃至廊庑式的宗庙宫殿,其奢华庄严的仪式,则是从东夷文化带来的。商代人将自己的传统融进了华夏传统,并在新的历史时期推动了文明的演变和发展。东夷文化的风格是商代文化和艺术发展新的增长点。王国维在《殷周制度论》中说:"中国政治与文化之变革,莫剧于殷周之际。"②这是在强调变的一面,但损益相因、一脉相承依然是主要的。

器皿的艺术性也是如此。仰韶文化中有鸬鹚捕鱼的创作题材,商人也把鸬鹚作为表现对象,如妇好墓的石鸬鹚,表明了艺术的继承关系。商周文化的雕塑,继承了史前艺术中的鸟兽之形,并把它运用到青铜礼器的创造中。如小臣艅犀尊,在技法上继承了仰韶的鹰鼎和大汶口文化的动物形陶器。兽面纹装饰的手法与主题,长期形成了相对固定的模式,这是商代器皿与龙山文化中许多器皿在形式上相似的重要原因。龙山文化晚期石锛上的兽面纹图案,狰狞恐怖,影响到商代的兽面纹青铜器。当时的工艺匠师世代相传,工艺品创作的技艺及其程式也代代相传并形成了传统。

第三节　美学思想的萌芽

在商代,先民们已经有了审美观念的自发意识。他们从现实生活中

---

① 张光直:《中国青铜时代》,三联书店 1999 年版,第 101 页。
② 王国维:《殷周制度论》,《观堂集林》第二册,中华书局 1959 年版,第 451 页。

不断地加以总结,并且诗意地加以引申和生发。他们以少象多,以抽象的形式规律,象征着更为丰富的感性世界。他们从功能的角度去领会生命的节奏和规律,又从装饰、美化的意义上理解美,并以阴阳和五行的范畴加以体悟,将其推广到视觉、听觉、味觉和社会生活的一切领域。从认知的意义上看,其中的许多比附性的体会荒诞不经,但从审美的意义上看,这种领域又诗意盎然、饶有兴味。因此,尽管商代的阴阳五行思想从现有的材料上还很难概括,我们还是对它们给予了足够的重视。商代恢诡谲怪的神话虽然已经被融进了后代的众多的神话之中,但是商代的造型艺术和思想观念里,无处不深深地浸染了当时的神话意蕴,以至我们根本无法将其从审美意识中加以剔除。因此,虽然我们对精致美妙的器皿中的神话意蕴不能作明晰的领悟,但是透过商代神话的吉光片羽,我们依然可以朦胧地领略到器皿中所包孕的神话的韵致。

一、"羊人为美"与"羊大为美"

"美"在甲骨文中是上羊下人,是把羊角、羊皮用作巫术活动时头上的装饰物,人的头上戴着羊头或羊角跳羊人舞,可能是羊崇拜的民族的礼仪舞蹈,是一种装饰的美。把这个民族指为羌族,也可作一说。因为羌人即是羊族徽的民族。实际上,羊是人类最早饲养的动物,是先民们的主食和祭祀的牺牲。我国大约在 8000 年前裴李岗文化中就出现了陶塑羊的形象,大约在 7000 年前的河姆渡文化中也出现了陶羊。陈梦家《殷虚卜辞综述》认为炎帝所属姜氏和羌族都属羊族徽部落。[1] 据王献唐考释,"上古游牧时期,炎族之在西方者,地多产羊,以牧羊为生,食肉寝皮,最为大宗。其族初亦无名,黄族以其地为羊区,人皆牧羊,因呼所处之地为羊,地上所居之族亦为羊"[2]。又说:"其以羊名族者,凡得六支:曰羌,曰羝,曰羯,曰羍,曰{左"羊"右"兒"}曰{上"此"下"羊"}。炎族初居黄河流域,西部以游牧为业,游牧羊为大宗,羊非一名,居非一地,

---

[1] 陈梦家:《殷虚卜辞综述》,中华书局 1988 年版,第 282 页。

[2] 王献唐:《炎黄氏族文化考》,齐鲁书社 1985 年版,第 223 页。

各牧其羊,各以其羊名称族,各以其族名称地,游牧无定,迁地亦仍其名,故同为一名。"①叶舒宪认为"羌人戴羊角的习俗当出于该族对羊族徽祖先的信仰,是对其动物祖先形象的象征性模仿。"②甲骨文中,"牺"、"牲"两字也常用羊旁,商代的甲骨文中有大量用羊祭祀的记载。《帝王世纪》:"汤问葛伯何故不礼,曰:'无以供牺牲',汤遣之以羊。"商代的先民们继承前人的做法,以羊为祭祀,把它作为沟通鬼神的灵物。

"美"字或作上羊下大,大也是人,原形是伸展的人。王献唐认为"美"字:"下部从大为人,上亦毛羽饰也。"③李孝定也认为:"契文羊大二字相连,疑象人饰羊首之形,与羌同意。卜辞……上不从羊,似象人首插羽为饰,故有美意,以形近羊,故伪为羊耳。"④萧兵则从巫术文化的角度进一步加以申说:"'美'原来的含义是冠戴羊形或羊头或羊头装饰的'大人'('大'是正面而立的人,这里指进行图腾扮演、图腾乐舞、图腾巫术的祭司或酋长),最初是'羊人为美'后来演变为'羊大则美'。"⑤徐中舒在《甲骨文字典》中释"美"字时,说人首之上,或为羊头,或为羽毛,皆为装饰。商代中叶以降的甲骨文诸"美"字字形虽有几种不尽相同,但都有"羊"或类似饰物和"人"的上下排列。这是一个象形而兼会意的字。这也说明装饰在商代人审美意识中的重要意义。甲骨文和青铜器铭文中的"每"字,则是"美"字的异文,这是一个象形的会意字,下面是一个婀娜多姿的女子,上面是美丽的头饰。王献唐认为甲骨文的几个"每"字,"皆象毛羽斜插女首,乃古代饰品"⑥。又说"毛羽饰加于女首为每,加于男首则为美。"⑦说明每、美体现

---

① 王献唐:《炎黄氏族文化考》,齐鲁书社1985年版,第252页。

② 叶舒宪:《中国神话哲学》,中国社会科学出版社1992年版,第292页。

③ 王献唐:《释每美》,《中国文字》第35册,合订本第9卷,台湾大学文学院中国文学系1970年版,第3935页。

④ 李孝定:《甲骨文集释》第四、五卷,台湾"中央研究院"历史语言研究所1974年版,第1323页。

⑤ 萧兵:《楚辞审美观琐记》,《美学》第3期,上海文艺出版社1981年版,第225页。

⑥ 王献唐:《释每美》,《中国文字》第35册,合订本第9卷,台湾大学文学院中国文学系1970年版,第3934页。

⑦ 王献唐:《释每美》,《中国文字》第35册,合订本第9卷,台湾大学文学院中国文学系1970年版,第3935页。

了同一个造字原则,含义相同,读音也同,只是装饰主体的性别不同而已。这也说明,当时的人们已经有了美化和装饰的审美意识。

许慎《说文解字》释"美"为"甘",并望文生义,附会为是羊的体型大,"羊在六畜主给膳也"。以"美"形容鲜美的味道,显然是后起之义。《史记·殷本纪》有伊尹"以滋味说汤"的记载,美味、滋味作为美字的后起之意,乃至道德等一切美好的东西都用美字来形容,这种字义引申的本身,就体现了审美的思维方式,并在周代日渐盛行。这可能是许慎误解的重要原因。(马叙伦《说文解字六书疏证》卷七斥徐铉"羊大则美"为附会,而他本人的音同转注说也显得牵强。)而以美形容味道鲜美的这种用字方法本身,就体现了审美的思维方式,即通过比拟、通感来拓展和丰富感受。

总之,无论是"羊人为美"还是"羊大为美",抑或作为美字异体的"每"字,其本意都是装饰的意思。至于这种装饰到底是为原始宗教的目的还是为了吸引异性,则与美字的本意没有直接的关系。而以美这一视觉感受的字来形容味觉感受乃至伦理道德等,反映了中国古代字意引申的规律。这说明富有审美情趣的中国文字在字意的引申上也体现了审美的情调。

二、阴阳五行观念

阴阳五行观念是先民们从现实生活的节律中,日积月累归纳总结出来的。他们从寒暑交替、日夜变更和男女对立等现象中获得启发,最终总结出阴阳对立的观念,又从五材并用和相生相克的观念中归纳出五行。到了商代,先民们在音乐和图画中自发地体现了阴阳五行的观念。作为中国文化的重要逻辑框架,阴阳五行最初是通过抽象的符号表达系统思想的产物。

阴阳二字起源甚早,甲骨文中已见"阳"字,青铜器铭文中已经有了阴阳连用。《{已其}伯子盨铭》载:"{已其}伯子{宀姃}父,作其征盨,其阴其阳,以征以行。"最初是指自然现象,阳光照射为阳,背阳为阴。"其阴其阳",意即不管白天黑夜。阴阳对立的和谐,对于艺术生命节奏的把握无疑产生过重要的影响。中国传统的和谐观念中所体现的相辅相成的生命节奏在青铜、玉器、陶器制造中都有展现。商代器皿的造型和纹饰中,直线和曲线、阴线和阳线交替变化,是先民阴阳观念的具象化。

　　五行起源于商代。褚少孙补《史记·历书》说:"盖黄帝考定星历,建立五言起消息。"把五行的起源归为黄帝,未必可靠。《尚书·甘誓》说:"有扈氏威侮五行,怠弃三正。"但此篇所出年代,及五行所指均不明确。明确提出水、火、木、金、土五行的,最初是《尚书·洪范》,该篇由商末贵族陈说五行起源于大禹时代。说:"天乃锡禹洪范九畴。"其一即为五行。"一曰水,二曰火,三曰木,四曰金,五曰土。"并且从性能的角度加以阐释,并由此生发出五味。"水曰润下,火曰炎上,木曰曲直,金曰从革,土爰稼穑。润下作咸,炎上作苦,曲直作酸,从革作辛,稼穑作甘。"后来又逐步推及五色、五声等。虽然这些到春秋时代的《左传》里才有记载,但是它的思想无疑来自商代,甚至更早。传《夏书·甘誓》:"威侮五行,怠弃三正。"这些说法都很含糊,但五行在商代就已经出现确实有事实依据和甲骨文作为佐证。甲骨文之中,还常有"五方"、"五臣"、"五火",表明商代有尚五的习惯。而殷人尚白也是五行观念的一种体现。《礼记·檀弓上》云:"夏后氏尚黑,大事敛用昏。戎事乘骊,牲用玄;殷人尚白,大事敛用日中,戎事乘翰,牲用白;周人尚赤。大事敛用日出,戎事乘骠,牲骍用。"《史记·殷本纪》亦云:"孔子曰:殷路车为善,而色尚白。"其他如《淮南子·齐俗训》所云:"殷人之礼……其服尚白。"以及《论衡·指瑕》所说的:"白者,殷之色也。"都在强调商代人尚白。在文字上,物之杰者、令人敬畏者,右文皆用白字旁。如"柏"树,树之杰者;伯,父之兄,长者,尊贵者(爵位第三等),霸,"佰"等;怕,让人心生敬畏。文字形成系统是在商代,造字的方法中显然凸显了商代所崇尚的"白"。这些都表明五行在商代人的观念里已经形成系统。庞朴在《阴阳五行探源》中说:"以方位为基础的五的体系,正是五行说的原始。"①又说"在殷商时代,不仅已经有了五方观念,而且五方配五时的把戏,也的确已经开始了"②。这是一个非常恰切的说法。虽然五色和五声的思想,到了春秋时代才开始有

---

　　① 庞朴:《稂莠集——中国文化与哲学论集》,上海人民出版社1988年版,第363页。
　　② 庞朴:《稂莠集——中国文化与哲学论集》,上海人民出版社1988年版,第453页。

记载,但文化的发展是一个渐进的过程,五行从商代起源的意义无疑是不可忽略的。中国音乐中的五声和绘画中的五色乃至五行对整个审美意识的影响都应该把源头追溯到商代。

三、神话与意象创构

谭丕模说:"甲骨文记载着许多人格化的神,如浚、契、土、季、亥,都有很朴素的、简单的神话记载,为后代神话传说储藏了一些素材。因为在殷商时代的社会生产力还很低,人们对自然界和社会形态有一定的认识力和幻想力。"①这种说法,既有一定的道理,也有一定的偏颇。这是把甲骨文当成了当时传向后代的唯一媒介。实际上,当时传到后代的,除了仰仗集体记忆的口耳相传外,还会有一些我们今天无法见到的竹木简。我们说,甲骨文中记载了当时神话的一鳞半爪,给我们后人的研究提供了可贵的资料。

商代创造活动中的审美思维方式,在神话中也可以见出。商代人对一些自然现象的看法,有时也体现了神话的思维方式。如把雨后彩虹看成龙蛇一类的动物,说它们自河中饮水。如"又出虹,自北饮于河。""亦又出虹,自北饮于河。"这一富有诗意的神话观念一直在民间流传至今。郭璞在《注〈山海经〉叙》中,认为宇宙群生,乃是"游魂灵怪,触象而构"的产物,"圣皇原化以极变,象物以应怪,鉴无滞赜,曲尽幽情"。实际上,在原始宗教"万物有灵"的思维方式中,已经有了象与神相分离的特点,而且被拟人化了,尽管这时还是不自觉的。

在宗教的意义上,无论是神话,还是许多工艺品,都是用以"绝天地通"的。在《尚书·吕刑》、《国语·楚语》、《山海经·大荒西经》等都有着"绝天地通"的记载。宗教是通过感性的方式打动人的情感。而从形式上讲,神话的宗教意义与其所具有的审美价值则是相通的。

商代人的意识虽然还未达到可以进行系统性概括的层次,但已经具有了美学思想的萌芽。"羊人为美"与"羊大为美"的造字方式,体现了商

---

① 谭丕模:《中国文学史纲》,人民文学出版社 1958 年版,第 22 页。

人自发的审美意识;阴阳五行观念在商代更是已经相对系统,多方位地表现在商代的艺术生活中;甲骨文中记载的简短神话,也显露了商代象、神分离,丰沛的想象力和拟人化的思维方式,说明商代人已经具备一定的审美意象的创构能力。而美学思想在商代的崭露头角,则为周代美学思想的系统性发展奠定了基础。

总之,作为夏代的一个方国发展起来的商代,以武力征伐为重要发展动力,并实施强权政治,政权在神权的支撑下日益威严。商代的农业、手工业、纺织业都得到了迅猛的发展,特别是商业的出现,标志着区别于自然经济之外的另一种经济形态的萌芽,为工艺创造工序的提高与普及奠定了基础。商代的宗教特别烦琐,其程序复杂,仪式名称划分也尤为细致,说明宗教生活已经完全渗透在商代先民的日常生活中,使文化显露出更多的宗教特色,这也同样深刻地影响了商代的艺术创造。商代王权与神权的相互影响,为商代艺术的庄严、神圣增添了神秘和狰狞。不过,商代所孕育的人高于物的人本精神,也为艺术创作带来了浪漫之风,促进了商代艺术的大量发展,并促成了美学思想的萌芽。

第四章
商代陶器

陶器艺术经历了新石器时代的发展和繁荣,到商代已经达到了巅峰。商代是陶器开始向瓷器过渡的时代。商代的陶器不仅在普通百姓的生活中占据重要地位,而且出现了一批堪与青铜器相媲美的陶器精品。在造型上,陶器虽然沿袭了新石器时代的基本造型特征,但在细节上却显得更加规整和精致。而且受青铜器的影响,商代的一些陶器在造型上改变了过去自然、柔美的特征,走向了严峻和刚直。在纹饰上,完全写实的陶器纹饰已逐渐少见,而以抽象的想象动物纹和几何纹居多。陶器中的精品如白陶,已经可以见出中国传统思想中"虚实相生"观念的端倪,其纹饰也更加重视气韵和意趣的表达。

第一节 概 述

夏、商、周是"中国青铜时代",但商代工匠们制作的各种陶器却不失为青铜文化的重要内容。商代的青铜器制作成就辉煌,但因其贵重稀少,主要为王室贵族所垄断,普通民众的日常生活器皿主要仍是陶器。因此,商代的陶器与青铜器一同获得了空前的发展。

一、商代陶器的变迁

偃师商城、郑州商城、安阳殷墟考古发掘出土了大量商代的陶瓷器、石器、骨器、青铜器、玉器,其中以陶器数量最多,构成了独具时代特征与风貌的"商代陶瓷器群"。就目前出土的中原及其周围广大地区的陶瓷器的特征看,"商代陶瓷器群"是在承袭先商陶器和融合部分夏代制陶工艺的基础上,又吸收了周围其他地区制造陶瓷工艺的一些因素综合发展而成的。[1]

商代陶器的繁荣进步首先得益于制陶手工业的分化和陶器烧制工艺的提高。偃师二里头先商早期遗址中包括了烧制陶器、铸造青铜器和制作骨器的各种手工业作坊。可见,商代的早期制陶业已从农业中分化出来成为独立的手工业生产部门,与其他手工业有了明确的分工。郑州商城发掘出的一处烧制陶器的手工业作坊遗址,分布面积达1万多平方米。从出土遗物看,当时已有专门烧制泥质灰陶和专门烧制泥质夹砂灰陶的不同作坊。商代陶器的制法,主要是轮制,兼有模制和手制。商代的陶器烧成温度与质量较夏代已经有了明显的提高,这与烧陶窑炉的改进有关。虽然商代承袭了前代的馒头形窑炉形制,馒头窑仍是商代的主要窑型,但火膛增高、箅孔加大,窑炉的结构已经有了较大改进。江南地区则新出现一种比馒头窑更为先进的陶窑——龙窑。浙江上虞、江西吴城发现的商代龙窑,依山势而建,窑身呈长条形倾斜砌筑,形似苍龙依山而下,故名龙窑。龙窑依山而建,呈倾斜向上状,窑炉本身就有自然抽力,窑炉火势大,通风能力强,升温快,同时可根据生产需要和技术条件增加窑的长度,提高装烧量,还比较容易维持窑内气温。与夏代相比,商代陶器质量提高,品种增多,烧成温度提高,并且火候均匀。技术的突破使商代陶器发展成为可能,并在商代中期开始了我国由陶到瓷的过渡。

各种类型陶器的大量烧制,为先民们积累了大量的经验,器型和纹饰的不断翻新启迪了他们的审美意识,直接为青铜器的冶炼和装饰提供了完善而又可资借鉴的技术储备、艺术模本。反过来,在青铜时代巨大光环的照耀下,陶器的造型和纹饰也必然受其影响,从中体现了商代人独特的审美风格和文化意蕴,乃至能使得一个时代的精神风貌易帜。

二、商代陶器的类型

按系类区分,商代陶器主要可分为灰陶、白陶、印纹硬陶、原始瓷和红

---

[1] 参见安金槐:《夏商周陶瓷概述》,见《中国陶瓷全集》第2卷,上海人民美术出版社2000年版,第14页。

陶等。灰陶是商代制陶工艺的主流,产量最大,和人们日常生活关系最为密切,陶质以砂质灰陶和泥质灰陶为主,另外包括一些棕陶与黑皮陶。灰陶大量采用轮制法,造型和器表修饰工艺精湛,艺术性与实用性达到了高度融合。到商代后期,灰陶制作日益粗陋,且呈下降趋势,白陶和印纹硬陶则有了很大的发展。

白陶的出现可以回溯到距今 6000 多年前的马家浜文化早期和大汶口文化时期。如大汶口文化的白陶背水壶,龙山文化的白陶鬶。与灰陶不同,白陶以瓷土或高岭土、坩子土为原料,胎质细腻,坚硬度较灰陶要高。到商代晚期,白陶烧制数量和工艺达到了巅峰。河南、河北、山西、山东的广大区域都有白陶出土,以安阳殷墟为最多。这时的白陶胎色纯白、选料精细、质地细腻坚致、制作讲究,造型相当规整、精致,纹饰由较简单的人字纹、斜线纹、横竖线纹和三角纹发展为兽面纹、云雷纹、曲折纹、夔纹等多种精美的图案。白陶的造型和纹饰极具青铜礼器的风韵,一些精品可与同期的青铜器相媲美,是商代陶器中不可多得的珍品,为上层贵族专用。白陶费工大,产量小,在瓷器出现后的西周,便迅速衰落消失。

印纹硬陶是商代新出现的重要陶器制品,早期很少见,中期和晚期逐渐增多。因其含铁成分高,胎质坚硬,色泽呈紫褐、红褐、灰褐和黄褐色。印纹硬陶的胎质比一般陶器坚硬,器表纹饰多是拍印的排列密集的云雷纹、人字纹等几何纹样。印纹硬陶坚硬耐用,烧成温度较高,接近烧结程度并且不透水,诞生后迅速得到商代先民的喜爱,后制作工艺不断提高,精品众多。

在印纹硬陶烧制技术不断提高的基础上,原始瓷器在商代应运而生。从严格意义上说,原始瓷器是瓷器的早期和低级阶段,还不能称其为瓷器,但是原始瓷的出现揭开了其后数千年我国瓷器发展的序幕。与陶器相比,原始瓷用瓷石做坯而非易熔黏土,质地坚硬;烧成温度在 1200℃,高于陶器低于瓷器;表面施釉但不均匀,多呈青灰或黄绿色,易剥落。商代红陶以砂质和泥质红陶或橙黄陶为主,承袭了马家窑文化和齐家文化发展而来,器表施以泥质陶衣,并绘制以黑色为主的各种纹饰。红陶数量不多,但不乏造型别致、纹饰华丽的精品。

第二节　造　型

中国陶器造型艺术的基础,在新石器时代的陶器造型中业已奠定。商代陶器造型在此基础上向着多样化和精致化方向演变。在形制演变上,陶器造型的细分越来越多,造型细节的修饰愈加精细,同一器皿在商代早期和晚期,造型也会发生极大的变异。在与新兴的青铜器相互映射、相互融合、相互促进的过程中,在实用性向艺术性的迈进中,商代的陶器走得更远。在"有限变异原则"的指导下,一些陶器逐渐超出实用功能性的目的,形式美得到了强调。

一、造型的类别

商代早期的陶器以泥质陶为主,主要器型有炊器类的鼎、罐、甑、鬲。鬲替代鼎逐渐成为这个时期的主要炊具。饮器类有斝、爵,食器有豆、簋、三足盘,盛器有瓮、盆、大口尊、缸等。其中圈足盘是新出现的器型。在早商文化早期,"陶器器壁一般较薄,绳纹较细。鬲、甗的实足根较瘦长,裆较高,鬲的器高大于器宽。鬲、甑、盆口多作卷缘圆唇。大口尊体较粗短,口径约与肩径相等。斝多敞口。真腹豆较多"①。这些都使得早商文化早期的陶器充满了古朴的原始气息。

至早商文化晚期,"陶器器壁一般较厚,绳纹略粗。鬲、甑的实足足根稍较粗短,裆亦较高,鬲的器高大于器宽,或两者相等。鬲、甑、盆口多作翻缘方唇。大口尊体较瘦长,口径兜大于肩径。斝口收敛。假腹豆较多"②。与早商文化早期相比,这时的陶器外观发生了明显的变化,器壁由薄变厚,绳纹由细变粗,实足根由瘦长变粗短,鬲、甑、盆口造型由卷缘圆唇变为翻缘方唇等,均给人以沉稳、厚重之感。

商代中期的陶器器型有鬲、甑、鼎、罐、爵、斝、盉、钵、盆等二十余种,

---

① 邹衡:《商周考古》,文物出版社 1979 年版,第 31 页。
② 邹衡:《商周考古》,文物出版社 1979 年版,第 31—32 页。

是实用陶器品种数量最多和发展最快的鼎盛时期。其造型特征是,陶器的口沿以卷沿为主,底部以圜底为多,袋状足次之,圈足器较少。

到商代晚期,日用陶器品种比商代中期有所减少,一般灰陶器实物制作工艺也不及商代中期,而白陶、原始瓷器、印纹硬陶则有了较大发展。造型上,陶器中的平底器,圈足器比中期明显增多,带状足依然很多,圜底器有所减少。

晚商文化早期以"殷墟文化二期"为代表。大体相当于甲骨文第一、二期,约为武丁、祖庚、祖甲时代。这个时期的"陶器以灰陶为主,红陶较少,刻纹白陶已很盛行。器壁一般较厚,粗细绳纹并存。鬲的外形一般呈方体,即器高约与器宽相等,足根较粗肥,裆较高,并盛行圜络纹鬲。簋腹较深,口沿剖面呈倒钩状,圈足较矮。真腹豆与假腹豆共存,圈足都较粗。大口尊体甚瘦长,口径大于肩径"①。

晚商文化中期大体以"殷墟文化第三期"为代表,大体相当于甲骨文第三、四期,约为廪辛康丁武乙文丁时代;晚期以"殷墟文化第四期"为代表,大体相当于甲骨文第五期,约为帝乙帝辛时代。在中晚期,"陶器中的泥质红陶显著增加,刻纹白陶继续盛行。陶壁厚,绳纹粗。盛行三角形划纹,晚期又兴起网状划纹。鬲绝大部分呈扁体,即通高小于最大宽度,晚期的口沿加宽。鬲、甗的裆低近平,实足根矮小,晚期有的实足根已趋于消失。簋多作浅腹圈足。真腹豆增多,假腹豆少见,圈足变细。大口尊中期已极少见,晚期乃至绝灭。墓葬中常见的陶觚、陶爵,中期的形制已开始变小,晚期的更小,已成为象征性的明器"②。与晚商文化早期相比,在刻纹白陶流行的基础上,晚商文化的中晚期红陶的数量逐渐增多,而划纹的出现则提升了陶器的整体装饰效果和欣赏价值,体现出商人对形式感的追求。因此,从陶器造型的发展演变中,我们也可以看到商代审美意识的变迁脉络。

二、因物赋形与圆型意识

商代陶器的器型沿袭了早期的因器尚象、因物赋形的造型手法,只是

---

① 邹衡:《商周考古》,文物出版社 1979 年版,第 33 页。
② 邹衡:《商周考古》,文物出版社 1979 年版,第 35—36 页。

外观上不似新石器时代明显,但更重视细节的表现。商代的陶器造型已
经不是一种简单摹仿自然界的稚拙的修饰,而是先民对客观景物颇有装
饰意匠的艺术表现。商代灰陶中出现很多的鸟、兽、龟、鱼等陶塑制品,形
制生动,有较高的工艺价值。浙江出土的灰陶提梁壶、鸭形壶和鬶口形罐
既实用又别致。商代的陶鬲是最具时代特征的炊具。陶鬲在早期多敛
口、深腹、鬲足稍高。晚期则宽沿、浅腹、矮裆,有的实足根已趋于消失。
器型重心下垂,三个乳凸轻轻触地更加牢固,粗壮的空心足不仅传热快,
而且容量更大,沉重的器型在安定中不乏灵巧。同时外廓流畅圆转的曲
线和纹饰自然协调。这种仿生拟人的造型特征在商代的盉、鬶、尊、瓿都
有所体现,被认为是生殖崇拜的象征或是丰产巫术的遗留。"这种只有
三只牛的乳房那么饱满的袋鬶,……全身的那种浑圆的美,与马约尔的女
体石雕似有共性,包括那三只胖腿,全身的每一局部都有一种向外突出,
向外扩张的力。"①人形陶器的特征与女性身体的功能特点对应互渗,具
有相同的象征涵义。这种巫术操作是对母亲创造万物这一壮举的模拟和
仿作,是对人类的生命摇篮和生命容器的礼赞。陶器虽小,有容乃大。

　　与新石器时代一样,商代的陶器仍以圆形及其变形器皿为主。在圆
形器皿的发展过程中,圆形的外凸、内敛、延伸、收缩、升高、压低等形态的
夸张变异使商代陶器张扬着巨大的形式意蕴,体现着商代先民心灵的变
迁。商代的大口尊是独特的器皿,早期颈小于肩径,后来口颈逐渐外张大
于肩颈,直到肩颈彻底消失,夸张呈大喇叭状。圆口朝天敞开吐纳天地。
陶豆也由直壁圈足发展成假腹豆,进而变形为矮喇叭形、圈足豆。商代其
他器皿也基本是圆形的卷沿、圜底、圈足、腹鼓。"从审美视角看,制作圆
形器皿在造型结构中,比其他形器更易获取形体衡式比例鲜明的艺术
效果。"②

　　不仅如此,这类圆形器皿还显示了原始先民的一种圆型意识。圆具
有非常单纯的视觉形式,体现先民朴素的审美观。圆周上的终点也是起

---

　① 王朝闻:《无古不成今》,《中国工艺美术》1982 年第 4 期。
　② 董贻安:《试析河姆渡文化原始艺术的审美特征》,《宁波大学学报》1991 年第 1 期。

点,生死轮回、周而复始。夏、商代是一个尊神敬祖的时代,在夏代贵族阶级不仅动用大量的珍贵动物殉葬,而且有残忍的"人殉"。到了商代,明器开始替代实物殉葬。《礼记·檀弓上》说"之死而致死之,不仁而不可为也;之死而致生之,不知而不可为也。是故竹不成用,瓦不成味,木不成斲,琴瑟张而不平……其曰明器"。安阳大司空村124座殷墓出土陶器293件,基本是随葬明器,实用器物很少。在商代人的心目中,圆形的陶器是他们的灵魂借以返本复始之器。圆形的彩陶造型在先民心中逐渐形成了超越生死的心理积淀。生命形态的轮回包容在圆形陶器的时空之中。圆形的陶器在空间节奏中蕴含着时间节奏,具有空间的无限流动性。

三、造型的风格

青铜时代的光辉照耀下,商代陶器造型的审美风格呈现出自然轻快与凝重严整交相辉映的时代特征。阴阳、刚柔的对立统一和相辅相成在商代陶器身上达到了新的和谐。新石器时代自然和谐的造型风格一直绵延到了商代,商代陶器总体上依然遵循这一造型原则。

商代陶豆与陶壶,在圈足上都饰有对称的十字镂孔装饰。灰陶斝敞口直肩,口沿前部有两个蘑菇形柱,与双柱相映成趣的是后部颈和腹间有一个缠绕着附加堆纹的拱形鋬。商代陶器对称和谐原则正是自然人化的和谐原则的体现。

到了商代晚期,受到青铜时代鼎盛风貌的精神折射,出现了大量仿制青铜器的陶器礼器,和服务于专门用途的陶器制品,如规模宏伟的列鼎,形制优美的仿铜簋、陶豆,蔚为壮观的陶尊、陶罍,新颖精致的陶觚、陶爵等。陶器原初的自然和谐之美与商代陶器特有的严整狞厉之美共生共荣,互为辉映。有限的造型空间蕴含了工匠们无限的智慧和创造的激情。

大量仿制青铜器的陶器,其造型原则也由自然和谐逐渐趋向严整、规范、狞厉、凝重。商代的灰陶采用了快轮制作修整工艺,造型一般都较规整、均匀、庄重。其中郑州出土的陶爵、陶盉更加严整。与同时期青铜爵、青铜盉形制相似或完全相同。其制作之精完全可与青铜器相媲美。郑州出土的另一件细砂质灰乳钉陶鬲形制与同期一般陶鬲略同,因仿制青铜器而在口沿加上两个对称的拱耳,颈部粘贴由两周乳钉纹组成的带条,并在每两个袋足间饰人字形附加堆纹。

商代晚期白陶制作工艺达到鼎盛,多数白陶器的造型和同期青铜器造型已经基本相似或相同。商代白陶胎质洁白细腻,造型端正凝重,装饰华丽,制作精细,与商代青铜器的制作工艺可谓并驾齐驱。仿制青铜器造型的直线轮廓在大量商代陶器中开始出现,商代陶器不再只给人以浑圆流畅之感。直线造型与曲线造型动静相成,刚柔相济。抽象的阴阳化生的和谐规律体现为具象的刚柔相济。《周易·系辞下》说:"阴阳合德,而刚柔有体,以体天地之撰,以通神明之德。"同时我们还看到,在商代陶器中刚与柔不是绝对的偏废,同一件陶器造型既有刚劲的轮廓,也有柔婉的边缘,刚柔之间只有相对的偏胜。柔中有刚,刚中寓柔。这是自然节奏在商代陶器中的敲击,更是那个时代人们身心中流动的节奏。

第三节　纹　饰

在商代陶器的纹饰世界里,我们看到了一个时代的背影。商代陶器的纹饰已经逐渐失去"彩陶时代"自由、天真、轻快、活泼的风貌,大量出现的兽面纹、回纹、云雷纹、夔纹等严整、规范乃至狞厉的纹饰成为陶器新的外衣,也是一个时代新的外衣。在等级森严的商代社会,彩陶纹饰秀丽纤弱、质朴文雅、工整细腻的审美风格,已经不能负担起独断跋扈的王权意识。新时代的统治阶级需要狰狞跋扈、粗犷豪放、严酷威严、张扬狞厉的新的艺术风格,来夸耀他们的野性和霸气。"青铜时代"的陶器自然也成为这种审美意识和审美观念的具象表现。

一、纹饰的变迁

商代早期的陶器纹饰以印痕较深的绳纹为主,约占这一时期纹饰的五分之四。另外有一些磨光素面,以及在磨光面上拍印的云雷纹、双钩纹、圆圈纹,附加堆纹运用则较前代大为减少。到商代中期,绳纹所占比重更大,达98%。陶器纹饰受青铜器纹饰影响日趋明显,出现了大量新兴的,带有明显时代特征的纹饰图案。

商代中期,制作精细的簋、豆、盆、罐、壶、瓮的腹部、肩部和圈足,常有纹饰图案组成的带条,其纹饰主要有:兽面纹、夔纹、方格纹、人字纹、花瓣纹、云雷纹、漩涡纹、曲折纹、连环纹、蝌蚪纹、圆圈纹、火焰纹等,其中以典型的青铜纹饰兽面纹组成的带条最多,一般三组兽面纹组成一个条带。在陶器上拍印兽面纹仅在商代极为盛行,后期则很少见到。

在商代晚期的纹饰中,绳纹依然占据主要角色,另有一些刻划纹、凹线纹、弦纹、附加堆纹、镂孔等。商代中期盛行的纹饰,除兽面纹外,云雷纹、方格纹等带条状精美的图案纹饰在晚期已很少见到。值得一提的是,商代晚期的白陶纹饰与同时期青铜器纹饰基本雷同,兽面纹、夔纹、云雷纹、曲折纹等制作异常精美,甚至出现了炫目豪华、富于立体感的浮雕画面。

二、纹饰的类型

受青铜器的影响,商代陶器的纹饰主要有想象动物纹和几何纹。在商代陶器纹饰中,新石器时代的蛙、鸟、鱼纹等完全写实的动、植物纹饰已很少见。富于图案美的装饰性因素得到了前所未有的强调。对于自然形体的模写和简单的线条描绘,已不能满足商代人的审美需求和心灵延伸的需要。因此在商代陶器纹饰中,自然万物的性质被自然万物的关系因素彻底淹没,服务于装饰目的的想象动物和几何图案更多展现的是商代人内心丰富的情感色彩,强烈的节奏和旋律的对比跳跃中蕴含着流动的气势。单位纹样的造型和相互关系的绵延,在新石器时代表达的是自然和谐的静态美,而在商代则表明了商代人试图用整体的动态气韵来把握复杂的外在世界,与宇宙之道"灵气往来"。彩陶的纹饰俯视时是一个完整的纹样,而商代很多陶器俯视时却支离破碎,只有人们把陶器尊敬地捧持到相当于水平视线高度时,纹饰的全貌才完整地展现在眼前。由是观之,陶器特别是白陶还充当商代人"事神以致福"的礼器。

想象动物纹主要有兽面纹、窃曲纹等。其中最具代表性和艺术价值的当数兽面纹。在二里岗灰陶器中有很多带条兽面纹图案,如郑州出土的兽面纹罍,在腹部两周弦纹之间,有三个精美醒目的兽面纹环绕一周,与同期青铜罍无二。商代的一些白陶器满身也饰有兽面纹。兽面纹是青铜器上普遍拍印的想象动物纹,在陶器上也大量出现是商代陶器受到青铜器纹饰影响的显著例证。各式各样的兽面纹样"都在突出这种指向一种无限深远的原始力量,突出在这种神秘威吓面前的畏怖、恐惧、残酷和凶狠"。"它们呈现给你的感受是一种神秘的威力和狰狞的美。它们之所以具有威吓神秘的力量,不在于这些怪异动物形象本身有如何的威力,而在于这些怪异形象为象征符号,指向了某种似乎是超世间的权威神力的观念。"①于是,这些符号化、抽象化的兽面纹给人以无穷的想象空间,其所营构的神秘、威慑的氛围不仅传达了浓厚的宗教意味,而且增强了陶器自身的表现力与震撼力。

即使是一些写实动物纹,如鹰纹、兔纹、羊纹、蛇纹、雏鸟纹等,也被变形,塑造成狰狞可怕的形象,体现出狞厉之美的风格。鹰纹多为直线和较单纯的弧线造型,直线的"冷静"和弧线的"紧张"给人以勇猛矫健的力的感觉。其中鹰纹的造型瑰丽多变,种类繁多。有些鹰纹形状整个纹样左右对称,双翅展开上卷,翅上有鳞纹,足部有折线纹,头部变形极似鹰;有的双翅展开,翼稍下卷,爪部毛羽翻卷;有的似鹰纹的简化,形同"亚"字;有的似鸷鹰伫立的侧影,有足、身、翼等;有的似鹰的侧视,有钩状嘴和夸张的眼睛,颈部羽毛翻卷;有的则环目怒睁,呈左右对称的三角弧线纹,鹰翅的翎毛显得劲健有力。蛇纹不求外形的酷似,而以展现蛇的性格特征为主,多以连续的形式装饰在陶器上。蛇纹主要有躯干三折形,上饰瓦鳞纹,张口有舌,有目或无目;躯干五折,上饰三角鳞纹,舌外吐,卷尾;躯干盘曲,绘双曲瓦鳞纹,主要装饰于器盖。羊纹除有全侧目、有目或无目造型外,抽象的羊角图案更具有形式美感。如角颠倒相连若云雷纹和四方勾连羊角云纹。兔纹是一个极有特色的纹样,柔和多变的曲线线形于温顺中露出狡狯,多以适合构成的形式装饰在陶鬲上。②

---

① 李泽厚:《美的历程》,三联书店 2009 年版,第 38 页。
② 王小勤:《先商图案艺术举隅》,《南艺学报》1983 年第 3 期。

商代陶器的想象动物纹体现出强旺的想象性和严整的图案性。商代陶器的造型在满足实用需要的同时,也受商代人审美趣味的影响,千变万化、自然立体的动物形象被平面化、抽象化,形成变形的、首尾相接的、有规律的连续纹样。按照形式美的规律组合而成的形、色和结构更富于装饰性,给人以丰富的联想和启示。想象动物纹的夸张变异是对商代人情感的夸张表现,虚拟的、非理性的、反常识的想象动物纹集中体现的是商代人心中图案形式美的规律。在想象动物的身上,商代人突破生物与非生物的区别,打破了时空的限制,超越于生活经验之上,把自然物象与理想、幻觉、梦境融为一体,采用省略、添加、夸张、变形、颠倒、反衬、反复、循环等艺术手段,浓缩、粘合、转移、强调了不同属性的各种生物的特征和特有形象,并根据需要在想象作用下配置成理想综合物。如饕餮便是羊角、牛耳、蛇身、鹰爪、鸟羽的复合体。在香气氤氲的祭祀烟火中,严肃、静穆、神秘的怪兽很自然地将我们引向对超世间的权威神力的膜拜。

可见,想象动物纹中所体现的想象性表现为狰狞外表掩盖下的理性内容。商代人已经敢于跳出客观物象的生态规律和物理的天然结构的束缚,按照心灵的图景和诗性的智慧组合画面。其自身内在的审美规律得到空前的强调。《文心雕龙·夸饰》指出:"夸而有节,饰而不诬。"心中理想的形象更为突出、更为鲜明、更具情感的冲击力和装饰意味,着力反映出物象的特征和动势,而不是单纯地追求透视和比例。想象动物被夸张、简化、省略的部分,可以让人们的思想和心灵在其中自由游戏、流连回味。夸张变形是主、客观的融合,外在的客观本质在商代人内在的主观思维中浓缩。想象动物纹的不可言说的意蕴,是商代人在眺望完美和真理的彼岸。

几何纹主要有绳纹、圆圈纹、云雷纹、四瓣纹、轮焰纹、曲折纹、方格纹、方圈四瓣纹、回纹等,其中绳纹占大多数。商代陶器的几何纹饰更加重视通过点、线、面等构成因素有规律的排列组合,体现出图案美和节奏美。云雷纹、圆圈纹、四瓣纹、轮焰纹、曲折纹不再是一个基本单位的单独纹样,而是由一个基本单位的花纹形象作上下、左右或上下左右无限的重复排列组合,二方连续、四方连续的艺术化的纹样配置极富规律性,与陶器造型的整体效果相得益彰。方格四瓣纹方形的边缘中间套以放射状的花瓣纹,边缘的方形和中心的曲折线条动静相成,在动与静的反复节奏中呈现雄伟的气魄,大方且安稳。回纹本应略显呆滞,但在统一协调整体的大前提下,错落有致的上下间隔排列的几何纹样,在丰富多样并且互相联系的局部,呈现出生动的韵味。曲折纹虽在动感力度上较新石器时代的涡旋纹要弱,但它更显灵巧流利,"S"形曲线变化更为繁复,多个方向的"S"形曲线交叉配置,表现自由,有些甚至没有固定的骨骼,而只有量的均等,"S"形曲线的来回运转往复舒展,在运动中保持了重心的平衡关系。

在纹饰的排列上,商代出现了大量的不同几何纹饰之间以及几何纹饰和想象动物纹饰之间的组合排列。很多灰陶的表面就饰有两种或三种纹饰。郑州出土的兽面纹罍,在腹部两周弦纹之间衬托出三个醒目的兽面纹带条。在中国历史博物馆藏的一件白陶豆上,豆盘外壁有两排并列的云雷纹带条,圈足上除装饰有云雷纹外,还有圆圈纹、圈内四折角纹和菱形纹的带条。有些白陶器则在器表满饰着兽面纹、夔纹和云雷纹。很多的印纹硬陶器表也排列密集的云雷纹、人字纹,配以少量的绳纹和叶脉纹。在兽面纹、夔纹等适合纹样的周围加上弦纹、绳纹等边饰纹样,又在陶器的口沿下加上辅助的连续纹样。大小不同的几何纹饰和想象动物纹饰之间一定的比例关系在错位变化中有统一,对比中显协调。这种主次对比的纹饰组合,突破了商代以前的纹饰装饰形式,影响了青铜器的纹饰规范,也是青铜器纹饰风格在陶器纹饰中的折射。

三、纹饰的特征

无论是想象动物纹还是几何纹饰,商代的陶器纹饰最显著的变化便是直线明显增多,从中反映了商代人心境和心灵图式的变化。新石器时代的陶器纹饰大多富丽繁复,线条流畅,充满动感,这是那个时代先民天真、自由、稚拙、轻快、和谐心态的折射。商代陶器纹饰直线增多,严峻细致的直线条、直角代替了彩陶的弧线和波纹,并创造了典型而庄严的云雷纹、夔纹、兽面纹等。在商代的陶器上,回纹普遍地饰有网纹,鹰纹是直线和单纯的弧线造型,蛇纹大多是生冷的直角折线。尤其值得注意的是,兽面纹的直线造型使"巨睛凝视、阔口怒张"的神秘动物跃然器上,"在静止状态中积聚着紧张的力,好像在一瞬间就会迸发出凶野的咆哮"①。陶器中的曲线往往给人恬静、缓和、安宁的心理感受,而商代陶器纹饰中直线条的大量运用则传达出庄重威严的情绪和狞厉凝重的心态。直线条象征着空间的割断、时间的转换,最终都导致情感的变化。生命的有限,现实的严峻,往往引起主体忧患意识的产生。"彩陶时代"所描绘的天真世界已然终结,一个威严的集神权、王权于一体的时代沉重地向我们走来。

　　商代陶器还有一种更深层次的对比协调,集中体现在制作精湛的白陶器纹饰中。老子所谓"知白守黑"说,庄子的"虚室生白"说,在商代白陶中已有所表现,反映了相辅相成的生命节奏。白陶一般"运用这些单体印捺纹的连续开展,在器表的不同部位排列成条带状的连弧纹、曲折纹、波浪纹、工字纹、日字纹以及各种编织纹的连续图案。通过各部位不同的图案带,最后使整个器表成为严密多层次、绚丽豪华而又富有立体感的浮雕画面。其装饰效果并不是那些印捺的阴线图案,而是由这些阴线减地勾勒而形成如同高出器表的阳纹凸雕"②。美轮美奂的白陶纹饰正是商代人的鬼斧神工所造就的"阴阳相成、虚实相生"的生命境界。白陶纹饰中的虚实相生体现了生命运动的和谐节奏。实由虚生,虚因实而成。惟虚实相生,方能体现陶器空间的生命形态。无实则不能表现出虚的生命力,无虚则实也无以生存。白陶器在阴纹和阳纹的虚实相生里流动着不尽的生气。

　　从总体特征上看,这个时代陶器纹饰的时空世界,孕育着中国传统哲学"风"与"骨"相辅相成、有机协调的整体气象。商代陶器纹饰中的连续纹样多以舒卷自如的曲线或行走自然的直线构成。如羊角云纹的羊角颠倒相互勾连或四方勾连,环环相扣恰到好处。蛇纹躯干或三折或五折,以立意和气韵取胜。窃曲纹复杂的线条勾连形成一种起伏又连贯的情感节

---

① 马承源:《中国古代青铜器》,上海人民出版社 1982 年版,第 34—35 页。
② 牟永抗:《试论我国史前单色陶器的艺术成就及社会意义》,载《中国陶瓷全集》第 1 卷,上海人民美术出版社 2000 年版,第 47 页。

奏。其他如漩涡纹、云雷纹、轮焰纹、回纹等,无一不在水平、垂直、不同角度的折线、弧线和曲线的变幻中,表现出一种飞动的美。它已经不单纯是几何形的机械排列,而是富于弹性的轨迹运动,变化复杂、动静相协、意趣盎然,颇具视幻效果,犹风行于水上,与天地同呼吸。纹饰之"风"依体而用,在寂然无形中,显现为一种动势,一种不黏不滞的波动。商代人正是将自然物象、生命整体都视为一种奇迹,由物我交融的不尽生气抽象成纹饰的境象,意脉贯通,不可肢解。在造型和纹饰的直线条与曲线条的虚实对比中,骨是内在生命力及其特质,风则使外在形态具有感染力。气足而后风行。骨因风而有生机,风依骨而有生气。骨可以从其功能角度作静态的感受,风则须因受感染而致动态的把握。骨反映了商代人强劲的生命体魄,风则表现出那个时代感人的精神风貌。

　　总而言之,商代的陶器制造更进一步地从日常生活的实用性向审美性过渡,并逐步达到两者的完美融合与和谐统一。在造型上,商代陶器崇尚圆形,重视细节的营构,仿生元素使陶器的造型栩栩如生、趣味盎然,呈现出刚与柔、动与静、自然轻快与凝重严整相辅相成、相得益彰的风格。在纹饰上,商代陶器主要有抽象的想象动物纹和几何纹,表意性和象征性得到了强化。直线纹饰的增多使商代陶器进一步发展了夏代陶器庄重规整的风格,并走向威严狞厉,传达出当时社会森严的等级制度和王权意识。同时,青铜器的造型和纹饰在借鉴陶器的基础上,也以自己的探索影响到陶器的造型和纹饰。

第五章

商代玉器

　　玉器最初是从石器演变而来的。商代的玉器直接继承了红山文化和良渚文化的玉器艺术,在夏代玉器的基础上得到了进一步的发展。虽然在商代早期,由于青铜器的发展方兴未艾,玉器的发展暂时受到了遏制,但到了商代后期,玉器又从青铜器艺术中受到启发,获得了极大的发展,进入了商代玉器的高峰时代,取得了辉煌的艺术成就。在形制上,玉器同样能够巧妙地做到应物赋形,并在仿生造型方面体现了玉料质地和色彩的独特优势。而纹饰上的线刻和浅浮雕更进一步凸显了玉器装饰的功能,对后世的雕塑艺术产生了重要的影响。

第一节　概　述

　　在商代,从早期的石器,一直延续到后来的玉器、陶器、青铜器,都体现了先民们对世界的情感体验。其中,玉器由于原材料的难得和易碎,比起其他类型的器物来,较早地扮演装饰的角色,因而更具有审美的价值,同时也日益成为财富、权力、等级的象征。作为上古玉器史上的高峰,商代的玉器尤其如此。

一、商代石器

　　考古发掘发现,红山文化石器造型多以动物的仿生为主,良渚文化则朝着抽象化方向发展,而商代则是两者之集大成。石器在商代依然具有重要的实用功能,作为生产工具的职能依然在日常生产活动中发挥巨大的作用。殷墟出土的除了大量的玉器、青铜器、陶器外,最引人注目的石器工具就有石刀、石斧、石镞等。显然商代社会中生产工具还离不开石器的大量使用。究其原因,即青铜器的硬度显然不及石器。

郭沫若说:"在商代的末年可以说还是金石并用的时期"①,"商代是金石并用时代"②,唐兰反对这种说法,认为商代"已是青铜器的时代了"③。其实,这只是二人看问题的角度不同。当时的青铜器属于先进的器物,而且被赋予宗教和政治的意义,如鼎和爵等都是权力和等级的象征。而这时的石器,则在民间被广泛使用着。准确地说来,商代是一个"青铜器方滋,石器未退"的时代。而且整个商代较为漫长,其早期是青铜器兴起的时期,而晚期则已经开始流行,这就不能用一句话来概括。

在商代石器中,最有审美价值的是石雕。石雕是商代一门重要的雕塑艺术,被广泛地运用于祭祀、丧葬和礼器等领域,主要为人和动物的雕像。殷墟妇好墓出土了多件用作礼器的石雕器皿。其中器型较大的豆、觯、瓿等,既具有宗教的意味,也具有实用性;而罍和罐等器皿,则因形体较小,不大可能作实用器皿。它们都是白色大理石雕成的,雕刻得十分精湛,具有很高的艺术性。受青铜礼器的影响,这些石雕的器表装饰有线刻或浮雕的兽面纹、云雷纹和三角纹等图案。

商代的石雕人像,主要有妇好墓的"跪坐人像"、安阳四盘墓的"仰首箕坐人像"、安阳小屯村的"抱膝人像"以及安阳侯家庄的"跽坐人像"和"蹲坐人像"等。这些人像生动传神,有着熟练的艺术技巧,有的用线刻,有的用浮雕,有的连衣饰都作了细致的描绘,有的身上则饰满了云雷纹。

安阳侯家庄出土的石鸮和兽首人身石雕等,是宫殿等大型建筑的装饰和守护神,造型粗犷雄浑,神秘而狞厉,通体雕镂各种装饰纹样,独体雕塑图案化,形成庄严而豪华的气氛。殷墟商墓出土的许多动物雕塑,反映了人们恬淡的生活情趣和对自然的向往。如妇好墓所出的石鸬鹚,形象

---

① 郭沫若:《中国古代社会研究》,见《郭沫若全集》历史编第 1 卷,人民出版社 1982 年版,第 18 页。

② 郭沫若:《中国古代社会研究》,见《郭沫若全集》历史编第 1 卷,人民出版社 1982 年版,第 217 页。

③ 唐立庵(唐兰):《卜辞时代的文学和卜辞文学》,《清华学报》1936 年第 11 卷第 3 期。

概括生动;小屯中型墓中的大理石水牛,敦厚而单纯,注重整体感,删繁就简,抽象的形体上加上匀齐富丽的刻线纹,以增强形象的艺术感染力。

二、商代玉器的分期

鼎盛的商代玉器,正是汲取新石器时代玉器的制作经验并向前发展的必然结果,从玉料的质地,到玉器的形制及纹饰等方面,都打上了深刻的时代烙印。

商代玉器的发展可分为三个时期。处于夏代的先商时期是商代玉器的萌芽期,其玉器以河南偃师先商二里头中三、四期文化为代表。此时玉器属于夏代玉器,但对后来的商代有重要影响。出土的以兵器、礼器为主的商代玉器,如璋、圭、钺、琮、璜以及玉柄形器、玉筒形器等,装饰不多,仿生器型也很少见。但此时的玉器制作工艺已达到了相当高的水平,阴刻、阳凸、浮雕配合,同时继承了夏代玉器的锯齿状扉棱、成组的阴线图以及一直沿用的"勾撤法",使造型和纹饰在夏代的基础上,取得了出色的成果。纹饰的线条极为流畅,细密清晰,构成了人面纹、花瓣纹、弦纹等,如二里头文化出土的玉柄形器,材质为四方柱形,其表面所刻的人面纹以玉柄的四楞柱为鼻梁,由相邻的两侧的半面人面构成整体人面,从而使形体和纹饰巧妙配合,体现出玉柄形器所独具的外形特征。这时期玉器的纹饰以直线刻为主,成组出现,具有平行感,如在鱼的背部和尾部,阴刻数条平行斜直线,勾勒出鱼尾和鱼背,刻法简单,只是寥寥数刀,一条仿生形的玉鱼神态就活灵活现地展现在眼前,表现出艺术家们对感性形态的独特颖悟和别出心裁的情感体验。同时,他们还开始运用较复杂的勾撤法雕刻,以上述二里头文化出土的玉柄形饰为代表,显示了技法的成熟,如璋、圭、钺、琮、璜等玉器的局部纹饰均以此为主。从中也可见出,商代早期玉器纹饰的发展尚处在不成熟的阶段,还不能大量地在璋、圭、琮等上自由地琢刻纹饰,其多数纹饰还深受前期文化的影响。

商代中期的玉器以郑州二里岗文化为代表,这时玉器的发展总体上不太明显。这是因为青铜器的繁荣和备受尊崇,压抑了玉器的发展。除了玉兵器外,佩饰玉渐多,说明玉器的装饰化功能较之礼仪、宗教功能有所增强。这一现象表明,商代玉器日渐向装饰玉发展,而作为装饰玉,除了玉质本身外,更要求外在形式的美观。由于商代中期发掘的玉器为数不多,也就无从考证玉器的实际发展情况。在目前已经出土的商代中期玉器中,礼器中的大玉戈较为典型,其体积较大,表面无纹,形似兵戈。

商代晚期玉器集中于河南安阳的殷墟,数量极大,甚至连平民墓中也有发现。饰玉的品种已经大量出现,由于玉器很多,所以普通平民也能佩挂。其他如礼器、仪仗器、工具、用具等也有长足的发展。与前期相比,这时的玉器表现出更高的水平,这可能是青铜器介入的原因。玉器的纹饰日见繁缛,线条也更加流畅。从妇好墓出土的大量玉器中可以见出当时玉器纹饰的基本情形。

妇好墓玉器大体上可分为两类:一类是片状玉,如璧、璜、玦以及各种片状动物型玉器。其手法以镂刻为主,外轮廓多呈圆弧状,在整片玉上镂空局部,表现出动感效果。另一类是圆雕品,即在立体的材质上雕刻出立体的造型,多以动物为主,兼以少数玉人,由于是立体形状,故在琢制过程中,仍然从立体的各个面来进行。如妇好墓出土的玉雕坐熊,侧面就用阴线刻出上肢,正向刻绘头部纹饰,其技巧较之片状玉有所提高。再如商代玉人,殷墟妇好墓出土的“玉跪人”其外表显然刻着衣服的纹饰。其他像动物形,外形多刻有形象生动的装饰纹样,这是需要高度的技巧的。

第二节　造　型

在商代,青铜器得到了迅速的发展。青铜器工具的广泛使用,影响到社会生活的各个领域。由于青铜器的介入,玉器的制作技艺得到了更精细的发展。在玉器的制作中,人们对锯割、琢磨、钻孔等技术的运用日益得心应手,特别是青铜砣子以及管钻、桯钻等手段的应用,加之作坊式的生产,使玉器制造获得了迅速的发展和长足的进步。这主要表现在玉器造型不仅更为多样,而且也更为精细。目前已出土的商代玉器就充分证明了这一点。多样化的造型,使得玉器在既有的玉料的美的质地的基础上,体现出先民们对情感的深刻关注。

一、因物赋形

与普通的石头和制造陶器的黏土相比,玉料要难来得多。早期的人们在制玉时常常为取料而不断迁移,故新石器时代及商前期的玉器多为就地取料。玉料的稀少一方面使玉器显得更加珍贵;另一方面也使玉器艺术家们在制玉时更加精心地选取玉料,不敢轻易浪费。人们在制造玉器时倍加慎重小心,也更加重视制玉技巧的提高。这些玉器的造型,一方面是出于对现实原形的摹仿;另一方面,玉器艺术家们在选料、用料时,能非常珍惜玉料,因料而赋形。由于玉料珍稀,商代艺术家们对于管钻、敲击玉料的过程中落下的零星的碎玉和边角料,也给予了充分的利用,将其制成小型玉器、镶嵌玉和其他装饰品,以至有些玉器小到不及厘米之距,如很小的玉片、小玉饰等,反映了他们对玉料的珍惜。殷墟数量众多的玉器,很大程度上都是玉器艺术家们因料施艺的杰作,即我们通常所说的因物赋形。

因物赋形显示了玉器艺术家们的匠心独运和制造技艺的高超。殷墟出土的很多玉器均体现了这一点。如妇好墓出土的一件回首状伏牛,玉器艺术家们巧妙地利用玉料高出的前端雕琢成回望的牛首,而在较低的部分琢制成牛身及牛尾,造型端正得体、精美绝伦。其他如殷墟出土的各种玉鱼、玉鸟、玉凤、玉象等动物也无不如此,特别是玉象,其长出的鼻梁显然是玉料的形状本身凸起的一端,玉器艺术家们充分发挥自己的想象,构思成象的长鼻,进而琢出玉象的形状,使大象之形惟妙惟肖。

因物赋形,就商代社会制玉条件而言是节省原料,但就玉器形成的角度而言,却极大地反映了造物之美,是无意识中的必然生成物,说明当时人类具有很高的智慧与创造才能。因此,商代玉器融合了质地与创造的双重价值,是造型艺术得以尽现美的有力证明。

二、仿 生

中国器物的仿生从石器开始,最初受到象形石块的启发。这些象形石块刺激了先民们摹仿的本能,也唤起了他们丰富的想象力,激发了他们仿生加工石器的浓厚兴趣,从而逐步从自发地进行仿生造型到自觉地进行仿生造型,乃至受到陶器、青铜器的影响,表现、再造甚至创造出神话中虚拟的动物。

玉器的仿生造型是在石器的基础上进一步发展的。当时的艺术家在其艺术创造中注入了体现时代精神,又具有独特个性的情感,使艺术创造具有了活力。早在5000—6000年以前的红山文化,仿生造型的玉龟、玉鸟、玉猪龙,以其栩栩如生的形象及其感染力,让我们充分地感受到了这一点。

商代的玉器在继承红山文化和良渚文化的基础上,又进一步发展了仿生造型的玉器。从很小的装饰品到大型的礼器、仪仗器等,商代玉器有许多惟妙惟肖的仿生造型,如玉虎、玉鸮、玉蝉等,似乎都是对原形的再现,其逼真程度体现了艺术家们精湛的艺术技巧,令人们慨叹不已!这一方面反映了商代艺术家们仿生技巧的进步,另一方面也是商代人审美体验深化的结果。

商代玉器的辉煌,表现在造型风格的多样性。而商代玉器的造型特征不仅仅体现在形制的多样性上,而且也反映了人类主观情感的深刻。那艺术性的仿生,因物赋形的手段,即使今人看来也惊叹不已!它为我们审视上古中国文化的灿烂,树立了一面镜子,通过它折射出我们民族的伟大,表现出先民们情感世界的丰富和审美体验的深邃。

商代的仿生玉器,包括写实动物的仿生和想象动物的仿生。写实动物的仿生,是对现实中习见的动物作逼真的摹刻。其中反映了艺术家们对具体动物的形象和神态的悉心观察与体悟。例如鱼形玉器的雕刻,关键是对现实中鱼类本身形态的把握,艺术家们通过对大量的鱼的观察和体悟,塑造了一个个活泼可爱的鱼的形象,既摹其形,又传其神。这些玉鱼神态各异,并不雷同。艺术家们在玉石的一端稍稍开口,就是一条栩栩如生、吐水换气的玉鱼,尾部弯曲,其势欲出,活蹦乱跳。所有这些,首先是摹仿,其次在原形基础上进行艺术化的加工,这种仿生的创造活动,体现了艺术家们摹仿再现原物的快感,充分展示了艺术家们的内在生命情调。想象动物的仿生玉器,主要是根据当时的神话和族徽以及多民族融合的综合性的复合体族徽,借助于大胆的想象摹写创构出来的。商代的玉龙多呈蟠曲状,躯体很长,以曲折的造型显示出一种神秘感。

商代的仿生玉器,具有装饰和贿神等多重功能。它们起初被用作装饰。这主要以佩饰为主,如玉鹰、玉鹦鹉等片状玉雕佩饰。这类仿生玉器从红山文化时期就有了,如玉勾云鸟形器、玉兽形佩、玉鹰形佩、玉鳖形佩、玉猪形佩等。到了商代,这种仿生技术更加成熟,不仅可以制造出新石器时代各种类型的玉器,而且在此基础上,更赋予玉器以艺术的品位。同时,王公贵族不但在生前享用这些玉佩,而且由于他们信仰灵魂不灭,试图在死后也享用这些仿生玉佩。从墓葬中摆放的位置可以看出,这些玉佩有置于死者两耳旁的,有置于死者胸前、额头及其他身体部位的,并且大多数玉器都和墓主人在一起的。

在信仰至上、盛行占卜和祭祀的商代,仿生造型的玉器作为杰出的艺术品被用来贿神。在商代中后期,王公贵族出于人道的考虑,也出于经济上的节约,逐步改变了以大量的人或牲口祭祀的做法,而代之以各种仿生器皿,作为祭祀的牺牲,其中仿生造型的玉器以其质地和色泽而更具优势。以妇好墓里的玉人为例,"商代妇好墓的踞坐人俑,有的衣着华丽,有兽面纹饰,形同贵族,它事实上就是远古时代的族葬制在艺术形式中的曲折反映"①。

运用高度的艺术技巧对玉的仿生制造,不仅仅只是对原物的简单再造,更多的是形象的抽象化,也即上面提到的在原实物的基础上大胆的虚构,这是仿生高度发达的产物,也是商代玉器出现高峰的有力证明。单纯从对原物的摹仿看,仿生手段只是制造技术形成的原始依据,而商代众多的玉器,大部分又是抽象化的。这说明制造技术日臻完美与发达,也说明玉器的其他功能在人们的生活中的重要性。商代的玉器不仅仅只是装饰品佩饰,发展到后来,更多地被用于礼仪中,其权力的象征色彩也更加明显。

---

① 谢崇安:《商周艺术》,巴蜀书社1997年版,第186页。

三、形式规律

先民们尤其重视造型艺术的视觉效果,这在玉器中同样有所体现。商代的玉器不仅像其他造型艺术那样重视形式规律,而且还因玉料独特的色泽而讲究形与色的统一,从而在因料制形的过程中能够最充分地体现出玉料的优点。这也使得玉器的创造在遵循一般造型艺术形式规律的基础上,还有自己独到的形式规律。

首先,商代的玉器体现了比例适当、形体匀称的特点。这是造型艺术具有审美价值的关键。早在新石器时代,人们已经自发地意识到玉器造型的比例了。对于璧、瑗、环,《尔雅·释器》说:"肉倍好,谓之璧;好倍肉,谓之瑗;肉好若一,谓之环。"这是后人对商代及其以前的玉璧类造型规律的总结。肉即边宽,好即孔径,边与孔径的比例,是分辨璧、瑗、环的标准,当然这只是较为简单的比例关系,即倍数关系,但玉器艺术家们对倍数关系的运用,说明了数量比例在造型艺术中的重要性。

商代玉器的结构,从整体到局部,以及在局部与局部之间,其数量的大小关系,无不给人以协调感。如礼器中的璜,基本上是半圆形玉片。艺术家们在这样的扇形玉片上,采用磨、刻、钻等工艺,进行适当的"剪裁",就可以制成比例得当的玉璜。再如钺,其状如斧,是仪仗器,刃部的长度明显地宽于背部,而背部的厚度也明显是厚实的,这种比例关系是得当的,类似于等腰梯形,看起来极具美感。殷墟玉器中恰当的比例关系在玉人身上显得较为明显。玉人根据玉料的大小,确定不同身体部分的比例,这种造型显然受到了人体比例的影响。在大小不一的玉人身上,体现了人体的比例关系,雕刻出玉人的形象。因此,比例是商代玉器艺术家们必须掌握的规则。

而匀称,也在商代玉器中得到了体现,如上述玉璜,除了一定的比例外,其势极为匀称,有的玉璜两端刻两个对称的兽头,其造型完全相同,或略加变化,均衡感极强。商代的玉琮外方内圆,匀称得体,前后左右为两两相对的平行线条构成的方形,上下势体对应,每节四角八面,均有变化,这种变化又统一在外方内圆的形体内。这充分显示了商代玉器艺术家们的匠心独运。他们将玉琮的器型与纹饰相配合，于变化中见统一，统一中见变化。琮之间大小、高矮排列一起，显示出明快的节奏。另外玉连环、玉佩等更多的冠状饰，以及双孔形器等装饰品，其形态无不是对称均匀的，显示出匀称的韵律美。

其次，体现了形与色的统一。玉料本身的质地是晶莹温润的，主要有半透明、微透明两种形式。在玉器的早期制作中，玉器艺术家们常常不加粉饰地运用玉料的自然质地，这与陶器人工地加以纹饰是截然不同的。出土的玉器基本上都是天然的色质。这一方面说明玉石天生丽质的魅力，另一方面说明人们已经深谙自然本色之道。玉器的色泽实为天然玉料之本色。在商代社会中，大量的玉石得以开采，涌现出像岫岩玉、南阳玉、和阗玉等不同产地的玉料，每一产地的玉的色彩不同，如新疆的和阗玉，就有质纯色白的白玉，名贵的色泽纯正的黄玉；有透明感的碧玉、黑灰色的墨玉以及糖玉和青玉等。这些天然的色彩被玉器艺术家们巧妙地利用在造型艺术中，已出土的大量玉器无不显示形与色的统一。如《周礼·大宗伯》说："以玉作六器，以礼天地四方，以苍璧礼天，以黄琮礼地，以青圭礼东方，以赤璋礼南方，以白琥礼西方，以玄璜礼北方……"这里的苍璧、黄琮、青圭、赤璋、白琥、玄璜，并不是在玉器上着色，而是天然的色泽。玉器艺术家们以天然玉之本色，制作璧、琮、圭、璋、琥、璜等玉礼器，使其具有神秘化的礼仪功能，这是巧妙利用形色统一的杰作。

玉的各种天然色泽，可以通过色与形的统一来表现特定的情感。这对艺术家们来说，具有较高的难度。这不仅要求艺术家们能够得心应手地征服玉料来表现自己的构思，而且要求艺术家们具有卓绝的审美情趣。黄玉琮、黑玉圭等，用同色的玉琢成，既体现了琮、圭等礼器的庄重，更说明玉器艺术家们对色彩的独特选择。这是他们多少代多少年艺术实践的结晶。商代的玉器艺术家们堪称是造型艺术的大师。

商代的"俏色玉"，就是形与色统一的玉器的典范。"俏色玉"也称为"巧色玉"，《释名》说："巧者，合异类共成一体也。"高手集色与形为一体，创制了像玉鳖这样的艺术品。"俏色"工艺是利用玉料不同的天然色泽纹理，刻意安排，使雕出的造型各部位自然显现出不同的颜色，其造型富有特别的情趣,如玉鳖,选用墨灰二色相间玉料,雕刻时把墨色部分安排在背甲部位,灰白色部分雕刻成鳖头、颈及腹部,使所成造型色泽自然天成,极富造化之极,这种看似天成,实则为独具匠心之作,体现了艺术家们形、色高度统一的技巧。这种对浑然天成的自然美的艺术表现,说明了商代的艺术家们在审视材质时表现出独特的审美情趣,体现了古人的高度技巧和智慧。后世的大量仿生玉器深受这种方式的影响。

比例得当和形、色统一,是古代玉匠长期经验的结晶,也是他们制玉的基本标准。正是因为这样的标准,玉器的制作才趋向繁盛,形态才显得多样化,并且在造型上体现复杂的制作技巧。商代的玉器品种繁多,造型多样,显示了玉器艺术家们高度的艺术技巧。众多的圆雕、浮雕玉器,用"错彩镂金"来形容也毫不过分,这在商代之前是极少见的。而玉人、玉鸟种种,既有阴刻,也具圆雕,造型生动,形象鲜明。另外,商代还涌现出大量新品,如形神兼备的玉凤、玉虎、玉鹦鹉、玉鸮等动物玉雕;龙形玉璜、鱼形玉璜,三分之一环形玉璜以及玉鞢等;体形较大的摹仿青铜器的玉簋、玉盘等以及工艺精美的各种动物或人物的圆雕作品等。可以说,商代玉器在装饰艺术上确实有了很高的水平,也体现了高度的美感。

商代玉器的造型是其前代的集大成者。作为一个统一的多民族国家,商代已经有了雄厚的国力。而作为财富、权力象征的玉器,在商代进入了鼎盛时期。商王好玉,贵族佩玉,祭祀用玉,使玉器生产规模空前,大规模的制作并没有降低玉器的制作技巧,反而使工艺水平更加杰出。可以说,商代的玉器艺术家是那个时代真正的造型艺术大师,是他们在商代造就了中国上古玉器艺术的高峰,也是他们向人们展示了琳琅满目、美不胜收的玉器世界。商代出现的镶嵌青铜器上的玉器镶嵌工艺,既体现了青铜器的庄重肃穆,也展现了玉器的灿烂夺目。

总之,商代的玉器既有对传统的承袭,又有自身的独创。它受石器和陶器的影响,并且影响了青铜器的造型。而青铜器制作技术成熟后,反过来又影响着玉器的制作。人们曾经经历了石器、陶器、青铜器的时代,随着时代的发展,石器、陶器、青铜器都先后退出了历史舞台。而惟有玉器,依然凭借其温润的质地,纵横于古代,一直延续到现代。玉器正是造型艺术历史演变历程的有力见证。

第三节　纹　饰

　　商代玉器在继承前代玉器和其他器物的基础上,内蕴不断地得到深化,其物态形式负载了深刻的精神内涵,从而作为文化的载体,成为人生命的象征。商代玉器的成熟,主要体现在其形制、功能及纹饰上。纹饰使质地和色彩本来就具有审美价值的玉石锦上添花,具有妩媚动人的外表。由于有了纹饰,玉器的发展掀开了崭新的一页。在陶器纹饰的基础上,玉器的纹饰有了进一步的发展和深化。在商代中后期,玉器又受到青铜器的影响,互相作用,相得益彰,这使商代玉器在集前代大成的基础上达到前所未有的高度。"商代玉器除少数武器及礼仪玉器没有纹饰以外,其余玉器都披上了华美的装饰外表,商代是纹饰玉器唱主角的时代。"①商代玉器的审美发展,主要体现在纹饰上。由于锯割、琢磨、钻孔以及砣具等技能和工具的使用日渐熟练,玉器的饰刻纹饰向高度复杂化发展成为可能,从而使玉器审美价值在商代获得了质的突破。

一、形式特征

　　商代玉器的成就主要体现在纹饰上。商代玉器大多以纹饰命名,如各种仿生形饰玉器,龙纹、鸟纹、兽纹等形象生动,具有一定的气势。云雷纹由连续回旋形线条构成,其中云纹为圆形,雷纹是方形,表现出磅礴的气势和雄壮的审美效果。菱形纹由线条组刻成菱形状,图案繁密,加深了渲染效果,优美而富有情趣。云龙纹如腾飞在云中的龙,气韵流动,形象逼人。龙纹是一足或两足形的怪兽,圆眼,方嘴,方形卷尾。兽面纹则侧重于表现怪兽的头部。

　　纹饰是玉雕艺术的重要表现形式。在玉器上琢刻纹饰,自新石器时代的红山文化即已开始。被誉为"中华第一龙"的红山文化玉龙,其头部

---

①　殷志强:《中国古代玉器》,上海文化出版社 2000 年版,第 156 页。

的阴刻线勾勒出的龙头,就是纹饰的印记。后来的良渚文化"琮王"上具有"良渚神徽"性质的神人兽面图案,其细密的阴刻线条已表现了纹饰的高度成就。但这两种文化为代表的新石器时代玉器饰刻纹饰的玉器还只是部分,而不是整体。由于受到生产力发展水平和纹饰装饰技术水平的限制,纹饰在新石器时代的玉器中还很少见,当时的纹饰也只是玉器的外在装饰,但我们也不得不承认,在新石器时代的部分玉器中,局部的纹饰已露出人类对玉器装饰的较高要求。正是在此基础上,商代玉器才显露灿烂的光芒,不管是装饰品还是礼器、仪仗器及用具,其饰纹、造型及制作技艺均有重大的突破。它兼容并蓄,巧妙运用线刻、浅浮雕及圆雕等手法,绘制出一幅幅绚丽夺目的玉器纹饰图,使玉器成为商文化的一种象征,以及商代人丰富情感的表达。

首先,商代的纹饰以线条为主,采用线面结合的方法,构成整个玉器纹饰图形。这里的线刻,主要有阳线和阴线两种,阳线的具体制法为,先沿纹样两侧边缘分别刻出阴线(双线阴钩),再将阴线外侧磨成一斜面,磨去纹样周缘的玉面,变成真正的浅浮雕。而阴线则沿纹样直接刻入,再将阴线两侧微加修磨,使线条加宽形成凹陷阴线纹,这两种方法刻制的花纹在殷墟出土的玉器中多有出现,成对的线条,构成整块玉面,线、面构成饰纹装点玉器。这些玉器多为神人兽面纹,双钩线纹等。其中双钩线纹为商代艺术家的独创技巧,即两条阴线相交,使阴线之间自然显现阳纹,阴阳相错,富于立体效果。如商代中期龙纹,乃是双钩阴刻线,构成重环纹、云雷纹、菱形纹等,使所刻龙形形象生动,风格多样,体现不同形态。商代玉器多数纹饰以此为基础,反映了商代玉器艺术家们构思的精巧和技法的成熟。

其次,商代人还采用浅浮雕、圆雕的方法雕刻纹饰。浅浮雕是在阴线刻纹的基础上突出阳纹而具有立体的表现效果,而圆雕多为造型动物的雕刻技巧,是整体形象的立体雕刻,商代人往往将两者有机结合起来构成整个玉器的纹饰及造型。如商代出现了大量动物、人物玉器的造型,整体上是立体的,而在立体的表面,用浅浮雕技法琢出表面的纹饰,从而使整个动物或人物造型栩栩如生。殷墟出土的玉人,显然是用圆柱形玉器雕成的,先大致勾勒出玉人的头部、躯干,然后采用阴刻线,在头部刻出发质,在身上刻上服装纹饰,从而使玉人的形象立体地呈现在世人面前。其高度的技巧、独特的构思,尽现在玉人的雕刻手法上。

商代玉器多为上述两种雕刻手法的结合。其线条演变的规律,乃由写实到写意、再到象征,即先是具象夸张的写实,然后分解或简化躯体,最后变成抽象的动物形乃至面目全非的几何形,反映出审美意识的不断深化。

二、纹饰特征

商代玉器纹饰的发展是渐进的,从早期局部纹饰到晚期的整体着装,表现出了技艺的娴熟。尽管商人玉器带有复杂的内涵和社会功能,如盛行的神人合一、人兽合一的图案造形等,但许多图案的玉饰,往往是人们用来表达对祖先的崇拜的。同时,大多数商代玉器的纹饰,已经朝着装点外在世界的方向发展了。这些饰纹的玉器,代表了古人对艺术的追求,对审美理想的倾注,更多地表明了人们高度的审美思想。

具体说来,商代玉器的纹饰主要体现了以下三个特点:

首先,雕饰细腻、精致。商代的玉器向追求雕饰化方面发展,表现在纹饰上以精密化倾向为主,商代的大多数玉器纹饰装点精致,呈现出繁缛、绚烂的特点,为各类造型成功地作了烘托。如鸟纹,“采用写实与夸张相结合的手法雕琢,轮廓简练,重点突出,刀法简单,造形构图闭口瞪目,高冠卷尾,昂首凝视,规矩严谨,眼睛多‘臣’字形眼,器型以薄片状多,器自身多孔穿,玉鹦鹉是商代玉鸟的代表作,器身满饰双勾云雷纹”[1]。另外像鱼纹,着力刻划了眼部和嘴尾部,以增强装饰效果。商人爱装饰玉,妇好墓出土的玉梳就是用鹦鹉作装饰。玉匠们的工具上也多以鱼、鸟、龟、龙等形状作柄部装饰。

其次,因形刻纹,因材施艺,为玉器的造型烘云托月。由于玉器的形制是固定的,而其上的纹饰则可据造型而饰刻,如要绘制在龙形玉器上,

---

① 陈健:《古代玉器的装饰纹样》,《南方文物》1997年第4期。

其纹饰多为重环纹、云雷纹,以显其势。再如在璧璜上刻龙纹,其纹饰多以环形为主,具有圆、半圆形状,以凸显弯曲的龙形。这种根据不同的材质和造型琢刻不同纹饰的技艺手法,体现出商代玉匠独到的想象力和非凡的审美倾向。

第三,图案平面化。即以整体装饰为特色,纹饰繁而密,体现平面化的特点。立体的实物被绘制成平面图形,表现商人的抽象想象力,即"立体空间作平面处理"。这种手法需要掌握卓越的抽象概括和构图的能力,用简洁明快的图案语言表现对象最基本的特征,做到形神兼备,以适应各种装饰功能的需要。这也是商代玉雕较为突出的特色之一。平面的几何形纹饰往往附注了人为改造的痕迹,体现了人工韵律与自然法则的完美结合。他们往往能利用一切可利用的玉器表面空间,绘制具有高度概括力和想象力的图形,从而在整体上体现形式美。同时也为后世玉器工艺的发展奠定了基础。从某种程度上看,玉雕在时间上比青铜工艺以及其后的铁制工具更有持久性。这是由于其质地持久不变,从而能使其跨越数代而不衰,保持相当的魅力。另外,纹饰平面化的构图和静态化造型,也能使玉器艺术具有锦上添花的表现力。

这些抽象的纹饰蕴涵商代人丰富的想象力和创造力,体现了他们独到的感应外部世界的思维。它们以线条为母题,表现商人的奇思妙想。"事实上,商周时代的艺术家则是把线条作为一切造型艺术的基础和最为普遍的表现形式,所以他们才能表现出事物的本质及其固有的运动规律,那是一种跃然于观者眼前,不带任何摹仿痕迹的自由创造"①。从中也反映出先民们在玉器创造中不受预设观念制约的自由精神。

第四节　艺术风格

作为有高度艺术成就的商代玉器,因其风格的多样性而保持持久的艺术魅力。其中既有前人的积累,也包含了商代人杰出的智慧与独特的

---

① 谢崇安:《商周艺术》,巴蜀书社 1997 年版,第 147 页。

趣尚。商代玉器的风格也表现在集先代及各部族的风格之大成上,从而最终汇集为商代乃至整个中华民族的艺术风格。

一、时代性

商代是中国上古社会的鼎盛期,经济相当发达,社会分工更加细化,出现许多专门的技术种类,有专门从事农业生产的体力劳动者,从事手工业生产的艺术工匠等,因而商代的各项事业在前代的基础上取得了突飞猛进的发展。而作为贵族精神象征的玉器,就明显地反映了当时的时代风格。

商代玉器的时代风格是从其作为社会形态的表征中得以展现的。特别是在意识形态和精神领域,商人已经有了尚玉的传统。"以玉比德"在商代已经有了明显体现。商代的礼玉正是这种时代风格的表征。早在5000年前,红山文化和良渚文化的大量玉器,就已经具有了高度艺术性。这种已成艺术品的玉器,体现在其精致的造型以及成熟的技艺上,也表现了原始社会玉器开始走向神秘化、礼制化的特点。商代继承了这些特点,将礼玉作为宗教和礼仪等精神活动的工具。

商代玉器的时代因素主要体现在两方面:首先,因功能的多样,而使玉器的风格独具时代特色。殷墟妇好墓出土的大量玉器包括礼器、仪仗器、工具、艺术品等七大类。这些不同功能的玉器,是和特定时代对玉器的要求相联系的,特别是其中为数众多的动物型玉器,其风格更是具有独到之处,其势欲出,其态欲现。其次,由于技术的进步、工具的革新,殷商玉器的纹饰得以琢制并日益走向完善。出现了前世所未有的大量饰纹玉器。如盛行商代的神人、人纹就具有明显的殷商时代风格,这样的纹饰反过来又成为殷商社会的时代特色,即商人以此为崇神敬神的工具。从这两点来讲,商代玉器的时代风格明显代表了那个时代的发展要求,总体上呈现凝重、宗教化以及神化特征。

二、崇尚自然

崇尚自然是造型艺术纯朴归真艺术风格的体现,商代玉器的造型上正是这种追求的表现。各种仿生形的具象性玉雕动物和玉人，都追求一种切近自然真实的美。这当然与玉质本身有关，由于玉具有晶莹、温润的特质，因而其造型力求不破坏玉质本身的美，切合自然，因材施艺，使玉质与造型完美结合。商代玉器继承了原始红山文化和良渚文化治玉的传统，特别是与良渚文化有着直接的传承关系。原始社会玉器不着细饰，如早期红山文化玉龙，仅在头部刻饰，而龙尾部则根据玉质原来的特征，不加任何修饰。在良渚文化各种局部的纹饰中，虽然出现了如玉璧上刻制"神徽"，斧钺上刻划神兽人面纹的做法，但都是整体中的局部，大多数表面均光素无纹，说明原始人重视自然之质。这一特点影响了商代。商代玉器的形制保留了这种自然本色，特别是后期浅浮雕、圆雕技法的运用，使玉器在未脱质地之基础上稍加装饰，如殷墟妇好墓出土的一件长 11.7厘米的玉虎，在圆柱形坯材上逐步展开刻描，体现了形象美，在玉料、形象和风格的自然逼真方面，都有着独到的魅力。商代玉器的后期虽然纹饰繁缛，造型各异，但追求一种与原始玉料相配合的自然美，这便是商民族乃至以后整个华夏民族取法自然的肇始，这一民族风格一直到现在还在发生着影响。商代玉器这种崇尚自然的民族风格显然受各地玉器发展的不同程度的影响，是融合各其他民族的产物，商本为东夷民族，入主中原后，吸收了夏代的成就，同时也受南方良渚文化的影响，有一种兼容并包的风格。

三、宗教色彩

商代是信神祀鬼的朝代，以信仰神鸟为发端。鸟是商民族的崇拜物，因而在玉器造型上多有体现。这种风格也是承袭前代并甚于前代的表现。如良渚文化的神人兽面纹玉器，当时是良渚文化时代古人的一种信仰，影响到商代，商代便琢刻了大量具有类似纹饰的玉器，如商代虎食人首玉刀，妇好墓出土的双虎对食一人首的妇好钺。

商代各种玉器造型、纹饰都在表现相同的主题，有明显的宗教色彩。至于神人合一，虎食人卣等，则表明商代重视祭礼、回报，在不同祭祀场合，象征性地接受人畜牺牲的祭祀，即"食人未咽，害及其身，以言报更也"。报更即报偿的意思,这种民族化宗教风格在商代的这类玉饰形器包括礼器佩器上多有体现,从而形成特定的宗教礼仪、宗教传统,进而影响商代的大多数玉器造型艺术,即体现为商代玉器中的"人兽母题"。"这种艺术形式的嬗变,恰恰反映了中国历史上,从原始礼俗(仰韶时期)演化到神权政治初现(龙山时期)和王权得到完全神圣化的文明进程。"[1]商代玉器将这种浓厚宗教色彩渗透在玉器的创造中,通过温润的质地和典雅的方式加以表现,显示出独到的风采,这与青铜器的狞厉之美是不同的。

商代玉器是整个造型艺术的一部分。因为玉石工艺在时间上更具持久性,故商代玉器的发展依然较前代更有进步,并进而成为商代非常成熟的艺术形式之一。尽管后来的青铜器分担了玉器的一部分职能,而且由于商代青铜器在礼仪祭祀中占据主导地位,导致玉器的相关功能明显下降,但两者相互影响,相互补充,使商代的整个艺术呈现出辉煌的气派,其造型、纹饰、风格都明显印刻着商代的特色,具有商代的时代风采。商代的玉器和其他器皿一起,对于后世艺术风格的形成起到了定形发展的作用。研究商代玉器正是研究灿烂中华文化的一部分,它带给我们的是无尽的畅想、重大的责任以及继往开来的进取精神。

商代后期,青铜工具的成熟运用,赋予玉器制造以新的动力,使商代玉器不仅在质量上日趋上乘,而且在数量上极其庞大,《逸周书·世俘解》载武王伐商时"商王纣取天智玉琰五环身厚以自焚,焚玉四千……凡武王俘商旧玉亿有百万。"这里"亿"虽然有些夸张,但数量也不会少。可见商代王室用玉是极盛的。20世纪挖掘的大批商代墓葬,基本上都是王室墓葬,墓葬的规模巨大,出土的玉器非常多。这说明商代社会玉器基本上为王公贵族所有,平民是很少用玉,即使有也主要是些小型饰物,可见玉器的贵重与稀少。因此,商代玉器虽然达到巅峰,但是也只能是王室玉器的巅峰,它不可能在全社会普及,故有人认为商代前期有一个夹在石器、陶器与青铜器之间的"玉器时代"显然是不妥的,因为玉器不可能像

---

① 谢崇安:《商周艺术》,巴蜀书社1997年版,第147页。

石器陶器以及青铜器那样在全社会普及,但采用此说法却也能说明商代玉器的成就,说明玉器当可与尊贵相提并论,是高贵的、珍稀的。

　　总而言之,玉器由于本身原料的珍稀和取料的困难,其装饰性价值备受推崇。商代玉器在造型上注重因物赋形、因料施艺,注重对动物的仿生写实性摹刻和虚拟性创造,讲究玉器比例的协调、形体的匀称和形与色的高度统一,既使玉料得到恰如其分的运用,又体现出艺术家们丰富的想象力和高超精湛的技艺。在纹饰上,商代玉器强调因形刻纹、因材施艺,将图案的平面化与立体化有机结合,力求雕饰的精致与细腻。在风格上,商代玉器洋溢着礼制化的时代气息、返璞归真的自然之质和浓厚的宗教色彩。商代玉器制造中体现的造物原则和审美标尺推动了后代造型艺术的发展和成熟。同时,商代玉器服务于主体情意的表达,是权力的表征,因而成为时代精神风貌和人们审美趣尚与理想的物质载体。

第六章
商代青铜器

　　商代是中国青铜器的辉煌时期。青铜器在商代获得了最充分的发展,以至"青铜器"三个字也成了商代的代名词。肇端于夏代、鼎盛于商代的青铜器,在中国文明史上甚至在世界文明史上都具有不可忽略的价值。在中国审美意识的历史变迁中,特别是在造型艺术的发展历程中,青铜器的审美价值有着举足轻重的影响:其一,商代各类的青铜器造型不仅继承了此前的石器、玉器和陶器造型的风格,而且具有鲜明的时代特征,包含着神圣的宗教意蕴;其二,商代的青铜器纹饰,在中国器物的发展史上更是出现了质的飞跃,尤其是兽面纹这一包含着原始宗教意味的纹饰,带着深层的时代气息,贯通在远古与后世的文化血脉之中。

第一节　概　述

　　从 20 世纪上半叶开始,中国的学者们如郭沫若、郭宝均、张光直等人借用西方的"青铜时代"这个名称,来指称夏、商和西周时代,以强调青铜器对于商代及其前后时期的重要意义。商代的屡次迁都,在一定程度上也与青铜的矿源等方面的问题有关。"青铜时代"一词,起初由丹麦人汤姆森(Christian Jurgensen Thomsen,1788—1865)在 19 世纪上半叶率先使用,本来指人类社会中用红铜或青铜为切割器的时代。而中国的"青铜时代",则以大量使用青铜制作的兵器、礼器和青铜生产工具为特征。

一、基本功能

　　商代的青铜器门类齐全,现存的主要有礼器(又包括食器、酒器、水器等)、乐器、武器、生产工具、双轮马车或木制品上功能性或装饰性的金属制品以及死者的冥器等。各种青铜器皿都有自己专门的名称,如食器有鼎、鬲、甗、簋、盨、簠、敦、豆等;酒器有爵、角、斝、觯、觚、觥、尊、卣、盉、彝等;水器有盘、匜、盂、缶、瓶等;兵器有戈、矛、戟、钺、剑、刀等。青铜器种类繁多,形制缤纷,尤以礼器数量最多,制作最精美,是整个"青铜时代"的最高典范。

青铜器因其铸造复杂,需耗费大量的人力物力,故从问世那天起,它就以其独特的物质价值和艺术价值成为贵族阶级的专有物。但这并不意味着青铜器只是纯粹用来炫耀身份的观赏品,它的实用功能与其审美功能、宗教功能、政治功能等是同时并存的。早期的青铜器曾逐步普及于贵族的实用器皿中,在食器、水器、酒器中大量存在。《周礼·天官·亨人》有所谓"亨人掌共鼎镬,以给水火之齐",郑玄注:"镬所以煮肉及鱼腊之器,既熟,乃蒸于鼎。"镬为锅,鼎为祭器。许多青铜器生活用品是对已有的其他材料器皿的部分替代,如簋、鬲、甗、豆等,起初都是用竹和陶制作的。到了商代,国家高度重视祭祀与战争,青铜这种当时贵重而又耐用的物质材料,便主要被使用在祭祀的"彝器"和战争的"兵器"中。统治者自己生前占有的青铜器,死后还要随葬入土,并逐渐将想象中神的需求放在第一位,可见商代社会"尊鬼重神"的程度。当然除了祭天祀祖和铸造兵器外,青铜器还有宴享宾朋、赏赐功臣、记功颂德、部落歃盟和死后随葬等功能。这一点,我们从青铜器内部常用来记载其所有者情况及铸造目的的铭文中,就可以清楚地看出。

在祭祀与实用功能之外,青铜器还体现着沉重的王权观念。从夏代开始,青铜铸就的钟鼎彝器,首先是王室建邦立国的重器,被看成法统传承的象征。《左传·宣公三年》载楚子问鼎中原,王孙满对曰:"昔夏之方有德也,远方图物,贡金九牧,铸鼎象物,百物而为之备,使民知神奸。"《墨子·耕柱》也说:"夏后开……铸鼎于昆吾。"这些记载都说明青铜时代从夏代铸鼎就开始了。鼎以其材料的耐久和昂贵的特点,在实用中被当作炊具和容器,在祭祀中又被赋予神性。彝器就是被视为珍宝的宗庙礼器。《左传·襄公十九年》曰:"且夫大伐小,取其所得以作彝器。"晋杜预注："彝,常也,谓钟鼎为宗庙之常器。"又《左传·昭公十五年》注："彝,常也,谓可常宝之器。"在上古的背景下,青铜器被当作宗庙礼器,当然也就是国之重器。它与宗教意识、权力观念密切结合,常被用作"明尊卑,别上下"。而鼎的易手就意味着政权的更迭。商灭夏得夏之九鼎,周灭商后鼎又迁入周王室,秦一统天下后也一心探寻周鼎的下落。这个传统在商代表现得尤其充分。

青铜器虽然主要是祭祀用品、礼仪用品和日常器皿,但同时又具有观赏的价值。它们不是一堆堆死气沉沉、承载太多功利内容的象征符号,而是一件件美轮美奂、庄重典雅,又有着丰富的感情内涵与文化底蕴的艺术品。青铜器是有血有肉有骨的,它们的生命体现在形制、纹饰、光泽(虽然如今已被岁月无情地侵蚀)以及铭文中。商代早期的青铜器还未脱离木器、陶器的约束而自成一统,常常显得比较轻巧、简朴乃至稚嫩,似乎是加大加厚加重的陶器。而商代后期的青铜器,则有了很大的变化,无论是千姿百态的造型,还是华美繁缛的纹饰,都昭示着它已发展到登峰造极、几近完美的程度。青铜器在形制和纹饰上继承了其他形器如玉器,特别是原始陶器所积累的艺术特点,是史前艺术传统的综合,如陶器的形制和玉器的纹饰在青铜器中得到了巧妙的结合,但又有了很大的变革和发展。青铜器的各类造型和纹饰为着共同的宗教与政治目的服务,却又有着不同的分工:造型主要为突出青铜器的庄严沉郁,纹饰则重在营造神秘与诡异的氛围。它们通过线条显现为高度抽象的视觉形象,体现出生命的韵律和人们对世界的情感体验,具有凝重、高古等特征。这是人类心灵之舞的物态化。青铜器有着清晰的线条,对称而规整的格式,其装饰多为静穆、狰狞的兽面纹,表现了当时的人对自然的敬畏之心和统治者的威严,并且具有护身辟邪等功能。

二、铸造技巧

商代已有较成熟的铸造法。青铜的质地决定了它不可能像泥土那样被直接捏成陶器的胚胎,也不可能如玉石一般直接雕琢、打磨。铸造青铜器首先要制模,先用泥土做出器具的初胎,以朱笔在模上画出花纹,花纹的层次或用刀深刻凹入,或补贴上凸出的已琢好的泥。然后便是翻花,即将澄滤过的细泥均匀地拍在范模上,压出花纹、铭文,等泥片半干后取下作为外范,再浇注铜液,待铜液凝固后取出器物,稍予打磨加工,一件沉郁而典雅的青铜器便以高贵的姿态问世了。在配制各金属间比例时,商代的铸造者也已经有了高度的技巧。《周礼·考工记》:"六分其金而锡居其一,谓之钟鼎之齐(剂);五分其金而锡居其一,谓之斧斤之齐;四分其金而锡居其一,谓之戈戟之齐;三分其金而锡居其一,谓之大刃之齐;五分其金而锡居其二,谓之削杀矢之齐;金锡半,谓之鉴燧之齐。"这虽是周代的归纳,但其规律却是商代青铜器制作的长期实践经验的结晶。商代晚期的青铜器尤其如此。以菱格乳钉纹鼎为例,它是商代晚期小型铜鼎中的精品。装饰龙纹和内套乳钉纹的菱格纹,形体略小,铸造精良,造型美观,纹饰谨严。

在创造过程中,青铜器体现了匠人们丰富的想象力和高超的艺术技巧,同时也是当时人们社会文化心理和精神生活的反映。由于青铜器在当时的贵重程度和使用的重要性,因此当时最优秀的工匠和最灵巧的技艺大都集中到了青铜器器皿的制造上。可见,青铜艺术是商代艺术的典型代表,研究商代的审美意识,必须要研究青铜器。青铜器特有的厚重稳健的质地,对其艺术风格所产生的影响同样是重要的。即使不了解青铜器在商代所承载的宗教使命与政治意义,面对它们时我们也会在其威仪之下产生由衷的敬畏与赞叹,能立即与之联系在一起的是雄浑、威严、凝重、粗犷等词语。这钦佩与折服不是献给青铜器本身的,更不是给予当时它们的所有者,而是为了一个时代,为了那个时代青铜器的制造者们独特的灵心妙悟。

第二节　造　型

商代青铜器种类繁多,形态各异,每一类器具都有相对固定的形制。到了后期,商代青铜器造型形式美的地位逐渐上升,最终使严整、凝重的青铜器造型淹没在巨大的形式意蕴中,并成为商代人重要的"礼器"。庞大的青铜器透露出威严跋扈的王权意识，也寄寓了商代人欲通天地、祈福除邪的宗教理想。商代青铜器造型"制器尚象"，描摹自然物象而又不凝固呆滞，处处体现出对称均衡的美感和活泼灵动的气韵。厚重狰狞的青铜器也因此成为商代人鲜活的生命精神的象征。

这里主要以食器和酒器为例，展现商代青铜器美丽多姿的造型世界的一角。

一、形制与时代精神

青铜器的造型有着明显的时代精神。在夏代二里头时期，青铜器形制较小，器壁轻薄，形制稚气，但造型已基本定型，为商代青铜器的发展奠定了坚实的基础。二里岗时期的青铜器还明显地留有陶器的痕迹，一般胎壁薄，纹饰少，体态也较小，古朴简单却不失凝重，看上去轻灵流畅，整体性强。商代后期青铜器虽继续传承着陶器的某些造型特色，如有着浑圆的腹部，丰满的袋足等，但已自成一家。它们更加厚重稳健，往往胎壁较厚，纹饰繁多，体积增大。商代后期青铜器造型具有了鲜明的层次感，而制作技艺的高超又使得青铜器曲线流畅，各部位浑然一体，一派天成。这时还出现了一些新的品种，如罐鼎、方彝、鸟兽尊等，带着明显的时代气息。

形制的变迁并不仅仅是简单的审美观念的转换，它与时代及民族的心态紧密联系着。早期青铜器在很大程度上还是日常生活用品，是新材料发明后对部分陶器的替代，因此它更加侧重于实用，讲究轻巧、方便、耐用。但即使造型朴素，形体较小、质地厚重，仍使得青铜器常常呈现出稳固庄严之势，人们发现这与祭祀场合的威严肃穆十分合拍。另外，虽然早期青铜器的造型比较粗糙幼稚，但由于铸造工序复杂，需耗费大量的人力物力，使青铜器变得昂贵难得，实非普通百姓所能使用，因而青铜器实际上只为少数统治者所占有，是权力与地位的象征。于是，在敬天地畏鬼神的商代，统治者推己及神、鬼、祖先，不断制造精益求精的完美器具，以示恭敬、虔诚之心。这样，青铜器便逐渐由日常用具转化为祭器，其实用性开始从属于宗教性、观赏性，青铜器的造型因而朝着厚、重、实、大的方向发展。实用和祭祀的功能加强了人们对青铜器的质量和美观的要求,而社会生产力的空前发展以及铸造技术的熟练、进步,又使青铜器造型的演变成为可能。体态的变化,使得沉重、神秘的时代特征获得了合适的艺术传达。

青铜器处处透出权力与地位意识,形制也不例外。庞大的鼎象征着浩瀚坚稳的王权,这表现在青铜器的以大为贵的价值尺度和审美趣尚中。由于质地的限制,青铜器很难如玉器、金器那样精雕细琢,故精小的青铜器亦被归入珍贵的行列。

二、几何形与仿生形

商代青铜器种类繁多,其造型也千姿百态。主要可分为几何形和仿生形两大类。

几何形态包括方形、球形、柱形、椭圆形、I 形、不对称形等。商代青铜器的造型基本上已固定化、模式化,相应的器具有着基本相同的形状。如鼎作为个人地位与国家权力的象征,其造型应以庄严安定取胜,因此几何诸形中的正形——刚健的方与畅达的圆成为鼎之造型的首选;而富有变化与生气的不对称形、凸显纤长轻巧的 I 形以及周正与矜持不足的椭圆形等,必然无法成为鼎的定型范式。另外,从功能的角度考虑,用来盛放祭祀器的,其造型还应从实用性考虑,如鼎足是便于将鼎体支撑于火上,敞口则从容量大、易于捞取、散热均匀等方面考虑,过于“花哨”的造型则不适于实用。故圆鼎与方鼎是商代鼎的两种主要类型,其中又以圆鼎的数量居多。商代早期的鼎多为圆腹尖足,也有柱足和扁平足的方鼎;后期圆腹柱足鼎占多数,方鼎数量增加,尖足鼎基本消失,其威武凝重感日渐加强。

几何形的青铜器中,方形器皿多用四足,而圆形器皿多为三足。这说明商代艺术家在总结前人经验与实践的过程中,已经自发地掌握了审美与力学规则相协调的原则。四足与方形器皿的四条边相对照,上下连贯,自然而稳健。而既然三角形已构成稳固之势,以三足与圆形器皿搭配便显得稳重而美观,无须再画蛇添足加做四足。

商代的酒器多为几何形。斝、尊、卣、觚等作为酒器，其本身所承载的威仪与责任相对较弱，且商人嗜酒纵欲，盛放美酒的器皿便相应地少了几分冷峻板正，造型显得灵巧奢华。如卣的造型常常是圆腹或方腹，长颈稍细，侈口，提梁纤长弯曲，重心不在器物中心而是明显靠下，通体宽度不一，于端庄中透出灵动。觚则形体修长，腹部纤细，口和底均呈喇叭状，且侈口的直径常常大于底，呈"I"形。其造型、比例不甚庄严，却多了几分奇巧。

青铜器的仿生形态主要指其造型摹仿生物的自然形态，主要是生动丰富的动物造型。商代仿生形青铜器有动物形、人兽形等。庄重不足的形状既然与鼎无缘，那么仿生形态的青铜器皿主要存在于酒器之中，其中又以鸟兽尊为最多。动物形的青铜器主要为牛、犀、豕、象、羊、鸮、龙等鸟兽状的摹仿，形态生动、逼真，富有情趣。如妇好鸮尊，其整体形象为一只站立的鸮，器皿宽大的腹部为鸮之躯体，鸮首后半部打开即为器盖，扇形尾巴扁平下垂，与粗壮的两足构成三个支点，正与器皿通常的三足造型吻合。鸮神态安详，重心后倾，体态丰腴，显得趾高气扬，志满意得，已绝非凡鸟。从中我们仿佛可以看出商代人的精神气质。

仿生形青铜器常常集中了多种动物的造型，设计出一些趣味盎然的细节。如豕尊的总体造型为一只硕大雄壮的雄野猪，猪吻扁长，獠牙突出，双目凸起，躯体健壮，四肢有力，颈部的扉棱恰如其分地表现出鬃毛的坚硬。位于豕背的器盖上铸有一只悠闲娇小的立鸟捉手。鸟兽一大一小，和谐并处，相得益彰，使豕尊没有凶悍狂野之感，透出一些生活的气息。还有奇异的鸟兽纹觥，其前部为有着粗壮卷曲的大角，口露利齿的兽状，引颈咆哮，似有扑出之势，而恰似兽足的锥形的觥足向外倾斜，加强了器身的稳定牢固，使兽的爆发力有所收敛。觥后部的錾为立鸮状，昂首挺胸翘尾，足部粗壮，与兽的去向相反，二者的力量相互牵拉、相互制衡，充满动感却又稳定均衡。妇好鸮尊脑后的器盖上也别有一番天地：盖前饰一立鸟，盖钮饰为龙状，仿佛龙正在匍匐觊觎着鸟，随时准备腾空扑去。这些造型为原本稳固神秘的青铜器注入了活力与意趣，有移步转景、处处皆景之妙。

仿生性是青铜器造型的显著特点,形神俱备、栩栩如生的仿生造型建立在铸造者对世界细心观察、精确把握与用心熔铸的基础上,它们为青铜器增加了趣味性与观赏性。然而这并不是仿生造型发展的纯粹目的。在形态各异的仿生青铜器之中,还蕴含着更为丰富的观念与目的。

在商代仿生青铜器中,很少有完全写实的兽形出现,多是局部怪异、总体写实的动物形制。如司母辛觥,兽身有着卷曲的牛角,前两足为兽形蹄,后两足却又是马蹄,奇特而又亲切。在纹饰中最重要的兽面纹,却没有出现在已出土的青铜器的造型当中。一则可能是因为饕餮已在纹饰中占据了主导地位,不必再在器型中重复出现;二则可能是因为饕餮的形状不适于铸器,而更宜于用线条刻划。

商代青铜器中,还有一类器皿是人兽混合型的器皿。在商代,兽被神化了,人们认为人力不及兽力。因此,在青铜礼器中,很少单独出现人的造型,而常常是人兽组合。这样做既带有明显的自然崇拜的痕迹,又表达了人试图借助于兽力的愿望。王公贵族们本想通过庄重的形式与肃穆威严的兽形的结合,营造出威慑力与震撼感,但由于青铜器本身质地的厚重,形体又较一般材料的器皿庞大,因此在不经意间透出了一些憨厚可爱之态,鸟兽形的形制甚至尚不及某些纹饰那样神秘狰狞。如著名的虎卣,其造型为踞坐的虎形,虎尾下卷撑地,与两只粗壮的后爪构成三足,牢牢地支撑住卣身。虎的两前爪紧紧抓持一人,张大口作欲食状,人头已入虎口。人物粗眉大眼蒜鼻长发,人体与虎相对而头侧向一边,以手抓住虎肩,脚踏在虎后爪上,虽然人物面部表情还比较平定,但整个造型令人触目惊心。还有一件人面蛇身盉,其盖作人面形,粗眉,臣字目,巨鼻大嘴,额上有三道皱纹,头顶两侧却生有瓶形角,躯体为蛇形,双臂如虎爪,人面兽身显得神秘怪异。人的形象常常与兽同时出现,或借用兽的某些器官,这样已不是现实中的人,而是亦神亦人亦兽,已经异化了。

各种动物造型亦与其本身在商代所处的地位有关,其中有自然崇拜的意味,如凤鸟的出现,就是对祖先的怀念和对神灵的感恩。"天命玄鸟,降而生商",玄鸟是上天派来的使臣,它将商民族的种子带到世间,玄鸟虽是自然崇拜的对象,但这敬畏实际上还是指向神灵,这也说明了为什么凤鸟并不在青铜器造型中占主要地位。有些青铜器的造型还取材于各方国或被征服的部落文化，如羊方尊中羊的造型取材于羌人的部族族徽，"羌"即为因崇拜而戴羊饰的部族。

除了作为沟通神灵祖先的工具以外，青铜器中的仿生造型还具有维护王权统治的功能。如引人注目的虎食人卣便是统治阶级王权威严的象征。青铜器造型的仿生性特征体现出商代人对周围世界的细致观察和对生活的热爱，显示出他们热烈地探索自然却又有着种种不懈的求知心态，还透露着他们渴望开拓，却又被自身能力所限制，故转而去求助神秘力量的无奈。

几何形和仿生形并非水火不容，而是有机结合的。鸟兽型常常局部出现在几何器具的足部、提梁、牺首、鋬、捉手、盖纽、柱等部位，如卣的提梁常常呈龙首、兽首、犀首等，觥常有鸟鋬，肩饰羊头、龙头、兽头或牛头等。连最庄严持重的鼎，有时也将足铸为扁平的夔形或鸟形。鸟兽造型赋予几何器具以生机，简单流畅的几何器具又使鸟兽感染了肃穆优雅的气息，二者动静互补，构成了一个无声似有声的多彩的青铜器造型世界。在青铜器造型中，最不规则的爵更体现出青铜器形式的生机。爵实际是几何理念与仿生理念的完美融合，它没有明确的动物器官，却又是传神的雀状。《说文》谓之为"象雀之形"，段玉裁《说文解字注》作了进一步申说："首、尾、喙、翼、足俱见，爵形即雀形也。"这主要是从文字上讲的，文字象形于现实器皿，故青铜酒器爵也是雀的象形。拿任何一个商代的青铜爵来看，以流为喙，两柱为上扑的翅，尖足为鸟足，尾为悠长的鸟尾，一只栩栩如生的雀便翻飞于眼前，写意中蕴含着真实的生命。面对这样一件充满了动感的器具，谁能说青铜器只是一堆程式化的宗教陈设呢？

三、灵动与生机

青铜器造型还呈现出严整而灵动的特征。为适应神秘庄重的祭祀气氛，青铜器几乎都均齐对称，以板正的姿态承载神的威严与人的真诚。铜器多有一定模式可寻，风格一致，具有稳定性。而大部分青铜器都可以找出一条中线，顺着这条中线切割的话就能将青铜器分为均匀的两部分。

而圆形器具上的扉棱又分割出一块块看似矩形的空间,方圆结合,视角多变。如双羊尊由两只相背的羊的前半身构成,两只羊的神情、姿态完全相同,甚至没有一些细节上的区别。之所以如此,既是出于铸造的方便,易于刻范、复制,也使青铜器往往呈现出肃穆的静态,有利于器具安放的稳固,从中折射出的是中华民族追求对称、均衡、完满、中庸的审美心态。

但青铜器并非一丝不苟、中规中矩地体现着整齐划一的模式,商代的青铜器展现在我们面前的是稳中有变,几乎每一件都在相似的外表下,利用微妙的空间调度,形成造型上的虚实相生,透露出凝重的青铜器富有变化与生机的一面。例如,无论多么稳定压抑的方鼎也不会像一块中空的、严格符合几何形状的方柱,它会口宽而下部渐收,微微倾向于梯形,四只粗壮的足常上粗下细,或干脆就变作卷尾的夔或鸟,再稍稍倾斜作八字形,仿佛一个宽肩窄臀分腿而立的大汉,稳健而不呆板,处处透露出线条美却又不张扬。又如觚,其发展趋势是口放大,座缩小,腰收细,愈显细长之美,但这并无头重脚轻之感和既倾之虞;相反,口底间留出的广阔空间更显出腰肢的纤细灵动与口径弧度的优美。青铜器还常常利用虚实空间的对比来调节其质地的厚滞之感。如鼎足间形成的大片空间留出了开阔的视觉空白,它与鼎身虚实结合,拉长了视线,冲淡了鼎的笨重感。觚的底座常开有数洞或作精心地镂空雕刻,由此形成的小小空间也与觚器的实体相呼应,增强了器具的轻巧,为掩饰器身上的铸痕而发展来的扉棱也具有视觉调节之妙。它将器身在同一空间中划分为几部分,造成视觉上的分割、跳跃,淡化了因对称而造成的僵硬感。

也许在贵族的授意下,商代人在青铜器的铸造过程中主要着意于神秘的宗教主题的传达,更多地去揣测神灵、祖先的心理。"兽之大者莫如牛象,其次莫如虎蜼,禽之大则有鸡凤,小则有雀。故制爵象雀,制彝象鸡凤,差大则象虎蜼,制尊象牛,极大则象象。……皆量其器所盛之多寡,而象禽兽赋形之大小焉"(郑樵《通志》卷四十七《器服略·尊彝爵觯之制》)青铜器具的大小与现实中动物的身形相符合,又在写实的基础上进行变形与夸张,这正是现实世界与虚幻世界沟通、融合的物态表现。

对宗教性、观赏性的过分追求有时会使一些青铜器的造型华而不实。

如虎卣的造型根本不利于取酒;瓿的口径过大而腰肢过细,既盛不了多少酒液,又不利于饮用时液体舒缓地流出,有些爵的体型也厚到温酒时传热缓慢。这样的器具,人用起来极为不便,自然不是出于实用目的。但在商人看来,只有如此方能让超人的神灵满意。因为在商代人看来,即使是先祖君王,在天地神鬼面前都渺小卑微,不值一提。

商代青铜器的造型与中国传统的"制物尚象"指导思想密切相关。《易书·卜辞上》:"《易》有圣人之道四焉:以言者尚其辞,以动者尚其动,以制器者尚其象,以卜筮者尚其占。"所谓"制物尚象",就是通过具体的器型表达一定的象征意义。青铜器被铸成仿生形态,是想借助一些生物的形象传达宗教信息,《左传·宣公三年》"用能协于上下,以承天休"。当人智渐渐苏醒,神仙世界便渐渐远去,人们无助地发现自己已陷入"绝地天通"的境地。与神、鬼、祖先直接沟通的道路消失了,只能借助媒介的力量向上传达心声,向下颂扬天意。而这媒介,便是人类同样无法与之沟通的动物。因此,在祭祀活动中,商代人以与自己生活休戚相关的牛、羊、豕、鸡等为牺牲,供奉神灵、祖先,同时又希望这些动物带去自己的崇敬与祈祷。在祭祀中,扮演重要角色的牺牲所附带的神秘性与庄严性日益增强,最终被融入青铜器的造型之中。这样,用来祭祀的动物在一定程度上也成了被祭祀的对象,它们被用来贿神,又因之沾染了神性,在商代人眼中具备了辟邪降福的力量。至于那些对各种动物形象进行分解和再创造组合而成的神兽,更寄寓着商代人欲与天地沟通和祈福除邪的理想。

神圣庄严的商代青铜器,如今虽已没有了三千多年前那炫目的、与灯火烟雾交相映衬的光泽,但它们始终如一的形制仍坚韧而忠实地执行着宗教的使命,凝聚着商代人复杂的情感世界。其中的内涵随着血与火时代的远去,有些已失落了可追究的根据,只能靠我们用共通的民族情感去体味商代青铜器特有的力量与壮美。

第三节　纹　饰

纹饰是青铜器美丽的着装和语言,又是商代青铜器的灵魂。它们几乎可以在青铜器的腹部、圈足、顶盖、扉棱、牺首等任何部位生根发芽。纹饰以其奇妙的想象、生动的表现、精巧的构思和高超的艺术技巧,把青铜器装扮得光彩照人。它们以严谨的结构,巧妙而又生动地与器皿的造型相适应,是一种有意识的装饰。作为一种约定俗成的、抽象化的符号,青铜器的纹饰可以传达出丰富的情感,是当时人们进行心灵交汇的桥梁。通过这些美丽的纹饰,青铜器本身也成了丰富的文化意蕴的象征。

青铜器纹饰既有对彩陶纹饰和玉器形制的继承,又有着显著的扬弃和发展,并且打上了时代的烙印。由于宗教和政治的因素,青铜器受到空前的重视,故在制作技巧特别是纹饰方面得到了飞速的发展。正是在这种背景下,商代青铜器的纹饰达到了中国古代器皿纹饰此前难以企及的高峰,又反过来影响到后来的陶器和玉器纹饰以及其他后起的造型艺术。这些纹饰主要有动物纹和几何纹等。它们通过线条的有意味、有规律的飞动,趣味盎然地传达出丰富的象征意味。这些纹饰不仅代表了当时的艺术高度,更充分地反映出商代人的精神风貌。

一、纹饰的变迁

青铜器纹饰来源于河南和山东的龙山文化,成型于夏代的二里头文化时期。它的形成与发展显然受到了石器、陶器和玉器纹饰的影响。如商初青铜戈内部所饰的变形的动物纹饰,其最早渊源可以追溯到龙山文化遗址中石器上的兽面纹饰。早期玉器的形制,如夔形、鸟形、兽形等,在青铜器上获得了更充分的发挥。绳纹、三角纹、圆圈纹等亦经过陶器而影响到青铜器。

在商代早期的二里岗时期,青铜的壁面相对素朴,装饰纹样少而单纯,多为粗犷而抽象的兽面纹与乳钉纹;且画面构造相对简单,各纹饰间泾渭分明,为单层凸起纹饰,古朴肃穆。中商时期纹饰渐渐复杂,不仅花样翻多,还出现了二重花纹,即以动物纹为主题花纹,以雷纹等几何纹为底纹,神秘庄严。到了殷墟中晚期,则出现了细致、繁密的抽象兽面纹,并与刻划精致的细雷纹和排列整齐而密集的羽状纹相交织,构成繁丽诡秘的三重花纹。不仅图案的组合呈现出繁缛之势,动物纹中动物的特性

（如兽面纹的角，鸟纹的羽）亦被突出夸张，千变万化。这时还出现了以鸟配兽、以夔配兽等复合纹样。到了殷商中晚期，动物纹饰进一步形象化，如兽面纹除其固有的两目、舡角外，鼻梁、爪子、兽体、卷尾、利齿等部位逐步发展成熟。特别是想象中的动物，能通过丰富的想象和组接，给人以栩栩如生的感觉。

商代青铜器由简朴到繁缛的发展，除了经验的积累有利于人们征服传达媒介、提高传达能力外，还有两个原因：一是与当时的社会生产力的发展有一定的联系。专制社会在商代发展兴盛，王公贵族占有大量的财产，穷奢极欲。物质生活的富足极大地刺激了人们对于精神生活的需求，王公贵族不再仅仅满足于青铜器的实用性而要求加强其观赏性，并在财力与人力完全许可的情况下，大力发展纹饰艺术。二是虽然对神灵无比崇敬，商代人还是自发地将神与人对照，以人度神，认为至高无上的神应以世间精品与之相配。于是，人们求新求变，充分发挥想象力，其创造性受到想象中的神的感动，通过精美的器皿与纹饰来达到敬神的目的。

原始艺术是从写实与抽象两个方向向前拓展和演进的。早期的纹饰是准具象、半写实的。这是由于受到传达能力与传达媒介的限制。当人们逐步征服传达媒介并提高了表现能力以后，写实的一路便得到了发展。不过，由于传达能力与传达媒介的限制而带来的抽象化、线条化，却能更自由地表达作者的主观情意，也更能体现事物的内在节奏和生机。青铜器纹饰发展最重要的趋向是抽象化、线条化。在青铜器的纹饰中，线条作为最适宜表达当时艺术家们体验和情趣的手段而受到青睐。青铜器厚重、坚固的质地毕竟不利于纹饰细节纤巧，青铜器作为祭器的身份亦决定了它需要凝重神秘的气氛，这样显然就剥夺了写实纹饰发展的空间；加之人们的写实能力和写实水平的限制，无法逼肖地传达具体事物的形象。同时，商代的人在创造实践中又为抽象线条偶然建造的神奇效果所吸引，因为抽象化的线条，更有利于人们超越有限的现实的束缚，充分发挥自己的想象力，去追求理想的体验。这样，纹饰便在这几种原因的合力作用下自发地向抽象化方向发展。

在青铜器中，灵活的线形纹饰弥补了青铜器体块形状的不足，赋予凝重的青铜器以生命的气息。抽象化、线条化的纹饰具有更大更自由的表现空间,并在青铜器与现实生活之间营造出了某种距离感。尽管抽象的线条及其发展历程仍是自发而非自觉的,但客观上有利于表现主观的意味。它显示出人对事物本质把握的深入,是人的理性思维能力发展的表现。商代人将深刻的哲理融于线条之中,使纹饰获得更为丰富的意蕴。

在青铜器的发展历程中,纹饰的样式具有多样性的特点,其中主要有阳纹和阴纹、宽条纹和细条纹等。兽面纹的边常由多种线条组成,这有助于突出各部分器官和塑造流畅的身体。早期的兽面纹尤其重视线条的运用。为保证整体形状和谐流畅,绝大部分图案中的兽角为线条感较强的T形角,并采用与身体类似的线条,身首和谐相处,融为一体。这种纹饰发展到后来,连本应最为大放光彩的巨目圆睛都以线条一带而过,使得兽面纹逐渐演变成了带状的装饰。另外,夔纹、龙纹的身躯亦由蜿蜒扭动的线条构成,至周代,最终演化为几何意味强烈的窃曲纹。

随着青铜器纹饰自身的逐步演化,青铜器纹饰的制作方法也在发展变化。早期的纹饰多直接雕在模壁上,以平雕为主,但个别主纹已采用了浮雕模文法。后来,艺术家们多在模壁上另加泥片,再进行雕刻,形成浅浮雕的效果,主纹与底纹层次分明。在中国古代雕刻艺术的发展过程中,繁缛的艺术风格对青铜器的纹饰艺术产生了重要影响。

二、兽面纹:青铜器纹饰的主要类型

商代的青铜器纹饰主要有写实动物纹、想象动物纹和几何纹三大类。写实动物纹以自然界的动物为原型,包括象、鸟、鸮、蝉、蚕、龟、蛙、鱼等纹。想象动物纹变形奇特,是想象中的动物纹样,主要有兽面纹、夔纹、龙纹、凤纹等。几何纹因其几何形态而得名,多为抽象的纹样,如雷纹、云纹、绳纹、圆圈纹、四瓣花纹等。商代青铜器一般以动物纹为主纹,而以几何纹为辅纹。由于质地的厚重,线条的洒脱,形态的质朴,图案的对称,使得纹饰沉稳刚健;几何纹的点缀,线条的变形夸张,图形的连续跳跃,又使得纹饰流动着灵气与活力。

在商代的青铜器上,写实动物纹主要受到陶器和玉器中相关纹饰的影响。其中鸟纹占有一定的比例。早期的鸟纹主要为对称的直立或倒立的小型鸟,身小尾垂,灵秀典雅。它还只是对现实中鸟的简单粗糙的表现,素洁简朴,多作为主题花纹的陪衬。随着纹饰艺术的发展与人们观念的变迁,鸟纹最具特征性的翎羽与尾羽作为突出表现的对象被夸张变形,或延绵逶迤,或长若蛟龙,或若孔雀开屏,美不胜收。鸟纹由此愈加精美华丽,已脱离原型升华为艺术再创造的鸟,商代中期已有鸟纹作为主纹,商末则发展为雍容华贵、典雅婀娜的凤纹。鸟纹终于由辅助纹上升为主题花纹,开始在青铜器的显著部位翩翩起舞。

几何纹常常是现实事物的变形和概括,它们线条简单,容易掌握,以抽象的意味见长,在线条中充满着节奏感和丰富的内在意味。单个的几何纹图形简单,线条简洁流畅,常常作为底纹或填充纹大量出现。但它们并不是简单复制,而是通过穿插、勾连、重叠、间错等方式组合起来,风姿绰约,并具有深刻的意味。如轻逸漂浮的云雷纹带来邈远的宇宙生命意识,回环往复的雷纹、圆圈纹则给人无尽的时空感。几何纹饰在整个画面中起着烘云托月、画龙点睛的作用,与动物主纹相辅相成。

商代青铜器最突出的纹饰是想象动物纹。想象动物纹借助于想象力,突破既有的形式和时空的限制,把理想与现实融合起来,使之更易于表现情感,更充分地表达寓意。想象动物纹源于现实又超越于现实,多是各种动物纹样的重组变形。兽面纹便是其中最重要的代表。

兽面纹是想象动物纹中最重要的纹饰,也是商代青铜器中最重要的纹饰。兽面纹虽然是重组拼合而成的,但并不意味着它是随意拼凑的。商代人对于兽面的具象并无概念,但他们在现实生活中的各类动物(尤其是大型禽兽)身上发现了其应有的特质,于是在塑造兽面形象时,他们便整合了羊(牛)角(代表尊贵)、牛耳(善辨)、蛇身(神秘)、鹰爪(勇武)、鸟羽(善飞)等特征,这是商代人试图拓展现实中的有限能力,追求理想和无限的一种心态的表现。狞厉神秘的怪兽有着人们熟悉的动物的器官,富有神话气息的来历,加之外形的夸张,使得兽面纹狰狞恐怖,神秘威严,令人望而生畏。

兽面纹的大致轮廓已固定,面部器官也基本定型,有时为求图案的独特,也存在一些面部差异,如有的为叶状耳,有的为云状耳;有的目上有眉,有的则无。但总的说来,这些只是细微之变,对人的视觉冲击力不大,不能明显地表现出独特之处。外部扩展空间较大的觚角,则成了张扬兽面个性的重要标志。铸造者逐渐将其放大到令人触目惊心的地步,并在外形设计上煞费苦心,以兽角作为兽面纹的主要特征,有羊角状、牛角状、云纹状、T字形、矩形、夔形等角,有双向内卷、角端外卷、角端向上等角,有的粗壮,有的纤细,可谓千姿百态。

兽面纹最重要的特征则当属其"目"。无论怎样变化,兽面纹几乎都少不了那一对炯炯有神、不怒自威的巨目。它瞪视着外界,震撼着人心,同时也吸引着人们的目光。兽面纹多作为主题花纹出现在青铜器的腹部,少量在足部。宽阔的空间给了它足够的施展余地,醒目的位置则赋予它更多的支配性与威严感。

龙纹同样是由多种动物的特征组合而成的虚幻动物纹饰,它同样奇特神秘,富有威严和力量,却没有兽面纹的狞厉恐怖,并逐渐从各种族徽纹饰中脱颖而出,成为中华民族的象征。

三、纹饰的内在意蕴

商代青铜器纹饰是丰富的意蕴和形式节奏的有机融合,在愉悦性中包含着社会功利性。从现存的纹饰看,其象征性要远大于其装饰性,那些无声的图案至今仍诉说着商代人的宗教观念与礼法以及统治者的意志和期望。当时的青铜表现了神话的内容和观念,有的可能与当时各部落的族徽有关,是当时文化背景的折射,也有的可能打上了时代社会生活的烙印。但现在相关的神话既已失传,许多当时的社会历史事件也已经被历史遗忘,我们自然就失去了对当时文化背景进行破解的依据。但尽管如此,当时的审美情调,依然流露在青铜器的纹饰之中。

青铜器纹饰的配备,主要是出于人神沟通的宗教考虑和器皿功能的考虑。首先是宗教功能的考虑。商代是"尊神先鬼"的时代,对天地、神灵、自然的敬畏主导着人的思维,而人的自我意识尚处于张望阶段。青铜器作为沟通神灵祖先的心灵、贴近天地的礼器,必然也决定了其纹饰是具有宗教意味的符号，规定了纹饰应具备的特性。

青铜器的总体情调应与祭祀过程中神秘、森严、恐怖的气氛相吻合，协助青铜器完成由人化向神化的转变。这一转变主要通过动物纹样来实现。张光直认为："动物中有若干是帮助巫觋通天地的，而它们的形象在古代便铸在青铜彝器上。"①他还发挥傅斯年的看法，说："至少有若干就是祭祀牺牲的动物。以动物供祭也就是使用动物来协助巫觋来通民神、通天地、通上下的一种具体方式。"②其主要理由，一是在《左传·宣公三年》中，王孙满谈夏鼎功用时说的话。他说："铸鼎象物，百物而为之备，使民知神奸。……用能协于上下，以承天休。"二是《山海经》中多次谈到乘两龙、珥两蛇等，是助人通天地的。三是现代萨满教也有类似的做法。许多动物纹样体现着当时的神话背景，可惜由于年代邈远，文献失传，我们已经无法稽考当时的神话体系了，只能从后来的《山海经》等文献中获得一些旁证。从二里岗时期开始，到商代盛行的独目图案及其几何化了的线条，都与远古一目的神话和传说有关。《山海经》中就有一目神话的大量记载。当然也有一部分动物形象的背景比较复杂，它们可能是被征服的异族方国，在青铜器上仿生或铸造了自己的族徽，把它们进贡给商王。故这些青铜器纹饰的形象，不在商代的主流神话体系中，但也绝不会与商代固有的神话体系截然对立。

宗教意味最浓的动物纹当数兽面纹。谢崇安曾这样评述兽面纹："它是源自原始的图腾神，因而它也是祖先的偶像，当图腾神向人格神转化，它既保持了祖神偶像的本质，同时也成了时王的象征，成了人们固定膜拜的对象，这就是作为宗庙重器的青铜礼器为什么要在其显要的位置上镌刻兽面纹的缘故。"③它龇牙咧嘴，狞厉怪异，在庄严肃穆、烟雾缭绕的祭祀场合更显狰狞可怖。商代人正要借此表现神力的巨大莫测，并传达他们对神灵祖先的敬畏和崇拜。他们还认为狞厉的饕餮可以以凶制凶，达到祈福辟邪的效果。后代以威武、狰狞的门神驱邪，认为相貌恶丑

---

① 张光直：《中国青铜时代》，三联书店 1999 年版，第 434 页。
② 张光直：《中国青铜时代》，三联书店 1999 年版，第 435 页。
③ 谢崇安：《商周艺术》，巴蜀书社 1997 年版，第 175 页。

于鬼的钟馗能伏鬼等,意思应与此一脉相承。兽面纹的外形虽可怕,却体现出具有浪漫情调的天命观。

商代的王公贵族们真诚地希望能够凭借现实的青铜器与抽象的纹饰达到人神的沟通,并以此显示自己与神的接近,给自己附丽上与众不同的、莫须有的神力。统治阶级这样做的目的是要借助神的余威去震慑被统治阶级,使自己的统治神圣化、合理化、稳固化。可见,青铜器与陶器相比,世俗气息虽较淡薄,但并不意味着它们就是绝对为着超凡脱俗的宗教而存在,它们同时还具有浓郁的社会功利性。

商代人还经常用纹饰与器皿的功能相配套,让纹饰与器皿保持一定的适应性,使纹饰具有丰富的象征意义。这就是说,纹饰的配置不仅要考虑到宗教意义、政治意义等,还要与整个器皿的形制相一致。这就是所谓的"因形赋纹"。主题花纹一般出现在腹部、圈足等空间广阔处,辅助花纹则在空隙处填充,而不同形状的纹饰又会饰在不同形状的空间。如1975年于湖南醴陵狮形山出土的象尊,宽阔的象身上主要饰以巨大的兽面纹,空余部分则以夔纹、凤纹、虎纹等为补充,雷纹更是无孔不入地填补了每一处空白;象腿上分别饰以倒立的夔纹和独立兽面纹;狭长的象鼻上只有简单的横条,并无过多装饰。纹饰与器皿相得益彰,器皿因纹饰而熠熠生辉,纹饰又因器皿而增添丰富的内涵。

早期的火纹主要装饰在斝上,殷墟晚期则将火纹大量装饰在饪食器上。当时的水器,如"匜"上大都饰有龙的形象。蝉纹"主要饰在鼎上和爵的流上,少数的觚以及个别的水器盘也饰以蝉纹,其他如簋、尊、壶等器上较少见。这可能意味着蝉纹的功用和饮食及盥洗有一定的联系,那么它的取义大约也是象征饮食清洁的意思"[1]。这可能是在中国人的观念中蝉只食露水的缘故。

乐器上常常有夔纹,青铜鼓上那人面裸身、头上有角、形状狰狞的怪神形象,就是乐正夔。《左传·昭公二十八年》说夔是乐正。《山海经·

---

[1] 马承源:《商周青铜器纹饰综述》,见上海博物馆青铜器研究组编:《商周青铜器纹饰》,文物出版社1984年版,第17页。

大荒东经》则说:"状如牛,苍身而无角……其光如日月,其身如雷,其名曰夔。黄帝得之,以其皮为鼓,橛以雷兽之骨,声闻五百里,以威天下。"这个传说本身是把兽理想化和人格化了,进而以此为官名。青铜器自然就在乐器上饰以夔纹。

鸱枭作为战神的化身也是如此。商代尽管以玄鸟为祖先的化身,但青铜器中鸟类纹饰比兽类纹饰要少。除凤鸟外,鸱枭也常常出现在商代的青铜器上。"商代青铜器上鸱枭的图象,应看作是表示勇武的战神而赋予辟兵灾的魅力。"①到了周代,虽然鸟类纹饰大量增加,鸱枭却反而没有了,大约也是宗教的原因,鸱枭被视为不祥的征兆。这说明鸱枭是商代的战神,纹饰被打上了特定时代的文化烙印。

四、纹饰的形式特征

商代青铜器纹饰所体现出的"狞厉的美",与那个充斥着战争、祭祀、屠杀、神秘的社会背景以及担负着敬神功能的青铜器载体相适应,其形式特征主要表现在对称、均衡、节奏感和象征性等方面。

首先是它的对称特点。青铜器纹饰既出于制模的方便,客观上又满足了审美的需要,或单形从两侧展开,或双形对称排列。尤其动物纹样在结构上常常是成双成对、左右对称的。对称本身原是自然界的法则,商代人在造型艺术中自觉地运用这种法则,使动物的形体体现对称的规律。如兽面纹正面形象常常是以竖立的鼻梁为中线,两侧对称排列,尤其是双角、双眉和双目,鼻梁下是翻卷的鼻头和洞开的巨口,躯体也从两侧对称展开。这在一定程度上受陶器的影响。早在夏代的二里头文化时期,陶盉上的一对泥饼,代表兽面的双目,是兽面的最原始形态。而二里头文化中以绿松石镶嵌的兽面青铜饰牌,已在中线两侧对称嵌出明显凸起的眼珠,颇类似兽面纹样。商代中后期大中型青铜器的兽面纹,两侧往往配置成对的鸟纹和夔纹。有的青铜器在徙埠的中心铸着鸟头,鸟身也是左右对

---

① 马承源:《商周青铜器纹饰综述》,见上海博物馆青铜器研究组编:《商周青铜器纹饰》,文物出版社 1984 年版,第 13 页。

称的。

　　同时,恰到好处的位置安排又使各纹饰间的强弱力量实现了均衡。如双重花纹,常以浅细的雷纹为底纹,铸以粗重的饕餮纹,而饕餮的角、面部、躯干、爪等部位则往往满饰云纹、雷纹、鳞纹、列刀纹等,主题花纹与辅助花纹融为有机的整体,整个青铜器显得繁缛华美,又层次分明、井然有序。单独的纹饰不管怎样随意,也总能在重心处体现出姿态的从容与稳健,如凤纹。无论从个体还是整体上看,均衡的纹饰都与整个端庄凝重的青铜器相协调。

　　为了实现均衡,青铜器的纹饰还常常采用对比与调和等手法。青铜器纹饰很少孤单地展示自我,而常常是多种并现,如饕餮纹常与夔纹、鸟纹搭配出现。夔纹相较之下玲珑简洁,正衬托出饕餮的威武巨大。鸟纹则以其活泼舒缓的姿态来冲淡饕餮的狰狞与凶残。另外,不同形状的几何纹也常常交错互补。如圆形的乳钉纹、涡纹等常与方形的雷纹间隔出现,方中有圆,圆中有方。这样,棱角分明的方形变得圆润起来,柔婉的圆形有了力度,以传达出天地间的和谐精神。纹饰的对比与调和体现出了兼容并蓄的和谐原则。

　　与均衡、对称相关的是节奏感。形式的对称、均衡虽然有可能会削弱感性的内在生机的传达,但恰恰也符合了人对形式的内在节奏的需要。这几乎体现在所有的纹饰之中,并以几何纹最为突出。几何纹以连续与反复的姿态活跃着,它收放自如,波起云涌,富有流动的线条美和鲜明的节奏感。纹饰的对称、间错、跳跃暗含着生命的节奏,呈现出生生不息的旺盛活力。

　　为了表达丰富的意蕴,青铜器上的纹饰常常运用象征的手法。无论是实实在在的写实动物纹,还是实中生虚的想象动物纹,都并非商代人一时兴致信手拈来,而是在其表象之外具有丰富的象征意义。这深邃的寓意中凝结着一个时代和一个民族的思维方式。而丰富的想象力正是纹饰和其所象征的意蕴之间的桥梁。无论是纹饰本身抑或其体现的宗教意义,都体现着商代人丰富的想象力。这种想象并非主观臆造,而是源于生活又高于生活的感性物态的升华,是人内在情感的抒发。因其外在的虚构性和内在的真实性,人们面对饕餮时不觉其荒诞,只感其可畏。

青铜器的纹饰中蕴涵着商代人浪漫而严肃的天命观,体现了他们对神灵、自然的感受以及自我认识。在纹饰的创作过程中,以及重新以敬仰的心态面对它们时,都是商代人情感的宣泄和释放过程。所以,纹饰是商代社会中人的情感语言,反映着商代人的精神追求和理想。如果说青铜器是商代文明的物质载体,那纹饰便是这文明的图象注脚。青铜器纹饰千百年来影响着艺术的感受能力和创作能力,从中体现出商代人旺盛的生命意识。

总而言之,商代是青铜器的鼎盛时期,陶器、玉器等其他器形的艺术特点也在青铜器上得到了集中体现。商代的青铜器制造在实用的基础上更注重满足欣赏者的审美需求,凸显其艺术价值。在造型上,商代青铜器的几何形态将审美与力学原则相协调;仿生形态多是总体写实、局部虚构,不仅形神兼备、韵味无穷,而且常常通过对多种动物造型的灵活组合透露出一定的生活气息。仿生形态中的人兽复合体,表现出商代先民对大自然的敬畏和崇拜之情。这些都是商代青铜器对前人仿生造物的继承和创新。商代青铜器造型中的几何形和仿生形,在动静互补中建构出一种既庄严沉郁、肃穆凝重又富于生机和灵动的世界。在纹饰上,商代青铜器主要有写实动物纹、想象动物纹和几何纹三大类,体现出对称、均衡、节奏等形式美的法则。作为宗教意蕴和礼法的符号化和具象化,商代青铜器纹饰又折射出商人渴求与天地鬼神沟通对话的强烈愿望。因此,商代青铜器不但熔铸了创造主体个性化的审美情趣与追求,以及观物取象、立象尽意的思维方式,而且反映出政治、宗教和其他社会文化因子对造物活动的深刻影响。

第七章

商代文字

　　商代的文字继承了远古时代文字草创初期先民们的积累,大都以象形来表意状声,形成了大体固定的文字系统。这些文字在当时被世代承传和改良,一直沿用至今,并通过甲骨和钟鼎等物质载体得以保留,让我们三四千年以后的今人,能有幸目睹先民们的智慧和情调。作为一种在象形基础上发展起来的表意文字,甲骨文和青铜器铭文都保留了古人对对象感性情调的描摹,并且逐步由不均衡、不对称到自发地运用均衡、对称等形式规律,充满了诗意的情趣。值得注意的是,商代的甲骨文和青铜器铭文的审美价值,更在于它们是中国书法的开端,开了中国数千年书法艺术的先河。甲骨文的线条、结体、章法和风格,青铜器铭文块面的象形及其独特的结体和章法,对后世的书法艺术乃至整个中国艺术精神都产生了重要的影响。

第一节　概　述

　　商代文字主要以甲骨文和金文为主,甲骨和青铜器物中出现的汉字已达五千多个。据《尚书·周书·多士》记载:"唯殷先人有册有典",可见当时已有书写的典籍文献。但只有甲骨文和金文保留得最多。除此之外,商代还传有其他一些文字,商石铭、商陶铭和商玉刻辞分别是石器、陶器和玉器上的文字。这些文字数量较少,同金文一样同属于甲骨文书系。在商代,甲骨文居于意识形态的中心并渗透到社会生活的各个领域,金文属于从属地位,它们都具有实用和艺术两种功能,分别代表了不同的文化倾向。在中国书法史上,它们同为中国书法艺术的开端,具有举足轻重的地位,影响了延绵三千年的中国传统书法艺术。

一、实用和艺术的双重性

甲骨文距今已有三千余年,是古文字学家研究我国文字源流最早的有系统的资料,在我国文字学史上占有重要地位。甲骨文里保存了不少商代政治、经济和科学技术等方面的宝贵资料,也是历史学家和古代科技史家研究的第一手资料。甲骨文书写时讲究执笔、用笔、点画、结构、章法等,于是又出现了甲骨书法这朵新的墨苑新花。

甲骨文首先是商代巫神文化的载体。《礼记·表记》记载:"殷人尊神,率民以事神,先鬼而后礼","民无信而不立",鬼神的权威,被置于调节社会秩序的礼乐之上,这是殷商时人重要的文化特质。商代是宗法神权时代,其主宰是具有较高文化的巫、史和贞人,他们通过卦卜手段代表神发言。国家所有活动,事无巨细都要在巫、史的指导下行动。从某种意义上说,巫、史才是国家的真正统治者。他们把卜辞刻在龟甲和兽骨的平坦面上,用火烧,产生龟裂的纹路,认为是上天的预示,然后再根据上天在甲骨留下的旨意行事。由此,刻在龟板兽骨上的占卜之辞,成为沟通人与神灵之间的桥梁。

甲骨文具有实用与艺术的双重性。甲骨文既然是通灵之物,为了娱神,书写必然要美观悦目,同时占卜之人具有很高的篆刻技巧,一丝不苟、毕恭毕敬的创作态度,使得甲骨文具有较高的审美价值。在整齐划一的线条中铭刻着对整齐匀称美的执著追求,谙练娴熟的技巧克服了以刀刻骨的艰难,使得甲骨文虽然点画细瘦,却成为一门具有质感力度和形神兼备的书法艺术。

如果说甲骨文反映了商代的巫神文化,那么商代金文则是礼仪文化的写照。商代尊神也重礼,虽然神灵居于商代意识形态的主导地位,但礼的制度化、等级化是社会文明发展的必然轨迹。青铜器不仅是实用器皿,更重要的是作为礼仪文化的载体而存在。商代金文是浇铸在青铜器上的文字。金文与器型、纹饰共同组成了青铜艺术的三个有机部分。由此,商代金文也就具有了实用和艺术两种价值。

商代金文的实用功能同青铜礼器的功用是一致的。作为青铜器的附属物,商代金文一般具有装饰、标识和说明三种功能。商代金文极其简单,一般是一器一字或数字,十几字、几十字的很少见。字数一到两个字的铭文,多数隐藏在器物的内壁或底部等隐蔽而不易发现的地方,且多与某些图文并在一起,结体诡奇,组成如族徽一样的图案,具有装饰的作用。早期商代金文,也叫徽号,主要是当时族氏、方国、地名、人名、祭名的标识,具有区别功能。商代金文的内容主要是当时祀典、赐命、诏书、征战、围猎、盟约等活动或事件的记录,仅限于祭祖铭功,远远没有达到甲骨文那种居于意识形态中心并渗透到社会生活的各个领域的普泛程度。

商代金文具有较高的艺术价值。商代金文与甲骨文是相同文字形态不同载体的两种文字。金文与甲骨文并存于商代,同是中国最古老的文字与书法。商代以甲骨文为主,故商代金文书法一方面受甲骨文影响较大,结体偏长,笔画起处多锋芒毕露,中间粗,两头细,模仿刀刻痕迹重。甲骨文作为巫神文化的代表,其整体风格劲挺放逸,反映了商人浪漫自由的精神特质。较之于礼乐文化背景下西周金文主体风格的端庄典雅,商代金文书法风格显得活泼奇肆一些,呈现出与甲骨文大致相同的风格特色,反映了商朝瑰奇和自由的时代特征。另一方面,由于书写工具、制作工艺和文化载体的不同,商代金文又呈现出与甲骨文不同的艺术风貌。甲骨文以刀刻骨,线条瘦硬,金文用刀在泥坯上书写,笔画较为丰腴,加之青铜器经过几次铸造、打磨和岁月的锈蚀,笔画更为苍润饱满,充满"金石之气"。整体看,商代金文字体整齐遒丽,古朴厚重。和甲骨文相比,金文脱去了板滞瘦硬,更为灵动。作为礼仪文化的载体,商代金文书体受制于"藏礼于器"的社会功利需求,给人的感受是更加庄重厚实和古朴典雅。

二、形态初具的中国文字

甲骨文和商代金文作为最早具有完整体系的汉字,是中国延绵三千年的书法艺术的源头,因此,把甲骨文和商代金文作为中国书法艺术的开端是毋庸置疑的,它们在书法史上的地位举足轻重。由于甲骨文数量远远多于商代金文,因此,这里主要以甲骨文为例进行解说。

首先,从字形上看,汉字方形结构的定型,是由甲骨文奠基的。甲骨文字体可以装入一个长方形的遐想空间里,在这个空间里,多种导向的线条按照不同的比例组合起来,形成上下、左右、里外的空间关系,视觉上有一种平衡对称感,这是因为每个字都有一个看不见的内在重心,使得汉字的构架十分稳定。汉字的方形构架,显示了中国古人最初的空间造型意识,有别于英文、法文等表音文字的抽象性,这也是为什么只有中国的汉字能够成为一门艺术的原因所在。后来各种书体的文字都万变不离其宗。甲骨文造型艺术体现了汉民族的审美原则,这就是平和稳重、质朴冲淡的审美观。

其次,从字形上看,甲骨文笔画式的线条为中国文字摆脱图画标记痕迹成为写意文字奠定了基础。甲骨文中独立的象形字数量占总数的三分之一,会意、形声、指事三种造字方式都依托于象形字符。尽管如此,甲骨文用笔画式的线条进行书写是毋庸置疑的。当然有些甲骨文还有图画的痕迹。商代统治者频繁进行占卜,所需卜辞的数量巨大。为了提高书写速度,需要减省笔画、简化字形。同时甲骨的材质特点也决定了它只能选择线条化的构成方式,这是因为在坚硬的甲骨上无法用块面表现象形性。甲骨文大多采用单刀法刻划,刀和甲骨材质坚硬,难以表现圆转粗壮的笔画,所以线条比较单一,多呈直线和折线状,弧形线的弧度较大,常带刀锋痕迹。

最后,从章法上看,甲骨文自上而下纵势化的书写方式,影响了中国古代传统书法的布局特点。在世界范围,文字的书写方式,主要有纵行和横行两种。表音文字大多数用横行式。少数文字比如满文、回鹘文采用纵行书写。中国古代汉字书写绝大多数采用纵行式,特殊需要才用横行,比如匾额、横披等。这种书写方式也是由甲骨文奠定的。在甲骨文时代,采取自上而下的书写方式,"很可能是右手书写运动的生理机制、眼睛视觉运动的生理机制、方块汉字结构的笔顺运动机制这三种机制的综合作用"①。这种观点中前两个原因不能揭示出甲骨文书写方式与采取横行

---

① 金开诚、王岳川:《中国书法文化大观》,北京大学出版社 1995 年版,第 5—6 页。

书写的其他一些表音文字的根本区别。方形汉字结构的笔顺运动机制是其中的一个重要原因。自上而下的书写方式，利于使汉字呈现一种运动的趋势，书法艺术中线条的动态美和节奏美都得到集中的体现。从中可见甲骨文书写者已经初具汉字线条和章法的审美意识。除了汉字的笔顺运动机制之外，甲骨文的纵行书写与甲骨这种书写载体也有关系。甲骨以长形居多，且不规整，在这样的空间中，纵式章法能够更好地利用空间，书写起来也显得美观得体。

总而言之，商代文字以甲骨文和金文为主，它们并存于商代，文字形态相同，风格相近，都具有实用和艺术的双重属性。不同的是前者是巫神文化的中介物，占据主流意识形态，后者是礼仪文化的载体，附属于主流意识形态。作为中国书法的开端，它们初具书法艺术的三要素：线条、结体和章法。它们笔画式的线条、方形的结体和纵势的章法布局，影响了延绵三千年的中国传统书法，从而为汉字成为一门艺术奠定了坚实的基础。

第二节　中国文字的起源

文字的发明在人类文明史上有着重要的意义。仓颉造字鬼夜泣的神话，表明了人们对文字诞生意义的重视。有了文字，人类智慧的积累和传承便获得了质的飞跃。它使人的交流突破了时空的限制，在人类文明的进程中发挥了巨大作用。中国文字的创造，体现了中国古人的思维能力和思维方式。在漫长的岁月里，中国的古人发挥了自己的聪明才智，由不自觉到自觉，由零散到系统，创造了人类文明史上使用最持久、不同于拼音文字的表意文字，使得中国的文字在构形和书写方法上具有创造意识，体现出审美的特征。对于中国文字的起源问题，学者们面对的材料大体相同，只是由于观点的差异，才得出了不同的结论。这里主要从中国文字创造的动因与方式、文字与口头语言在源头上的关系以及文字与抽象符号的关系诸方面对文字的起源进行探讨。

一、创造的动因与方式

世界的文字与人类的起源一样,是多源的,这是由人类自身的生理构造和生存环境所决定的。生活在地球上的人们,其生理机制和生活环境大体一致,决定了从猿到人的进化可以在各地相继或同时发生。基于同样的条件,人们在交流时,通过刻写符号与图画,突破表情、手势和声音的局限。这是由人类的先天素质、生存环境以及人同此心、心同此理的自身条件决定的。因此,几万年以前开始萌芽的世界各地的文字,不可能是由一源星火而燎原的。

中国的文字成熟很早,早在大汶口文化时代,其文字就趋于成形。专家们将大汶口遗址的那个最为复杂的字或理解为"日在山上",释为"旦",或理解为"日在火上",释为"炅",意为"热"。另有"斤"、"戉"等字也可以释读。于省吾早就将这些仰韶陶器的刻划符号看成"简单的文字"①。但中国文字的发源是否有这么早,孤立的几个象形、会意字是否可靠,以及刻划符号能否作为文字等问题,则是学术界争论的焦点。中国文字的早与不早,要凭实物材料与传世文献材料说话,而不能凭空臆断。《尚书·多士》说:"惟殷先人,有册有典。"说明当时除了甲骨文和青铜器上的文字外,还应该有大量的易得易作、串成典册的竹、木简。其文字内容一定与甲骨、钟鼎分工不同,且因易作,其文字数量应该比甲骨、钟鼎更多。但因竹木容易腐烂,很难保留下来。有人以《左传·宣公三年》载"昔夏之方有德也,远方图物,贡金九牧,铸鼎象物,百物而为之备,使民知神奸"为证据,认为夏时尚未有完备的文字。这个材料本身是没有问题的,但以此作为说明文字还没有成熟的理由则是不充分的。中国文字从起源发展到甲骨文阶段,绝非三五百年可以做到。大汶口的陶文,就足以证明这一点。夏朝之所以"铸鼎象物",是因为此时的文字,只有少数精神贵族能掌握,所以普通的"民"只能通过看图来获得知识,知"神奸"和"百物"。直到今天,我们的社会里还有许多文盲和半文盲。可见,夏

---

① 于省吾:《关于古文字研究的若干问题》,《文物》1973 年第 2 期。

代通过"铸鼎象物"来普及教育是很正常的,而并不代表文字没有发明。

从甲骨文可以看出文字在被创造和整理的过程中均被打上了时代的烙印,体现了字的产生和形成过程中的文化。如"秋"表示以火烧禾,秋后以草灰为肥,打上了刀耕火种的时代烙印,并使得文字本身富有诗情画意。其他诸如商代特定的祭祀文字,根据当时的仪式和观念进行创造,反映了当时人的意识。而天文方面的文字则反映了当时的天文学水平。中国文字早期的形成过程和时代变迁的关系,正可以从文字的字形中窥见。

文字的创造同时是一种情感的需要。中国字在形态上,有着点画结构的均衡、对称和稳定的特点,象形文字还注意捕捉对象最富表现力的特点,并以丰富多变、意趣盎然的意象,包含着深情和哲理,具有审美的特点,这就与拼音文字在形态上有了明显的不同。晋代卫恒《四体书势》曾说"日满月亏",这"日满月亏"不仅是对象传神的表现,而且也是造字者的一种富有情趣的感受。日在木中为东,鸟在巢上为西,莫不反映出造字者诗意的体验。中国字有书法,有神态各异的美术字,是拼音文字在形态上所不及的。扬雄在《扬子法言·问神》中说:"言,心声也;书,心画也。"这里的言,是指口头语言;书,是指文字及其书写。听言观字,可以看出一个人的心理活动。这里的心声说,既可以指文字书写活动,也可以指文字创造活动。整个汉字系统,便是中国古人充满情意的诗篇和美丽的图画。

在象形的基础上发展而来的表意文字,能否完善而具有生命力,关键在于对抽象意义的表达。中国文字通过三种方法解决了这一问题。一是通过抽象符号,借助于象征的方法进行。它同时体现了当时人的思维能力和思维水平。如"人"在"木"旁为休息的"休",鸟在木上为集,两足前后排列为动词行走的"步",代表河的一横在两足之间为动词的"涉"等。二是借助于已经用惯了的具体字的字音,通过"假借"等方式进行。甲骨文中的干支22字,便是通过假借的方式来表达它的复杂的排序意义的。三是以既有的象形字为义素符号和音素符号(也可称为义根和音根),进行繁衍,造出许多形声字来,即许慎《说文解字·叙》中所谓"孳乳而寖多"的字。中国文字正是通过这三种方法拓展了表达的能力,这是起源于象形字的中国文字最终能发展成熟的根本原因。其中抽象符号和形声字在造型上,和既有的文字是一致的。

在甲骨文中,所谓音意构形的形声字,除了形旁或照搬或简化象形字外,其声旁起初也是表音兼意的独体字。在语言学史上,后人将声旁兼表音意概括为"右文说"。右文说肇端于晋代杨泉的《物理论》:"在金曰坚,在草木曰紧,在人曰贤。"声旁在上部,兼有意义。宋代学者经研究认为,有一部分形声字的声符同时是一种意符,这是由意义的相关而让人产生联想的结果。宋代沈括《梦溪笔谈》卷一四记载王圣美治文字学提出"右文说",论证形声字右部声旁兼表音意。王观国《学林新编》称为"字母",即"字之母"。他以"盧"为例,盧指容器。"盧者字之母也,加金则为鑪,加火则为爐,加瓦则为｛甒｝,加黑则为黸。"沈括《梦溪笔谈》称为"右文":"所谓右文者,如戋,小也,水之小者曰浅,金之小者曰钱,歹之小者曰残,贝之小者曰贱。如此之类,皆以戋为义也。"梁启超更举"线"、"笺"、"栈"、"盏"等一系列相类的字为例,加以申述。张世南《游宦纪闻》对此加以引申,且举"青"字为例,说"青字有精明之义,故日之无障蔽者为晴,水之无浑浊为清,目之能明见者为睛,米之去粗皮者为精"。清代又衍为"以声为义"和"声义同源"说。这种现象,在甲骨文中即有表现。如"春",甲骨文是上"屯"下"日","屯"为植物种芽初生状,同时兼以为声。姜亮夫说古文字"即使是表音部分,也是以其形所有的音为音,而不是单纯的作音标的符号"①,正可以从这个意义上理解。

通过这些方式,加上千变万化的字与字的组合形成各类的双音节词和多音节词,中国人便以有限的文字,表达着无穷的意蕴。中国古代的文字学里,既包括对象形、指事符号和会意的研究,也包括对形声字和"假借"等方法拓展象形字表现力的研究。

仓颉作为文字整理者的代表,对文字的整理有着重要的贡献。仓颉作为黄帝的史官,主要掌管史载、祭祀和宫廷其他相关仪式,这个官职的

---

① 姜亮夫:《古文字学》,浙江人民出版社 1984 年版,第 113 页。

名称叫"祝融"或"沮诵"（两词古音相通）。《荀子·解蔽》："好书者众矣，而仓颉独传者一也。"《论衡·骨相》说"仓颉四目"，主要是要将这个典型给神异化，虽然副眼的情形至今还经常出现。《淮南子·本经训》说"昔者仓颉作书而天雨粟，夜鬼哭"，意在强调文字的伟大意义。文字的发明与完善，毕竟是人类文明史上惊天动地的大事。文字的成熟实际上是先有造字实践，再有对各种所造之字的整理归纳。这种整理归纳，大体上包括了象形、会意、指事、形声、假借、转注等造字方式和用字方式。虽然其命名可能更后一些，但现有的物证表明，在商代或商代以前，在文字的整理和推衍过程中，已经不自觉地运用了六书的原则，甚至已经有了较明显的意识，只是没有理论归纳而已！这种整理和推衍使得文字趋于规范和相对稳定，也更为理性化。中国文字的成熟和科学化，正得力于这种反思和整理。

二、文字与口头语言

在中国语言的形成过程中，是先有口头语言，还是先有文字？一般认为，文字是在口头语言发展到一定阶段，为着记录口头语言，作为超越时空交流的媒介而发明的，所以把文字看成是记录语言的符号。笔者认为，口头语言早于文字，但口头语言与文字是中国语言的共同源头。人类在发明语言的历程中，首先使用表情、手势等身体的动作和声音进行交流，继起的是刻写符号及图象的交流及助忆。声音经过细致的分辨等方面的实践，逐步形成了一个交流的语言体系。口头语言与文字是在相互影响、相互促进中共同成熟的。

口头语言和书面文字在最初的出发点上是不一样的。中国的语言起源于摹拟，口头语言首先是对声音的摹拟，而书面文字则首先是对视觉形象的摹拟；口头语言起源于象声，书面文字则起源于象形。有学者认为拟物声或感叹声的叹词是语言的起源。它们可能是口头语言的起源，因为拟物之声对口头语言来说是感性的，而对书面文字来说，则是抽象难表的。文字的起源是对视觉感性形态对象的描摹，文字的雏形可以是难以言状的视觉对象。因此，书面文字与口头语言在语言的起源上可以是双源的,它们相互结合,相辅相成,共同促进了语言的成熟。章太炎《文字总略》提及文字可以"代声气"流传,且可排比铺张,以供推敲。这是从逻辑上说明文字比之口头语言的优点,而不是说文字只是口头语言的替代品,其起源就必然在口头语言之后。

文字在有了一定的基础趋于成熟时,才开始依托既有的文字基础,对声音进行象征的表达。以"彭"为例,它是古象声词"嘭",左边为"壴",鼓的象形字,右边三撇,通过三撇抽象的符号象征声音。而"彭"的声音一旦固定,又被假借为姓氏的"彭",并进一步成为其他"彭"字读音的形声字繁衍的"字之母",如"膨"、"澎"、"蟛"等。久借不归,象声词的"嘭"遂在"彭"字左边再加口旁。这种以文字拟声的做法,显然是在象形字相对成熟以后才开始出现的。可见,文字的成熟既有自己的系统,又是与口头语言相辅相成、互相促进的。中国文字以象形为基础,加形表意时,产生会意字,加记号表意时,产生指事字。形声字的发生则是很后的事。郑樵《六书序》说:"六书者,象形为本,形不可象,则属诸事,事不可指,则属诸意,意不可会,则属诸声,声则无不谐矣。五不足则假借生焉。"也是将状音文字的发生,放在较后的位置,因声假借则更在其后。

因此,在文字的起源上,不可能是先有口头语言的成熟,再有文字与之配套的。准确地说,文字是记录意思的符号,而不只是简单的记录口头语言的符号。与拼音文字不同,中国文字是形、声兼备的。比起拼音文字,中国文字的形态在表达意义上比起读音更为重要,相同的字音,可因字形的不同而表达不同的意思。

同时,一切文字只有和声音结合起来,才能称其为文字,而中国语言中声音的意义也是在文字的形成、发展过程中不断成熟的。特别是早期的象形图画,仅以图形表达意思,还不能算是象形文字。象形图画只有与独立的音节结合起来表达概念,一形一音一义,形态大体固定,才能被称为文字。蒋伯潜《文字学纂要》引述语言学家 Gablentz 的话,认为"能读的才能称为文字"。一字一音,才算是中国文字进入成熟的阶段。西方的拼音文字作为记录声音的符号,则要等口头语言发展到一定程度之后,才有可能形成和完备。

三、文字与抽象符号的关系

文字学界争论的一个焦点,是记事符号能不能算是文字的起源? 郭沫若晚年由新石器时代陶器上的刻划符号得出结论,认为中国文字的形成"在结构上有两个系统,一个是刻划系统(六书中的'指事'),另一个是图形系统(六书中的'象形')"。① 我认为,记事符号与文字画是文字的共同源头。刻划符号如"一"、"二"、"三"等,与象形文字一样,有共同理解的基础;即使是一些不能一目了然的刻划符号,也可以因社会系统的形成而约定俗成,因为当时的文字毕竟局限在少数人之间进行交流。

文字中的记事符号与结绳记事是一脉相承的。由结绳的方式和古人的记载可知,数字和形态的大小是可以通过结绳来记录的。但结绳毕竟是非常简略的,难以表达较为复杂的意思,因而要发明书契。《周易·系辞下》说:"上古结绳而治,后世圣人易之以书契。"这种书契是沿着结绳记事来的,主要是记事符号。记事符号与作为交流工具的文字画一样,都还是没有作为独音节的符号,没有与准确的口头语言的发音联系起来,因而都还不能算是文字,但都是文字的源头。对于记事符号而言,当其在结构上靠近感性化的象形文字,甚至以感性的物象进行象征的时候,如"夏"字,甲骨文以一"蝉"形象征,青铜器铭文作裸体人形,表季节之热,又如以人形状"大"等,这时的抽象符号便逐渐具体化。因此,当记事符号感性化,文字画经过象形文字抽象化、线条化的时候,两者便合而为一,进入到统一的文字系统。对于文字画而言,图画形式的减弱,笔画的减省,符号功能的增强,是其成为成熟文字的标志。

刻划符号和象形文字画并不因为进化到了文字,它们自身就失去了存在的价值。人们依然可以在商品包装箱上,用玻璃杯图形表示"轻放",用雨伞图形表示"怕湿"。同样,人们也用烟斗表示"男厕所",用"辫子"或"草帽"表示"女厕所"。而选举时唱票的"正"字,也是一种助忆的刻划符号,表示五票。这些刻划符号和文字画至今仍有存在价值,虽

---

① 郭沫若:《古代文字之辩证的发展》,《考古学报》1972 年第 1 期。

然它们并非像文字那样一形一音地对应,但并不代表文字的源头与刻划符号或文字画无关。

许慎《说文解字·叙》将伏羲时代作八卦和神农时代结绳记事看成是发明文字的前奏。八卦与河图、洛书作为思想观念的符号,不能作为古文字看待,因而不在文字生成的系列之中。结绳记事早于文字的发明,是没有问题的;但八卦符号肯定不早于文字,而是在文字的形成过程中产生的。八卦的内容高度抽象,它的出现不可能在最初的文字出现之前。虽然有人将"水"字作为八卦与文字的契合点,实际上两者分属两个系统。《易纬·乾凿度》把八卦看成八个古文字,显然是不当的。刘师培甚至将八卦与后来在文字的发展和书法实践中才出现的篆字、草书联系起来理解,更是荒谬绝伦的穿凿附会。

八卦虽然在抽象和表意方面与文字有相似之处,且有形有义,但它们是借助于已有的汉字及其读音而命名的,其自身并不是语言的符号。八卦作为对事物发展变化规律的概括与总结,是一种思想观念的符号,其中表现了深刻的哲学思想。《周易·系辞下》说:"仰则观象于天,俯则观法于地,观鸟兽之文,与地之宜,近取诸身,远取诸物,于是始作八卦。"作为一种哲学思想的符号,它可以代表天象地法(如乾为天、坤为地)、鸟兽地宜(乾为马、坤为牛)、器官乃至器物等,这就更加说明其作为抽象的观念符号与文字不同。虽然文字的创造在观照万物与自身的方式上与八卦有相通的地方,但文字在思想性方面则远不及八卦。两者在功能上是截然不同的。

张彦远《历代名画记》转述颜光禄的话说:"图载之意有三:一曰图理,卦象是也;二曰图识,字学是也;三曰图形,绘画是也。"认为三者同源,源于感性,而形态和功能不同,分别侧重于理、识、形。八卦乃是对自然界的感性物象进行抽象,用以说明事理,即万事万物发展变化的规律。这是很有卓识的见解。河图洛书与八卦一样,也是体现思想和思维方式与思维能力的文化符号,而非文字符号。而文字则是助忆符号和交流的语言媒介。因此,将八卦和河图洛书与文字共同看成中国古人发明的文化符号是可以的,而把它们混为一谈,都看成文字的起源,是不恰当的。

总而言之,文字的起源是多元的。以仓颉为代表的上古时代的史官,整理文字中所表现出来的自觉意识,推动了中国文字的体系化。文字与口头语言分别起源于象形和象声,在相互结合、相辅相成中共同推动了语言的形成和发展。文字的发明同时体现了人的情感要求。记事符号与文字画是中国文字的共同源头,但八卦与河图洛书是思想观念的符号,而不是语言的符号,因而不在文字起源的序列之内。起源于文字画的中国象形文字,通过抽象符号、假借、转注、形声字的繁衍等方式,得以走向成熟,并具有持久的生命力。

第三节　甲骨文字形

商代的甲骨文已经是成熟的系统文字,体现了汉字的基本特征。郭沫若曾说甲骨文"是具有严密规律的文字系统"[1]。陈梦家也曾说:"甲骨文字已经具备了后来汉字结构的基本形式。"[2]在商代,除了甲骨文外,尚有陶文、玉石文和刻铸在钟鼎上的青铜器铭文等。根据先周文化推测,商代还应该同时存在着竹木简,甚至还有易放置的帛书,但因年代邈远,竹木和帛易腐,至今未能发现商代的竹木简和帛书的实物。《尚书·多士》中说的"惟殷先人,有册有典",其中的"典"是双手捧册状,相当于经典。这里的册和典,当是当时正规的政治文献和历史文献等,而非占卜的甲骨。现在流传下来的今文《尚书》的部分篇目,《易经》的部分卦爻辞,《诗经》中的《商颂》等诗,以及生活在商代灭亡近一千年之后的司马迁写《史记》所用的那些精当的材料,显然都不是通过甲骨文流传下来的。而且比起竹木简来,甲骨难得也难刻。这些都从侧面证明了甲骨文并不是当时的主要文献材料。

但是,成规模地保存到今天的商代文字,主要就是用于占卜的甲骨文和晚商的一些钟鼎文。尤其是甲骨文,保留了当时汉字的基本风貌和发

① 郭沫若:《古代文字之辩证的发展》,《考古学报》1972年第1期。
② 陈梦家:《殷墟卜辞综述》,中华书局1988年版,第133页。

展的一些线索。裘锡圭曾对青铜器铭文和甲骨文作雅、俗之分:"我们可以把甲骨文当作当时的一种比较特殊的俗体字,而金文大体上可以看作当时的正体字。"①所谓的正体字,无疑来自俗体。俗体字是源头,因而充满着活力。后来的许多简体字,也是从俗体字中来。因此,研究甲骨文字形,更有利于看清汉字的本来面貌和发展脉络,对其审美特征的研究也不例外。

一、象形表意

甲骨文中,象形字以其对对象感性形态的描摹而表情达意,约占总字数的三分之一。它的感性直观性,使得汉字在形态上给人以视觉的美感。作为隶变前的汉字,甲骨文具有更多的趣味性和形象性。汉字独体为文,主要是指独体的象形字。所谓"望文生义",对于甲骨文来说恰恰是它的特点。望文即可生义,符合古人造字交流的初衷,同时也体现了中国文化的尚象精神。

甲骨文中独立的象形字不仅在数量上占三分之一,而且整个文字系统都是以象形为基础,奠定了汉字结构的基本形式。尽管后来象形字在汉字中所占的比例逐渐减少,但象形的字素依然在为其他类型的字起着基础和桥梁作用。独体的象形字常常作为形符进入文字的创造中,会意、形声、指事三种造字方式,都依托于象形字符。

会意字大都是象形字的组合,是奠定在象形基础上的会意。如日月组合为"明"或窗月组合为"明";日落草中为"莫"(暮),由日和草的象形字素组成;"涉"为行进中的两脚过水,由水和两只脚三个象形字素组成;甲骨文的"牧"字,是人以手执鞭赶牛状。这种组合不仅体现了直观性,而且具有趣味性。

许多抽象符号的指事字,有的是象形字的加工处理。"亦"为人形两旁各加一点指事,表"腋";"刃"为刀的象形旁边加一点指事;"本"、"末"、"朱"等则是在感性的象形字"木"的基础上的加工;也有的是将抽

① 裘锡圭:《文字学概要》,商务印书馆 1988 年版,第 42—43 页。

象的线条感性化,如"上"、"下"等。即使是拟声的字,或对手势语的表达,也以感性形态为基础。如人以手指上为天,乃是手势的拟象。其他如"自"本来是鼻子的象形字,以手指鼻的手势语,而成了"自己"的代称,同样具有感性特征。

有些表现抽象概念的甲骨文,也是用具有感性形态的对象作为交流和助忆符号的。如对于"春"、"夏"、"秋"、"冬"四季的时间表达,便是选择集中体现四季的物候风采的特征加以表现。春作草木貌,夏作蝉形,秋为收获后以火燃禾秆状,冬作冰凌状,这就将抽象的时间感性物态化了。一些纯然抽象的字,也是假借了起初表示具体感性形态的字。如甲骨文中的乙、丙两字,本来分别是鱼肠和鱼尾的象形。《尔雅·释鱼》说:"鱼肠谓之乙,鱼尾谓之丙。"这种以象为本的造字精神,使得人们所感悟到的体现生命力的物象凝定在文字的意象之中。

正因如此,古人始终都极重视汉字"象"的特征。班固在《汉书·艺文志》中,把指事字称为"象事",把会意字称为"象意",而把形声字称为"象声"。北宋郑樵在《通志·六书略》中说:"六书也者,皆象形之变也。"这在作为早期汉字的甲骨文中表现得更为明显。

甲骨文从线条中表现出万象的形态和神采,显示其内在的生机和生意。如"牛"、"羊"两字,对牛羊之形特别是对角进行传神的描摹,"花"、"果"等字也是如此。容庚早年就曾说甲骨文的象形字,是在找出最能体现对象特征的形态进行描摹:"羊角像其曲,鹿角像其歧,象像其长鼻,豕像其竭尾,犬像其修体,虎像其巨口……因物赋形,恍若与图画无异。"[1]又如会意字的"立"字,甲骨文是人站在地上,抓住了"立"的主要特征,以形传神,使人们见可即识。正因其抓住了所表现的对象的基本特征,所以甲骨文在结构上虽然常常上下颠倒、左右不分、繁简不一,却能让人意会而易识。一个"鹿"字,在甲骨文中有三十多种字形,却因造字原则唯一,故基本上不影响交流。

---

① 容庚:《甲骨文字之发见及其考释》,《国学季刊》1924 年第 1 卷第 4 期。转引自吴浩坤、潘悠:《中国甲骨学史》,上海人民出版社 1985 年版,第 116—117 页。

甲骨文在象形之中表意,在结构上由对称和均衡体现着韵律。对称和均衡作为自然界的普遍法则,为古人所体认,并把它们体现在物质文化和精神文化的创造中。商代的青铜器和其他器皿以及建筑等方面,都体现出均衡与对称等特点。甲骨文的结构也具有建筑的意识和特点,每一个字都像是建筑的安排,显得匠心独具。一个汉字,便是一个独立完整的系统,复杂的表意文字,甚至是抽象化、线条化的美丽图画。已故著名的心理学家周先庚教授,说:"每字有每字的个性;每字的结构组织,都像一个小小的建筑物,有平衡,有对称,有和谐。字与字的辨识,因此就非常有标准,特别不容易模糊。"①因此,他认为汉字具有格式塔的完形特性。这些对称和均衡规律,与主体生理和心理的节律是合拍的,因而在造字过程中运用这些规律,可以产生审美的效果。

二、主体意识

甲骨文对文字的创造、完善与书写,影响到了古代的审美意识与思维方式,体现了主体意识和人文精神。在甲骨文中,古人传达了自己眼中对对象神采和韵味的感受,也传达了自己对宇宙和人生的情感体验。它们是人眼中的自然形式和宇宙奥秘,因而体现了主体对于宇宙法则和造化神功的体认,其中无疑体现了造字者的主体性,也会引起认字者的共鸣,从而跨越时空的界限。

姜亮夫指出:"整个汉字的精神,是从人(更确切地说,是人的身体全部)出发的。"②在甲骨文中,人体的象形字都不限于指人,而推及各类动物乃至万事万物的共同特点,如以人耳、人目等推而广之,指称一切动物的耳、目,乃至器皿的相关部位,如窗"眼"、鼎"足"等,并且大都成了重要的字素,衍生出大量的字。如以人形为本的大、元等,两手为友等。而源于人体的象形字如人、手、目、耳、口、心、足等,后来还成了重要的衍生字的字根。甚至连人的生殖器官和屁股的象形也是很重要的象形造字字

---

① 周先庚:《美人判断汉字位置之分析》,载《周先庚文集》卷一,中国科学技术出版社 2013 年版。

② 姜亮夫:《古文字学》,浙江人民出版社 1984 年版,第 69 页。

源。而人本精神也随着这些字素带进了新衍生的字当中。说汉字"近取诸身",不仅取人之象,而且以人取譬,推而广之。"左"、"右"两字,即以手势语象形表左右方位。以手会意的还有"父",以手执杖;"尹",为以手执权柄形等。它们都使文字体现着人文精神。

即使是"远取诸物",也离不开人对宇宙的感悟与把握。从人的视野出发,像其形,肖其音,反映出人的体验和感悟,并且表情达意,带有一定的人文色彩,从中体现出对人的价值的尊重与肯定。因此,甲骨文字形的人文精神,同样表现在那些由"远取诸物"所创造的文字中。钱锺书曾说:"盖吾人观物,有二积习:一、以无生作有生看,二、以非人作人看,鉴画衡文,道一以贯。"①汉字也是如此。在造字过程中,中国古人以人为中心,将物态人情化,体现出生命意识。由甲骨文字可见,这些文字的发明,记载了古人对自然、自我及其生活的感觉能力和表达能力。这正是中国人的审美的思维方式在文字中的体现。

造字时代的社会生活风貌,也体现在汉字之中。这在甲骨文中随处可见。祀与戎作为商代社会生活的重要内容,同样表现在甲骨文字的创造之中。甲骨文的"取"字是表示战争中以手割耳,"旅"是旗下有两人,表军旅。另外,以女字为偏旁的部分字中,反映了男权社会的特点;而大量以牛为意旁的字,则反映了农耕时代的特点。中国人还将文化历史信息凝定在单个的文字之中,其中还收罗了一些族徽符号。同时,即使在象形指事而表意的过程中,也反映了一个文化的基础,一个约定俗成的语言环境的背景。

汉字以情感为内在的逻辑,寓情寓理于线条之中。线条化是甲骨文成为成熟文字的标志。每一个甲骨文字的创制,都表达着造字者的思想感情,具有艺术的生命。线条使得甲骨文在刻写过程中,注入了刻写者的生命情调,也可以调动读者的情感体验,使读者在想象力方面具有更多的主动性。特别是会意字,在表情达意方面别具特色,令人兴味盎然。形声相益的合体方法,也同样充满趣味,是心灵的物态化表现。刘雪涛在《甲

① 钱锺书:《管锥编》第4卷,中华书局1979年版,第1357页。

骨文 如诗如画》一书的前言中,称甲骨文如诗如画,具有诗情画意:"有的象形字,看似一幅画,如龙、虎、犬、兔等字;有的会意字,分析解说,读来像是一首诗,如寻、梦、归、教等字,令人神迷。"①这是有一定道理的。甲骨文确实表达了古人对世界和人生的诗意的感悟。

三、象征意味

具有感性特征的方块字不只是摹仿,而是一种抽象的创造,体现着创造精神,具有象征的意味,是有意味的形式,尽管它同时要符合符号的规范。姜亮夫说:"汉字的基本精神是以象征性的线条,带了一些象征作用的符号,而以写实的精神来分析实物,以定一字字形的。"②甲骨文尤其如此,甲骨文的"人"字便是通过躯体和上肢两个部分来象征的。它在对具体对象的概括和典型化的过程中,包括在刻写过程中,由粗笔改细笔,由实笔改勾廓,加强了它的抽象意味和符号特征,充分地体现了象征性的特征。

汉字的创造是在摹仿再现的基础上进行抽象和表现的。在大量甲骨文的象形字中,已呈现出某种程度的抽象。抽象起初不是一种主动的追求,而是在追求超越表达能力约束的过程中,所获得的一种特殊效果。许慎《说文解字·叙》所谓"依类象形",乃是一种抽象化过程的象形,带有象征的意味。这里的"类",便不是具体的,而是带有抽象色彩的,即选取最有典型意义的特征,充分体现了先民们高度的抽象和概括能力。甲骨文在象征意味上的取象具有典型性的特点。象形字如人、水、日、月、鸟等,都带有抽象的意味。在会意字中,甲骨文更是比类合意,以少总多。如以三指状手(包括左右),以三指状足,木有三枝三根,火有三苗,山有三峰,三人为众(繁体字的"众"字是后生的,上加一横"目",《国语·周语》载有"人三为众"),三木为森等。它们通过典型化的方式,从某一特点表现出同一类事物的共同特点。其中的形符大都作为半抽象的符号,

---

① 刘雪涛:《甲骨文 如诗如画》,台湾光复书局1995年版,第3页。
② 姜亮夫:《古文字学》,浙江人民出版社1984年版,第68—69页。

具有象征的意味,以少状多,以有限象征无限,使得每一个字都具有丰富的表现力。这也为同时代图画和图案的抽象奠定了基础。

在发展历程中,汉字的总体趋势是由象形到抽象,从摹拟到表现。在此过程中,甲骨文经历了从不成熟到成熟的最关键阶段。汉字从原始的陶文等图画线条到点线书写线条,虽然是出于实用,或受甲骨文刻写的方法制约,但客观上却促成了审美境界的升华,使抽象的线条更富有象征性和表现力。甲骨文的线条,是物象和生活内容的升华,体现着感性的抽象,与自然的生机息息相通。通过其所负载的情感和生命姿式,以技巧征服了物质形式,实现了天人合一。可以说,与陶文相比,甲骨文字由形到线,由写实到象征,是中国古人视觉审美的一个重要飞跃。

甲骨文通过象征的方法,实现了具象与抽象统一的意象创构。主体摹仿和再现能力的限制,恰恰给以抽象形式进行象征的表意追求提供了机会。这就使得汉字在创造过程中,不限于追求摹仿和再现能力的深化,而是在提高摹仿和再现能力的同时,寻求最富于特征的表达。因此,尽管汉字不是简单的图画,造字却无疑都是充满情调地发挥自己的创造力的。与人的思想由单纯到复杂相比,汉字的历程则是由繁而简。商代四期以后的甲骨文字,从符号及其书写角度予以简化的特征更为明显,在一定的范围内增强了它的象征意味,如犬、车、年(人肩禾)等,因而也更具有象征的意义。简化与抽象在实用的层面上使得汉字易识易写。不过,在当时的背景下,简化字的存在与交流,因其形象不太明显,故必须以原字形为依托和中介。

为了整体的效果,甲骨文还通过具体的感性形态,表现抽象无形的概念,使得字形在整体上虚实相生。李圃在阐释甲骨文的"昃"字时说:"'日'下之'仄'。为日光侧偏斜之人体投影,日偏斜之时,人体投影也随之偏斜,故以日照与偏斜之人影这一空间距离所生成的现象表示太阳偏斜这一时段。以空间喻时间,以实喻虚,为先民造字心理之特点。"①通过比喻的方式,以实喻虚,把时间这一抽象的东西,用具体的斜阳所照出的

---

① 李圃:《甲骨文字学》,学林出版社1995年版,第256—257页。

人影加以表现，由生动的意象传达出丰富的意蕴。有些以实喻虚的甲骨文字，尽管有许多异体字，如表示时间意义的很抽象的"春"字，甲骨文或从木从屯，或从草从屯，或从日从屯等，虽一字多形，却均有意可会，使人见而可识。

甲骨文的这种虚实相生的特点，甚至对日后中国绘画的象征与抽象，也有着积极的影响。比起绘画来，由于书写的限制，甲骨文更注重于简约和传神，这使得甲骨文在抽象和象征方面积累了更多的经验。甲骨文以象表形，以少状多，以有形象征无形，以有限象征无限等方法，都对后来的中国画及其传统产生了重要影响。

四、图画、八卦与甲骨文

在感性风貌方面，甲骨文字作为先民们的创造物，在艺术性上与绘画有着相通的地方；但甲骨文作为一种文字符号，与绘画也有着不同的地方。这从文字与图画与作为抽象符号的八卦的联系与区别中可以看出。

图画早于文字，起初主要用于自娱自乐和情感交流，既而兼有一些交流符号和教化的功能。以象形字为基础的汉字，最初是在图画的基础上发展起来的，是把图画的形式加以简化和抽象，以用作符号交流。沈尹默说："我国文字是从象形的图画发展起来的。象形记事的图画文字即取法于星云、山川、草木、兽蹄、鸟迹各种形象而成的。因此，字的造型虽然是在纸上，而它的神情意趣，却与纸墨以外的自然环境中的一切动态，有自然相契合的妙用。"①这是在说汉字本身与图画两者作为艺术有相通的一面，这在甲骨文中表现得尤为明显。

但甲骨文与图画的区别也是明显的。郑樵在《通志·六书略》中说："画取形，书取象；画取多，书取少。"甲骨文与画的区别也同样如此。甲骨文字的象，不同于一般的形，具有更多的抽象意味和象征性。所谓取少，即以少总多，通过抽象和简化去象征。甲骨文把图画形式的符号变成线条式符号，并对原形作了必要的简化，以尽量简省的笔墨传达深厚的意

① 沈尹默：《书法论丛》，上海教育出版社 1979 年版，第 17 页。

蕴。同时，以作为语言的交流符号为目的的汉字，在形象的基础上，注重的是意义的传达，是经过典型化、抽象化的符号系统。那传神的形象本身只是手段，表达意义才是文字的目的。特别是到了甲骨文阶段，汉字在结体和章法等方面，已经更趋于符号化，而且有了大体固定的线条形式。

与纯抽象符号的八卦相比，同样作为符号和信息载体的甲骨文，却是感性的、充满情趣的。每个字符，一般只代表一个义素，连贯的字符串，才表达丰富的意义。而八卦，则赋予简单的抽象符号以丰富的哲理。八卦的卦符虽然也符合对称、均衡的审美原则，但只限于简单的排列形式。汉字却具有丰富多彩、生机勃勃的感性形态。《易传·系辞下》说作八卦是"近取诸身，远取诸物"，汉代许慎的《说文解字·叙》引录了这句话，用以说明文字的创造。其实绘画也是"近取诸身，远取诸物"的，但同样是"取"，"取"的目的却有所不同。

八卦是因理而取，画是因趣而取，文字则是因义而取。不过，作为具有审美特征的文字，甲骨文与拼音文字相比，文字之中也有理有趣。而甲骨文和图画、八卦之间最重要的区别在于，作为固定的记录语言的符号，虽然在感性形态上近似于图画，在符号特征上与八卦有相似之处，但甲骨文与固定的单音节的语音相对应，实现了形、音、义的统一。

一般人都认同，当时的绘画影响着汉字的形成，但与此同时，甲骨文在文字创造过程中的高度成熟，在艺术技巧上超过了当时的绘画。这一点，将甲骨文与青铜器铭文加以比较就可以见出。青铜器铭文中的文字，笔画呈块面状，具有一定的图画痕迹；而甲骨文则因在当时的占卦、验卦中日常使用，字形相对随意。加之甲骨的材料关系，笔画更为简化和线条化，以简练的线条抽象地传神。因而比起绘画来，甲骨文具有更为显著的典型性和象征意义。

同时，甲骨文在造字和刻写过程中对表现力的追求，在空间的利用和时间的表达等方面，都为后来的绘画艺术积累了可贵的经验，并且在创造原则上影响了后来的中国绘画艺术。中国画的表意性传统不同于西方绘画，在一定的程度上，得益于中国的文字及其书法的影响。

甲骨文字影响了中国古人的审美意识和思维方式，从中体现了古人

的主体意识和人文情调,它们本身就是具有符号功能的艺术品,大都体现
着诗情画意,反映了造字者对自然和人生的诗意的领悟和创造精神。由
此而形成的书法艺术,使得汉字的审美意味更加发扬光大。

第四节 甲骨文书法

就书法的观念而言,商代的甲骨文虽然尚处于非自觉的书写状态,
但娴熟的技艺,使得甲骨文的刻写效果出神入化,从而增强了甲骨文在
商代绝天通地的占筮仪式中的价值,汉字也随之从甲骨文字的工具作
用逐步走向艺术的境界。在刻写过程中,甲骨文"含孕天人,吮吸造
化",因契刻而导致的直挺犀利的方折笔画及其相交处的粗重剥落,字
体大小不一,结构多变,成为中国书法的源头,深深地影响了后代的书
法和篆刻等艺术类型。由甲骨文演变出来的大篆书体,直接开辟了碑
系书法的先河。

一、中国书法的开端

甲骨文是中国文字成熟的标志,也是中国书法的开端。作为成熟的
文字系统,甲骨文在线条笔法、结体、章法乃至总体风格上,形成了一套完
整的系统,具有稳定的空间结构,使得中国的文字能作为独立的书法样式
而存在,并具有一定的韵律感。

郭沫若在《殷契萃编·自序》中说,"卜辞契于龟骨,其契之精而字之
美,每令吾辈数千载后人神往","技欲其精,则练之须熟,今世用笔墨者
犹然,何况用刀骨耶?"并认为"足知存世契文,实为一代法书,而书之契
之者,乃殷世之钟、王、颜、柳也"[①],明确将甲骨文技艺界定为书法,给予
高度的评价,并且进一步论及甲骨文在不同时代的风格、结构与章法等。
在《奴隶制时代》里,郭沫若还说:"本来中国的文字,在殷代便具有艺术
的风味。殷代的甲骨文和殷、周金文,有好些作品都异常美观。留下这些

---

① 郭沫若:《殷契萃编》,科学出版社1965年版,第10—11页。

字迹的人,毫无疑问,都是当时的书家,虽然他们的姓名没有留传下来。"
郭沫若同时也说,具有自觉意识的书法"是春秋时代的末期开始的"①。

邓以蛰在 1937 年发表的《书法之欣赏》中说:"甲骨文字,其为书法
抑纯为符号,今固难言,然就其字之全体而论,一方面固纯为横竖转折之
笔画所组成,若后之施于真书之永字八法,当然无此繁杂之笔调;他方面
横竖转折却有其结构之意,行次有其左行右行之分,又以上下连贯之关
系,俨然有其笔画之可增可减如后之行草书然者。至其悬针垂韭之笔致,
横竖转折安排之紧凑,四方三角等之配合,空白疏密之调和,诸如此类,竟
能给一段文字之全篇之美观,此美莫非来自意境,而为当时书家之精心结
撰可知也。"②他对甲骨文是否为书法的表态虽然很含糊,但在具体分析
的字里行间,无疑是充分肯定了甲骨文的书法价值的,甚至把它抬到意境
的高度。

商承祚曾在《我在学书过程中的体会》一文中说:"我国书法源远流
长,从商周的甲骨、金文,秦的小篆和秦隶、汉隶,下及楷、行、草已有三四
千年的悠久历史。"③李泽厚在《美的历程》一书中曾说:"汉字书法的美
也确乎建立在从象形基础上演化出来的线条章法和形体结构之上,即在
它们的曲直适宜,纵横合度,结体自如,布局完满。甲骨文开始了这个美
的历程。"④启功在《关于法书墨迹和碑帖》中也谈到殷墟出土的甲骨和
玉器上的文字:"笔划的力量的控制,结构疏密的安排,都显示出写者具
有精湛的锻炼和丰富的经验。可见当时书法已经绝不仅仅是记事的简单
号码,而是有美化的要求的。"⑤

文字在甲骨文时代虽然还没有进入纯粹的艺术品阶段,但已由熟生
巧,在线条、结体和章法诸形态方面,自发地显露了贞人的审美意识,使得

---

①　郭沫若:《奴隶制时代》,人民出版社 1973 年版,第 257—258 页。
②　邓以蛰:《邓以蛰全集》,安徽教育出版社 1998 年版,第 167—168 页。
③　商承祚:《我在学书过程中的体会》,见《现代书法论文选》,上海书画出版社 1980
年版,第 68 页。
④　李泽厚:《美的历程》,三联书店 2009 年版,第 43 页。
⑤　启功:《关于法书墨迹和碑帖》,见《现代书法论文选》,上海书画出版社 1980 年
版,第 245 页。

甲骨文在线条、个字造型和总体布局诸方面给人以栩栩如生的传神感觉，从字形中表现出生命的活力和丰富的意蕴，并且在其风格中显示出当时的时代特征和作为书法家的贞人的个性风貌和创造精神。因此笔者认为，从甲骨文时代，中国的书法就开始启程了。

书法学界有一种言论，认为中国古代对书法的自觉意识是从汉代开始的，甚至是汉末桓、灵之际开始的。理由是，到这个时候，中国的书法才进入了自觉的状态。而此前的汉字书写或刻写，只是一种技巧，并不能算得上是艺术。黄简在《中国书法史的分期和体系》一文中，根据四条标准，即独立性、自觉性、严格性和成熟性，认为商代和西周是没有书法的，东周和秦代是书法的发生期，西汉到东汉桓、灵以前是书法的形成期，桓、灵以后是书法的成熟期。①

这种理由是站不住脚的。就其独立性而言，文字的基本功能是在运用中发挥的，书法的价值与其他线条艺术的区别，正在于它表现的是文字。因此，我们只能以文字本身书写的艺术性来区分它是否属于书法艺术以及它的书法价值，而不能根据其是否为艺术而艺术来进行判断。中国书法史上许多优秀的书法作品，都是在应用中产生的。如魏晋时期被喻为书法神品的"曹娥碑"、"宣示表"、"兰亭集序"、"十七帖"等，无疑不能因其是应用的文字而被划在书法之外。就其自觉性而言，任何一门艺术都经历了从自发到自觉的阶段，自发阶段不但是自觉阶段的源头，而且其成功的作品还是自觉阶段的楷模。正如就文学而言，一般认为中国文学是从汉代或魏晋时代开始进入自觉时代的，但并不代表此前的《诗经》、"楚辞"就不是文学了。同样的道理，在甲骨文的时代，人们对书法的意识虽然还处于自发的阶段，但它们无疑已经属于作为艺术的书法了。从它在线条、结体、章法和风格等方面的特点及其对后世书法艺术的影响，也可以看出它的书法价值及其在书法史上的地位。而近现代书法家对甲骨文字的摹拟和借鉴，同样是对于甲骨文作为书法艺术的一种佐证。

---

① 参见黄简：《中国书法史的分期和体系》，见《书学论集》，上海书画出版社 1985 年版，第 76—105 页。

黄简的所谓严格性,是讲书法艺术和美术字的区别,与我们讨论甲骨文是不是书法艺术没有直接的关系。至于成熟性,它本来就是一个相对的概念。从技法上讲,我们完全有理由说甲骨文中的精品,已经有了熟练表达个性的能力,对线条的运用也已经得心应手。如果狭隘地将书法归为笔墨作品,无疑是偏颇的。

同时,商代的贞人在学习过程中,已经有了习刻的训练。根据郭沫若的考证,甲骨文中有一片习字骨,"其中有一行特别规整,字既秀丽,文亦贯行;其他则歪歪斜斜,不能成字,且不贯行","从这里可以看出,规整的一行是老师刻的,歪斜的几行是徒弟的学刻。但在歪斜者中,又偶有数字贯行而且规整,这则表明老师在一旁捉刀。这种情形完全和后来初学者的描红一样"①。这种教学活动无疑推动着甲骨文字书法的自觉意识,推动着甲骨文字的艺术化。

正是基于上述的理由,笔者认为商代的甲骨文是中国书法的开端。

二、线　条

中国的书法作为一门艺术,乃在于它能透过系统的线条而呈现出有意味的造型,并在通篇的布局中给人以美感。这在商代的甲骨文中即已开了先河。甲骨文继承了陶文的线条传统,但因契刻的要求,其字形由粗笔改细笔,由实笔改勾廓,将文字象形由写实的图形摹拟,变为抽象的线条,将结构的空间性寓于线条的时间性之中。其中直线和曲线相间,单刀和双刀并用。通过线条的律动进行创造,甲骨文的书写以象传神表意,推动了中国文字的线条化,从而使汉字更自由地体现出生命的情调,并且加强了它的抽象意味和符号特征。这种线条化促成了汉字特有的书法艺术的诞生。从甲骨文开始,中国文字特有的运用线条的韵律进行创造的书法艺术就诞生了,并且形成了数千年的悠久传统。

甲骨文的线条作为抽象的符号依然包孕着丰富的形象意味。宗白华

---

① 郭沫若:《古代文字之辩证的发展》,《考古学报》1972 年第 1 期。

在《中国书法里的美学思想》一文中说:"中国字在起始的时候是象形的,这种形象化的意境在后来'孳乳浸多'的'字体'里仍然潜存着、暗示着。"①这种观点在宗白华思想里是一以贯之的,在另一篇文章里,宗白华还说,中国的文字虽然渐渐越来越抽象,不完全包有象形了,"但是,骨子里头,还保留着这种精神"②。"中国的书法,是节奏化了的自然,表达着深一层的生命形象的构思,成为反映生命的艺术。因此,中国的书法,不像其他民族的文字,停留在作为符号的阶段,而是走上艺术美的方向,而成为表达民族美感的工具。"③在摹拟的基础上又超越了摹拟,具有表现的价值和符号意义。诸如"虎"、"象"、"猴"等字,在通过线条所作的形态的描摹和情趣的表现中体现出符号的功能。

　　抽象的线条作为对形体摹拟的升华,体现了古人对宇宙万物的情感体验,并通过字的神采和韵味反映了自然的内在生命精神。"甲骨文字象形字从借由绘画线条的起伏飞动,赋予宇宙自然万物最优美的律动。"④对此,笔者深有同感,甲骨文的线条,让人体会到宇宙万物的生命节律,反映了古人对自然对象的感知能力和宇宙意识。通过线条,古人表现了自己对世界的感受,直接以抽象的形式体现了对象的自然意象。同时,在甲骨文中,这种意象既是书家(贞人)感悟自然物态的结果,同时又寄托着书家的情感。因此,甲骨文既与感性自然的神态相契合,又与主体的心灵情状相契合。既妙同自然,作为自然生趣的象征,又表现自我,在线条律动中包含着主体的意味、情趣和精神风貌。不仅如此,古人还以线条所凝成的字为生命体,着力表现字的姿态、情感和气势。在那或遒劲或优柔的线条中,甲骨文字显示出刻写者贞人的个性,也显示了他们对于字形的不自觉的审美追求。

　　商代甲骨文的线条在刀法的基础上包含着深厚的笔意。由于刻写工具和书写材料的限制,甲骨文的线条虽然不及毛笔那样相对挥洒自如,却

---

① 宗白华:《宗白华全集》第3卷,安徽教育出版社1994年版,第404页。
② 宗白华:《宗白华全集》第3卷,安徽教育出版社1994年版,第611页。
③ 宗白华:《宗白华全集》第3卷,安徽教育出版社1994年版,第611—612页。
④ 刘雪涛:《甲骨文 如诗如画》,林宏田序言,台湾光复书局1995年版,第6页。

也给甲骨文线条的表现力留下了余地。刻字的贞人们娴熟练达,笔力劲健,笔意流动于其间,使这些文字栩栩如生,神态可掬。在甲骨文书法中,主要有点画、直笔和圆笔三种。其点画多拟形表意,显得相对含蓄蕴藉,如"雨"字中的雨点;其直笔多劲爽挺拔,显得质朴安稳,如"甲"、"五"等;其圆笔弯曲流畅,显得婀娜多姿,如"月"、"川"等。在那些点画、直笔、圆笔纵横交错的字里,甲骨文的点线组合显得丰富多彩,像是一组优美的旋律,形象生动,意味深长。

与图画的线条相比,甲骨文书法强化了高度抽象的、有意味的线条的表现力。而甲骨的媒介决定了其刻写方式,并且由适应而征服,使得甲骨文字体现了独特的线条意识,在线条的自由运动中追求韵味,从而进一步推动了文字的抽象和简化。因此,甲骨文那富于表现力的线条深刻地表现着简化了的形象和浓缩了的情意。它既是古人对世界万物感觉能力的升华,又是主体表现能力的升华。

三、结体与章法

结体和章法,都是指书法的结构。结体是指单字的结构,章法则是指通篇文字的布局。它们既各有特点,又在精神上有相通之处,并且有一定的共同特征。

甲骨文书法的结体(又称"结字"),为汉字的字形形态奠定了基础。所谓"结体"是指由疏密、宽紧、开合等方面所形成的字的间架结构。从总体上看,甲骨文纵横敧斜的结体,疏密错落的排列,顺其自然,给人以恣意潇洒、浑然天成的感觉。线条的造型巧夺天工,结构的搭配合理自然。虽有错综变化,但总体上显得均衡、对称、稳定。在以人为中心观念的基础上,甲骨文的结体体现了书家对宇宙法则和造化神功的体认。

甲骨文的字体大都以长方形为主,但也常常由于字的形体结构和章法的关系,而变得形态多异。冼剑民认为,甲骨文字形中,"长方形的字体占了75%,方形的字体占20%,扁方的字体占5%",奠定了汉字的字型。"在占绝大多数的长方形字中其形体都呈5∶8、5∶3的形态。这种长方形符合黄金分割比率的原则,是一种最美最合度的形体"①。这种说法虽未必精确,却反映了甲骨文结体在个体上的大体特点。实际上,甲骨文作为书法的艺术,并没有严密的规整的字形,而常常是随体异形的。

由于字体具有象形的特点,甲骨文字在结体上随体赋形,任其自然。字如其形,方圆多异,长扁随形,许多字在结体上显得端庄平稳,如豆、高、室、鼎、鬲等字。有一些字还表现出对象及其动作的内在神韵,显得栩栩如生,如立、并、教、飞等,体现着生命意识。其结体或规则或随意,而随意也是建立在规则的基础上的。王澍在《论书賸语》中曾说:"然欲自然,先须有意,始于方整,终于变化,积习之久,自有会通处。"这也同样适用于甲骨文。甲骨文的字体结构虽以端正为基础,却不拘于端正,在字的结构上常常显示出灵活性和生动性。其形体态势,长短大小,斜正疏密,因势而行,不拘一格,又以一个重心为基础,使其动静起伏,总体上显得平稳。

在偏旁部首的结构上,甲骨文有着均衡、对称、稳定等特点,并在此基础上显得灵活、自由。如在均衡上,体现出上密下疏的特点;在对称上,常常显示为上下对称、左右对称、多向对称等特点。同时,甲骨文又是灵活多样、活泼自由的。其上下前后,多不一致。可以根据书写需要或书家习惯,信手安排。有些表现事物特征的字甚至可以反写、倒写,如"隹"字等。

甲骨文书写的匠心经营还显示为由字与字、行与行之间的位置所形成的通篇布局,即"章法"。一片优秀的甲骨文字,集众字而成篇,显然都是书家经过巧妙构思的结果,而且笔势随着情感的起伏而波动。

朱桢认为:"甲骨文章法的特点是:字字错落有致,行行行文自然,纵横依其势,变化因其形。"②一片甲骨文的文字,或疏落有致,或谨密严整,或有纵行而无横行。字大者超过半寸,小者细如芝麻,显得规整、精美。它们一般以竖行排列,由上到下,由左到右或由右到左依次排开。在刻写布局中,甲骨文字形大小不一,方圆多异,长扁随形,参差错落,穿插互补,

---

① 冼剑民:《甲骨文的书法与美学思想》,《书法研究》1987 年第 4 期。
② 朱彦民:《浅说甲骨文书法艺术》,《殷都学刊》1989 年第 4 期。

前后呼应,且抑扬顿挫,疏落有致,行文自然,纵横依势,或均衡,或对称,大体上显得稳定。它们大都在纵的方面大体成行,横的方面则为有列与无列并存。其行款错落,大小变化,疏密有致。行与行之间错落多姿而又和谐统一,从整体上透露出韵致和美感。后人所谓参差错落、穿插避让、朝揖呼应、天覆地载等汉字书写原则,在甲骨文上已经大体具备。后人形容郑板桥书法的所谓"乱石铺街"的章法,同样适合于甲骨文书法。

四、风　格

甲骨文古朴纯真,遒丽天成,反映出书契方式给甲骨文带来的独特风格。从总体上看,甲骨文中的细笔画常常显得瘦硬挺拔,而粗笔画则常常显得浑厚雄壮。在线条、结体和章法等方面,甲骨文在商代的不同时期都有其自身的特征。张光直不仅对甲骨文的书法给予崇高的评价,而且他认为:"甲卜与龟卜对古代艺术的贡献主要是在书法上面。卜辞的书法已经达到了个别书家表现作风的境地了。"①

1933年,董作宾在《甲骨文断代研究例》中,以一世系,二称谓,三贞人,四坑位,五方国,六人物,七事类,八文法,九字形,十书体作为断代标准,将甲骨文书法的风格分为五期,其风格分别是雄伟、谨饬、颓靡、劲峭和严整②,获得了学术界的认可。后起的学者纷纷对这五期风格进行阐释。对于甲骨文风格的分期问题,后来曾有胡厚宣1951年提出的四分法③和陈梦家1956年提出的三大期九小期说④,但学术界一般普遍接受董氏五期说。郭沫若1937年《殷契萃编·自序》中所述,也大体借鉴了董作宾的观点。他说:"文字作风且因人因事而异,大抵武丁之世,字多雄浑,帝乙之世,文咸秀丽。……固亦间有草率急就者,多见于廪辛、康丁之事,然虽潦倒而多姿,且也自成其一格。凡此均非精于技者绝不能

---

① 张光直:《中国青铜时代》,三联书店1999年版,第459页。
② 刘梦溪:《中国现代学术经典·董作宾卷》,河北教育出版社1996年版,第133—139页。
③ 参见胡厚宣:《战后宁沪新获甲骨集·述例》,来熏阁书店1951年版。
④ 参见陈梦家:《殷虚卜辞综述·断代》(上),科学出版社1956年版,第137页。

为。"笔者认为这五期风格不仅仅是甲骨文书法的风格特征,也反映了商代其他艺术类型的风格特征。陈梦家九小期的说法,可以作为董说的参考和补充。宗白华先生曾经将书法看成中国各类艺术风格变迁的标牌。在《中国书法里的美学思想》一文中,宗白华认为,中国的书法"自殷代以来,风格的变迁很显著",可以"凭借它来窥探各个时代艺术风格的特征"①。

在风格诸说中,董作宾的五期说在学术界赢得了更多的认同和发挥。从盘庚、小辛、小乙到武丁时代,被视为第一期,这个时期的大字主要风格是雄伟壮丽,古拙劲削,显得纵横豪放,刚劲有力。而中小型字体则秀丽端庄,在雍容典雅中透露出灵气。祖庚祖甲时代,被视为第二期,这个时期字的主要风格是谨饬工整,圆润秀雅,且大小适中,行款整齐,在凝重静穆中透露出飘逸的神韵。从廪辛到康丁时代,被视为第三期,这个时期字的主要风格是颓靡柔弱,多野逸草率,常出现颠倒夺衍的错误,偶有潦倒多姿的佳作。从武乙到文丁时期被视为第四期,这个时期字的主要风格是粗犷稚拙,"奇巧险峻,气势凌厉",一扫前期颓靡之风。尤其文丁时期,开始有复古倾向,故其字瘦劲犀利,潇洒自如,风采动人。帝乙、帝辛时代被视为第五期,这一时期复古风气炽盛,大字则酣洒淋漓,纵横奔放,小字则整饬隽秀,严整不苟。

书法的风格既是时代风尚的体现,包括政治礼制的影响,又是书家个性的外化(包括先天的艺术素养和技巧),同时也是书法自身演变更迭的体现。甲骨文的书法也是如此。书家将自我的个性演绎在甲骨文的字里行间。在此基础上,甲骨文的书法艺术还体现了当时的社会历史因素。如武丁时代欣逢盛世,频繁征战,功勋赫赫,故"结字挺拔雄健,气势威严,布局开阔,旷野放奔"。到祖庚、祖甲时代,处于祥和安宁时期,故书法的风格"工整凝重,秀丽温和"。在章法上,第一期和第四期,甲骨文总体上显得"疏朗大气",第五期显得"密不透风",第二期则相对"循规蹈矩",第三期则"参差无章"。而政治礼制中的复古与维新在一定程度上也对甲骨文的风格演变产生了影响。

---

① 宗白华:《宗白华全集》第 3 卷,安徽教育出版社 1994 年版,第 405 页。

第五节　青铜器铭文

青铜器铭文是在甲骨文书刻实践经验的基础上发展起来的,因而比甲骨文书刻更为娴熟。它们是先用毛笔写下墨书,再刻在青铜模具上,或直接刻在已经铸成的青铜器上(虽然在青铜器中偶尔也有器成后刻在器上的文字,但那并不具有代表性)。本来在甲骨文中,已经开始了先写后刻,但因大多是单刀刻痕,不能显示出墨痕笔意,到武丁时代的卜辞,已经有了一些墨书的笔意,显露出笔画的锋芒。而商代的青铜器铭文,则能显示出墨书的形神,在相当程度上体现出笔意。加之钟鼎上的字如"司母戊"、"司母辛"和"妇好"等,与甲骨文中的蝇头小字相比,已经是大字了,更能挥洒自如地显露出毛笔的奇妙,并均衡布局,匠心独显。邓以蛰甚至认为"其优者使人见之如仰观满天星斗,精神四射"①。故与甲骨文相比,青铜器铭文在形体和风格上有着与甲骨文书法不同的审美特征。

一、陶文、甲骨文及青铜器铭文的变迁

从现有的历史遗存看,陶文是中国文字的较早系统,它是甲骨文的主要源头,而甲骨文又为青铜器铭文奠定了基础。这主要是从时间的顺序上说的。从字型演变的内在规律上讲,它们三者在更长的时间里处于互补共存、相互促进的发展历程中。但是,青铜器铭文不像甲骨文那样受到在坚硬的器皿上刻写的限制,而是继承了陶文之前文字画的块面特征。这种特征显然是当时正体字的早期特征。尽管如此,也尽管青铜器铭文在青铜器皿上具有装饰的意义,青铜器铭文还是受到了当时作为俗体的甲骨文的深刻影响。因此,商代的文字演变,从内在精神上依然可以看成是由陶文、甲骨文和青铜器铭文顺次形成的一个连贯系统。

陶器上的文字,是古老文字的雏形。半坡彩陶上的刻符,是现今发现的最早的中国文字符号。早期更多的是记号,后期的才是文字。李孝定

① 邓以蛰:《邓以蛰全集》,安徽教育出版社1998年版,第168页。

1969 年发表的《从几种史前及有史早期陶文的观察蠡测中国文字的起源》中说:"半坡陶文是已知的最早的中国文字,与甲骨文同一系统"①。郭沫若说:"彩陶上和黑陶上的刻划符号,应该就是汉字的原始阶段。""彩陶上的那些刻划记号,可以肯定的说就是中国文字的起源,或者中国原始文字的孑遗"②。季云通过对河北藁城台西出土的陶文的考察,又提出那些陶文是"殷墟文字的前行阶段","弥补了武丁以前商代文字资料之不足的缺憾"。③ 学者们尽管对于半坡彩陶上的刻符还有争议,但商代的陶文刻符,无疑已经具有文字的特征了。而陶文刻符自身,又是前后承传的。

比起甲骨文来,商代的陶文由于主要是沿着其自身发展的逻辑演变的,因而更具有象形性。如藁城台西村商代遗址中的"止"(足)、"刀"、"鱼"、"目"等字,都是原始的象形字。其中的"目"与甲骨文"目"属于同类。"龟"字表现爬行时的体态,还刻划了龟背上的胶质鳞片。"车"上的车轮,也更具有图画感和形象感。而"鱼"字,更俨然是一幅图画。在小屯各期的陶文中,其文字更原始,更具有象形性,如"虫"、"龙"、"戈"、"飨"、"卿"等。它们起码在源头上早于甲骨文,在一定程度上受到原始绘画的影响,从而形成了更为朴实、更为原始的象形性。

与甲骨文相比,陶文还具有简约的特征。陶文的简约主要是更多地尝试了简写。而后来的甲骨文和青铜器铭文,在几种写法中则有更多的繁体。另外,陶文还采用了省写。陶文有意地省写文字中的一些笔画或部位,而又不影响文字的识读。这使得陶文具有了抽象品格空间结构,因而推动了文字的进化与艺术化。

青铜器铭文又叫"金文"或"钟鼎文"。商周是青铜器的时代,青铜器的礼器以鼎为代表,乐器以钟为代表,"钟鼎"是青铜器的代名词。所以,"钟鼎文"或金文就是指铸在或刻在青铜器上的铭文。商代的青铜器铭

---

① 李孝定:《从几种史前及有史早期陶文的观察蠡测中国文字的起源》,见《汉字的起源与演变论丛》,台湾联经出版事业公司 1986 年版,第 69 页。

② 郭沫若:《古代文字之辩证的发展》,《考古》1972 年第 1 期。

③ 季云:《藁城台西商代遗址发现的陶器文字》,《文物》1974 年第 8 期。

文极为简单,一器一字或数字,十几个字、几十个字的极为罕见,晚商最多的不过50个字。作为史料使用显得太短,但在艺术性上,在构形和款式上却有着自己的特色,且多配有象形物,对中国书法的发展产生了重要的影响。这些青铜器铭文的内容或是当时的族徽与功能的名称,或是关于当时祀典、赐命、诏书、征战、围猎、盟约等活动或事件的记录,主要反映了当时的社会生活。青铜器铭文在青铜器中尽管常常处于不显眼的位置,有时甚至被置于外底和内壁等暗处,但它依然与器型和纹饰共同组成了青铜艺术的三个有机部分。宋代著名金文学家吕大临,认为这种青铜器铭文中的图画文字,就是汉字的原始字体。这些文字,在汉武帝时就已被发现,当时有人将在汾阳发掘出的一尊鼎送进宫中,汉武帝因此将年号定为元鼎(公元前116年)。后来青铜器铭文又陆续有所发现。宋代文人欧阳修、赵明诚等都善书法,都对青铜器铭文作过记载和研究。

从字体的形态上看,青铜器铭文的字体继承了前人,是当时的正体,保留着块面的特征,象形程度也高,这当然同时也是青铜器皿装饰的需要。甲骨文继承陶文,已经线条化了,虽是当时的俗体,却在进化过程中。故在中国文字的进化序列上,甲骨文的字体和书法排在青铜器铭文之后,而从出现的时间上看,则是甲骨文在前,青铜器铭文在后。

商代青铜器上还有一种准铭文,叫徽号。徽号主要是当时的族氏、方国、地名、人名和祭名的标识,这些大都是原始时期自然崇拜或诸神崇拜的孑遗和符号化。它常常象征地描写人型、兽形、器型,介于图画和文字之间,大多表现为块面的形态,其形状是相对固定的,而表现形式又是多变的,具有天真、活泼而又高雅的艺术品位。它起初是识别青铜器的标记,后来逐步成了优美的装饰图案。

徽号的初源出现在陶器上,并在陶器上得以美化和演变。与青铜器铭文相比,李学勤认为它"只是为了把族氏突出而写的美术字,并不是原始的象形文字,也不能作为文字画来理解"①。这种徽号有的与文字同源,后来演变成了文字,如亚、燕、龙、鸟、蛇、虎、蛙、鱼、龟等,但大都逐渐

---

① 李学勤:《古文字学初阶》,中华书局1985年版,第34页。

消失了。到了青铜器上,它们无疑被美术化了。

这些徽号多见于青铜器器表,既具有标识作用,又具有装饰作用。在早、中期的青铜器中,徽号处于相对隐蔽的部位,装饰作用不明显。到商代晚期青铜器鼎盛后,徽号被置于青铜器的显著位置,与纹饰和铭文融为一体,其美化和装饰功能得以凸显。由于当时的徽号多是具体象形的图案,因而与纹饰有着相通之处;又由于它具有表意性,因而又有当时的文字的特点。因此,在象形、传神、表意等方面,徽号与青铜器上的铭文和纹饰有异曲同工之妙,共同组成了一个装饰的整体,共同成就了青铜器器表的雕饰之美。

二、青铜器铭文的审美特征

青铜器铭文由于主要是铸刻在祭祀的礼器上的,故在字体和造型上与甲骨文相比显得正规和庄重。由于铸刻材料比起甲骨文的刻写更为方便,故青铜器铭文的象形程度更高一些,笔画多呈现块面状态,更接近中国文字的原始状态,是当时文字的正体。其中体现了青铜器铭文独特的审美特征。这种审美特征主要反映在笔法、结体、章法等方面。特别是在商代后期的不同时代,青铜器铭文在笔法、结体与章法上均有所变化。

在笔法上,青铜器铭文在制模时,可以更加自如地体现出毛笔的笔锋。如司母戊大方鼎上的"司母戊"三字,每字都露出锋芒,且以中锋运笔。笔画转折处不像甲骨文那样显出棱角,而是运成弧线。这种运笔与甲骨文用刀硬刻相比,反映了软笔的特征,体现了曲线的优美。当然,青铜器铭文有时也借鉴甲骨的方笔,与圆笔弧线刚柔互济,或刚中带柔,或柔中有刚。特别是在商代晚期,这种做法更为盛行。在笔道上,青铜器铭文也可以见出轻下——重压——轻收的轻重变化,中间肥厚,头尾尖尖,明显地显示出笔力。到商代晚期,两头尖出中间肥大的笔法,已经居于主导地位。而"父"字的捺笔已经变为尖头肥尾,并一直影响到周代。

与前后书法不同的是,青铜器铭文受早期图画的影响,有填实的块面,使文字错落有致,更具形象性,显示出独特的情调。商代晚期,这种填实的块面成了青铜器铭文中流行的笔法。诸如"丁"、"子"、"才"、"丙"、

"午"、"王"、"父"等字,常有全部或部分填成块面。西周早中期的青铜器铭文也深受其影响。在以线条为重要特征的中国书法史上,商周青铜器铭文使用填实块面的做法形成了一道独特的风景。

在结体上,由于青铜器铭文通过制模、翻范,摆脱了甲骨文受坚硬的物质材料的限制,从而自由地表达出象形表意的基本精神,充分表现出文字所指物的根本特征。诸如戌、辛、帚、女、子等,都能极为传神。"戌"酷肖斧钺,且突出其长柄;"女"上密下疏,侧跪交手于胸,显得苗条修长,曲折有致;"子"大头短身,手从两侧向上伸出,神态逼真而自然。特别是"人"、"母"、"女"、"子"、"令"、"舞"、"既"、"祀"等字,通过毛笔的书写,显示出人的各类神态,分别从正面和侧面反映出人的头、胸、手、背、腿、足、臀、膝等部位,可谓惟妙惟肖,形神兼备。其他如日月星辰、动物和植物名称的字,也大都能摹其形,传其神,特别是青铜器铭文填成块面的做法,突破了线条拟物的限制,使之更具有图画色彩。

青铜器铭文的美突出表现在章法上。比起甲骨文来,青铜器铭文有更自由的空间来讲究安排文字的排列,故在排列结构上具有初步的自觉性。比起甲骨文的甲骨,钟鼎的面积相对较宽,不受甲骨质地的限制,而可以在泥范上自由地安排线条,并更为流畅和婉转。字与字之间顾盼照应,呼吸相通,巧妙地构成一个有机整体。这些青铜器铭文随字布局,不拘一格,充分显示出当时书家的灵心妙悟。"司母戌"三字,凸凹互补,巧妙地结成一个整体,而且显得灵动。"'司'字赫然居上,'母'与'戌'并列居下,'母'字头微后倾,'戌'首微前俯,'母'稍长,'戌'稍短,在仰俯短长之间气息贯通,血脉相连"①。而"司母辛"和"妇好"的布局又有所不同。"司母辛"中,"母"与"司"、"辛"并列,特别突出"母"字的位置。"妇好"两字的布局则更绝,两"女"拱手相对,小"子"居于其间,"帚"字则高悬于其上。青铜器铭文中的各字根据布局的需要,体现出相当的自由性。它们不拘于甲骨文布局的对称和纵行自左而右等模式,或纵或横,或大或小,或长或短,或疏或密,皆顺其自然。

---

① 姚淦铭:《论殷商金文书法艺术》,《铁道师院学报》1994年第4期。

　　宗白华说:"中国古代商周铜器铭文里所表现章法的美,令人相信仓颉四目窥见了宇宙的神奇,获得自然界最深妙的形式的秘密。""我们要窥探中国书法里章法、布白的美,探寻它的秘密,首先要从铜器铭文入手"①。高度赞扬了青铜器铭文章法的巧妙奇绝。商代的青铜器铭文中,长篇的有商方彝、商太巳、商钟、比干铜盘等,其中以商太巳卣最为优秀,章法茂密,影响了周代的鼎文。

　　青铜器铭文由钟鼎的质地而形成自己的风格,更具工艺性的特点,字迹也更为工整。青铜器铭文总体的博大肃穆、雄浑拙厚,乃至早期的古朴雄强、中期的雍容冲淡、晚期的豪迈疏朗,凡此种种都证明大篆书法是中国书法美的渊薮。青铜器铭文字体整齐遒丽、古朴厚重,和甲骨文相比,脱去板滞,变化多样,更加丰富。晚期青铜器铭文书体的笔道遒劲有力,首尾出锋,波磔明显,后人称为"波磔体"。

　　具体说来,到商代晚期,青铜器铭文已经大体形成了三类风格:

　　一类青铜器铭文字体宽绰,笔画丰腴,笔势雄健,形体诡奇,洒脱飘逸,率性而为,浑然天成。这在商代中期的"司母戊"、"司母辛"、"妇好"等铭文中已露出端倪,在晚期的《二祀邲其卣》中则到了出神入化的地步。但《四祀邲其卣》、《六祀邲其卣》虽风韵犹在,但骨力已衰。

　　二类青铜器铭文与甲骨文较接近,线条瘦硬,字体瘦长,精练严整,骨体遒劲,挺直有力,主要有《戍嗣子鼎》、《小臣艅尊》等,显得循规蹈矩,端庄安详,疏密有致,有人工精心修饰的痕迹,字的大小也大致相当,但依然一气呵成。

　　三类青铜器铭文显得恬淡,既自由挥洒,又疏密有致,线条流利生动,主要有《小臣邑斝》、《小子有壶》等。

　　总而言之,中国语言发源于口语和文字的交互作用,记事符号与文字画组成了文字的共同源头。商代的甲骨文和金文充分融合了实用性和艺术性,开创了中国书法的传统。在图画的基础上形成的殷商甲骨文,不但构成了我国最早的一套文字体系,而且还通过构字过程中对象形表意以

---

① 宗白华:《宗白华全集》第 3 卷,安徽教育出版社 1994 年版,第 424 页。

及象征等手法的运用,影响了中国古人的审美观念和思维方式,为后世的书法和绘画艺术提供了可贵的经验积累。甲骨文不但标志着中国文字的成熟,而且其劲瘦的线条、纵横欹斜的结体、错落有致的章法乃至风格上的系统性及鲜明特征还是中国书法开端的标志。商代青铜器铭文则在甲骨文的基础上发展出另一种风格,这种运用于礼器上的庄严文字代表了当时正体文字书法的成就。商代甲骨文和青铜器铭文的交相辉映,是中国书法黎明时代灿烂的风景,并打上了中国社会由巫觋文明向礼仪文化过渡的烙印。

第八章

商代文学

商代的甲骨卜辞、《易》卦爻辞、《尚书》和《诗经》等作品,即使有些还算不上严格意义上的文学作品,起码也具备了文学的因子。从整体上看,它们无疑是中国文学的滥觞。过去疑古派的学者,总疑心《易》卦爻辞、《尚书》和《诗经》的真伪。唐兰(立庵)先生根据卜辞和周初的文学推断,商代已经有了成型的文学。他说:"商代的文字,见于卜辞和彝铭,虽不过三千字左右,但在当时,至少总晓得一两万。有这么多的文字,难道不能写一篇比较长的文章吗?""笔者在《颂斋吉金图录》的序里,曾指出卜辞彝铭所以多简短而质朴,只是实用的关系,而寻常长篇文字,是应该写在竹帛上的。不幸,竹帛的保存不易,所以我们目前所能见到的只是些短篇。"①又说:"商代有很高的文化,很多的文字和很完备的记载。那末,一定也有很优美的文学。周初的文学家,受过商代文学的影响,是无疑的。"②这种说法虽然有一定的想当然的成分,但确实可以证明商代出现《易》卦爻辞、《尚书》和《诗经》这样的作品是很正常的。

第一节 概 述

商代文学主要保存在《易》卦爻辞、《尚书》以及《诗经》中,它们是保存至今最早的中国文学作品,其中已经有了较为复杂的叙事构思和各种塑造人物形象的艺术手段,比兴、象征、对仗等文学手法开始普遍运用,诗

① 唐立庵(唐兰):《卜辞时代的文学和卜辞文学》,《清华学报》1936 年第 11 卷第 3 期。
② 唐立庵(唐兰):《卜辞时代的文学和卜辞文学》,《清华学报》1936 年第 11 卷第 3 期。

歌的语言形式也已相当成熟,并且带有强烈的感情色彩和哲理意蕴,表达了先民们的各种愿望。

商代文学是先民们的百科全书,其中《易》卦爻辞大部分来自卜筮活动的记录,许多诗句来自民间歌谣,这些都是集体性创造,具有综合多元的功能。《尚书·盘庚》是商王的演讲辞,《诗经·商颂》则是宗庙中的祭祀、祝祷之歌。因此,商代文学中的许多作品记录了当时的政治、宗教和生产劳动等社会生活内容,这些社会活动反过来又推动了商代文学的发展。商代的文献在当时就是用来记录祭祀、协调劳动以及传授生产知识的。在此过程中,这些文献开始具有文学性因素,并开启了后世文学发展的先河。正如其他艺术类型一样,商代的一些巫史文献,也是经由实用的内容而进入审美的形式。

同时,商代文学作品的许多特点都是由其书写工具决定的。由于书写工具等物质条件的限制,商代留存下来的书面文献不得不力求简洁,这无疑会影响作品中内在情感和神韵的传达。但精练的语言及其句式,乃至叙事方式等,仍为后代的文学奠定了基础。在从上古歌谣到《诗经》的发展历程中,卦爻辞中含有一定量的诗句,但由于当时记载不易,作为宗教活动的卦辞和政治活动的青铜器铭文被保存了下来,而大量的民间歌谣等娱乐文学未能得到足够重视,只在民间流传。因此,可以说商代丰富的歌谣等文学作品未能得以物化,但透过甲骨卜辞以及《尚书》《诗经》等流传至今的文献,我们仍然可以看到当时文学形式和文字趣味的片羽。在现存的卜辞、甲骨文以及青铜器铭文中,有许多记载战事、祭祀、农事等当时的重大事件,却没有关于谈情说爱和娱乐的文献记载。这说明纯文学与信仰、政权相比,显得微不足道,不被当时的庄严记录所保存。到了周代,这种情况有所改变,《诗经》中的民歌被保存下来便是铁证。

商代高度发达的文化为商代文学的多元发展奠定了基础。商代文学在描写内容、体裁形式以及艺术手法等方面都具有多元综合的特征。在描写内容方面,商代文学忠实地记录了当时的自然现象、政治活动、宗教信仰、生产劳动以及阶级斗争等各方面的内容。其中,每方面内容表现得十分具体多样,仅爱情诗就对当时婚恋生活的各个阶段做了具体的描述。

商代文学取材广泛多样的特点在《诗经》、诸子散文等作品中得到了继承。

在体裁方面,商代文学包括诗歌、寓言、散文乃至小说等各种文学形式,诗歌中还有二言诗、三言诗、四言诗等,诗歌的表现能力逐渐得到增强。商代文学中的叙事已经具有了小说叙事的特点,人物形象塑造也开始出现。《易》卦爻辞中的记述不仅反映出当时的社会生活背景,而且事件本身也已比较完整,具有较强的故事性;《尚书·盘庚》已经重视通过盘庚演讲时的气概、情感、口吻、动作等手段全方位、多角度地展现盘庚的形象和性格,其散文乃至韵文的结构也具有重要的文献价值和文学史意义。

在艺术手法方面,商代的甲骨文、青铜器铭文透露了当时文字表达的一些特点。《尚书·商书》作为官方文献,反映了当时的行文特点、描述方式和比喻等方式。首先,商代文学修辞手法的运用灵活,语气丰富,有设问,有反问,有感叹句,有引述,方式多种多样,使商代文学的情感表达自由灵活。其次,在《易》卦爻辞、《尚书·商书》以及《诗经·商颂》等作品中,象征、比兴、描写、叙述等具有文学色彩的语言形式和艺术手法已普遍使用,在简洁明肃中体现出自然明快,具有很好的艺术效果。如《尚书·盘庚》中记录盘庚的三次演讲,借物明理,形象生动,并巧妙利用假设,使情感跌宕起伏、富有感染力,从而成功实现了其迁都、建都的计划。再次,商代文学十分注意文字韵律与情感表达之间的关系,并灵活运用押韵、复沓、叠字、对仗等语言表现方式,充满了音乐性和节奏感,塑造出许多鲜明可感的艺术形象,创造出许多含蕴丰厚的审美意象,使商代文学体现出用字精练准确、节奏抑扬顿挫、句式灵活多样而情感质朴丰厚的审美特征。商代文学对语言文字运用的诸多技巧在后世文学作品中得到了很好的继承与发扬。

总之,商代文学的描写内容、体裁形式和艺术手法的多样很好地表现了当时人们的智慧和情感,文学的形象性与哲理性得到了高度的统一。描写内容的丰富多样使商代文学既具有宗教般的庄严和深沉,也具有日常生活中的平淡乐趣;体裁形式的多种多样既有利于记述社会生活事件,塑造人物形象,还可以为先民们的日常生活提供形式多样的休闲娱乐方式;比兴、象征等语言形式的普遍使用不仅使这些作品充满音乐感,易诵易记,而且还使商代文学作品充满情感性、哲理性和象征意味。《尚书·盘庚上》三篇就是慷慨激昂的陈辞,充满激情。因此,从总体上看,商代文学充满了人间气象,表达了商人积极进取、刚健有为的情感倾向和价值取向。

第二节 中国文学的起源

文学起源于歌谣,与当时的生产力水平相适应,是现实生活的投影。沈约在《宋书·谢灵运传论》中说:"虽虞夏以前,遗文不睹,禀气怀灵,理无或异。然则歌咏所兴,宜自生民始也。"这里的"生民"是一个含混的概念,但若把人理解为有语言、有情感、能创造的动物,那么,歌咏的兴起与语言、情感和人的创造能力的起源和发展确实是同步的。

张应斌认为,文学的起源是以基于求生本能的文化能力为动力的,有一定的道理。但他同时说:"在较大型的动物中,人缺乏动物肌体上的优势,只得转而求助于结群和由结群而产生的后天的社会适应能力。智力、文化便是在人们的适应能力的优势中产生的。"①这似乎没有讲到点子上。在小型动物中,蜜蜂和蚂蚁就具有结群的能力,而在大型动物中,人和猩猩乃至狮子等,均具有结群的能力。而唯人有文学,说明人具有更高的模仿能力和创造精神,并且在此基础上发展了更为丰富的情感和语言,从而为文学的起源创造了条件。

一、语言与情感

文学的起源与语言的起源是同步的,语言的起源便是文学元素的起源。刘师培在《论文杂记》中说:"上古之时,先有语言,后有文字。有声音,然后有点画;有谣谚,然后有诗歌。谣谚二体,皆为韵语。'谣'训'徒

---

① 张应斌:《中国文学的起源》,台湾洪业文化事业有限公司1999年版,第5页。

歌',歌者永言之谓也。'谚'训'传言',言者直言之谓也。盖古人作诗,循天籁之自然,有音无字,故起源亦甚古。"①张亮采说:"音者,歌之所从出也。歌者,所以补言之不足也。太古之民,言语渐次发达,遂不知不觉而衍为声歌,以发抒其心意。"②语言的起源对人类文化的起源特别是文学的起源,产生了重要影响。

闻一多说:"想象原始人最初因感情的激荡而发出有如'啊''哦''唉'或'呜呼''噫嘻'一类的声音,那便是音乐的萌芽,也是孕而未化的语言……这样界乎音乐与语言之间的一声'啊……'便是歌的起源。"③其实,准确地说来,这只是文学的元素,还不能算是文学的起源。痛苦的呻吟,愤怒的吼叫,快乐的长啸,等等,未必准确地表达了什么意义,却都准确地表达了丰富的情感。歌谣是先民表现喜怒哀乐情感的主要形式。但只有到了用实词表述和形容情感的时候,情感才会被表现得更为细腻和丰富,才能被称为歌谣或诗歌。而且,仅有情感的表达还不能算是文学,文学还要表达出趣味和思想,尽管这种思想在文学中是通过具体感性的形态加以表达的。所谓抒情言志,就包括作者的"意",即"思想"。这就要求用语言来进行思想的传达。

早期有声无义的韵律虽然还不是歌谣,却是歌谣的艺术基础,它们有助于丰富情感的表达。后来,有意义的词一旦加上感叹的声音,就会表达出丰富的情感。而且由于感叹词的不同,所表达的情感也有所不同。如《候人歌》:"候人兮猗!"(《吕氏春秋·音初篇》)在"候人"的后面加上"兮"、"猗"这样有节奏的呼声,便传达出了丰富的情感和意义。直到今天,许多民歌还通过叹词来加强诗歌的节奏感,并传达丰富的情感。依据同样的道理,有时候衬字也是为了句子能适应欣赏者的生理和心理节奏。

诗歌的产生,是由声音表情到表意的。对自然界的声音特别是禽兽发音的模仿,一是从模仿的天性中获得快感,二是以它们为表达材料,用

---

① 刘师培:《中国中古文学史·论文杂记》,人民文学出版社 1998 年版,第 110 页。
② 张亮采:《中国风俗史》,东方出版社 1996 年版,第 5—6 页。
③ 闻一多:《神话与诗·歌与诗》,见《闻一多全集》第 1 卷,上海开明书店 1948 年版,第 181 页。

以表情和达意。而声音的节奏感和韵律感,即它的音乐性是语言的基本特征。这种音乐性使得诗歌在诸文学体裁中最早兴起和繁荣。所以刘经庵说:"风谣是原始文学的头胎儿。"①同时,人们在发出声音的时候,先有情感的表现,然后才有意义的表现。而且在歌谣中,意义的表现要服从于情感的表现,情感的表现具有优先的地位。在最初的歌谣里,人们所传达的情感是非常丰富而朦胧的,相比之下,意义则是具体而有局限的。原始的情歌以歌代言,便是当时的"美声",以便传达出最美好的情意,给人以听觉的享受。因此,早期的文学是歌谣,给听者以审美的享受,它比张口直说有更多的情调。

二、节奏与二言诗

原始人有节律的声音,是生理和心理节奏的内在需要。舞蹈的节拍和诗歌的韵律都是为着适应这种需要而产生的。人们受生活环境中自然声响规则的启发,又在劳作过程中,由于个体肌肉的张弛和集体动作的协调,会根据经验自发地发出有节律的呼声,这种呼声或单纯地重复,或有规律地复合重复,于是逐步形成符合生理节律的歌舞节奏。人们对节律的自发意识为文学的起源提供了形式基础,并且逐步由与生理相适应转而与情感的表达相适应,从而为文学表达生理与心理合一的生命节律提供基础。我们今天所能见到的原始歌谣,虽然年代不一定可靠,但其韵律自然、节奏感强烈却是深得原始歌谣的真谛的。

顺应这种节奏的表达,二言诗在原始社会里最早诞生了。杨公骥说:"在原始社会,生产过程的技术性质比较单纯,生产技术比较幼稚,从而劳动动作也比较简单,其节奏大多是一反一复。由于对一反一复动作的适应,所以在原始诗歌中最初出现的大多是二拍子节奏。这种二拍子诗,是诗的原始型,曾出现于各民族的原始文学中。我国的《诗经》中的诗大多袭用着二拍子节奏。"②张应斌也说:"二言诗是中国文学最初的诗体。"③由

---

① 刘经庵:《中国纯文学史》,东方出版社1996年版,第4页。
② 杨公骥:《中国文学》第1分册,吉林人民出版社1980年版,第8页。
③ 张应斌:《中国文学的起源》,台湾洪业文化事业有限公司1999年版,第5页。

二言诗,到二拍子节奏,由此延伸到三言、五言、七言等诗,乃是二言节奏的二方连续、三方连续和四方连续而已。其中所体现的不仅是生理的节奏,而且是情感的节奏,使诗歌从语言中体现了音乐的精神。

三、歌谣起源于游戏

原始的歌谣是在闲暇娱乐的时刻玩味现实生活中的场景与呼声而产生的。劳动和日常生活,只是文学素材的源泉,宗教和政治只是文学发展的推动力,它们都不能说是文学的起源,更不是文学本身。只有游戏及其心态,才符合文学起源的质的规定性。书面的描述等方式在文学的意义上只是为审美意义服务的。

原始歌谣曾被用来协调劳作的动作、传播生产知识、记事和宗教的祭祀、祈祷以及协调劳作动作的口号如劳工号子等,但它们只能算是对歌谣形式的运用。《淮南子·道应训》发挥《吕氏春秋·淫辞篇》中的话说:"今夫举大木者,前呼'邪许',后亦应之,此举重劝力之歌也。"这只能算是歌的运用,还不是文学的起源。当"举重劝力之歌"以游戏的方式出现在劳动过程中时,它才具有文学的价值。《吴越春秋·勾践阴谋外传》记载了吴地古老的《弹歌》:"断竹,续竹;飞土,逐宍(肉)。"其实是传授射猎知识的。《礼记·郊特牲》传为伊耆氏的《蜡辞》:"土反其宅,水归其壑,昆虫毋作,草木归其泽。"这是具有原始宗教意义的祝辞,要求万事如意。它们并不能说明文学起源于实用和宗教,而只是实用和宗教在利用歌谣的形式。当歌谣从游戏和娱乐进入意识形态的时候,它的功能就是多元的和综合的,而并非只是为审美服务。在"玄鸟生商"的传说中,简狄姐妹俩所唱的"燕燕于飞,燕燕于飞"还可以说是自然崇拜的诗歌。

那些早期的歌谣甚至可以算是原始人的百科全书。而文学的综合和多元的功能,作为对歌谣的运用,客观上推动了歌谣艺术技巧的发展。这样做当然也更有利于实用和宗教功能的表达。这种运用推进了文学的发展,客观上可以看成文学在一定阶段的发展动力,却并不说明文学起因于实用和巫术。正是为着服务于综合的意识形态,文学在记叙和描写方面因需要而获得了提高。

<h2 style="text-align:center">第三节　卜辞和《易》卦爻辞</h2>

沈约《宋书·谢灵运传论》说:"歌咏所兴,宜自生民始也。"在文字发明以前,就应该有口头文学,起码是口头文学的因子存在。但由于文献不足征,我们无法引以为证。散存在后来文献中的上古歌谣,只有有限的参考价值。商代的卜辞和《易》卦爻辞,是流传至今最为可靠的早期文献。它们当中已经有了叙事和比较复杂的构思,带有相当的情感色彩,表达了先民们的某些愿望。比兴等文学手法也开始运用,语言中透露出特定的语气色彩,并且经过了一定的锤炼,有的还具有一定的哲理性。因此,我们说卜辞是文学,是并不为过。刘大杰就曾根据卜辞说:"中国文学的信史时代,是起于商朝。"[①]

一、卜　辞

最早通过物态形式流传下来的可靠文献,是商代的卜辞。"甲骨文是现有文献中的最原始的文学,散文韵文尚没有界线。"[②]甲骨卜辞虽然文字简洁,而且是出于占卜的实用目的,但也具备了一定的文学性。卜辞是商代求神问卜的话,其中借用了一定的歌谣、史实和神话故事。后来《周易》卦爻辞以象取义的思维方式,也受到了卜辞的影响。

据郭沫若《卜辞通纂》第363片:"帝令雨足年,帝令雨弗其足年?"这是一种推测的设问,有一定的语气特点。

《卜辞通纂》第375片:

> 癸卯卜,今日雨。
>
> 其自西来雨?

---

① 刘大杰:《中国文学发展史》上册,上海古籍出版社1982年版,第8页。
② 谭丕模:《中国文学史纲》,人民文学出版社1958年版,第22页。

其自东来雨？

其自北来雨？

其自南来雨？

这里按方位顺序铺叙，像是一首文辞简洁优美的五言古风，无疑已经具备一定的诗歌形式。后来的汉乐府民歌相和歌辞《江南可采莲》："江南可采莲，莲叶何田田！鱼戏莲叶间：鱼戏莲叶东，鱼戏莲叶西，鱼戏莲叶南，鱼戏莲叶北。"显然是对这一歌谣传统的继承。而卜辞中的这种每句话的末尾用同一个字"雨"来押韵，句读铿锵，朗朗上口，体现着一种音韵的美、旋律的美。《诗经》中的一些民歌如《芣苢》等以及后代的许多民歌依然保留着这种形式。从上古时代诗、乐、舞三位一体的情形推断，这篇卜辞应该是能歌唱的。

有些卜辞已经有了后来散文的叙事雏形。在叙事方面，卜辞就已经有了一定的特点。罗振玉《殷墟书契菁华》有："癸巳卜，役，贞：旬亡卜（祸）。王占曰：'山（有）希（祟）！其山来鼓（艰）。'乞（迄）至五日，丁酉，允山来鼓，自西。止冓告曰：'土方正（征）我东鄙，载（灾）二邑。昌方亦牧我西鄙田'。"癸巳这一天占卜，问十天内有无祸患？商王占卜的结果说：有祸祟，将有一次突来的灾难。迄至五日丁酉时，这灾难来自西方。止冓警告说："土方正侵扰我东部边境，祸及两邑；昌方亦侵我西部边境土地。"作为一个完整的卜辞，它包括叙辞、命辞（贞辞）、占辞、验辞四项，占卜人、占卜时间、何事占卜、预测结果、实际验证等几个方面。它们往往用质朴的语言，记叙一个完整的事件，算得上是一篇布局严谨的叙事散文。

许多卜辞有层次、有中心，能围绕一件事情刻写，各层次间联系紧密、自然，章法上单纯、呆板。《卜辞通纂》第426片："王占曰：有祟！八日庚戌，有各云自而面母。昃，亦有出虹自北，饮于河。"虹首饮水的神话传说，感受真切，富于想象，采用了白描的手法。受甲骨文契刻艰难的影响，卜辞常常以简省的形式表述丰富的意蕴。这为后来语言的简练创造了条件。甲骨文字数约有5000字左右，在中国文学集字成句，积句成篇的发展历程中起到了关键作用。

二、《易》卦爻辞的叙事

《周易》中的主要卦爻辞,产生于商末到周初(周武王以前)这段时期,其中包含了整个商代乃至远古时期的歌谣。因年代邈远,我们无法作细分。其中许多歌谣的内容在流传及被编入卦爻辞的过程中,成了残篇断简,但我们依然可以从中感受到一定的文学意味。它们虽然结构单纯、造语古朴,但从创作构思到表现手法,从内容意蕴到语言风格,都体现了一定的文学性,与文学结下了不解之缘。

在叙事方面,卦爻辞涉及当时的许多生活场景和具体人事。从叙述吉凶的事象中,不但可以看出当时的社会背景,而且语言颇为形象生动,又多用韵。例如《坤·上六》卦"龙战于野,其血玄黄。"说龙在原野上搏斗,血流遍地。《中孚》"得敌,或鼓,或罢"反映胜利后人们欢庆的场面。《大壮·上六》:"羝羊触藩,不能退,不能遂。"说公羊撞击篱笆,角被卡住后,进退两难。这些卦爻辞通过具体的描写,用卦象形象生动的比喻,来解说人事或自然现象,其中蕴涵着深刻的哲理。

有的卦爻辞表现的内容比较完整,还有一定的故事性。《困·六三》:"困于石,据于蒺藜,入于其宫,不见其妻,凶。"生动地描绘了主人公活动的历程,有一个简单的情节。《睽·上九》:"睽,上九:睽孤,见豕负涂,载鬼一车,先张之弧,后说之弧,匪寇婚媾,往遇雨则吉。"描述了一个精神异常的人所产生的种种幻觉。再如《屯·初九》卦的六条爻辞:"磐桓;利居贞,利建侯。"(屯·初九)"屯如邅如,乘马班如。匪寇婚媾,女子贞不字,十年乃字。"(屯·六二)把犹豫徘徊的情趣表现得淋漓尽致。"既鹿无虞,惟入于林中,君子几不如舍,往吝。"(屯·六三)"乘马班如,求婚媾,无不利。"(屯·六四)"屯其膏,小贞吉,大贞凶。"(屯·九五)"乘马班如,泣血涟如。"(屯·上六)很细致地叙述了从求婚到结婚的婚姻礼仪过程。《贲·初九》卦:"贲其趾,舍车而徒。""贲其须。"(贲·六二)"贲如濡如。"(贲·九三)"贲如皤如,白马翰如,匪寇婚媾。"(贲·六四)"贲于丘园,束帛戋戋。"(贲·六五)"白贲"(上九)也是叙述当时新郎求亲迎亲的过程,反映了当时的社会风情。而《需》卦:"需于郊。利用恒。"（贲·初九）"需于沙。小有言。"（贲·九二）"需于泥，致寇至。"
（贲·九三）"需于血，出自穴。"（贲·六四）等，本是反映商旅生活的
歌谣。

《周易》卦爻辞中还描写了一些历史故事，例如多次提到《大壮·六
五》"丧羊于易"、《旅·上九》"丧牛于易"，记载了殷祖先王亥被有易氏
夺取牛羊的事。《既济·九三》"高宗（即殷王武丁）伐鬼方"的事和"帝
乙归妹"帝乙嫁妹于文王父王季等，说明《易经》卦爻辞中的大部分内容
确实来自商代。《归妹》卦，记载了商王帝乙嫁女给周文王的故事。一是
反映了当时的族外婚，二是反映了商代当时受周的压迫，以通婚来缓和。
《归妹·六五》："帝乙归妹，其君之袂不如其娣之袂良。"讽刺嫁给周文王
的帝乙之妹不如媵妾。《屯》卦记载抢婚的习俗。《离》卦记载家庭所遭
受的战争灾难。

三、《易》卦爻辞的表情达意

《易》卦爻辞中体现了商代先民的忧患意识。《周易·系辞下》：
"作易者，其有忧患乎？"这种忧患意识体现了商代先民对上天和祖先
的高度尊崇和敬畏。如《离·九三》："日昃之离，不鼓缶而歌，则大耋
之嗟，凶。"《丰·六二》："丰其蔀，日中见斗，往得疑疾，有孚发若，吉。"
给人们带来灾害的自然现象，震撼着人们，使人们忧心忡忡，战战兢兢。
如《震·上六》："震索索，视矍矍，征凶。震不于其躬，于其邻，无咎。
婚媾有言。"

有些卦爻辞不仅表述了典型事件，而且具有一定的哲理性。如《大
过·九二》："枯杨生稊，老夫得其女妻。""枯杨生华，老妇得士夫，无咎无
誉"（九五）等，揭示了人伦悖谬的事件。《丰·上六》："丰其屋，蔀其家，
阚其户，阒其无人，三岁不觌。凶。"反映了由盛而衰的历程。《易》渐卦
通过对整个婚姻过程的描述，来说明渐进之道。"鸿渐于干，小子厉。"
（初六）"鸿渐于磐，饮食衎衎。"（六二）"鸿渐于陆，夫征不复，妇孕不
育。"（九三）"鸿渐于木，或得其桷。"（六四）"鸿渐于陵，妇三岁不孕，终
莫之胜，吉。"（九五）"鸿渐于逵，其羽可用为仪。"（上九）同时还包含着

对征战的不满。

在抒情方面,《易》卦爻辞通常是一些个人情感的流露和表达,从而创造出独特的审美境界。有的卦爻辞带有直抒胸臆、抒发不平情感的色彩。《离·九四》:"突如其来如,焚如,死如,弃如。"说的是强盗们施暴留下的残象,情感悲伤愤懑。《井·九三》:"井渫不食,为我心恻,可用汲,王明,并受其福。"说贤士不被重用,既哀婉凄恻,又愤愤难以自已,本身就是一首动人的抒情诗。有的卦爻辞触景伤怀,将情感附着于物境,显得深沉而邈远。《明夷·初九》:"初九,明夷于飞,垂其翼。君子于行,三日不食。有攸往,主人有言。"仿佛是在说妻子对远行丈夫的惦念,牵挂之情溢于言表。《中孚·九二》则表达了主人公渴求佳偶(或良友)的真挚情感。宋代的陈骙就对其极为欣赏,他在《文则》里说:"《易》文似诗,……《中孚·九二》曰:'鸣鹤在阴,其子和之。我有好爵,吾与尔靡之。'使入《诗·雅》,孰别爻辞?"

而《易》卦爻辞的文学性,更重要的还在于,其在叙事和表情达意时的传达方式。章学诚《文史通义》"易教下":"《易》之象也,《诗》之兴也,变化而不可方物矣。""《易》象虽包六艺,《易》卦爻辞与《诗》之比兴尤为表里。"①在比兴方法上,与《诗经》有许多相同之处。在比的方面,如《乾·九二》:"见龙在田,利见大人。"比喻贤德之人的出现。《否·上九》:"倾否,先否后喜。"比喻人们居安思危,可以否极泰来。在兴的方面,如《大过》:"枯杨生稊,老夫得其女妻。"(《九二》)其灵巧的起兴方式,形象生动的比喻,与《诗经》中的《白驹》等情诗也有类似之处。其他如《明夷·初九》等也用了"兴"的方式,以鸣雉的形象引出君子不愿去国还乡的情景,与《诗经·邶风·燕燕》有异曲同工之妙。

《易》卦爻辞采用韵文的形式表达,带有一定的歌谣的意味,虽不能算是严格意义上的诗歌,但起码算是诗歌的萌芽。如《归妹·上六》中的"女承筐,无实。士刲羊,无血",可以看成商代的一首牧歌,用白描的手法描述牧场上一对青年夫妇剪羊毛的场景,郭沫若称其"比米勒的《牧羊

---

① 参见章学诚:《文史通义校注》,叶瑛校注,中华书局1985年版,第18、19页。

少女》还要有风致"①。

四、卦爻辞的文学语言

在语言方面，卦爻辞文笔凝练，卦爻辞中的"不速之客"、"虎视眈眈"、"谦谦君子"、"防微杜渐"等词语至今还活在我们的语言中，成为经典的成语。其中许多通过叠字摹情状物，生动地描写了具体的形象，对《诗经》中的诗有深刻的影响。如《家人·九三》："家人嗃嗃，悔厉吉；妇子嘻嘻，终吝。"《震·初九》："震来虩虩，后笑言哑哑，吉。"《履·九二》："履道坦坦，幽人贞吉。"在摹拟人的声貌和外在的景致等方面，具体的描写生动、传神，具有相当的感染力，反映了诗人仔细的观察和深入的思考。另有双声词如"次且"，叠韵词如"号咷"等。

卦爻辞在结构和句式上还体现了反复吟咏、复沓迭唱的特征，显示了其中从原始歌谣中流传下来的余韵。其复沓叠唱可以渲染诗歌的艺术氛围，通过反复的吟咏深化其情感内涵，强化诗歌的音乐性和节奏感。如《中孚·六三》："得敌，或鼓，或罢；或泣，或歌。"又如《大过》："枯杨生稊，老夫得其女妻。"(《九二》)"枯杨生华，老妇得其士夫。"(《九五》)这种重章迭句的手法，对《诗经》以降的中国诗歌传统，乃至当今的歌曲，产生了深远的影响。

《周易》卦爻辞有的是古谣谚的完整句子，有的则是古谣谚的残章断句。音韵自然、和谐，节奏鲜明，词意精粹。其中有一些二言、三言、四言的歌谣，也有一些是二、三、四言杂陈。这些句式同样影响了《诗经》的句式。同时，也有一些句子参差不齐，未必压韵，算是散文的成分或片断。其中叙事、描写、议论、抒情等手法灵活、生动，富有形象性，有许多句子还带有一定的哲理性。它们用过去偶然发生的事件，作为必然的因果关系和前车之鉴来判断未来的吉凶。

卦爻辞在韵脚上为后代的诗歌发展提供了借鉴。鉴于书写传媒的限

---

① 郭沫若：《中国古代社会研究》，见《郭沫若全集》历史编第 1 卷，人民出版社 1982年版，第 63 页。

制,古代的文献传承不易,常以背诵为主,故文献以易诵易记为追求目标,许多文献富有乐感。许多卦爻辞歌谣句句压韵,如《渐·九三》的"鸿渐于陆,夫征不复,妇孕不育"等。也有一些是偶句入韵的。四句以上的歌谣,有中间换韵的,也有单句和复句交叉用韵的。另有少量是虚字入韵的。

五、《易》卦爻辞的影响

谭丕模在《中国文学史纲》中说:"卦爻辞担负了萌芽状态的文学的成长使命,完成了《诗经》降生的准备工作。"①这里不但肯定了卦爻辞作为文学的萌芽,而且点明了卦爻辞对《诗经》的影响。刘大杰说:"卜辞以后,我们要作为上古文学史料的,是《周易》中的卦爻辞。"他认为《易经》虽是一部筮书,"但在卦爻辞里,我们可以找出一些富有文学意义的作品"②。刘大杰还把卦爻辞看成是"从卜辞到《诗经》的桥梁"③。在卦爻辞中,如果我们剔除占验辞的部分,其余的内容常常就是一首简短的歌谣。它们通过抒情和叙事的方式,反映广阔的社会风貌,并通过具有象征意义的形象,揭示深刻的人生哲理。

由于宗教仪式的庄严性和重要性,卦爻辞吸引了人们的智慧和才情,使得先前文献中的文学因子得以传承,产生影响。在形容的方式和描写的方式上,卦爻辞的语言对后来的文学产生了重要的影响。《论语·八佾》论乐时说:"始作,翕如也;从之,纯如也,皦如也,绎如也;以成。"这里的"如也",明显受到了商代卦爻辞的影响。

在句式上,许多卦爻辞与后来的《诗经》有相似之处,如"明夷于飞,垂其翼。君子于行,三日不食"(《明夷·初九》)。《诗经·邶风·燕燕》:"燕燕于飞,差池其羽。之子于归,远送于野",在句式上几乎与卦爻辞是相近的。我们甚至有理由说,《诗经》受到了卦爻辞的影响。类似这样与《诗经》相近的歌谣在《周易》卦爻辞中还有一些。如《诗经·豳风·

---

① 谭丕模:《中国文学史纲》,人民文学出版社 1958 年版,第 26 页。
② 刘大杰:《中国文学发展史》上册,上海古籍出版社 1982 年版,第 12 页。
③ 刘大杰:《中国文学发展史》上册,上海古籍出版社 1982 年版,第 14 页。

九罭》："鸿飞遵陆,公归不复,於女信宿",受到了《渐·九三》"鸿渐于陆,夫征不复,妇孕不育"的影响。后来民间的歌谣和汉乐府也受到了这个传统的影响。曹操的《短歌行》就是一个明显的例子:"呦呦鹿鸣,食野之苹。我有嘉宾,鼓瑟吹笙。"对照前面所引的卦爻辞,我们一眼就可以看出,它不但在句式上与卦爻辞形似,而且在比兴方法的运用和意境的创构上都与卦爻辞有神似之处。尽管大家公认的是,曹操对汉乐府已经有所改良,可我们还是看得出它的表现方式与卦爻辞依然是一脉相传的。可见对于《周易》卦爻辞的研究,不仅从研究商代的审美意识的角度看是必要的,而且从探寻文学史发展的源流看也是必要的。

第四节 《尚书·盘庚》

《盘庚》在中国文学史上有着重要的地位。作为商代流传下来的三篇演讲辞,《盘庚》不仅忠实地记录了当时的演讲口吻和方式,为后人了解当时的社会生活风貌提供了线索,而且给我们留下了中国散文源头的可靠文献。从散文文体的发展脉络,到修辞方法的运用,《盘庚》都有着重要的文学史价值,在散文乃至韵文的结构和文学语言的发展进程中起着重要作用。

一、《盘庚》为商代文

长期以来,人们对《尚书》特别是其中《商书》的历史真实性抱有歧见。而信古者常常需要通过甲骨卜辞和青铜器铭文,来对《尚书·商书》加以证明。但是在早期,人们对甲骨文和青铜器铭文的释读,在相当程度上也借重于《尚书》,包括其中的《商书》。所以陈梦家曾说:"近代殷、周铜器铭文的研究,古代语文的探索,都不能离开《尚书》。"①这种相互依赖的关系,本身就在证明着《尚书》有一定程度的可信性。

今文《商书》共五篇,《汤誓》、《盘庚》、《高宗肜日》、《西伯戡黎》、

---

① 陈梦家:《尚书通论》,中华书局 1985 年版,第 6 页。

《微子》。《汤誓》、《高宗肜日》中后人加入了训诂字,《西伯戡黎》、《微子》则被认为经过了后人的润色,而《盘庚》三篇被绝大多数学者看成是最古老最可靠的殷人作品。在疑古之风盛行的20世纪初期,《盘庚》也同样受到了质疑。对此,唐兰辩护说:"周初既有极长的文章,在二三百年以前有此(按指《盘庚》),并不足奇。"①范文澜也说:"《盘庚》三篇是无可怀疑的商朝遗文(篇中可能有训诂改字)。"②而且从甲骨文的文字和写作技巧推断,《尚书·盘庚》的出现也完全是可能的。《史记·殷本纪》说《盘庚》是盘庚之弟小辛的追记,即便如此,其可信度也应是很强的,说它基本上是商代的作品,应该没有问题。

二、《盘庚》的内蕴

盘庚是商朝的第二十任国王,《盘庚》三篇是殷王盘庚迁都前后对世族百官、百姓和庶民的讲话,目的在于说服都城的百姓随他迁都。这是为着躲避水患、谋图发展的需要。从内容看,三篇的次序可能有颠倒。中篇似在迁殷以前,上篇是刚迁伊始,下篇则在迁殷以后。这种颠倒可能是编辑时错简造成的。如果将它与苏格拉底的演讲加以对比,我们可以从中看出东西方政治体制源头的差异,宗教信仰的差异、两个主人公角色的差异以及演讲辞在叙事和修辞方面的差异等。

《盘庚》是古代散文中记言的作品。从记事到记言,《盘庚上》还侧重于叙事,"盘庚迁于殷,民不适有居。率吁众戚,出矢言。……盘庚敩于民,由乃在位。以常旧服,正法变。"以叙事为记言服务。在崇天敬祖的商代,盘庚把迁都说成是上帝、先王的意旨,将其上升到上帝、先王使国家"永命"或"断命"的高度,先王以至"乃祖乃父"会据此作福作灾,体现了当时的思想观念,也体现了当时政治统治的需要,具有鲜明的时代特征。统治者把自己的意图,借助于被神化了的先王、"乃祖乃父"等死去的先灵表达出来,利用人民对先祖敬畏的心理,达到统治国家的目的。

① 唐立庵(唐兰):《卜辞时代的文学和卜辞文学》,《清华学报》1936年第11卷第3期。
② 范文澜:《中国通史简编》(修订本),人民出版社1965年版,第114页。

《盘庚》写得充满激情,从情感的流露中表现了演讲主人公盘庚自己的形象。在《盘庚上》里,盘庚对那些反对迁都的贵族,就有晓之以理,动之以情,耐心地加以说服的一面:"汝不和吉言于百姓,惟汝自生毒。乃败祸奸宄,以自灾于厥身。乃既先恶于民,乃奉其恫(痛),汝毁身何及!"要求他们从百姓和自身的利益着想,说得非常恳切,表现出坚毅、沉着的思想品质。在《盘庚下》,人们在新都安顿下来以后,盘庚又带着诚恳的心情安抚臣民。这些都是掏心掏肺的肝胆之言,既有激切的言辞,也有慰勉的话语。我们从中可以看出盘庚的眼光、魄力和进取精神,以及他的劳心焦思和深谋远虑,是一个有远见、有作为的王。

三、《盘庚》的语言

《盘庚》言简意赅,凝练精审,委婉含蓄,善于运用对比、比喻等艺术手法。这尤其表现在盘庚叙述迁都情由的言辞中。与《甘誓》相比,《甘誓》是开门见山,直截了当,有咄咄逼人的气势,《盘庚》则侧重于力劝。这可能与迁都所遇到的困难和盘庚所处的具体情境有关,但同时也体现出了盘庚的个性。在演讲词中,盘庚恩威并重,软硬兼施,利诱与威压并用,劝勉与恫吓共进,既严厉告诫那些煽风点火的人,又苦口婆心,对心存疑虑者动之以情。加之盘庚的充沛的激情和尖锐的谈锋,整个演讲显得波澜跌宕,大气磅礴。在比喻上,作者用了习见的事物作比方,蕴含着深厚的哲理,如"若颠木之有由蘗",说明殷王室在危难之际,遇到困难迁都后,会像仆倒或砍倒的树木会发出的新芽一样,说明留恋旧邑毫无出路,而迁往新都则前程似锦。"若网在纲,有条而不紊。若农服田力穑,乃亦有秋。"蔡沈《书集传》说:"纲举则目张,喻下从上,小从大,申前无傲之戒。勤于田亩,则有秋成之望,喻今虽迁徙劳苦,而有永建乃家之利,申前从康之戒。"这两个比喻,前者说明臣从君命是客观规律;后者则说明迁都于殷,将劳而有获。在责备众臣以"浮言"惑众时,盘庚以"若火之燎于原,不可向迩,其犹可扑灭"作比,形象地说明后果的严重。在《盘庚中》里,盘庚以乘船作比,"若乘舟,汝弗济,臭厥载。尔忱不属,惟胥以沉。"说明如果不好好渡过难关,就会有沉没的危险。这些比喻均贴切自然、生动形象,具有很强的说服力。后代的有条不紊、星火燎原等成语,均源于《盘庚》。同时,《盘庚》又把盘庚演讲时的气概、感情、口吻等惟妙惟肖地表现了出来,展现了盘庚的形象和性格,从中可以看出盘庚心思缜密,谋虑深远,既有着主宰沉浮的胸襟和气魄,也有着敏感的政治头脑和出色的口才。

运用叠字的象声词,也是《盘庚》的重要特色。盘庚在严正地批评那些反对迁殷的贵族时说:"今汝聒聒,起信险肤,予弗知乃所讼!"盘庚用"聒聒"这个象声词,意在形容这些贵族们七嘴八舌,私下里叽里呱啦,到处煽风点火,蛊惑人心。这就把那些贵族放肆倨傲的说话腔调惟妙惟肖地描写了出来,增强了语言的感染力。其他如"迟任有言曰:人惟求旧;器非求旧,惟新。"使用了格言警句,其中不仅具有比的成分,而且还有兴的意味,且极富于人生哲理。这与后来的《易》卦爻辞有一定的相通之处。

韩愈在《进学解》中曾说:"周诰商盘,佶屈聱牙。"这也是相对而言的,因年代邈远,《盘庚》的语言对我们来说有了隔膜,有些古奥难解之处,是在所难免的,加之断章错简、传抄脱误等方面的原因,与后起的文献相比,《盘庚》有的地方确实给人以艰涩的感觉,但总体上还是平易流畅的。如果我们用历史的眼光看,站在文学研究的立场上,就会感受到它的文学史价值和它在审美意识变迁中的地位。苏辙在《商论》里说:"商人之诗,骏发而严厉,其书简洁而明肃。"简洁明肃,朴素典重,正是《盘庚》的风格特点。在许多地方,《盘庚》的语言体现着自然的旋律,语言明快,音韵和谐,具有很强的音乐性。刘大杰说:"《盘庚》在中国散文历史上,有很重要的地位。"①它对后世的散文产生了深远的影响。

第五节　《诗经·商颂》

《诗经》中保存的《商颂》作为现存最早直接流传下来的诗歌,不仅有丰富的内在意蕴,而且有高度的艺术技巧,对中国三千年的诗歌传统产生

---

① 刘大杰:《中国文学发展史》上册,上海古籍出版社1982年版,第21页。

了深远的影响。它们通过诗歌中的具体形象和所描述的具体事物,感性地表达出当时的思想意识。在人物刻画描写方面,《商颂》已经开始讲究用词的技巧。如《长发》描写伊尹,只用"实维阿衡,实左右商王",淡淡数笔,给人留下了深刻的印象。同时,《商颂》的构思,尤其显得精工。孙𨥂说《那》:"商尚质,然构文却工甚。如此篇何等工妙!其工处正如大辂。"商代的文化是否可以简单地说成是尚质,当然还可以讨论,但构文精工确实是其优点。正因如此,后人曾给予《商颂》以很高的评价。如姚际恒《诗经通论》卷18评《商颂》时,说它"风华高贵,寓质朴于敷腴,运清缓于古峭,文质相宜,允为至文"。颂扬了《商颂》典雅、庄重而古直的特点。正因《商颂》所具有的艺术成就,以至于后世很多学者怀疑它们,说它们不是商代的作品。

"颂"是古代宗庙中的祭祀、祝祷之歌。《毛诗序》说:"颂者,美盛德之形容,以其成功告于神明者也。"白川静《说文新义》说青铜器铭文中的"颂":"盖其初形也,字示于公廷祭祀祝告之意象。"朱熹《诗集传》说:"颂者,宗庙之乐歌。"作为舞曲,"颂"诗体现了诗、歌、舞三者一体的特点。在诗里,"颂"侧重于祭祀情景的描述,并且表达了祝福的心愿。

一、《商颂》为商诗

《诗经·商颂》作为商代的诗歌,不仅有史料的依据,而且在内容和写作技巧上也是可能的。笔者甚至认为,《诗经》中的许多民歌,也是出自商代,尽管在传抄过程中,这些歌谣经过了后人不同程度的润色和修改。如果说尧舜时代的《卿云歌》、《击壤歌》之类,已经有一定的可信性的话,那么商代存在诗歌就更不必说了。《国语·鲁语》说:"昔正考父校商之名颂十二篇于周太师,以《那》为首。"这里的校主要指对淆乱的乐章进行校正。《毛诗序》也说《商颂》是商代的诗:"微子至于代公,其间礼崩乐坏,有正考父得《商颂》十二篇于周大师。"而汉代学者从诗教教义出发,改正考父"校"商颂为"作"商颂,认定《商颂》为商代人的后裔宋国的诗,是缺乏依据的。

当代许多学者如杨公骥、张松如等人,都反对几成定论的宋诗说,论证《商颂》为商诗。他们认为《商颂》里没有周灭商以后的事,没有宋的任何事件,也无《周颂》、《鲁颂》中的那些"德"、"孝"观念,而只有体现商代精神的对征伐的赞美。① 公木(张松如)后来还写了专书研究《商颂》,着重论证《商颂》为商诗。他认为"宋诗"说者"论证没有新的增加,大多只是当作成说,引述前人结论"②。他从作品名称入手,广泛涉及作者、内容等诸多方面,有力地驳斥了《商颂》为宋诗的观点。刘毓庆从新出土的文物和相关文献资料来论证《商颂》为商诗说。他在《〈商颂〉非宋人作考》中,对《商颂》宋诗说的观点一一加以驳斥。牟玉亭在其作《〈商颂〉的时代》中,立足于"祖先崇拜"和"暴力歌颂"这两大倾向,提出:"从作品所表现的基本意识形态来看,它们不是周代乃至春秋中叶宋国创作的作品,而是商代的遗存。"③而陈炜湛则通过甲骨文与同期青铜器铭文的词语与《商颂》比较,判断《商颂》"当为商诗无疑"④。

主《商颂》商诗说的学者认为,宋人作《商颂》的缘由和年代都与事实不符。"宋诗"论者有所谓孔子避定公名讳说,即鲁定公名讳,因鲁定公姓姬名宋,故孔子录诗时避其讳,而改宋颂为商颂。这是背离事实的。因为在孔子编诗以前,"商颂"之名就已经被广泛使用,"在先秦文献中,凡引用商颂时,都是叫商颂,从没有称作宋颂的"⑤。而且孔子时代避讳之风尚未盛行,即使经他编定的鲁国史《春秋》中,"宋"字也屡屡出现。所谓《殷武》篇赞美宋襄公说,也是牵强的。宋襄公伐楚以惨败告终,与殷武伐荆楚凯旋而归迥然不同。《史记》所记载的正考父作《商颂》,以赞美宋襄公的说法,也是站不住脚的。因为宋襄公即位前61年,正考父的儿子孔父嘉就已经步入老年,正考父早于宋襄公近百年,根本不是同时代人。何况据《国语》记载,曾经还有人引《商颂》劝谏襄公。

① 参见杨公骥:《商颂考》,《中国文学》第1分册附录,吉林人民出版社1980年版,第464—484页。

② 参见公木:《公木文集》第2卷,吉林大学出版社2001年版,第301—424页。

③ 牟玉亭:《〈商颂〉的时代》,《社会科学战线》2002年第1期。

④ 陈炜湛:《商代甲骨文金文词汇与〈诗·商颂〉的比较》,《中山大学学报》2002年第1期。

⑤ 《公木文集》第2卷,吉林大学出版社2001年版,第353页。

对于《商颂·殷武》中"景山"的理解，"宋诗说"者认为"景山"在宋国境内。其实"景山"即大山，不必实指，即使实指，宋国地域本来也在商朝境内，与商诗说并不矛盾。更何况景山的名称未必只有一处。在文学形式上，《商颂》比《周颂》更为朗畅，一是风格上的差异，二是文学的发展有时是迂回曲折的，而不是简单地向前进化的。因此，《商颂》在艺术上比《周颂》成就高也不是不可能的。

基于上述这些理由，本书从《商颂》是商诗说的观点。

二、《商颂》的内在意蕴

《商颂》原有 12 篇，今本《诗经》只有 5 篇，其中《那》、《烈祖》、《玄鸟》3 篇为祭歌，《长发》、《殷武》似为祝颂诗。它们都是当时的祭祀乐歌，都有祝颂的话。作为祭祀、祝福的诗，它们都是祭而不哀的篇章，充满着人间的气象，表达了商代人积极进取的情怀。

其中《那》，小序说是"祀成汤"，全诗展现了殷商人祭祀先祖的钟鼓乐舞场面。"猗号那与"，"猗"与"那"都表示赞叹。洪亮的击鼓声，平和的音乐声，烘托出庄严肃穆的祭祀场面，殷商先民在这里摇鼓奏乐，祈求先祖赐福享太平，赞美商汤的显赫事业。随着祭祀活动的进一步展开，钟鼓隆隆、音乐铿锵，盈盈万舞从容相伴，场面气氛越来越热烈，音声相和，乐舞相谐，宾主相宜，其乐融融。全诗通过对音乐歌舞场面的描写，极力烘托了商代人颂赞先祖的和敬、庄严的气氛，同时具有浓厚的宗教神秘色彩。宋镇豪说《商颂》中的《那》："此诗是盛大祭典的主题歌，具体描绘了鼓、管、钟、磬的齐鸣声中，舞队神采飞扬，和着歌声，合着节奏，有次有序跳起万舞，汤之子孙隆重献祭品给成汤，嘉宾加入助祭的行列，最后在宴飨中告结束。歌、舞、器乐三者已有机融汇一气。"[1]这首诗虽然没有运用重章叠句及比兴手法，但其对钟鼓、音乐、万舞交通成和的气氛描写，使全诗具有很强的艺术表现力。

《烈祖》小序也说是"祀成汤"，与《那》一样，这首诗也描写了举行典

---

① 宋镇豪：《夏商社会生活史》，中国社会科学出版社 1994 年版，第 331 页。

礼、祈祷幸福的祭祀场面,表达了美好的愿望。但《那》侧重于从钟鼓乐舞的气氛中表现,《烈祖》则把无限的希冀寄托在酒馔的盛宴中。祭奠者虔诚地献上清醇的美酒与五味的汤羹,心中默默祷告,祈求先祖恩泽长存,赐我眉寿,贻我洪福,康乐天降,五谷丰登。辅广在《诗童子问》中说:"《那》与《烈祖》皆祀成汤之乐,然《那》诗则专言乐声,至《烈祖》则及于酒馔焉。商人尚声,岂始作乐之时则歌《那》,既祭而后歌《烈祖》与?"推测商人在祭前奏乐,祭后饮酒,因此同样颂赞先祖,而借以表达的方式却各有侧重。这首诗还描写了主祭人乘坐的车马,"约軝错衡,八鸾鸧鸧",错彩镂金的华丽马车、清脆悦耳的八只鸾铃,烘托出主祭者的显赫地位以及祭祀庆典的盛大隆重。

《玄鸟》小序说是"祀高宗"的,高宗,即殷高宗武丁,全诗表达了祭祀者对先祖武丁热烈的颂赞之情。诗篇在"天命玄鸟,降而生商"的上古神话中拉开序幕,相传帝喾的次妃有娀氏女简狄误吞燕卵生了契,即传说中商的始祖。前半首诗追述了商王朝开国君王成汤谨受天命、开疆拓土、治理天下、国泰民安的功绩;后半首诗赞美了武丁继承成汤大业、征服天下、统领九州、威震四海、享誉八方。诗中的神话色彩与热情的颂赞赋予武丁以非凡的神性,而祭享先祖、治理国家又分明是秉受天命的人所为,因此武丁身上兼具神性与人性,被后代美化为无往而不胜的英雄,造就成神人合一的理想形象。全诗富有神话般的瑰丽色彩与史诗般的磅礴气象,在虔诚的崇拜与颂赞中,表达了祭祀者淳朴而真诚的感情。方玉润视其为"三《颂》压卷"[①],似不为过。

《长发》小序说是"大禘也",郑笺:"大禘,郊祭天也。"指古代君王在郊外举行的祭天大典,以敬拜上帝为主祀,以追思祖先为配祀,因此这首诗在祭天的名下,一并追述了列祖列宗的功绩,其中对汤的渲染和讴歌最为突出,一般认为是祭祀成汤的乐歌。与《玄鸟》一样,《长发》也从玄鸟生商的起源写起,一路讴歌了契的英明、相土的威武,重点落在成汤一生的贤德与功绩。全诗虽然罗列多位先祖的业绩,但角度不一,详略得当,

---

① 方玉润:《诗经原始》,中华书局 1986 年版,第 648 页。

契与相土显然为成汤的出场做足了铺垫,而对成汤的历史功绩则施以浓墨重彩,尤其是他伐桀而有天下的一段,在史实中融入文学的想象:"武王载旆,有虔秉钺。如火烈烈,则莫我敢曷。"在锐不可当的气势中,雄心勃勃的霸王姿态毕现无遗。末了兼颂汤的贤相伊尹,则一笔带过,"伊尹"显然是作为"汤"的配角出现,写"伊尹"还是为了祭汤。全诗7章,章章蝉联,气势雄伟。

《殷武》小序说的是"高宗庙成"。这是在高宗神庙落成之际,商人讴歌高宗伐荆楚之功的祝颂诗。孔颖达疏曰:"高宗前世,殷道中衰,宫室不修,荆楚背叛。高宗有德,中兴殷道,伐荆楚,修宫室。既崩之后,子孙美之,追述其功,而歌此诗也。"诗中盛赞高宗以成汤为榜样,秉承天命,挞伐荆楚,威慑楚人,以中兴先烈,使诸侯来朝。接着极言中兴之后的威严和显赫。最后是说为高宗作庙,以安其灵。全诗六章,开篇直入主题,展开"奋伐荆楚"的惊心动魄的场面,具有先声夺人的艺术效果。随着历史事件的层层铺叙,多角度地歌颂了高宗的丰功伟业。颂赞出于史实,发自内心,不至于空疏无物,流于形式。措辞温而实厉,曲而实直。篇末以"松柏"之景语作结,兴象联翩,意味隽永。

总之,《商颂》5篇均以殷商先祖为颂赞对象,是一组内容相关的乐歌与颂诗,或在祭祀大典中讴歌,或在历史缅怀中祝颂,融热情的赞美、虔诚的祈祷、神秘的气氛、宗教的色彩、朴实的文风、生动的描写、神话的浪漫、史诗的壮美于一炉,具有典型的商代美学特质,堪称庙堂文学的典范之作。

三、《商颂》的语言特征

我们从《孟子》、《墨子》所引用的商代文献中可以看出,语句的对称、排比、押韵等具有文学色彩的语言形式特征,在当时被自发而普遍地使用着。方玉润《诗经原始》说《玄鸟》"意本寻常,造语特奇"[①]。实际上,我们从《商颂》的语言中,已经明显地感觉到它的文学性。这5篇作品文字

---

① 方玉润:《诗经原始》,中华书局1986年版,第648页。

简练,叙事具体,音节和谐朗润。

"颂"作为祭祀中伴奏的乐曲,一般音质浑厚,歌词也常常使用较为响亮的韵脚。与热烈而又庄重的舞蹈配合,其歌词多长短变化,渲染了祭祀的庄重而典雅的气氛。《毛传》说"殷尚声",强调音律,其诗也显得响亮悦耳。据刘向《新序·节士》:"原宪曳杖拖履,行歌《商颂》而反,声满天地,如出金石。"这是说《商颂》是黄钟大吕式的音乐。例如《列祖》的后半篇:"以假以享,我受命溥将。自天降康,丰年穰穰。来假来飨,降福无疆。顾予烝尝,汤孙之将。"句句入韵,节奏整齐,音调铿锵,读来一气呵成,朗朗上口。《玄鸟》的开篇也体现出这个特点:"天命玄鸟,降而生商,宅殷土茫茫。古帝命武汤,正域彼四方。"几乎句句入韵,且用韵饱满,掷地有声,字正腔圆,充满阳刚之气。《长发》篇幅较长,分章铺叙,韵随意转,更显波澜起伏,磅礴的气象随着洪亮的音节而展开。其四、五、六言交错使用,虽参差不齐,却错落有致,给人以抑扬顿挫的感觉。

《长发》和《殷武》都分章,各章的字句大体相等,形式上相对整齐,尤其是其重章叠句的结构形式,保留了当年诗、歌、舞合一的遗痕。个别不太对称的地方,疑是因年代邈远,在传播过程中有断章、错简的情形。如《长发》第四章与第五章:"受小球大球,为下国缀旒。何天之休,不竞不絿,不刚不柔,敷政优优,百禄是遒。受小共大共,为下国骏厖。何天之龙,敷奏其勇。不震不动,不戁不竦,百禄是总。"本是对称的,第五章的"敷奏其勇",当在"百禄是总"前,与第三章"敷政优优,百禄是遒"对举。这种叠句富有音乐感,回环复沓,一唱三叹,增强了抒情色彩。

除重章叠句外,叠字也是《商颂》中广泛使用的重要修辞方法。叠字在《易》卦爻辞中已露出端倪,到《商颂》更是得到了充分的发展。其中有摹拟乐器之声的,如《那》中的"奏鼓简简"、"鞉鼓渊渊"、"嘒嘒管声"、"穆穆厥声"等;有形容鸟鸣之声的,如《烈祖》中的"八鸾鸧鸧"等;有形容物态的,如《长发》中的"洪水芒芒"、"如火烈烈"等;有发出感叹的,如《烈祖》中"嗟嗟烈祖"等。其中大都是形容词,形容那些视觉形象和听觉声音,乃至抽象不可名状之物,如《殷武》中的"赫赫厥声,濯濯厥灵"等。另一种为"有"与形容词相结合的"有字式",为《诗经》中常见的叠字变式,如《那》中的"庸鼓有斁"、"《万舞》有奕"、"执事有恪",《殷武》中的"松桷有梴,旅楹有闲"等,相当于"斁斁"、"奕奕"、"恪恪"、"梴梴"、"闲闲",这种变式,使句式在整齐中不失活泼,对物态人情的描摹更加富于变化,增强了语言的艺术表现力。总之,叠字的运用不但栩栩如生地描摹了事物的情状,而且使语言具有强烈的音乐感。它们在汉语中富有生命力,一直影响到今天的语言和诗歌。

另外,善用比喻也是商代文学的重要特征。这在《盘庚》里表现得已很明显,在《商颂》里也是如此。《长发》第六章写武王出兵伐夏:"如火烈烈,则莫我敢曷。"郑笺说:"其威势如猛火之炎炽",用熊熊燃烧的大火作喻,形容汤的军队气势威猛,锐不可当。接着又用"苞有三蘗,莫遂莫达",将夏桀比作"苞",夏桀之党韦、顾、昆吾比作三蘗,以一棵树干长了三个杈,谁也长不好,暗中讥讽夏桀与其同盟韦、顾、昆吾难以兴旺发达。比喻有明有暗,所喻之物有盛有衰,所表达之情有颂扬有鞭挞,在鲜明的对比中突出了汤灭夏的赫赫战功。这种喻中兼以对比反衬的手法,赋予诗句以丰富生动的艺术表现力。

《商颂》在中国的诗歌传统中有着重要的影响。春秋战国时代楚文化的信鬼好祀,尤其是巫觋作乐、歌舞祀神的传统,直接传承了商代的宗教和艺术传统。我们从商纣王时代传下来的歌,可以看出《商颂》对《诗经》中周代的诗歌和楚辞的影响。《韩诗外传》卷二:"昔者纣为酒池糟堤,纵靡靡之乐,而牛饮者三千。群臣皆相持而歌:'江水沛兮,舟楫败兮,我王废兮。趋归于亳,亳亦大兮。'又曰:'乐兮乐兮,四牡娇兮,六辔沃兮。去不善兮,善何不乐兮'"。这些诗歌无疑影响了后代的诗歌。同时,从内容上,《商颂》5篇作为祝颂之歌,颇多溢美颂扬之词,开辟了后世庙堂文学的先河。

还有一些流传下来的商代作品,是后代的文献中所引用的。如《礼记·大学》所引的《汤盘铭》、《荀子》与《说苑》里同引的《大旱祝辞》、《史记》里所引的《汤诰》等,从语言风格和内容等方面看,说它们是商代的本无不可,尽管我们现在无法确证它们。

总而言之,商代文学作品的内容取材广泛,作者来自各个阶层,反映了商代先民的生活状况与思想情感以及他们对自己和世界的观察与反思。这些文学作品以其天然蕴含的音乐感、直白的抒情形式和简洁质朴的语言,体现了商代先民丰富的想象力和创造力,并包含了睿智的哲思。商代的文学是中国文学的肇始,其中既有占卜辞、诰命等简朴古拙的应用文体,也有歌谣、寓言等纯文学体裁,为后世文学作品的多样化开启了先声。其叠字、比兴等修辞手法和高度凝练的特征,对后世产生了深远的影响。由于年代久远,商代文学作品流传下来的并不多,但是作为中国文学的滥觞,商代文学在中国文学史上有着重要地位。

第九章
周代社会背景

近代学者王国维从历史的角度考察殷周之际社会大变革时曾指出："中国政治与文化之变革,莫剧于殷周之际。""夏殷间政治与文物之变革,不似殷周间之剧烈矣。殷周间之大变革……则旧制度废而新制度兴,旧文化废而新文化兴。"这种剧烈的变革,按照王国维的观点,是由于"自五帝以来,政治文物所自出之都邑,皆在东方,惟周独崛起西土",即由于地域和文化背景的原因。王国维认为,西周初期的这些变化,"其旨则在纳上下于道德,而合天子、诸侯、卿大夫、士、庶民以成一道德之团体"①。就是说,其最终目的是要落实以一套道德原则组成一个道德的团体问题,也即形成一种"以道德代宗教"的文化,以伦理为本位的社会。这同文明社会初期阶段以崇神事鬼的宗教祭祀文化为特色的夏殷相比,显然具有了浓厚的伦理道德的人文色彩。这种剧变也表明了文明社会初期阶段从以神为本位的宗教祭祀文化向周朝以人为本位的伦理文化的转型和过渡。周代的人本文化规定了中国文化今后的发展走向,其中以血缘为纽带的宗法制、礼乐文化被后世儒家继承发展,成为儒家思想的核心,是中国经世致用的主流文化;而以"道"为核心,强调自然、无为的老庄思想成为世代中国文人精神的休憩、神游之所;另外,墨、法、名、农、阴阳等各家思想也建构了中国传统文化的方方面面。这个异彩纷呈的时代,正是中国传统思想形成的轴心时代。

第一节　社　会　生　活

周朝社会前后时段差异较大。西周前期,周王室推行的血缘宗法制

---

① 王国维:《殷周制度论》,见《观堂集林·附别集二》,中华书局1959年版,第454页。

与礼制文化具有显著成效,王权得到巩固,政治较为平稳,国势强盛,社会安定。西周末以及东周时期,周室中央集权力量被削弱,诸侯国为了称霸中原相继举行了一系列变革,这使东周社会一方面呈现出战事不断的动荡局面,另一方面又出现了经济、文化迅速提高,对现实的理论反思层出不穷的状况。周代社会经济的富庶,制度的更新,最终使周代成为中国传统文化的轴心时代。

一、政治变迁

公元前 11 世纪末叶周武王灭商,建立周朝,建都于镐(今陕西西安西南)。周朝建国之初,王权得以巩固,国势较为强盛。在成王、康王时期,更是呈现出国家安定平稳,人民生活安乐的盛世,《史记·周本纪》记载:"成康之际,天下安宁,刑错四十余年不用。"成康后昭王、穆王对外大举用兵,成王南征荆楚,穆王西征犬戎、东征淮夷和徐夷。昭王与穆王的战争扩大了周朝的疆土。穆王后的共王、懿王、夷王时期,周室"遂衰"。夷王子厉王即位后,继续发动军事扩张,致使财政枯竭,怨声载道,最后引发国民暴动,厉王逃至彘(今山西霍县)。

厉王后经宣王,至幽王时代,周朝国力日竭,国势日衰。以前强大的国力不复存在,《诗经·大雅·十月之交》说"昔先王""日辟国百里,今也日蹙国百里",周朝的疆域在不断地缩小。《诗经·小雅·雨无正》说"邦君诸侯,莫肯朝夕",外部戎狄入侵,内中诸侯叛离,政局动乱。公元前 771 年周幽王被杀,至此西周灭亡。

公元前 770 年,周平王迁都洛邑,开始了东周历史。根据东周诸侯称霸的局面,历史上把东周分为春秋与战国两个时代。春秋时代是周天子东迁后王权衰落,由统一走向分裂的时代。这一时期的郑庄公、齐桓公、晋文公、楚庄王打破周天子权威,争霸于一方。春秋后期主要是吴、越争霸的局面。春秋与战国的界线大约在公元前 453 年,"公元前 453 年韩、赵、魏灭智氏,实际上已三家分晋,战国七雄并列的局面大体已形成"①。

---

① 顾德融、朱顺龙:《春秋史》,上海人民出版社 2003 年版,第 3 页。

战国是诸侯兼并、互相攻伐、合纵连横、斗争激烈的时代。一直到公元前221年,秦国灭了其他六国,完成了中国的统一,才结束了二百多年七国纷争的局面。

除前期外,周代一直动荡不宁。特别是东周时期,诸侯争霸,战事不断,各国争先发展自身的实力,以图吞并他国或保全自身。东周时期各国争斗不休又带来了思想、文化上的冲撞。儒、墨、道、名、法、阴阳、农、纵横各家英才辈出,从不同的方面、不同的角度提出了对人生不同的立场,所以东周思想更为复杂、纷纭,呈现出百家争鸣的面貌。

二、体制改革

周代人本文化的重要标志是宗法制度的建立,这一制度兼有政治权力统治和血亲道德制约的双重功能,它强调伦常秩序、注重血缘关系的基本精神,渗透于民族意识之中。宗法制度包括三个方面的内容:一是嫡长子继承制;二是封邦建国制,分封同姓亲属子弟属地,以此作为保护周王室的屏障;三是宗庙祭祀制度,以血缘之亲疏辨别同宗子孙的尊卑等级关系,维护宗族的团结,强调尊祖敬宗。宗庙祭祀制度的发展,形成了中国传统的礼制文化。

周代的礼制是其制度文化、行为文化和观念文化的集中体现。《礼记·曲礼》说:"道德仁义,非礼不成;教训正俗,非礼不备;分争辩讼,非礼不决;君臣上下,父子兄弟,非礼不定……祷祠祭祀,供给鬼神,非礼不诚不庄。"礼的内容,一是"亲亲",即贯彻血缘宗族原则;二是"尊尊",即执行政治关系的等级原则,其目的是"别贵贱,序尊卑"。范文澜说周文化是一种尊礼文化,王国维也说礼是周人为政之精髓。"礼"被后世儒家继承发展,而儒家思想又是传统文化的核心,所以说中国文化的核心是"礼让"。

从本质上来说,礼所体现的是一套关于权力与分配的制度,这一制度对于维护社会稳定来说,无疑起了重要作用,但同时也不可避免地会带来尖锐的矛盾,造成社会的不稳定。因此,礼制建构的同时必然也有一套缓解由礼制所带来的矛盾的有效协调机制。

西周以前,礼的主要作用在于实现神人相和。但随着阶级社会的出现以及所带来的社会分化的剧烈,人与人之间的关系显得十分紧张,礼逐渐成为缓和人与人之间关系的重要载体。因为目睹商王朝因战争频繁而灭国,周的统治者就不能不以此为鉴,重视稳定和谐社会秩序的构建。这样,"和"就成为西周统治者一个非常重要的信念,《周礼·天官·大司乐》说"以和邦国,以谐万民,以安宾客,以悦远人"。

礼制从本质上来说是一套既具别异又具亲和性的制度,"礼"是君主治国过程中不可或缺的工具,《周礼·春官·宗伯》说"以礼乐合天地之化,百物之产,以事鬼神,以谐万民,以致百物",建立人与自然,人与鬼神,人与人之间的和谐关系。这种礼制文化对周代的艺术发展也产生了不可忽视的影响和制约。

三、经济发展

周部族以擅长农业著称,周代的农业比殷商时代有很大的进步。西周实行井田制,土地归国家所有。土地按时分配,定期轮换。西周时代划分的土地,形状像"井"字,故得名"井田"。井田分为公田与私田。公田是共同耕作的田。《小雅·大田》里说"大田多稼,既种既戒",《小雅·甫田》载"倬彼甫田,岁取十千",这里的"大田"、"甫田",就是公田。公田之外的私田,是各家自行耕种的土地。公田要将收获的十分之一上缴国家,《孟子·滕文公上》说"周人百亩而彻,其实皆什一也","其余的收藏起来用于祭祀祖先、聚餐、救济等共同的开支"。① 私田所得归百姓自己所有。井田制所以要把田地划得方整,一方面是为了分配的便利,另一方面是出于统一治理和管理水利灌溉的需要。集体劳动,统一管理的方式在一定程度上促进了农业的生产,保证了国家的税收。东周时期,国君们不断地赏赐田地给私人,私田逐渐扩大,公田渐渐减少,人们无心种植公田,公田收益薄弱。为了提高赋税,各诸侯国不得不将公田与私田同等对待,公田、私田均要收税。这样便承认了私田的合法地位,私田的发展势

---

① 顾德融、朱顺龙:《春秋史》,上海人民出版社2001年版,第222页。

不可当。最终,井田制瓦解,以私田为基础的农业经济形式建立起来,并成为以后中国延续几千年的主要经济形式。

农业的兴盛还表现在生产技术上。周代已相当讲究农业生产的垦耕和耨耘技术。《周颂·载芟》说:"载芟载柞,其耕泽泽。"郑玄注曰:"土气蒸达而和,耕之则泽泽然解散。"经过耕耘后,土地松软,便于播种后农作物的生长,说明当时人们已十分重视垦耕土壤。《大雅·生民》云:"茀厥丰草,种之黄茂。"郑笺:"后稷教民除治茂草,使种黍稷,黍稷生则茂好。"在农作物的生长过程中,周人还要不断地为它们除草,以求更好的收成。制度与技术的进步带来了农业的繁茂。周代的粮食作物,品种众多,已有百谷之称,《周颂·噫嘻》就有"播厥百谷"的说法,周代的农业水平奠定了传统农业生产的基础。

商代就有了专职商人,周代商业迅速繁荣,特别是东周时期,诸侯国间贸易频繁。《史记·货殖列传》引《周书》:"农不出则乏食,工不出则乏其事,商不出则三宝绝",农业、手工业、商业三者并重,说明商业在周代已十分重要。商业繁盛促进了城市的发展,如临淄、濮阳、陶邑、洛阳等地都是有名的商城。《盐铁论》记载:"燕之涿、蓟,赵之邯郸,魏之温、轵,韩之荥阳,齐之临,楚之宛、陈,郑之阳翟,三川之二周,富冠海内,皆为天下名都。"苏秦向齐宣王描绘过临淄,说它《战国策·齐策一》载:"甚富而实……家敦而富,志高而扬"。周代商人在政事上也逐渐崭露头角,如范蠡、管仲、弦高、子贡等人,都有过从商经历,商人是社会阶层中不可忽视的力量。周代人还总结了商业规律,《史记·货殖列传》载越国谋臣计然说:"知斗则修备,时用则知物,二者形则万货之情可得而观已","以物相贸易,腐败而食之货勿留","论其有余不足,则知贵贱"。

手工业水平在周代得到了很大的提高,陶器、瓷器、漆器、青铜器、铁器等制造业都有突出的成就,麻布、丝织、刺绣工艺均有所发展,制骨、制蚌工艺也很流行。其中,青铜冶铸业是周朝手工业中最重要的部门,周朝青铜器的数量和精致度都大大地超过了商代。此外,周人在当时发达的青铜冶炼过程中,发明了琉璃的炼制技术。周人将琉璃串连起来,与玛瑙、玉石、蚌壳组成串饰,作为耳、颈、胸、腕、腿等部位的装饰品。周人手工技术的提高也促进了器物造型和纹饰的改革,使各器物更加精致、美观。

经济的繁荣、产业的分工是促进周代思想活跃的重要原因。周代,农业、工业、商业三大经济业并行,都对社会的繁荣起着不可或缺的作用。周代社会的职业具有明确的分工,从事不同职业的人具有不同的视点和立场,他们在各自的领域总结出与之相关的理论,达成对人生的不同看法,在审美趣味上也表现出异彩纷呈的多样性。

第二节　宗　教

对自然、祖先和天神的崇拜是周代人宗教生活主要的内容。周人依然十分重视祭祀,但周人的天命观念中具有道德内涵,天与人在道德秩序上的统一、神性的淡化、人性的提高是周人思想发展的主要倾向。与夏商不同,周人的宗教融入了更多的人文理性。他们将神的旨意与"保德敬民"的人文思想结合起来,将天命观与道德观相统一,是伦理宗法制与神秘宗教的互助。周代的宗教生活超越了人与神的沟通关系,把对神与祖先的交流和崇敬作为生活的礼仪形式,在繁缛的形式中蕴含着周人对现实的重新审视。

一、祭　祀

《左传·成公十三年》说:"国之大事,在祀与戎",周人十分重视祭祀。周人在出师前后均要祭祀天神或祖先。《逸周书·世俘解》记载,武王克商后,在牧野举行了五天的告捷礼。《礼记·大传》也记载:"牧之野,武王之大事也。既事而退,柴于上帝,祈于社,设奠于牧室。"郑玄注:"牧室,牧野之室也。"东周时期也有相同事例,《左传·宣公十二年》记载:公元前597年楚晋之战,楚胜晋,楚庄王就要"为先君宫,告成事"。把作战的原因和结果告诉天神或祖先神,以获取神的帮助和支持,以神的名义得到作战的正义和获胜的信心,仍然是周人作战的惯例。其他的国家大事,如搬迁、革政等也要祭告于天。《尚书·召诰》记载召公和周公营建东都洛邑时,"越三日丁巳,用牲于郊,牛二。越翼日戊午,乃社于新邑,牛一、羊一、豕一",举行了告天的祭祀。

依据祭祀举行场所的不同,可以把周代的祭礼分为山祭、郊祭、庙祭、树祭等。山祭是在高山上举行的祭祀,出土于清道光年间的西周著名青铜器大丰簋载:"王祀于天室,降。天亡又(佑)王,衣(殷)祀于王丕显考文王,事喜上帝。"天室是指嵩山,古人相信高山是天神聚集的地方,在高山上举行祭祀,是祭祀天神最合适的场所。山祭有时称为柴,《礼记·王记》载"天子五年巡守,岁二月,东巡至于东岳岱宗,柴而望祀山川"。郊祭是于冬至之日在都城之郊定期举行的祭天典礼。《逸周书·作雒解》说周人"作大邑成周"后,"用设丘兆于南郊,以祀上帝"。《礼记·郊特牲》认为"郊之祭也,迎长日之至也"。庙祭是祭祀祖先的仪式,在宗庙里举行,《礼记·王制》记载:"君子将营宫室,宗庙为先。"祖先祭祀非常频繁,"天子七庙,三昭三穆,与太祖之庙而七",天子祭祖的庙就有七处,可见祖先祭祀是经常举行的。树祭指社祭,社祭地点不定,但都得在树旁。《白虎通义》曰:"社稷所以有树何?尊而识之,使民望见即敬之,又所以表功也。"《墨子·明鬼下》:"三代之圣王,其始建国营都日,必择国家之正坛,置以为宗庙,必择木之修茂者,以为丛社。"在这些祭祀中,庙祭占有很大比重,说明周人的祭祀偏重于人神。

比起商代,周代的祭祀种类已大为减少,陈梦家在《古文字中之商周祭祀》中认为,周代祭法少于商代,商代有一百多种祭法,而周代只有二十多种,这说明周代祭祀远没有商代烦琐。周代的祭品也不如商代隆重,《礼记·郊特牲》:"笾豆之荐,水土之品也,不敢用常亵味而贵多品,所以交接于神明也,非食味之道也。"周人在祭祀中不贵多品的做法表明了他们的祭祀活动脱离了商代以多为好的盲目性。周代重视祭祀活动的程式化,每种祭祀都有一定的对象、时间、地点和做法,这些程序被严格地执行才算是懂得礼节,孔子就常为懂得祭礼而自豪。

周代的祭祀根据祭祀人的身份具有严格的等级之分,《礼记·王制》记载:"自天子达于庶人,丧从死者,祭从生者",祭祀视主祭者的地位与身份而不同。如天祭一般说来只有天子才有资格主祭,因为只有天子才代表上天。从天子到诸侯、贵族、再到庶人能参加的祭祀种类呈递减状态,天子可以参加所有的祭祀,而庶人能参与的就极其有限。《礼记·曲礼上》指出"礼不下庶人"正表明平民在礼仪方面的受限,这当然包括了祭礼。依据周代的宗法血缘制,在祭祀中嫡庶之间也存在等级差别,《礼记·曲礼下》指出"支子不祭,祭必告于宗子",《礼记·丧服小记》记载"庶子不祭祖者,明其宗也"。周代已是男权制社会,男女在祭祀中的地位为男尊女卑。不但祭祀的祖先都是男性,而且在具体的祭祀活动中也是男为主,女为辅,《礼记·祭义》记载"君牵牲,夫人奠盎;君献尸,夫人荐豆。"在祭祀中对主祭身份的严格划分说明周代社会强调身份差别,人与人的差距逐渐拉大。

推行礼制的周代不但十分重视祭祀,而且在祭祀中进行了十分细致的划分。周代祭祀渐趋烦琐,祭祀程序化与等级的严格规定都表明了周文化摆脱了对鬼神的盲目崇敬,在对鬼神的敬崇中对照世俗的社会关系,这使周代祭祀具有浓厚的政治教化色彩,体现了周代祭祀中的世俗精神。周代祭祀重世俗的特点使周代的审美风格从商代的庄重神秘、狰狞怪诞走向了简朴平易、轻灵典雅。

二、天命观念

郭沫若认为,"天"字尽管在殷商时代就已出现,但卜辞中绝没有至上神意味的"天"。[①] 至上神的"天"是西周时代出现的,并代替了殷人"上帝"的观念。从一般的天神信仰来看,殷商对至上神"帝"的崇拜与周人对至上神"天"的尊敬并没有什么区别,都只不过是一种作为自然与人世主宰的神格观念,未曾涉及任何道德伦理原则。然而,这种与殷商至上神无差别的"天"产生出伦理性的内涵,形成天命思想,则是殷周之际社会剧变的产物。

一方面,文化相对落后的小邦周取代了大邑商,周人自然不能完全抛弃、禁绝深有影响的、现成的殷商宗教体系,而只能在包括上帝鬼神观念

---

① 郭沫若:《郭沫若全集》历史编第 1 卷,人民出版社 1982 年版,第 321 页。

在内的殷商宗教祭祀文化基础上,对殷商宗教体系加以改造和利用,最终形成原始的天命观;另一方面,殷商的灭亡使遗民尤其是周人对"天"或"帝"至上神地位产生信仰危机:上天如何改变成命,"降丧与殷"而使"殷坠厥命"了呢? 在这种情况下,必然出现帝神以及天神本身信仰的衰落,而融入了更多人文理性的"天命"观念。为此,周初统治者一边编造所谓"皇天上帝,改元厥子"的欺骗性神话,一边又强调天命以人是否有"德"为转移,形成了天命和道德相统一的天命观念。①

周人的这种天命观念尽管从总体上说仍然是一种神意观念,即仍然披着皇天上帝的神性外衣,但不可否认,与殷人对上帝鬼神恐惧崇拜的神意观念相比,周人对"天"的尊崇敬畏已有很大的道德差别,前者仍然是自然宗教(祭祀文化)的体现,后者则包含着社会进步与道德秩序的原则。也就是说,殷周观念意识的根本区别,是殷人对"帝"或"天"的信仰中并无伦理的内容,总体上还不能达到伦理宗教的水平;而在周人的理解中,"天"与"天命"已经有了确定的道德内涵,它以"敬德"、"保民"等为主要特征。"天"的神性的渐趋淡化和"人"与"民"相对于"神"的地位的上升,是周代思想发展的方向。这也是上古三代的宗教文化由文明社会初期阶段的自然宗教(祭祀文化)向西周时期的伦理宗教(礼乐文化)过渡所体现出来的主要特征。西周的这种"天命"观念相对于殷人的神意观念是一种思想意识的进步和发展,它所包含的"天命靡常"、"天命惟德"、"天意在民"的人文意识对后世尤其是春秋时期人文主义思潮的兴起有着深刻的影响,是理性的觉醒与宗教观念冲突的结果,也蕴涵着"天人合一"的基本精神。

殷商神本文化到西周人本文化过渡的原因,除了由社会动荡所造成的理性觉醒与宗教观念的冲突外,还有一个重要的原因,就是人们知识和经验的积累。例如,本来为探测天意而进行的天文活动,从客观上推动了天文学的发展,随着天文学知识的积累,人们逐渐认识了天道与人事的差异。日食和月食,最开始被认为是凶灾的预兆,后来人们发现日食和月食

---

① 参见慕平译注:《尚书》,中华书局 2009 年版。

与人世的灾异没有必然联系,是正常的天文现象,神性的面纱被揭开了,人本文化的面目得以展现。

第三节　文化艺术

与政治、经济、宗教的变迁相对应,周代灭商后的文化生活也发生了巨大的变化。周代出现了"敬德保民"的忧患意识,在统治上注重礼法的教化,其文化也显示了礼法制的特征。周代的音乐、建筑、绘画、服饰在技法与艺术效果方面都比商代有了进一步的提高,配合礼制等级文化的需要,周代艺术呈现出多样性的特点,在多样性中注重表现身份的等级差异。周代文化艺术已逐步摆脱商代的庄重神秘,而走向世俗的精致多变。

一、忧患意识

商周之际之所以会出现政治制度与文化形态上的剧烈变化,是因为在周人的文化精神中产生了极为可贵的忧患意识。这种忧患意识源于周人从立国到灭商后所面临的艰难处境,其中含有重要的敬德与保民思想,成为周代一切制度的出发点与宗旨。

首先,忧患意识体现了小邦周战胜大邦殷之后面对混乱局面的政治焦虑。在殷商强大文明的压力下,周民族能由一个落后的民族而臻于强大并在文王的时候打开了足以克商的新局面。正是在这艰难的过程中,周人体会到人的行为的重要性,因为新局面的形成是他们的历代祖先辛苦开创出来的,事情的吉凶成败除天意外,更是由于他们自身的艰苦努力。他们已经觉悟到若要突破困境,主观努力尤其重要,这便是忧患意识的萌芽。由这种忧患意识而产生的人的自觉,表现了一种新精神的跃动,蕴涵着一种坚强的意志和奋发的精神。

其次,吸取商朝灭亡的教训,周人的忧患意识中含有重要的敬德和保民思想。曾经不可一世的庞大的商王朝顷刻瓦解,迫使周统治者不得不去探寻商朝灭亡的深层根源以及他们必须努力的方向。他们认为,"失德"是商亡的根本原因,《尚书·多士》载"惟天不畀,不明厥德"、《尚书·蔡仲之命》载"皇天无亲,惟德是辅"。因此,周王朝想要长治久安,最重要的便是"敬德"。此外,他们还认为,天命如何,只有从民情中才能显示出来,即《尚书·大诰》载"天棐忱辞,其考我民",《尚书·泰誓》在"民之所欲,天必从之","天视自我民视,天听自我民听",这就是说上天总是顺从民众的愿望、想法,按照民众所看到的、所听到的事情去办事,统治者若不爱护民众、关心民众的疾苦,便会遭到民众的反对与诅咒,自然也会引起上天的不满。因此,保民成为与敬德相联系的一项内容。

最后,忧患意识基础上的敬德、保民等观念成为周朝统治者制定一系列重要制度的出发点与重要动力。这些观念落实到行动上,实际上是要求各级贵族自觉地按照符合统治阶级利益的道德规范来约束自己的行为,将此类道德行为规范制度化,便是一系列"礼制"的出台。它所带来的结果导致了新制度、新文化、新局面的形成。

二、音 乐

随着周代社会等级制度的逐渐深化,音乐也越来越往雅乐和俗乐两极演变。一方面,对于统治阶级而言,音乐的教化功能愈发彰显,乐与礼紧密结合着,音乐成了统治阶级利用的工具。在各种礼仪典礼中,音乐成为不可或缺的重要一环,雅乐迎来了历史上第一个高峰;另一方面,对于普通民众而言,音乐始终是人民精神生活的一部分,是民众自娱自乐尽情宣泄情感的主要方式,其中涌动着生命的冲动,展示着生命的意义和价值。由于生活条件的限制,俗乐主要以发达的声乐为主。北方的民歌以《诗经》中的国风为代表,南方民歌以楚国的《九歌》为代表。

这一时期雅乐发展的高峰首先体现在封建贵族对音乐的重视和利用达到了前所未有的高度:他们以音乐来划分封建等级,维护封建秩序。周代与音乐有关的重要的典礼仪式主要有郊社、尝禘、食飨、乡射,每种典礼的名称、使用何种音乐与享有音乐的天子、诸侯、群臣、乡宦等相应的等级身份挂钩,有着详细而烦琐的限定;还以音乐教化贵族子弟,贵族子弟学习的内容主要是诗、书、礼、乐,从13岁到20岁要循序渐进地学习各种典礼和典礼中的乐舞,如"六大舞"和"六小舞"就是贵族子弟专门学习的乐舞。孔子所说的"兴于诗,立于礼,成于乐",指的就是贵族子弟道德礼教的一个完整过程。同时,周代还用音乐来控制、引导民众的舆论倾向。周武王灭殷后,创造了两个大型乐舞《象》和《大武》,制造了周朝尚武好战、战无不胜的舆论导向,既是夸耀周武王的功绩,也能起到威慑天下、教化万民的政治目的。在封建社会,统治阶级强调"礼乐相成"的思想,以乐来辅助礼制,礼与乐相辅相成,同时把礼、乐、刑、政并列,最终使音乐成为政治统治的重要工具。

雅乐的兴盛还体现在周代庞大的宫廷音乐机构、表演体制和耗费大量人力、物力、财力的乐器制造上。大司乐是周代皇家音乐行政机构、音乐学校和音乐演奏团体。大司乐的官员和乐师有数字记载的共有1463人,从乐师的数量可见演奏规模十分庞大。如齐宣王有300多人的吹竽演奏乐队。周代乐舞的体制在继承前代的基础上有了进一步的发展。舞蹈队的人数也是严格规定的:"天子八佾,诸公六,诸侯四",即天子的舞蹈队8列,64人;诸公6列,36人;诸侯4列,16人。雅乐的重要乐器是编钟和编磬,钟和磬的制作越来越巨大,其中有着贵族阶层夸耀富贵的成分,同时其制造已经达到相当精密的程度,其制作方法标志着周代已经掌握了音乐物理科学的程度,也逐渐确立了八音的分类方法。

俗乐的发展反映了平民阶层的生活实际,代表了平民阶层的心声,是平民生活的真实写照。俗乐的兴盛代表着更为广泛的群众基础。俗乐的兴盛首先表现为歌唱活动的普及。周代是古代歌唱艺术迅速发展的时代。人们可以自由地运用歌曲来传达各种复杂的情感,在各种场合中人们能够即兴演唱非常恰当的、有感染力的歌曲。虽然这些群众不一定有较高的文化素养,也不是专业的歌唱家,但是他们都善于充分地传达自己的心情。《诗•国风》绝大多数收录了北方的民间歌谣,多为人们在自然山水间集会、郊游、求偶等风俗活动中的即兴创作,包含对歌、唱和、歌舞等多种演唱形式,娱乐性极强。南方民歌散失很多,流传下来的主要是楚国的《九歌》。它既是巫歌,也是恋歌,既是祭神活动,也是全民娱乐的大盛会。

随着歌唱的普及,歌唱家和歌唱教师也开始出现。《宋书•乐志》记载韩娥、王豹、秦青等人就是这一时期的代表人物。《文选》录《宋玉对楚王问》记载："客有歌于郢中者，其始曰《下里巴人》，国中属而和者数千人；其为《阳阿》、《露》，国中属而和者数千人；其为《阳春》、《白雪》，国中属而和者不过数十人。"由此可见，在民间歌手的传唱下，民歌的普及程度已相当高。

战国末年，随着政治体制的解体，礼崩乐坏，雅乐也随之衰落。雅乐的衰落不仅仅是政治的原因，其深层原因还在于音乐自身内容的贫弱，而这正是俗乐的长处。后代雅乐的再次兴盛是由于汲取了了俗乐的营养。当然，雅乐的两极演化并不代表雅乐和俗乐的截然对立。周代礼仪音乐还可以满足贵族的娱乐需求，其中的礼乐活动，明显地具有娱乐、审美的功能，形式上的等级象征并不掩饰行乐中听音而乐的审美效应，但是雅乐和俗乐分别代表着不同的审美价值趋向和审美品位。

雅乐在统治阶级和一些文人的倡导下，成为主流的正统音乐形态，而代表平民阶层审美趣味的俗乐却遭到排斥和压制。维护统治阶级利益的儒家文化，看重的就是雅乐的教育作用，提倡在雅乐的审美活动中完成君子道德品质的培养。在他们看来，俗乐过于激荡人心，不利于形成君子的中庸之道。秦穆公、楚庄王喜好"淫乐"，卫灵公、齐宣王听俗乐而喜，他们这种行为受到了舆论的鄙视和嘲讽，始终难登大雅之堂。雅乐和俗乐的分流自周代开始白炽化，开启了延续千年的雅俗之争。

三、建　筑

周代的建筑文化以宫殿为代表。西周宫殿构局严整，讲究对称，已具有我国传统建筑的基本面貌。东周时期宫殿建筑数量迅速增加，种类繁多，木制墙与泥制墙并用，并已采用保护台基的斗拱技术制造屋顶，从总体框架与布局上为我国传统宫殿奠定了基本模型。

周代初期平民居住半地穴式房子，在地面挖出土穴，穴壁即为室墙，在穴上盖草作屋顶。这种房子在陕西省长安沣西张家坡、河北省磁县下潘汪、北京市刘李店、河北省邯郸邢台寺、河南省洛阳王湾等地均有发现。后来逐渐出现了楼、舍等住宿之屋，包括泥筑与木制结构两种，大都构造简单,审美性不强。

代表周代建筑最高成就的是宫室建筑。陕西省岐山凤雏村西周甲组建筑基址是目前考古界发掘周代宫室的重要收获。该遗址占地 1469 平方米,以门道、前堂、过廊、后堂为中轴线,东西配置门房与厢房。前堂为主体建筑,台基最高。台基为夯土筑实,墙体泥筑采用泥浆掺细沙、石灰涂抹的制造方法。房屋四周有瓦片出土,说明这时已用瓦来覆盖屋顶了。该建筑南北排列,东西对称,前后两进,错落有序,是一个讲究对称的封闭性庭院建筑群,代表我国传统建筑群的基本局面。

周代宫殿建筑的发展越来越讲究规模壮观,用材考究。《国语·楚语上》记载楚国国君居住的"章华之台"气势宏大,举全国之力,数十年才完成,竟致"国民用罢焉,财用尽焉,年谷败焉,百官烦焉",可以想象这个宫殿的气势与规模定是非常壮观。东周时期宫殿建筑的用材也十分讲究。《水经·汾水注》记录:"汾水西径俿祁宫北,横水有故梁,截汾水中,凡有三十柱,柱径五尺,盖晋平公之故梁也。"东周时期的木质建材到一千年后的北魏时期仍保存完好,可见周代宫殿用料的精良。

东周建筑名目众多,有宫、室、殿、堂、舍、楼等。建筑由原来的贫富二分,变为更多级别,更能适应周代等级制的需要。宫是诸侯居住的地方,殿、堂是宫前的大屋,是诸侯接客议事的地方。宫殿多建在高大的夯土台基上,有居高临下之势,显示王族高高在上的威严。楼是二层以上的房屋,多为贵族所居。舍是一般性建筑,平民可居。东周还设专门接待宾客的馆舍,称为"客馆"或"诸侯之馆"。《左传·襄公三十一年》记载,晋文公在位时修的使馆设施齐全,"不畏寇盗,而亦不患燥湿",使客人"宾至如归"。可见周代的建筑在居住人的身份地位上有所区分。

东周建筑群的发展使城市布局有了较大的改观,促进了都城的繁荣。东周时期保存下来的都城遗址很多,齐国临淄故城(今山东临淄)、燕下都(河北易县)、赵邯郸(河北邯郸西南郊赵王城)都是当时著名的都城。三座城中都有"台"的遗存,燕下都有台 50 多处,赵王城有 16 处,这说明东周都城中宫室建筑非常普遍,宫室建筑的发展使都城规划更加具有气势。

周代建筑依据身份的不同有所区分。平民所居之地单一简陋,贵族所居之地精致宏伟。周代的建筑文化以宫殿为最高代表。周代宫殿用材考究,讲究对称,结构均衡,多建在夯土台基上,居高临下、气势恢宏。周代建筑的发展表明了当时都城的繁荣,也显示了贵族权势日益增大,在审美品位上向往标明身份地位的宏大壮观。

四、绘 画

周代绘画所采用的线条已经非常流畅圆润,与后代绘画线条技法无大差异,这些绘画有中心人物,有主次搭配,有动作情节,是完整的构图。周代的绘画叙事性较强,与后代的写意性绘画大为不同,这也表明周人的艺术思维与后人有所不同。从目前出土的器物看,周代绘画的出土文物多为战国时期的作品,分为壁画、帛画与漆画。

最早关于周代壁画的记载见于《孔子家语·观周》:"孔子观乎明堂,睹四门墉,有尧舜之容,桀纣之像,而各有善恶之状、兴废之诫焉……独周公有大勋于天下,乃绘于明堂。"周代把先贤的肖像绘于宫室中,取标榜后世,受人瞻仰之义。东汉王逸《楚辞章句·天问叙》写道:"屈原放逐……见楚有先王之庙及公卿祠堂,图画天地、山川、神灵琦玮谲诡,及古圣贤怪物行事。周流罢倦,休息其下。仰见图画,因书其壁,呵而问之,以渫愤懑,舒泻愁思。"从这段文字可以看出,楚先王宗庙壁画包括自然景观、神怪故事、历史传说三类,题材十分广泛。由于年代久远,周代的建筑均已倒塌,画在上面的壁画难以眼见为实,不过这些文献记载为我们了解周代壁画提供了比较确切的资料,我们可以在对其他绘画的揣摹观照中对周代壁画进行想象再创。

当代出土的周代帛画,以两幅为代表:一幅是《龙凤人物》帛画;另一幅是《人物御龙》帛画。《龙凤人物》帛画是战国时代作品,1949 年春于湖南长沙陈家大山楚墓处挖掘到,也称《人物龙凤图》、《夔凤人物图》或《妇女凤鸟图》,长 30 厘米,宽 22.5 厘米。左上角是一只飞龙,右上角画了一只飞凤,龙凤昂首向上,飞腾而起。下方是一妇女手掌合十祈祷图。画中人物形象均为长袂、宽袖、长衣、细腰、身体修长。《人物御龙》帛画也是战国时作品,1973 年出土于湖南长沙城东子弹库楚墓,长 37.5 厘米,宽 28 厘米。一男子头戴高冠,广袖长袂,腰佩长剑,手执缰绳,驾驭一巨龙。龙头高昂,尾部上扬,尾巴上站着一只圆睛长喙、昂首向天的仙鹤。《龙凤人物》帛画中妇女衣裳上绘有卷云纹,裙裾下摆向上翻翘,裙角末处为尖细状,凤喙、凤爪、凤尾、龙爪也有尖细状,线条舒展中见刚毅。与之相比,《人物御龙》帛画中男子的袍裾下摆向上翻翘,袍角末处较为圆和,未见尖角,鹤喙也不像上一幅图由两根突兀直线构成,而采用了弧线。《人物御龙》帛画中的线条更加飘逸婉转。这两幅图以墨线勾勒为主,仅在局部施彩,体现了中国绘画重视线条运用的特色。

湖北荆门包山出土的一件漆奁上绘制的《车马人物出行图》是周代漆画的代表作。此画长 87.4 厘米,高 5.2 厘米。它以黑漆为底,饰以朱、褐、黄、翠、赭、白等色,色彩多样,具有反差,几匹并立的马不仅色彩不同,还采用向上重叠法,色彩变化与位置重叠给予这幅画以纵深关系,摆脱了以往绘画完全平面构图的习惯。画中的五棵柳树把整个画卷隔开,使画卷成为相互贯通又相互独立的画面,这也成为我国后来长卷绘画中惯用的构图手法。画中线条柔和,多用曲线,少见棱角,柳树完全是柔媚无骨,随风而动的姿态。描绘的形象具有对比反差,贵族神态倨傲骄矜,侍从紧张恭顺,马匹悠闲安步,受惊猪狗仓皇奔跑。此画呈现出浓郁的生活气息,属于中国绘画中不占主流的写实一派。

周代的图画具有真正的绘画性质,不似器皿上的纹饰采用拍压、镂刻、堆加等非绘画式技法,也不似器皿上的纹饰只是作为器皿的装饰,依附于器皿而存在,周代绘画已经具有独立存在的区域与价值。与中国后代绘画相似,周代绘画也多为线描,但周代绘画注重叙事性,在构画中叙事色彩浓厚,与中国后代绘画重视写意的风格有所不同。

五、服　饰

纺织业在周代得到了普及。家家种桑植麻,各国向农民征收地租时,就包括"布缕之征"(《孟子·尽心下》)。东周时期丝织工艺相当发达,山东临淄、湖南长沙、湖北江陵等地均发现了锦、绮、绢等实物。这些丝织品已经有了非常繁复的花纹,到了战国时期,刺绣手法得到了极大的提升,丝织品上的画绘工艺完全被刺绣所取代。纺织技法的发达,使服饰走向多样化,服饰文化也因此具有呈现严格的等级差异的空间。

周代具有完整的适应等级制度需要的冠服制度,是区分身份地位的标志。冠是戴在头上的物品,分冕、弁、胄三种。冕最为庄重,是身份高贵的人祭祀所用,不同的场合要求戴不同的冕,《周礼·春官·司服》记载:"祀昊天上帝,则服大裘而冕,祀五帝亦如之;享先王则衮冕;享先公、飨射,则鷩冕;祀四望山川,则毳冕;祭社稷五祀,则希冕;祭群小祀,则玄冕。"弁由皮缝制而成,在皮块缝接处用玉石装饰,为贵族所用。胄是作战时用来保护头部的冠。平民百姓不能戴冠,只能戴头巾。《汉官仪》记载:"帻者,古之卑贱执事不冠者之所服也。"帻就是指头巾,《吕氏春秋·上农》也有"庶人不冠弁"的说法。

与冠相匹配,贵族祭礼时穿的服装为冕服。冕服纹饰有日、月、星、辰、山、龙、华虫、宗彝、藻、火、粉米、黼、黻等。冕服用的纹饰有严格的规定,根据等级的不同,各人使用的纹饰也有所不同,身份越低能使用的纹饰就越少。不同等级的人,衣服的制料也不同,贵族为锦、帛、缟、皮、麻布。百姓的衣服是麻织品,称为"布衣"或"褐"。《诗经·豳风·七月》:"无衣无褐,何以卒岁?"郑玄注:"褐,毛布也。"毛布衣是贫贱者所穿,古时又称身份低微的人为"褐夫"。

脚上穿的鞋是标明周人身份的重要穿着,分为屦、履、靴、蹻等。"屦"又称"舄",是鞋中的最高等级,《诗·豳风·狼跋》云:"公孙硕肤,赤舄几几。"毛传云:"赤舄,人君之盛屦也。"说明"屦"只有天子、诸侯才能穿。"履"属身份尊贵的人的穿的鞋,《韩非子·外储说左下》载"晋文公与楚战,至黄凤之陵,履系解,因自结之"。靴为皮制,军事所用。《学斋占毕》称古时"有履而无靴,故靴不见于经。至武灵王做胡服,方变履为靴"。"蹻"等级最低,是草鞋,《孟子·尽心下》载"舜视弃天下,犹弃敝蹻也"。

周代衣物的小佩件也有显著区分。腰间束衣服的带子,男用革,女用丝,《说文解字》称:"男子革鞶,女子带丝。"有地位的男子,束的也是丝,

《诗经·曹风·鸤鸠》称:"淑人君子,其带伊丝。"《论语·卫灵公》云:"子张问行,子曰:'言忠信,行笃敬,虽蛮貊之邦,行矣……'子张书诸绅。"《说文解字》录:"带,绅也。""绅"是丝带,代指言行一致的君子。带的尺寸,也有定制:《礼记·玉藻》记载"绅长:制士三尺,有司二尺有五寸"。周人衣物上喜欢佩戴各种各样的佩饰,有香袋、手巾、容刀、玉、珠等,其中玉器是身份尊贵之人最重要的佩饰,《礼记·玉藻》有:"古之君子必佩玉。"

周人不但对穿着何物十分在意,在如何穿着上也甚为讲究。身上穿的衣服,上衣为"衣",下衣为"裳",上衣必须右衽,《论语·宪问》记载孔子言:"微管仲,吾其被发左衽矣!"可见,符合礼仪的上衣穿着应是右衽。贴身穿的上衣称"私衣"或"亵衣",罩衣称为"裼",寒衣有裘和袍两种。在礼仪场合,裘衣外面必须罩上裼衣,并且裘与裼的颜色、质料必须搭配得体。《论语·乡党》云:"缁衣,羔裘;素衣,麑裘;黄衣,狐裘。"

周人服饰文化等级森严,从服饰的质地、颜色、尺寸、搭配、纹饰都有一套严格的定制。服饰的分级一方面表明周代纺织业大为改进;另一方面表明周代的审美趣味融入于礼制之中,体现的是王权的等级差异和趣味差异。

郁郁乎文的周代社会在礼仪的具体与烦琐中推行着他们保德敬民又等级森严的宗法制社会理想。宗教融合于王权之中,并为王权所用。王权神授的意识加强了周室的权势威严,稳定了社会结构。各种行业的繁荣特别是商业的兴起保证了周代经济的稳定,使周人在生活的稳定中更加笃定礼制社会存在的合理性。周代文化也多呈现出礼制社会的等级差异特质,如音乐、建筑、服饰等文化都具有对身份的注重与强调。西周社会作为礼制社会楷模定格于中国世代政客文人心中,成为古代社会效仿追寻的典型理想社会。东周时期人们对西周的美好追忆以及他们对西周灭亡,东周动乱现实的反思促使东周人开始了理想社会应如何达成的理论思考,美学理论形态也至此形成。

第十章

西周器物

自殷商到西周,中国审美意识的发展进入活跃的变革期,并开始逐步具有理论形态。这些尚属雏形的理论,对春秋战国时期的美学思想,特别是东周诸子的美学思想,产生了深刻的影响,是中国美学理论的源头。审美意识作为人的心灵在审美活动中所表现出来的自觉状态,是被系统化的审美经验,受各种社会生活因素和一般文化心理的影响,是总体社会意识的有机部分。它和那些初具雏形的理论形态,既同其他社会形态相辅相成、互相影响,又在很大程度上迥然有别。因此,我们在谈到西周时期审美意识向审美理论形态发展变化的同时,就不能不首先考察西周政治思想文化的变革,因为美学思想的发展是与社会意识的发展变化密不可分的,它们之间是一种水乳交融、互相渗透的关系。

第一节 概 述

西周是巫术文化向人本文化的过渡时期。受到商代文化氛围的影响,祭祀文化是西周政治生活重要的组成部分,它深刻地影响着人们的社会生活和文化心理,因此,西周器物依然带有巫术色彩。另一方面,由于周人经济上的农耕定居,政治上的宗法制与分封制改革,思想文化上的制礼作乐,形成了一种稳定的社会文化心理结构。在这个时期,人的理性和人的意识的逐步觉醒,神、人关系发生了一定的变化,巫术文化完成了向人本文化的过渡,形成了西周特有的历史文化内涵和审美意蕴。西周器物中出现了大量歌功颂德、弘扬道德美、表现"礼乐之和"的礼器。

一、器以载道

西周器物具有"为器赋义"的特征。"为器赋义",具体来说,包括赋予器物的材质和纹饰以意义。以玉器为例,君子喜爱佩玉的习惯,就是把器物的材质比附人的道德,以材质来说明社会政治生活等级秩序。器物的造型与纹饰也可以用来象征阴、阳、天地等。"赋义现象"的存在,明确指出了器物在其实用功能之外还存在着其他功能,如载道、审美等。在这些功能中,"器"的本来含义、用途有时并不重要,重要的是它所承载的人们赋予它的精神性内涵。

西周器物仍保留了宗教色彩。西周早期的人面纹有角、有爪,代表了巫或神的形象;人虎纹中的"虎"是"虎神"的象征,人在虎口下与虎相拥,人们相信从中可以得到庇护,周人认为他们的祖先是鸟,因此,周代玉器中鸟纹盛行。这些器物的装饰设计在表现敬天尊祖意识的同时,也讴歌先祖的功德,使之成为后人敬仰崇拜的对象;在拜神的同时,人自身也得到了心理的慰藉和情感满足,恰如其分地表现了"神人以和"的审美追求。

西周的器物逐渐向理性化方向发展。西周陶器从气势威严发展为清丽典雅,质朴务实,线条逐渐讲究圆润流畅;西周玉器呈现出规整内敛的特点;西周青铜器注重方圆、直线与直线之间的分叉运用,讲究造物制形的完美比例,纹饰具有节奏感,风格雄浑、庄严、稳重,体现"天命"的威严。西周器物呈现出的秩序感和庄严的艺术效果表明西周器物在功能上已由祭祀向礼仪型转化,具有示尊卑、别等级、辨礼仪的意义,特别是青铜器,更是不可僭越的等级制度的象征。

西周器物宣扬与维护以王族宗亲血缘关系为基础的宗法制度和等级制度,其目的是维系最高统治集团的政治礼仪及统治秩序,以巩固国家的长治久安。西周器物整体艺术风格呈现出规整素朴的倾向,夏商时期的神秘狂热和狰狞尚武的风格渐渐被温文尔雅、中和静穆的风格取代。

二、生命意识

西周人认识到艺术不仅是人的生命体现和结晶,而且它本身的结构形式具有人的生命特征,它源于生命,在表现生命的同时,自身又获得了生命形式,并且以自身的生命形式而给人以无穷的美感。在器的发生和道器关系中,西周人对"器"的生命意识贯穿始终。

先民们观物取象、立象尽意的过程正是其人化的过程,是生命的实践活动让"自然之象"走进了人类的视野。"自然之象"于人并非是冰冷的无生命的物体,而是先民们以"万物有灵"的观念体味到其中的生命意识。西周先民在由"观象"到"制器"的过程中,不仅是对"象"做简单的模仿,而且还包含着主体丰富的情感因素,体现着生命的存在。"道"、"器"之间、"器"、"用"之际无不显示着"器"的生命意识,"器"始终不单纯是物的,而是紧密地联系着人、联系着人的精神和生命。

西周器物的生命意识主要体现在器物的造型、装饰和青铜器的铭文等方面。在器物的构图、运动感、韵律、节奏中体现着强烈的生命意识。鱼纹、蛙纹、鸟纹等纹样,鱼、蛙、鸟之类所具有的旺盛的生殖能力早为人们所关注;器物的浑圆、中空体现着先民圆融、混沌的生命意识;青铜器铭文中线条的婉转圆润更是先民直接生命的流动、变形。事实上,器物所蕴含的生命意识并不仅仅表现在以上几个方面,西周青铜器的铭文也将稚拙与老辣、恣肆与稳健、粗放与含蓄十分完美地统一在一起,淋漓尽致地体现了生命意识的活泼性。

三、同一性风格

西周器物包含着具体的实用性、巫术性,在一定程度上又超越了它的实用性、巫术性。西周器物的审美风格表现为由神秘怪诞的宗教风格转向朴实自然的礼制风格。西周是以伦理为本位的大一统国家,具有统一的国家政权意识,西周器物则呈现出大一统的审美风格。

西周器物的造型和纹式也体现了同一性的风格。第一,写实与想象的统一。西周器物造型与纹饰是写实与想象的统一。西周陶器具有规范化和程式化的特点,少见写实造型,但西周玉器与青铜器还保存了写实性的造型。西周陶器、玉器、青铜器的纹饰中都具有仿生纹与几何纹,对现实物象的想象加以变形,是写实与想象的统一。第二,虚与实的统一。西周器物中空,在虚与实的对比中,承载着造型与纹饰的意蕴。西周器物对线条的运用娴熟,线条不直接指向任一意义,却能给人带来心理暗示,在线条的变形与夸张中求神遗形,虚实相合。第三,系列化特征。西周陶器讲究程式化,纹饰采用了几何纹的复合特点,把相同的图形按二方连续,或四方连续排列,形成系列图案或纹饰带;西周玉器中成组佩玉大量出现;青铜器纹饰的构图二方连续也渐渐加强。西周器物系列化特征的出现一方面说明西周器物审美创造水平的提高,另一方面也说明西周器物具有系列性、多样重复中求统一的审美意识。

西周器物用途各不相同。西周陶器大多为日常生活用品和建筑材料,玉器用于佩戴或祭祀,介于日常生活与祭祀之间,青铜器则专用于礼制。审美的因素寓于器物的功用之中,不同用途的器物在审美风格上会形成差别。主要用于日常生活的西周陶器流畅自然、端正中和。西周玉器有雅、俗两种倾向,前者注重线性意蕴,后者具有写实倾向。西周青铜器虽为礼制所用,却向着简单和实用化的方向发展。不同用途的西周器物在审美风格上都呈现出神秘色彩淡化,向规整、朴实、简素方向发展的倾向。

作为中国艺术的瑰宝,西周器物体现了较为一致的艺术风格。这说明在西周强大国家意识形态的主导下,西周器物的审美意识也趋于一致。西周器物风格向自然中和风格的转化说明西周礼器从祭祀风格转向了礼仪风格,表现了西周尊礼重德的内敛又节制的审美情感与审美心理。

西周器物以其象征性和表意性取得了丰富的内涵。一方面,西周器物采用"为器赋义"的手法,在器物的造型、纹饰中充分体现了社会政治、宗教意识,是载道之"器"。另一方面,先民在观象制器时,融入了主体的情感,因此,西周器物具有生命意识,体现了周人生命的活泼与多样。西周器物具有同一性风格,采用了写实与想象相统一、虚与实相结合,以及系列化的艺术手法。不同用途的西周器物都呈现出由神秘怪诞向规整朴实方向发展的倾向,西周器物体现了在大一统意识下的礼制社会风格。

第二节　陶　器

　　夏、商、周是我国历史上的青铜时代,西周又是这一时代的最高峰。而传统的陶器作为实用器物并没有被青铜文化的巨大光环所淹没;相反,西周陶器在传统陶器的基础上,积极地借鉴和吸收青铜器的制作工艺,并创造性地推陈出新,在博大精深的青铜文化中赢得了一席之地。西周陶器主要有灰陶、印纹硬陶、原始瓷和红陶,商代盛行一时的白陶在西周因印纹硬陶和原始瓷的兴起而几近绝迹。西周陶器仍以轮制为主,以平底袋状三足器和圈足器居多,品种主要有鬲、甗、瓮、罍、盆、豆、簋、钵、罐、盘、坛等,器表除部分素面磨光外,多饰绳纹,并兼饰一些划纹、弦纹、三角纹、四折纹与附加堆纹。而后期陶器纹饰则极少施加附加堆纹。另外还有一些云雷纹、回纹、曲折纹、四纹等图案组成的条带纹装饰。由于受青铜器、漆器和原始瓷的影响,西周日用陶器的品种较商代大为减少。但同时,西周的建筑用陶却兴盛起来,这时不仅继续生产陶水管,而且还出现了大型宫殿建筑顶部所使用的板瓦、筒瓦和瓦当等陶器构件,拓宽了陶器的使用领域。总之,作为一种器物文化,西周陶器在造型、纹饰和表现技法等方面呈现出生动的形式美感和丰富的精神意蕴。

一、文化背景

　　商周两代虽同为我国历史上的青铜时代,却有着迥然不同的民族个性和文化风貌。与商人那宗教般的狂热相对,周人则是一个天性较为淳朴、务实的民族。虽然武王伐纣灭商取得了胜利,成为商王朝的征服者,但周民族又不自觉地为神秘庄严、斑斓多姿的商文化所征服,于是有《论语·为政》记载的"周因于殷礼"。因此,西周早期的陶器制作基本上承袭了商代晚期的制陶工艺,其陶器造型、纹饰、风格与表现技法等大体上与晚商是一脉相承的。

　　随着社会经济的发展和西周王朝统治的日益巩固,周人没有继续沉湎于商人那疯狂热烈、自由奔放的文化氛围中,他们开始自觉地建构具有自身民族个性的周文化。周人经济上的农耕定居,政治上的宗法制与分封制,思想文化上的制礼作乐,这一切形成的不仅是周王朝统治的空前巩固,而且也形成了一种超稳定的社会文化心理结构。于是,一个"郁郁乎文哉"的时代到来了。商代和西周早期的原始宗教般的狂热与激情在西周中期化为了涓涓细流。

这是一个敬祖敬德、温文尔雅的礼乐时代,一切都有规可依,有矩可循,整个礼制时代呈现出一种中和、静穆、节制与和谐的特点。作为形而上的西周礼乐文化反映在形而下的陶器上,那就是要求一种端庄中和的美。而具体到造型上就是倡导一种既节制而又务实的形式,表现在纹饰上则是图案装饰的规范化和程式化,抽象的几何纹饰把商末周初的具象装饰主题图案化和程式化,从而形成一种高度概括、抽象的几何装饰风格。

二、造型特征

西周陶器在不同的历史时期呈现出不同的造型特征。它是在承袭、融合了先周和商代晚期制陶工艺的基础上发展起来的。因此,西周早期的陶器造型基本上保留了先周和商代后期的造型特征及其风格。如西周早期陶器在造型上还保留着晚商时期那种庄重、繁富的风格,这尤其表现在仿青铜器的陶制礼器上。西周早期在继承商代制陶传统的基础上,创造性地借鉴和发展了史前时代艺术的形式原理和法则,西周先民近取诸身,远取诸物,并把他们的所见所闻所感所悟,融化在线条的造型之中,使得直线造型与曲线造型动静相成,刚柔相济。直线描其轮廓,给人以庄重威严之感,曲线画其细节,精致而细腻。他们大胆地化用原始宗教、神话的题材,赋予传统的形式与主题以鲜活的生活气息。在那些对立统一和均衡的艺术形式里,我们看到的是那雄浑威严的气势,是那繁而不乱的细节,各种美妙的主题共同凝铸了一个神秘的幻象,一种至高无上的无法把握的天命,是神秘的,普遍的,令人顶礼膜拜。所以《左传·宣公三年》说:"铸鼎象物,百物而为之备,使民知神奸。"作为祭祀用的礼器,它们的造型带有宗教的神秘和威严,往往缺少生活气息。

西周中期以后,随着社会的稳定,农业经济的发展,特别是制陶手工业的进一步发展,西周陶器逐渐摆脱了商代陶器那种雄浑瑰丽的造型风格,形成了自己时代独特的造型意识和风格特点。

首先,西周中期的陶器具有清丽典雅的造型特点,体现出一种质朴而务实的功利倾向。西周中期以来的陶器,无论是礼器、明器、陶塑还是日用器皿都一洗早期陶器的铅华,表现出一种内敛、节制与质朴的美。与商代先民那宗教般的狂热与活泼不同,西周人天性更为淳朴、更为务实。这一民族个性反映在陶器制作上,就是一种雅正清丽,一种端庄大方。西周中后期的仿青铜礼器,虽也饰有商代时期的兽面纹、龙纹等,但它更注重曲线造型,少了直线的棱角与轮廓,线条柔和而优美,纹饰的抽象性、概括性更强,传统意义上的具象纹饰、写意纹饰被简化为几何纹,从而使原始宗教的神秘性大为减弱,没有了早期那种宗教般的神秘与狞厉,而纯粹的审美装饰性却大大增强,因而其造型在整体上给人一种端庄大方的感觉。

与早期相比,西周中期的日用陶器不仅器物种类大为减少,而且在造型上更加注重实用。审美的因素寓于器物的功用之中,审美与实用,艺术与生活获得了高层次的结合。如陕西省三原县博物馆收藏的一个西周中期的陶罐高25.6厘米,口径11.5厘米,底径10.3厘米,侈口,卷沿,束颈,斜肩,鼓腹,平底,腹部饰绳纹。从实用的角度看,该罐各部分比例非常合度,口径比底径略大,器身上下比较协调。圆而大的口,平底与鼓腹的器型设计使该罐既适于盛装,又便于取出。从审美的角度讲,该罐造型规整,器型高挑,整体上给人一种温文尔雅、秀外慧中的感觉,饱满圆润的曲线造型使器型在平稳中见出动感,质朴内敛中自有一种节奏,一种韵律。由此可见,作为日用器皿的陶器,对实用功能的强调并没有妨碍审美因素的表现,而是审美与实用、艺术与生活浑然为一。

其次,西周陶器在造型上讲究完整的求全意识,追求一种圆的境界。西周陶器在造型上求正不求奇,求全不求缺,虽然没有商代陶器的那种霸气,那种神秘,那种激情,但冷静平淡之中却自有一种圆满具足的美。《诗经·小雅·北山》载:"普天之下,莫非王土;率土之滨,莫非王臣。"这种天下一统的社会心理结构反映在陶器上,就是讲究造型上的整体性、全面性。这种造型意识尤其表现在以立面体为主的瓶、罐之类的造型上。西周先民以一种拟人化的方式,把整个器型分为口、颈、肩、腹、足、底等几个大致的部位,有些造型并附有其他构件,各部分形成上下对照或呼应、左右对称或均衡的关系,而流畅的曲线造型,使它们共同熔铸成一个和谐自然的整体。不论是能够"通天地之德,类万物之情",用于祭祀的仿铜礼器,还是日常惯用的生活器皿,如作炊器用的陶鬲、陶甗、陶甑等,都在质朴平淡中给人一种圆满具足的整体感,一种端庄和睦的美。

西周先民在陶器造型上追求一种圆的境界。与商代先民追求的狞厉的恐怖不同,周人在长期的社会实践中对自然大化的生命节律和宇宙精神开始有了自觉的体认,而这种朦胧的哲学思想具体到形而下的器物上,就是自觉地推崇与追求一种圆的境界。在他们的眼里,圆是化生万物的本源,是运转无穷,生生不息的表现。圆昭示出流畅、流动、活泼、宛转、和谐、完美等特征。因此在西周陶器的造型上,体现出一种尚圆意识。因此,西周先民在陶器造型上讲究线条的柔和畅达,反对僵硬呆滞。安徽屯溪出土的西周原始瓷尊就是此类曲线造型的典范。这件原始瓷尊高18.5厘米,口径17.6厘米。圆润流畅的曲线造型,疏密有间,张弛有度,收束自如,不仅口与底给人以圆融流畅之感,就连颈、肩、腹也因曲线的柔和畅达、和谐匀称而通体给人一种圆融的感觉,从而使平淡质朴的陶瓷罐蕴涵着不尽的审美意味。

再次,西周陶器的造型还具有规范化和程式化的特点。这种规范化和程式化,一方面有其内在的历史必然性。西周的制陶工艺在前人的基础上得到了进一步的发展和完善,西周先民在制陶过程中,因技术的娴熟,自然也开始有意识地追求一种规范化,一种实用和审美的更高层次的结合。在这种高度规范化的作品中,器物的功用升华为艺术之美,美的因素在功用中得以彰显。而这种规范化的造型意识一旦为时人的审美趣味所认可,那么师徒因袭,这种规范化的陶器造型也就不自觉地走向了程式化。正如著名的E.H.贡布里希所言,一种伟大艺术的显著特征就在于它的各种表现形式,如雕塑、绘画、建筑等,都似乎在遵循某种法则而形成一贯的风格。① 在这一点上,西周陶器造型的规范化与程式化,确实使陶器在某一时期内表现出稳定、和谐的特征。另一方面也是礼制时代的必然要求。西周自周公制礼作乐以来,周礼成了衡量一切的最高准则。礼仪制度对陶器的造型和纹饰都提出了严格的要求和限制,陶器的造型、装饰手法和主题,都有一套固定的模式。另外,为了从政治上加强对各种手工业的管理,西周王朝专门设置司工、陶工、车正、工正等官职,谓之百工。这种严格的礼制规范在《周礼·考工记》中有着详细的记载:"陶人为甗,实二鬴,厚半寸,唇寸。盆实二鬴,厚半寸,唇寸。甑实二鬴,厚半寸,唇寸,七穿。鬲实五觳,厚半寸,唇寸。庾实二觳,厚半寸,唇寸。"在这里,各种不同器物的造型必须遵循严格的法度,因此西周陶器的同一器类虽形制有别,但大同小异,其整体风格就是在规矩中成就端庄中和之美。

总之,西周陶器的造型在承袭传统的基础上,积极地进行创新,器型更加规整,器物的功用与审美高度融合,而饱满圆润的曲线造型使器型显得气韵生动,富于节奏感和韵律感,体现着西周制陶工艺的发展水平和时代特征所规定的端庄中和之美,并在有限的形式规范中包孕着无限的意蕴。

三、纹饰特征

西周陶器纹饰的显著特征是装饰图案的抽象性与几何化。西周陶器的纹饰多采用圆润饱满的曲线,寓动于静,均匀柔和,流畅自然,显示出西周陶器特有的端庄中和之美。西周早期陶器的纹饰承袭了商代繁复、肃穆的纹饰风格,主要以动物纹饰及其变形为主,偶有少数的植物纹饰。例如,庄重的兽面纹在西周早期的仿铜陶礼器上虽仍很盛行,但周人已把它简化成剪影式的兽首。同时,他们还用生趣盎然的兔纹、鹿纹乃至马纹取代过去那些充满神秘性和幻想的动物主题。

西周中期以后,陶器的纹饰开始形成自己独立的风格。西周先民对

---

① E.H.贡布里希:《艺术发展史》,范景中译,天津人民美术出版社1989年版,第26页。

传统的纹饰进行变形夸张,或分解或简化或复合,演化出各种各样、千变万化的抽象的动物纹,乃至面目全非的几何图案纹饰,从而形成一种质朴明快、简练大方的几何装饰风格。西周中期以降的陶器纹饰主要表现为以下几个方面的特征:

首先,西周中期以降陶器上的几何纹饰是一种线条的写意,具有高度的抽象性和深刻的象征性。西周陶器上的几何纹主要有绳纹、圆圈纹、云雷纹、四瓣纹、勾曲纹、曲折纹、方格纹、回纹等。其中尤以绳纹占绝大多数。这些几何纹饰大多数是仿生型动、植物纹饰的变体。周人在商代想象性动物纹或写实性动物纹的基础上,按照形式的规律,根据自己的大胆想象和时代的审美要求,把所描摹的自然物象与宗教理想和情感体验等融为一体,采用省略、添加、夸张、变形、颠倒、反衬、反复和循环等艺术手段,进行线条的写意,求其神而遗其形,形成了高度抽象的几何图案,既消解了传统纹饰原有的那种狰狞、恐怖的色彩,又凝聚了周人独有的情感和意蕴。

纹饰的抽象化和几何化强化了线条符号的表意功能。这种抽象的图案或线条,暗示了当时人能意识到的普遍意义,而同时这种形式意义又带给人以审美的愉悦。这不是一种纯粹形式的愉悦,其中包孕着深刻的象征意味。"几何纹饰在图形意义上具有更深刻的符号象征意义,与对现实的简化、抽象和浓缩直接相关。如果不是因纯装饰的需要产生,那么在几何纹样的抽象本质中无疑是充满深刻内容的。"①我们应该承认,这些从时间隧道那一端传送到我们手中的陶器纹饰是一个新的"斯芬克斯之谜"。作为纹饰,它们明显不是今天意义上纯审美的形式,而是特定文化语境中有所指称、有所表达的圆满具足的语言世界,而且这种语言贯穿了整个自然界和所有造物的过程。正如李泽厚在《美的历程》中所说的:"在后世看来似乎只是'美观'、'装饰'而并无具体含义和内容的抽象几何纹样,其实在当年却是有着非常重要的内容和含义,即具有严重的原始巫术礼仪的图腾含义的。似乎是'纯'形式的几何纹样,对

---

① 李砚祖:《工艺美术概论》,吉林美术出版社 1991 年版,第 167 页。

原始人们的感受却远不只是均衡对称的形式快感,而具有复杂的观念、想象的意义在内。"①它们虽看似涂抹刻划的线条,而实际上却是与陶器选料、造型浑融一体的富有生命的意义世界,里面浓缩的是观念中遗留下来的巫术礼仪和自然崇拜的蛛丝马迹,是当时先民所共知的某种文化情结。如西周中晚期盛行的勾曲纹,就是形式化了的象纹、鸟纹和夔龙纹的变体,虽然其具体的含义已不可确知,但可以肯定的是它是周人诗意地理解自然与人类自身的结果。

其次,西周中期以降,陶器的几何纹饰具有复合性特征,具体表现为一种图案系列或纹饰带。西周陶器在商代陶器的基础上,更加注重通过点、线、面诸要素有规律的排列组合,来构成变化多样的复合纹饰。各种几何纹饰已不再是一个基本单位孤立的纹样,而是由一个基本单位的花纹,作上下、左右或上下左右无限的重复排列组合,二方连续、四方连续的艺术化纹样配置使纹饰呈现规律性的变化,与陶器造型的整体效果相得益彰。方格四瓣纹方形的中间套以放射状的花瓣纹,边缘的方形和中心的曲折纹动静相成。在对立统一的和谐中造成一种节奏,一种意蕴。回纹虽略显呆滞,但在统一协调的整体中错落有致。上下间隔排列的几何纹样在丰富多样并且相互联系的局部,产生出生动的韵味。而"S"形曲线变化更为繁富,多个方向的"S"形曲线交叉配置,造成一种流畅的动感而不失平衡。

在纹饰的排列上,除了单独纹样(同一种纹样)的相互组合外,还有大量不同纹饰之间的组合,形成多方连续的纹样系列。很多灰陶的表面就饰有两种或三种纹饰,如主要饰绳纹,兼饰一些划线纹、篦纹、弦纹等,很多的印纹硬陶器表面也是排列密集的云雷纹、人字纹,配以少量的绳纹和叶脉纹。例如,1991年在衢州市衢江区云溪乡程家山村出土的西周复合纹陶罐,其颈饰凸弦纹六周,颈部以下通体饰印格纹,肩部、腹部各饰一周篦纹和变体云雷纹。该复合纹陶罐既有同一纹饰的排列组合,也有不同纹饰的兼容并包。各种纹饰在错落变化中趋于统一,在浑然一体中富

---

① 李泽厚:《美的历程》,三联书店1984年版,第17—18页。

于变化。这种复合纹克服了以往纹饰的单调乏味,表现了周人自觉的纹样装饰的审美意识,给人以清新明丽的感觉。几何纹饰一般通过反复的形式,排列组合成富有动态的图案环绕于器物一周,构成一条变化多姿的纹饰带,这种纹饰带不仅可以起到连接不同单元的作用,同时还可以根据器物造型对图案进行灵活的构成,使纹饰与器型相得益彰。

总之,西周陶器的纹饰中,抽象几何纹与复合纹的使用,一方面赋予陶器以外在的形式美,表现为一种质朴明快的装饰风格;另一方面又以其深刻的象征性和丰富的表意性承载着特定的文化内涵和精神意蕴。

四、表现技法

随着社会经济的发展,特别是制陶手工业的进步,西周先民积累了丰富的制陶经验,表现技法也更为多样,更为娴熟。西周陶器器型规整,纹饰上讲究几何图案的写意化、抽象化,点、线、面诸因素的变化组合,使器物整体在规范中见出变化,在静穆中见出灵动。

首先,象征写意手法和复合法的运用,注重纹饰与造型的整体浑融。西周陶器沿袭前代的黑影技法,与过去不同的是,它们所表现的象征性对象,要比过去更趋于规范化、图案化和韵律化。西周先民受阴阳五行观念的影响,注重把握宇宙内在的合规律的结构,强调对立面的和谐统一,在陶器造型和纹饰上,他们往往以几何形为骨式,熔几何性与具象性的主题为一炉,采用对称与呼应,对比与调和,比例与均衡,节奏与韵律,条理与反复,变化和统一等形式法则去创造各种别开生面的图式,并且在这种阴阳和合的状态中表现当时人特有的意蕴。

西周先民经常使用复合法进行陶器造型和装饰。《释名》云:“巧者,合其异类共成一体也。”而西周陶器就是这种复合求巧思想的表现。西周陶器造型在讲究规范化、程式化的前提下,自觉打破单线造型的单调与呆滞,采用复合法,在原有器型的基础上,进行多形式、多角度的复合,调动点、线、面诸因素,使各部分融合为一个和谐统一的整体。在纹饰上,各种纹样根据形式美的规律和整体和谐的原则进行排列组合,有的是同类纹样的重复变化,有的是不同纹样的对立统一,而流畅的几何线条,以及周人那高超的概括、提炼和变形能力又使得各种主题和纹饰融合得天衣无缝,浑然一体。而在这种和谐的布局中,造型和纹饰都没有孤立的意义,一切皆在整体。

其次,圆润流畅的曲线造型在西周陶器器型和纹饰上的熟练运用。青铜时代的陶器是一种线的艺术,然而同样是以线造型,与商代陶器讲究直线造型,注重线条的刚直细致不同,西周陶器更钟情于饱满流畅的曲线造型,是曲线的艺术。西周时期,古文字的形体特征对西周陶器的曲线造型提供了借鉴。西周先民在制陶的过程中,吸收、融合了古文字的线条章法和形体结构,讲究线条的圆润流畅。西周陶制日用器皿特别是瓮和罐等高挑器物,整体造型以曲线为主,饱满而有质感。例如较有代表性的西周复合纹陶罐,口部曲线是一个流动不居、生生不息的圆,颈部的六条凸弦线,使器口显得紧凑而有力,腹部曲线呈圆弧形,器身显得饱满匀称,曲线布局上下紧,中间松,张弛有度,疏密有致,线条繁而有序,真可谓"从心所欲不逾矩",足见周人对线条把握的娴熟程度。另外,西周陶器的曲线造型在纹饰上更多地表现为重环纹、勾曲纹、回纹等。西周陶器的上述纹饰与其几何造型相得益彰,在点、线、面的有机组合中,成就一种妙不可言的艺术境界,使质朴的陶器蕴涵无限深意。

再次,西周陶器的造型与纹饰还得益于周人对形式原理和法则的自觉体认和把握。一方面,西周先民在长期的生产劳动和社会生活中,对自然大化的生命节律如对称、均衡、连续、反复、节奏等形式美的法则有了从自发到自觉的体验,并形成了朴素的阴阳五行观念。因此,在具体的陶器制作中,西周先民根据时代的审美要求,自觉地把他们所意识到的形式美的法则外化到器物中去,在造型上注重各个组成部分的对立统一,要求在规范中见出变化,在统一中彰显节奏与韵律。在纹饰上,根据不同的器型,其纹饰也有所变化。对于盆、碗等矮型器物,纹饰多饰以绳纹,甚或直接是素面磨光;而对于坛、瓮、罐等高挑的大件器物,器表的纹饰则比较丰富,有云雷纹、回纹、曲折纹、菱形纹、波浪纹、夔纹等,甚至饰以两到三种的复合纹。

总之,西周陶器在造型、纹饰与表现技法等方面都体现了时代的旋律,其中既包含着特定的宗教、礼仪、政治等方面的社会内容,又不乏时代共同的情感和审美理想以及创造者个人的审美趣味和生活体验。这些陶器在表现技法上更为娴熟,形式法则的自觉运用,点、线、面的灵活调度,使造型和纹饰相得益彰,富于节奏感和韵律感,体现了情感节律和自然法则的完美结合。其抽象写意的表现手法,端庄大方、中庸静穆的艺术风格,对后世的审美意识产生了深远的影响。

第三节 玉 器

西周玉器在技术的层面上处于殷商与东周两大玉器发展高潮之间,属于低谷阶段。然而这个低谷却孕育着丰富的能量,暗含着新的转机。作为一种代表性的文化特征,西周玉器与时代风尚相映成章,与礼乐文化相伴而行,深刻地影响了后代的中国文化。无论在造型、纹饰上,还是在风格上,西周玉器都以其鲜活的时代精神,冲击着后人的感官和思想。

一、时代特征

西周玉器或明显或潜在地受其特定的历史土壤和气候的影响,要想研究西周玉器的审美特征,首先要了解西周社会文化。而西周社会文化在中国文化发展的大流程中,既有对商代的继承,又有自己崭新的时代特征。

西周继承了商代的社会与文化。无论是古史的文献资料还是现今考古发掘的成果,都能证明我国最古老的国家的出现"是于群雄并立、列国争霸之中相互竞争、共同推进的必然结果"①这一古老的规律。如古史中乾坤暗转的炎帝黄帝之争,兴风作浪的黄帝共工之斗,历史在诸多氏族争战、氏族兼并和联盟的血雨腥风中缓缓推进。而商代和周代原本彼此在政治、经济、文化等诸方面有深入的交往。从武王灭商开始,周便代表一个政治集团取代另一个政治集团,占据了时代的主导地位,但政治、经济

---

① 姚士奇:《论三代一体的玉器体系》,《珠宝科技》2004 年第 6 期。

和文化等方面的影响不可能消除殆尽。而且，周初对商代的政治经济体制并未有太大改变，对商之臣民也实行怀柔政策。正是在这种政策下，商代的物质文化和精神文化在西周得到了一定程度的继承。

首先，商代的大批工匠和较为先进的技术在西周得以传承。《逸周书·世俘解》曰："凡武王俘商旧玉亿有百万。"虽然关于"旧玉亿有百万"有不同说法，但西周获得大量商代玉器大致可信。周灭商，改朝换代，江山易主，商代大批的工匠和较为先进的技术被西周继承也是理所当然的。

其次，原殷商巫觋活动的操持者即早期的儒渐步入西周的主流文化视野。《说文》曰："儒，柔也，术士之称。"儒本来是巫祝方术之士，但是随着文明的发展和社会需求的扩大，他们的职能亦逐步从单纯的葬仪扩大到祭祀、相礼等活动，队伍逐渐壮大，社会地位也日益提高，成为地位极其特殊的社会文化群体。从春秋战国时代孔孟这些儒者皆有仕于诸侯国的经历并受到较高礼遇的历史事实向前溯源，在宗教文化气息极其浓厚的商代，已掌握了较为规范成套礼仪的早期的儒，也必然与政治文化形成密不可分的关系。既然"周因于殷礼"，西周建立后，熟悉商代整套礼仪制度的商儒自然会被启用，而商代的礼仪制度包括玉器形制、用玉礼仪等也都被纳入西周新的典章中。《尚书·洛诰》载："王肇称殷礼，祀于新邑"，周成王时还曾用殷礼祭祀于成周洛邑。同时，玉器一直在祭祀活动中占有举足轻重的地位，熟悉礼仪祭祀活动的儒家最具有对玉器进行阐释的资格和能力。玉文化和儒文化相携发展造成的结果就是"对玉的使用和对玉文化大规模的演绎，使得中国玉文化亦走过了一段理论化和规范化的过程，走向了独立、完整的文化体系，最终又由巫觋们携带着走向儒教的理论范畴，并逐步汇入了统治理论"①，"君子无故，玉不去身"、"君子比德如玉"。这也是玉器成为西周凸显的文化特征并与礼乐文化一直相伴而行影响中国文化至今的重要原因。

西周社会继承了商代留给它的生产力、人对自然以及人与人之间历

---

① 姚士奇：《中国远古玉文化——华夏礼仪和中华儒学之源》，《超硬材料与宝石》2004年第2期。

史的关系等,但在历史的前进过程中也塑造了自己鲜明的时代文化特征。如《论语·为政》曰:"殷因于夏礼,所损益可知也;周因于殷礼,所损益可知也。"《礼记·表记》也载孔子评商周两代文化时说:"殷人尊神,率民以事神,先鬼而后礼……周人尊礼尚施,事鬼敬神而远之,近人而忠焉。"一方面原先商代的制度文化得以保留,工匠技术得以传承,原殷商巫觋操持的祭祀活动仍然活跃,使得早期西周玉器在造型、纹饰和风格上与商代玉器十分相似。如在山东省滕县庄里西村一西周墓中出土的双龙纹玉璜,双勾刻法、龙眼作"臣字目"、器边缘作牙脊状等,都保留着很浓的商代玉器的制作气息。另一方面,西周的时代特征潜移默化地影响着西周玉器挣脱商代玉器的束缚,开始呈现自己独特的审美特征。西周社会的显著特征之一就是明显的等级化、礼制化。商代虽然也有较完整的宗法制度和祭祀制度,但到了西周则更为完善,并且更受重视。西周很著名的历史事件"周公制礼作乐",是西周政治上最大的改革。这个礼包括贯彻血缘宗族原则的"亲亲"和执行政治关系的等级原则的"尊尊",它确立了上下尊卑等级关系固定下来的礼制和与之相配的艺术系统。

王国维先生在《殷周制度论》强调殷周变革之剧,主要是西周系统建立的礼制标志着社会文化心理的巨变,从遥遥莫测的神权滑向了世俗人间的君权。《论语·八佾》记载孔子曾多次感叹说"周监于二代"、"郁郁乎文哉,吾从周"。这种"别贵贱,序尊卑"的礼乐文化广泛地渗透到西周社会的方方面面。因此,在等级制度森严的西周,广泛用于朝聘、祭祀、礼仪、丧葬等活动中的玉也被等级化、礼制化。

二、造 型

造型中即使是最微小的变化也是整个时代氛围、全部社会情感的投影。西周玉器造型中小至线条曲折度的变化,大到新的器型的出现,都是那个时代特有的历史与现实、神话与自然之间交相作用的结果。

首先,西周玉器保留了原始玉雕的特色,呈现出平面化的倾向。西周玉器的品种较前代基本上没有太大的变化,有礼仪玉器如圭、璋、璜、璧、琮等,器具玉如玉戈、玉刀等,仿生型装饰玉如玉鱼、玉鸟、玉龙、玉兔、玉虎、玉鹿等,还有玉佩、玉串饰、玉笄、玉项链等饰佩玉。这些玉器多片状,扁平,立体圆雕很少。即使是像玉鱼、玉鸟、玉龙、玉兔、玉虎、玉鹿等仿生玉器大多厚度也极薄,但仍呈现出一种栩栩如生的剪影似的立体效果。它主要是靠粗阔流畅的线条摹其大形,而细微处又精致刻划,写实与夸张巧妙结合。比如玉兔、玉鹿等动物,在前后肢处常刻以简洁的较粗的阴线条表现蕴蓄力量的肌肉,简单古拙,强烈的运动感呼之欲出,是极为出色的平面立体化。

其次,西周玉器呈现内敛规整的倾向,尤其表现在动物型写实玉器中。商代的动物型写实玉器总体来说在颈部、胸部和臀部等身体部位线条更具曲张度,因而造型上更为圆润和饱满。何绍基《东洲草堂文钞》卷五认为:"气贯其中则圆。"玉器的圆润里彰显着商人旺盛的生命力。相形之下,西周动物型写实玉器,这些关键身体部位线条的曲度略显平直,更为方正和内敛。这当然与殷商狂热张扬的神性渐逝而代之以中规中矩的礼制理性有关。

再次,西周玉器中鸮的造型渐渐消逝,成组的佩玉大量出现。器的造型会应时代而兴,也会因时代而逝。在造型演化的起承转变中,标示着神秘狂热、勇猛尚武的宗教文化渐渐被温文尔雅、中和静穆的礼乐文化所取代。鸮这一造型在商代较为常见,西周早期也出现过,但至西周中晚期便消失了踪迹。鸮,是一种猛禽,俗称猫头鹰。陕西省西安市毛西乡毛西村出土的玉鸮,挺体站立,趾高气扬,凶猛有力。鸮在当时是勇健和克敌制胜的象征,表示勇武的战神而赋予辟病灾的魅力。这与西周提倡的温文尔雅的礼乐文化显然格格不入,或许也是其渐渐淡出人们视野的原因。

西周出现的成组佩玉一般由若干件玉璜、玉兽面,甚多不同质色的管、珠成组串饰而成,亦会杂有玉龙、玉鱼、玉蚕等动物型玉器。它们或疏或密,色彩鲜亮,光彩夺目。周代的各种玉佩装饰在《诗经》里多有提及。《诗·大雅·荡之什》云:"白玉之玷,尚可磨也;斯言之玷,不可为也。"《诗·秦风·小戎》云:"言念君子,温其如玉。"都以玉比德,将玉与人的品德修养相提并论。《礼记·玉藻》云:"古之君子必佩玉,右徵角,左宫羽。趋以采齐,行以肆夏,折还中规,进而揖之,退则扬之,然后玉锵鸣也。

故君子在车则闻鸾和之声,行则鸣佩玉。"佩玉也要在礼制的框架内达到循规蹈矩、亦步亦趋的效果。从当今出土的遗物可见,玉的所有者皆王侯贵族,可推想这些成组佩玉是财富权位的象征。成组佩玉除了美化服饰行为外,在西周时期还有很深的等级界限,但到东周以后,玉器的人格化、道德化、日常化倾向就很平民化了。

总之,西周玉器造型无论是实用类、装饰类还是礼仪类、祭祀类等,在线条的周回曲折中,在空间的虚实疏淡里,都雕刻着天然、活泼的生命姿势,充盈着礼制规范下质朴的社会情感。

三、纹 饰

西周玉器的纹饰有传统的动物形纹饰如夔龙纹、羽状纹、鳞纹、节纹等,有从自然现象中抽象而来的波纹、勾云纹等,还有简朴大方的几何形纹饰等。这些纹饰,都是西周先民在对自然的好奇的贴近和敏锐的感觉中所创造的高度把握事物本质的形式。这种自然的形式里积淀着丰富的社会内涵和情感内容。

首先,是对线条的灵活运用。线条是极具表现力的形式,在中国艺术中占有举足轻重的地位。如宗白华先生所说:"抽象线纹,不存于物,不存于心,却能以它的匀整、流动、回环、曲折,表达万物的体积、形态与生命;更能凭借它的节奏、速度、刚柔、明暗,有如弦上的音、舞中的态,写出心情的灵境而探入物体的诗魂。"①西周玉器同样借助于流畅而多变的线条表现出它的形神统一,使气韵生动。如 1974 年陕西省宝鸡市茹家庄出土的西周玉鱼,鱼头以疏朗的粗弧阴线雕出,背鳍和腹鳍则刻以细密平直的斜阴线,曲与直,疏与密,空间感充盈,再配以两条运动感十足的大弧线摹出鱼身跳跃轮廓,"鱼跃拂池",其态欲出,形与神得到了完美的统一。

其次,西周玉器的纹饰,继承商代以阴刻线为主的特点,但线条较商代更为流畅婉转,一面坡和双勾线纹的运用已经炉火纯青,一面坡刻法是先沿纹样两侧边缘分别刻出阴线,其中一阴线外侧磨成斜面。双勾线纹

---

① 宗白华:《宗白华全集》第 2 卷,安徽教育出版社 1994 年版,第 116 页。

也是先沿纹样两侧边缘分别刻出阴线,两阴线之间自然凸出阳纹。这两种雕刻方法使玉器阴阳组合,错落有致,呈现立体的浮雕效果,形象栩栩如生。如西周玉璜上的鸟纹和龙纹,其纹多为双勾线纹,翩然的身体,飘逸的羽冠,线条如流转的音符,华丽繁缛,将龙飞凤舞体现得形象生动。

再次,鸟纹和龙纹的盛行。饰在玉器上的鸟纹多为长颈、小头、尖钩嘴、长尾,龙纹多为侧身、长发、短身,刻法上双勾阴线和一面坡运用熟练,整体给人感觉细密、流畅、圆转,宛如一气呵成,神秘、华丽而又精美,体现了西周流行的审美趣味。关于龙纹、鸟纹兴起的原因前人有很多推测。史书中有"云从龙"、"飞龙在天"的记载,古代将龙作为神物崇拜,反映了龙与农事、自然界云水等天象的密切关系,龙纹不乏有自然崇拜的成分。《诗经·大雅·生民之什》记载周代的祖先是"鸟覆翼之,鸟乃去矣,后稷呱矣",故鸟纹的盛行充满祖先崇拜的意味。当然龙纹和鸟纹那种由多种动物拼合而成的形象,也可能是氏族争斗和合并过程中氏族族徽不断融合而成。然而鸟纹和龙纹虽取材于想象,是神化的动物,可能带有自然崇拜和祖先崇拜等多种意味,却不似商代的兽面纹那样充满神秘的宗教气息和望而生畏的距离感,在西周的礼制化和规范化中,它们开始程序化、装饰化。当然这种装饰也并不是一种简单的装饰,同时还具有一种象征的意义。后代鸟纹和龙纹的形式可能有多种变化,意义却较为固定。作为一种装饰母题,它们始终以其深远的文化内涵影响后世,在建筑、服饰、器具等方面,我们至今还可窥见龙飞凤舞的踪迹。

总之,西周玉器的纹饰一方面展现了先民仰观宇宙之大、俯察品类之盛的奇异的摹仿和抽象能力;另一方面在玉礼器中龙纹和鸟纹等显现的对图案程式化的固定中,玉器的工艺化倾向已初见端倪。

四、风 格

在造型和纹饰方面,西周玉器都表现出先民们法天象地、感悟自然的质朴情感和形式法则。这种情感内涵和形式感在西周一切都有礼可循、有规可依的礼制框架内显得规范节制而又不乏生与动的欢欣,体现了自己的独特特征。

　　首先,在功能上,西周玉器已经由祭祀型向礼仪型转化。这种转化从上述造型和纹饰的特征中可见一斑,并与其时代文化特征紧密相联。如《礼记·玉藻》载:"天子佩白玉而玄组绶,公侯佩山玄玉而朱组绶,大夫佩水苍玉而纯组绶,世子佩瑜玉而綦组绶,士佩瓀玟而缊组绶。"《周礼·春官·大宗伯》载:"以玉作六器,以礼天地四方:以苍璧礼天,以黄琮礼地,以青圭礼东方,以赤璋礼南方,以白琥礼西方,以玄璜礼北方。"这些礼玉还被上层贵族集团作为信物用于婚聘、军事调动等。《周礼·冬官·考工记》载:"谷圭七寸,天子以聘女……牙璋中璋七寸,射二寸,厚寸,以起军旅,以治兵守。"同时,周代不但有专门从事玉器生产的"玉人",还设有"玉符"、"天府"、"典瑞"等官职,专门负责掌管、收藏玉器方面的事务。可见,在这种使用玉器的数量、质地、规格等被严格规定的"明贵贱,辨等列"的氛围中,殷商时期玉器中的浓厚宗教色彩和狂热浪漫气息逐渐淡去,取而代之的是鲜明的政治内涵,严格的制度文化和所谓的"器以藏礼",它的理性、现实的气息向我们扑面而来。特别值得一提的,还有礼乐文化中的"德"。鉴于殷商灭亡如《尚书·周书》载"不敬厥德,乃早坠厥命",西周上层统治者大力提倡"皇天无亲,唯德是辅"、"君子比德如玉"。这里的德如果说是对人格修养的追求,倒不如说更多的是一种"礼辨异",追求等级身份的划分,带有很强的政治色彩。作为一股潜流,东周以后,在儒家的极力推崇下,玉器沾染的德的色彩,从上层社会扩散开来,成为整个社会普遍的审美理想。《诗经》中所提到的佩玉、赠玉、咏玉之声至今仍在我们耳边叮当作响。

　　其次,西周玉器因物赋形,因形饰纹,纹饰和造型的搭配和谐自然。器物的发展有一个基本的价值标准,即所谓的备物致用,在目的性、功利性极强的实用理性的基础上,力求最大限度地通过想象创造空间和审美化。同时,也可能在追求美化的器物创造中,确实有着根深蒂固、源远流长的节俭意识。因物赋形,因形饰纹,就是在这种种束缚中进行审美的自由的舞蹈,对俏色玉的使用可以称得上因物赋形的典范。商代的黑色与灰白相间的俏色玉鳖就是出色的作品。西周早期的青玉鸱鹀亦是如此。鸱鹀为青黄色,站立回首状,喙衔一小鱼,呈赭色,鱼尾上翘,挣扎欲脱,整个造型十分生动。玉匠利用一块玉的自然色泽,雕琢出两个色泽分明的传神作品,其中通过形饰纹更是体现了先人丰富的想象力。在动物型玉器中,细密的斜阴线饰玉鱼的背鳍和腹鳍,大致平行的长阴线随尾部造型自然流动,回旋的涡纹表现饱满有力的羽翅,象征斑斓皮毛的勾连纹,写实与夸张结合,将动物形态雕刻得栩栩如生。在玉刀、玉戈等几何结构明显的玉器中,无论纹饰是简洁的凸纹还是古拙的兽面纹,都是纹以饰质,配合整体造型,以简洁大方为主。

再次,西周玉器呈现出雅、俗两种风格倾向。西周玉器中玉礼器和动物型写实玉器,两者的风格截然不同。礼器"郁郁乎文",多饰鸟纹和龙纹,双勾阴线和一面坡运用纯熟,一方面立体浮雕效果显著;另一方面线条华丽繁缛、规整高贵,呈现一种秩序化和礼制化。而动物型写实玉器,多是单阴线雕刻,仅在四肢和头腹等关键部位饰以寥寥几笔摹其形神,简练古朴,充满情趣。两种迥异的风格究其根源与国家政治体制不无关系。西周手工业大体以奉君为主旨,器物的制式往往受到社会制度的严格控制。玉礼器,所谓礼藏于器,规整高贵,具有泛政治的色彩,表现出统治阶级的雅的追求,自然雕刻精美,规整有序。相形之下,在动物型写实玉器的制造中,工匠们会以更大的自由度,表现出一种民间趣味和活泼的生气,表现了宗白华先生所说的中国美学中"错彩镂金"和"自然可爱"两种不同的美感。

总而言之,西周玉器,作为西周代表性的文化,其审美特征有着时代精神的烙印。它在造型和纹饰方面都表现出早期先民法天象地的摹仿能力、质朴的审美情感和形式法则,但同时风格上已由祭祀型向礼仪性转化,标志着器物渐渐挣脱了宗教的束缚,理性现实的时代已经来临。此外,西周玉器的造型、纹饰和图案等还对后世产生了深远的影响。如鸟纹和龙纹作为一种装饰母题始终以其深远的文化内涵影响后世;西周玉器中体现的雅俗两种风格,一直在互相矛盾而又互相交叉中促进器物艺术的繁荣发展。当然,我们这里仅仅依据现有的出土文物和文史资料提出一管之见,西周玉器丰富的审美特征尚有待我们作进一步的研究。

第四节　青　铜　器

西周青铜器的精神内涵和相称的比例关系既符合力学要求,又体现了视觉的美感要求,并向着简单和实用化的方向发展,在虚实统一、有无相生中凸显了器物的实用性和装饰性。其纹饰圆雕与平雕相结合,以平面表现立体,粗细线条表明画面元素的前后虚实关系。雕塑技法使器表平面表现出浑厚、凝重的立体效果。动物纹饰逐渐简化而富有图案趣味。神秘色彩逐渐淡化,纹饰重视抒发性情。西周中晚期青铜器铭文逐步摆脱商代青铜器铭文的影响,以"篆引"为基础,开始形成自家风貌,走向纯粹线条化。字型固定统一,结构取纵势,修长婉丽,圆融内敛,"线"的自足性得到强烈张扬,笔墨韵味获得独立,线条浑厚华滋,凝重自然。西周青铜器礼制化、系列化特色突出,富于秩序感和庄严感。

一、创制背景

青铜器的形制、纹饰的变化,反映了古代社会意识形态的变化。文明社会初期阶段以神为本的宗教祭祀文化,正向着西周时期以人为本位的伦理文化转型和过渡。西周的人本文化规定了中国文化今后的发展走向,以血缘为纽带的宗法制、礼乐文化被后世儒家继承发展,成为儒家思想的核心,对中国传统文化的形成产生了深远的影响。

西周是强大的王权专制国家,统治者为了巩固其统治,建立了一套比商代更为完备的国家体制机构和一套完整的礼乐制度。这时的礼器,在使用时根据人物的身份高低而有严格的等级区别,是统治者借以维护王权专制社会统治秩序的重要工具。《周礼》中记载了西周社会详细具体的制度和措施,从中可以见出西周的社会机构十分严密。这样的制度要求事物具有规整性,体现秩序化。

随着武王翦商立国,西周在殷商文化的基础上建立起以宗法血缘制为纽带、以"礼乐"为核心的新的文化体系。王国维说:"殷、周间之大变革,自其表言之,不过一姓一家之兴亡与都邑之转移;自其里言之,则旧制度废而新制度兴,旧文化废而新文化兴。"①这种新文化具体表现在西周将礼乐从原始巫术中分离出来,推广及人事领域,并在此基础上使之成为具有政治意义的典章制度。由此"礼乐"由神本走向人本,它不仅构成儒家政治思想的基本原则,而且成为西周大一统王朝社会政治思想的基础。

西周手工业发达,生产力得到解放。据《考工记》里记载,周代的手工业生产实行严格分工,6 种工艺分为 33 个工种,大大地提高了工作效率。西周全面继承了殷商时期的冶铸工艺技术,在浑铸法、分铸法广泛应用的基础上,发明了活块模、活块范、一模多范和开槽下芯法制作铸型以及采用铸铆和"自锁"结构联结器物附件的新工艺,把中国青铜器艺术推向了一个新的发展阶段。另外,青铜器铸造所用陶模的雕刻工艺也有了极大的提高,给青铜器纹饰发展提供了很好的技术条件。如精美的"克钟",钟钮采用透雕的形式,腔外有透雕相交的龙纹构成的扉棱,玲珑剔透,与浑厚的钟体形成强烈的反差,整个"克钟"做工精致,外形华美。

二、造型特征

西周青铜器的礼制化色彩浓厚,总体风格雄浑、庄严、稳重,体现"天命"的威严。大部分器物的中心下移,视觉感更为稳固,有些器物为了突出其在礼器中的重要地位,还特意加上了座,增加了高度,显得更为庄重威严。其造型特征主要表现在以下五个方面:

第一,西周青铜器在造型上注重方与圆的和谐关系,直线与曲线交叉运用,更好地展现了器物的力度和美感。《周髀算经》云"圆出于方,方出于矩",是说最初的圆是由正方形不断切割而来的。圆与方是相比较而存在的,无方就显不出圆。方正的造型挺括周正有威严之感,圆润的造型则体态优美给人柔顺之感,周人准确地把握了这两种形式的特点,在挺拔、向上的直线中合理地加入舒畅、轻快的曲线,加强了器物的形式美感,其中既有庄重威严的礼制色彩,又有典雅细腻的艺术趣味。大盂鼎腹大

---

① 王国维:《殷周制度论》,见《观堂集林·附别集三》,中华书局 1959 年版,第 453 页。

而略浅,口沿向下微收,腹部膨出,成为影象最宽的部位,由口沿至腹底形成异常饱满而有力的轮廓线,并与口沿和两耳的方折相对比。两耳微微向外打开,上端较宽厚,下部嵌插于器腹内壁,结构牢固,每一方圆转折都处理得非常明确,毫无含混之处,腹部光洁无饰,这一片空白区域由于造型的力度而成为整个器物最突出、最有表现力的部分。利簋侈口,口下微微内敛,而后外展,成为饱满有利的弧线,腹下的圈足比例合度地张开,稳稳地落实在方座上,两耳上部兽首支起的双耳略高于口沿,下有垂珥,伸展于方座之外,通宽略大于通高,产生向外扩展的张力,簋身和方座形成了圆与方、曲与直的对比,富有多变的审美趣味。何尊口圆而体方,在方圆互补中形成既庄严又和谐的审美效应。

第二,西周青铜器在设计上追求与其作品的精神内涵和体量相称的完美比例关系,包括器身高与宽之比,器耳、腹、足各部分之间的最佳比例,既符合力学的要求,又体现了视觉的美感要求。德鼎在足部的处理上更为精致,大盂鼎三足位置靠外,尺度略短,稍稍向内弯,看上去会产生疲软、支持力不够的印象,德鼎的足位置稍内移,较长且粗,足与腹相连的部位呈直线而不是圆线,感觉挺拔有力多了。西周中后期的大克鼎,各部分比例之完美比德鼎、龙纹五耳鼎犹有过之,更加趋向于完善。西周后期最具代表性的历王簋,簋口至腹底与圈足至方座底同高,簋腹最宽部位与方座宽度相同,附加的双耳加宽了整体横向的比例,又由于簋腹与方座的直棱纹与双耳夔龙上扬的冠和垂珥形成的向上下扩展的方向感,而使整体高与宽的比例得到和谐。器身单纯雅正的直线装饰与有着奇异丰富变化的双耳相互衬托、对比,形成了审美表现上庄重质朴与繁缛华贵的统一。西周中期以后圆壶一类的作品为了突出视觉上的稳健而轻巧,在造型上出现了新的意匠,长颈,鼓腹下垂,重心移到下腹部,在器型上创立了一种新的典范,对后世的瓷器有深远的影响。卣的造型多为器腹下垂,为增加器物的稳固,往往在盖的两侧饰上翘的长角使上下比例达到和谐,给人以雄伟敦实感。

第三,西周青铜器在担负着礼器使命的同时,也向着简单和实用化的方向发展,"美善兼顾",达到实用与审美的完美统一。龙纹五耳鼎,造型雄奇,最奇特的是腹部与鼎足对应,装置了三个兽首屈舌大耳,加兽首耳的做法明显是出于扛抬搬运的实用需要,不是为了装饰,却也有装饰的效果。毛公鼎特点为半球形腹,立耳,兽蹄足,纹饰简单,仅饰一圈重环纹和弦纹,整体造型和谐,轮廓优美,表现出对单纯、朴素之美的执著追求。穆王时期的{冬戈}方鼎,造型简单,鼎口上有一平盖,两端有方孔,可以套合在鼎耳上,盖住鼎口,起防尘和保湿作用。盖子中部有环纽,便于提取,四隅有矩形足,倒置时,可做俎来使用。滕侯方鼎等其他有盖的鼎,设计思路都与之一致,显示出向实用化方向发展的趋势。陕西省宝鸡茹家庄出土的托盘爨足鼎将托盘连铸于扁足中部,可以生炭火,加温食物,鼎的实用性得以加强。簋无论是加方座或支柱,都是为了提高簋体的高度,方便使用,同时又使器物的高宽比例得到完善,突出了礼器的华美端庄。新出现的食器(盨),形制为长方形,侈口,四足短,有盖,盖与器的形状大小相同,合上成为一器,打开则成为两件相同的器皿,不仅实用而且方便灵巧,展现了周人精妙高超的设计理念。

第四,西周青铜器重视虚与实的对比关系,在虚实统一、有无相生中凸显了器物的实用性和装饰性。乙公簋有盖,在器腹两侧的鸟形双耳下端以象首为珥,象鼻向下延伸成足,与之相应的正、背面簋腹下方也铸成同样的象首,共同把簋悬托起来,使得整个造型十分轻盈。其他一些簋下饰方座,但方座并不是实心,而是底部中空,个别的还在这中空处置一小铃铛,铃铛摇摆震动会发出清脆的声音,与外表厚重的方座虚实相对。有些镈类作品在顶部和两侧以鸟、虎等镂空的形象为装饰,具有华丽的效果。这些生动活泼的形象也使厚重的镈显得轻灵华美,未动而已有了起趄之声。

第五,西周青铜器神秘色彩淡化,写实性造型加强。陕西宝鸡茹家庄墓葬出土的象尊,即是一个大象的形状,通体肥壮,躯圆腿短,长鼻上翘,腹部布满花纹图案。还有一个羊尊,羊头有卷角,躯体肥硕,背部盖纽塑一立虎。岐山贺家村出土的牛尊,亦是通体浑圆壮实,牛头平向前伸,表现出有人牵引之状,一对稍向内弯的大角显出南方水牛的特征,背部盖纽亦立有一个长身大口大耳的老虎,头向与牛一致作前进之状。晋侯墓地出土的鸟尊,尊作伫立回首的凤鸟形,头微昂,圆睛凝视,高冠直立,禽体丰满,两翼上卷,鸟背依形设盖,盖钮为小鸟形,双腿粗壮,爪尖略蜷,凤尾下设一象首,可惜象鼻残缺,依据象首曲线分析,象鼻似内卷上扬,与双腿形成稳定的三点支撑,凤鸟颈、腹、背饰羽片纹,两翼与双腿饰云纹,翼、盖间饰立羽纹,以雷纹衬地,尾饰华丽的羽翎纹。鸟尊的盖内和腹底铸有铭文"晋侯乍向太室宝尊彝",可证其确为宗庙礼器。鸟尊造型写实、生动,构思奇特、巧妙,装饰精致、豪华,是一件罕见的艺术珍品。此外,还有马驹形的驹尊,辽宁凌源出土的鸭形尊,湖南芷江出土的凤鸟形器。这些形态逼真的禽兽类造型,是见于西周的又一类艺术珍品。从整体上看,此类雕塑,西周的趋向是厚重粗犷,有些动物身体各部比例显得不够协调,花纹也渐简约,与商代相比,有清新生动之感,也许是一种转型的信息。与殷商同类器物相比虽显得不够精细,也少了庄重和宏大的气度,但它们却在细部对原形动物进行了更准确的刻划,真切地表现了动物的本性,更接近于原形动物。

三、纹饰特征

西周中期纹饰布局开始有新的变化,如动物纹样的对称模式变为比较自由的、连续的结构,取得生动活泼的效果;繁缛者渐被淘汰,纹饰趋向简素,素面而以几条弦纹为饰的器物占很大比例。到西周晚期便显示出一种革新、解放的新风格。这一时期的青铜器纹饰特征主要体现在以下六个方面:

第一,以平面展示的手法表现立体特征,用不同分量感的粗细线条表明画面元素的前后虚实关系。从线条中透露出形象姿态,用线条刻划主体形象位置关系,是中国绘画的一贯传统,从原始艺术的陶器和岩画中,就可以看出这一绘画传统的雏形。青铜器雕刻继承了原始绘画的经验,不重视立体性,而注重在流动的线条中表现形象。如伯卣体扁圆,下腹鼓起,扁提梁两端为二兽头与器套接,器与盖四面皆起扉棱。盖上有两凸目兽面组成,腹以中棱脊为鼻梁组成凸目兽面。通体纹样异常纤细,线条甚为流畅。其器盖上、腹部的兽面均以流畅的粗线条表现出鼻、口、耳及角,而仅仅突出双目。圈足、口沿的斜角龙纹、火纹及提梁上之蝉纹同样为流畅的粗线条,通体均以细腻之云雷纹填地。这种纹样风格极有特点,充分展现了整个纹样的立体特征,形象也更为生动活泼,对比映衬的手法加强了纹饰的空间感。折觥是西周青铜器中的典范之作,布满全器的浮雕纹饰多种多样,有饕餮、夔龙、鸟、蝉等,以细密的云雷纹为地,安排妥帖,并有高低几种层次,有主有从,不互相争夺,烘云托月般地将立体的垂角兽首衬托得分外生动和突出。

第二,随着人们抽象思维能力的进一步提高,纹饰构图的对称性逐渐减弱,二方连续开始加强,取得生动活泼的效果。商和西周前期多采用严格按照器型结构分区和中轴对称的构图方法,在图案构成上属于严谨的格局,庄严有余,生动不足。西周中期出现了二方连续的纹饰,即将一个单元纹样向左右反复连续伸展,构成带状图案,因此亦称为"花边纹样"。二方连续方式将图样单元做有规律的重复排列,使图案整齐美观,并富有节奏感,在西周晚期成为主要的构图方式。颂壶,腹部围绕四条一首双身的蛟龙纹,随器身转侧而有升降变化,在躯体周旋之中,又有许多小蛇穿插其间,线条流畅活泼,为此前青铜纹饰中所鲜见。大克鼎口沿下饰窃曲纹,鼎腹饰宽大流畅的波纹,益发增强了气宇轩昂的造型效果。如意云纹壶,器腹布满团栾的如意状云纹,刻纹纤细,别具优雅秀美的风韵。"铜器的花纹用反复的连续来表达其有条不紊的秩序和规律。这种秩序和周代的礼制要求有一种间接的联系,也反映了古代图案艺术的形式法则,是用以恰当表现思想意识的。"①由连续规则所构成的卷龙纹等纹饰,扬弃了以兽面纹为主的对称性构图方式,这种新的变形图案的构图,对以前的规格式构图,既是否定也是解放。

第三,雕塑技法的运用使器表平面上表现出一种浑厚、凝重的立体效果。立体雕塑技术从铜器上多层纹饰渐变为浮雕发展而来,它的应用使得青铜器器表更为华丽精致,"以这些怪异形象的雄健线条,深沉凸出的

---

① 马茜:《我国青铜器装饰艺术的审美分析》,《徐州教育学院学报》2006年第2期。

铸造刻饰,恰到好处地体现了一种无限的、原始的、还不能用概念语言来表达的原始宗教感情、观念和理想"①。先是半立体塑像,运用"内范花纹凸出法"的冶铸技艺,使动物形象突出器表。这在商末周初已经相当流行。周初,如北京琉璃河出土的矩伯鬲,器身和盖顶铸出牛头,牛角斜翘出器表,三只牛头分别构成鬲的三足,突出的动物造型使器物生动活泼富有灵气,打破了原有的沉闷之感。这种艺术的表现形式很多,有的以兽头、鸟头用同样的设计铸成。

第四,西周时期常见的动物纹饰,已不像殷商时期那样威严规整,而是逐渐简化,富有图案趣味。"简化的趋势在半分解的连体兽纹上表现得最为充分,殷商时写实的躯干和脚爪,到西周已发展为抽象的装饰图案。这类图案并不是要表现某种特定的想象中的动物,而是已经失去了旧时精神的支配力量,仅仅是动物躯壳的蜕化和变形。"②总体说来,商朝晚期过于繁缛华丽的纹饰,已经逐渐趋于简化和朴实,有的在鼎上只有几周简朴的弦纹,或者于中央加饰一个凸出的兽头,或是在窄条形的装饰花纹带中,使用简化分解的兽面纹或夔纹。动物纹样的进一步简化和变体产生了抽象的几何纹饰,如窃曲纹、瓦纹、波曲纹、重环纹、鳞纹等。几何纹饰一来使得整体纹饰美感增强,削弱了动物图案原有的神秘色彩;二来也是西周青铜纹饰走向规范化、条理化的一个表现。其中波曲纹是最典型的一种,它既可以做具体的纹饰,也可以做装饰的基本结构,使得整个图形有一种连贯而丰富的宏大气势。如兴壶腹鼓颈细,颈两侧有对称的兽耳衔环,自颈到腹饰以波曲纹三周,很有节奏感。甚至波谷内也设计了相应的几何形纹饰与之契合,整体感很强。从动物纹饰中演变出来的几何形纹饰,除了波曲纹外,还有垂鳞纹。该纹形状上很像鱼的鳞片,图案层层相叠,呈现出"U"字形,很可能是从具有鱼特征的龙纹中演变出来的,这种纹饰大多铸于水器上,与水器的用途相得益彰,如同波光粼粼的水面一样给人以丰富的审美享受。

---

① 李泽厚:《美的历程》,三联书店 2009 年版,第 38 页。

② 朱和平:《中国青铜器造型与装饰艺术》,湖南美术出版社 2004 年版,第 121 页。

第五,神秘色彩淡化,纹饰向抒发性情、追求形式美的方向发展。一方面,传统的兽面纹不再是装饰主体,其内容也失去了前一阶段的狰狞与威慑,形象开始简单化,也不再出现于器物的凸显的位置上。另一方面,动物纹饰中鸟纹地位大大提高,特别是凤鸟纹,作为主体纹饰出现在器物的腹部和肩部。在商末周初盛行的则是多齿凤冠——冠作多齿状,宽尾下垂。而西周时期盛行的是花冠凤纹,凤头部长冠由花冠修饰,或长羽飘举,或自然下垂,或垂自足部向后翻卷,华美而飘逸,突破了以往纹饰的拘谨庄重感,更给人细腻飞动的感觉。陕西扶凤白家出土的{冬戈}簋就是一个典型的范例:造型上注意细微的变化,口沿向下微微内敛,而下腹稍微外鼓,形成了一个“S”形,很有变化的曲线美,富有生命的韵律感和循环不息的运动感。两只鸟形的器耳与腹部弧线相照应协调,器盖与器腹饰以凤纹,凤鸟的造型稳健,翻卷得恰到好处。面与线和谐的转换处理,使得纹饰具有生动的立体感,凤颈部还刻划着鳞状的羽毛,十分精致细腻,显得华美而又不繁缛,几乎没有了殷商纹饰的霸气和狰狞。该器腹部及盖上皆饰有两两相对而立的大鸟纹,凤鸟昂首引颈、夹啄、圆凸目,双翅上翘,头顶耸立羽冠并前后分开,一部分羽冠透逦绕垂于足前,另一条羽冠绕体翘于尾部,两耳之圆雕立鸟腹鼓起,伸颈昂首,高冠直立,作张翼欲飞之状。其造型和装饰都极具匠心,以这种充满浓郁生活气息的纹饰语言来表达当时人们的审美观念和生活情趣,与狞厉的凶禽异兽纹饰相比,犹如沉闷的天空突然透过了一道光芒,豁然开朗,给人们带来了一种活泼、亲切、和谐、优美的新情调。以凤纹为代表的这些经中华民族不断创造、发展、综合而逐渐演化来的理想化的瑞兽图案,被赋予了吉祥的寓意,且广泛地应用于造型艺术和装饰艺术领域,至今仍受到人们的喜爱。

第六,人物纹样逐渐卸除了“巫”和“神”的面具,开始以本真的形象出现。西周早期单独的人物纹像中以人面纹最为突出和常见,其中湖南宁乡出土的人面鼎最为知名。该鼎为方鼎,鼎腹四周各饰一写实性较强的人面纹,此纹饰有角与爪,代表了巫或神的形象,人的形象和内涵被神巫浓重的色彩所掩盖。人物纹饰除了以单独的形式出现外,更多的是与动物纹像共同组成纹饰或造型,其中以虎与人共同构成的纹像最为突出。

虎开始作为人的保护神出现,人在虎口下与虎相拥,意味着人正式得到了"虎神"的庇护,通过虎的传达,人与天在某种意义上得到沟通,从中体现了天人合一的观念。这些人虎纹饰不像殷商一样多出现于青铜礼器上,而是多出现在车器和兵器上,其作用和意义都有着明显的变化。"西周的车器和兵器是完全不具备礼器的祭祀功能的,而主要用于战争。作为百兽之王的虎,显然也是威猛、凶悍、勇往直前的象征。将虎食人铸在战车上,明显已失去了宗教功用。"①虎纹象征着以猛虎食敌,表现军队的威猛、所向无敌、战无不胜,成为一种战功的炫耀。到了西周后期,人物纹像已经很少见到那种头上生角、兽耳、齿牙森列、周身饰满神秘纹饰的形象,而多以在生活中普通人的形象出现。由于周礼的颁行,商代那种奢华、狞厉的宗教神秘色彩逐渐隐退,理性的因素有所增长,人本主义思想开始崛起,人的地位得到提高,展现了人类原初本真的形象。

纹饰的变化显示出殷商时期青铜器所特有的狰狞、恐怖、威慑、可怕的宗教神秘色彩在逐渐地消退、淡化乃至消失。与此同时,一种追求自然的真实美感,追求舒适自由的审美心理在崛起,取代了原有的拘谨和沉闷,创造性地向着人性化的方向发展。由凝重走向轻灵,由粗犷走向细腻,由繁复走向简朴,由怪诞走向平易,由虚幻神魔的世界走向真实世俗的世界,这是社会进步的一大体现。

四、艺术风格

西周青铜艺术向着理性化的方向发展,属神性格衰落,属人性格凸显,出现朴实自然的新风格。西周各诸侯国的青铜文化既有统一也有区别。一方面,西周初年王室强大,对各诸侯国控制有力,全国在政治文化上是统一的。另一方面,各诸侯国的青铜器虽然与中原青铜文化保持了共同性,但在形制、纹饰、铭文等方面又有其自身特点,这在周王室在走向衰落的情况下地方社会经济和政治势力日趋发展的反映,在某种程度上为东周青铜器的地方文化特色做了准备和铺垫。

---

① 高西省:《论西周时期人兽母题青铜器》,《中原文物》2002 年第 1 期。

　　首先,西周青铜器的礼制化、系列化特色突出,富于秩序感和庄严的艺术效果。由于"礼乐"制度构成西周宗法制社会的文化基础,因而作为礼器的青铜器成为不可僭越的等级制度的象征。商王和周天子主持代表王权的最高祭祀,诸侯、卿大夫、士等次之,逐级缩小了祭祀的规格和范围。当时天子九鼎,诸侯七鼎,大夫五鼎,元士三鼎或一鼎,等级分明,不得造次,否则被视为"僭越"。大家都需要用礼器来敬事鬼神,于是规定了不同礼器的地位等级,以示尊卑。"以器涵礼,礼在器中,道在器中,这是青铜艺术由商代到西周时代在精神内涵方面的一个重大的、质的变化。"①西周早期还是沿用商代一模一范法,一模只翻一范,器物形制千姿百态,装饰纹样变化多端;中国古代青铜器造型丰富、品类繁多,加之用合范法铸造,一般一范只铸一器,没有面目完全一致的青铜器,因此西周早期的青铜器件件面貌各异,拓宽了艺术欣赏的视野。其中精品迭出,令人叹为观止。到了中期以后,系列化特色突出。"西周出现的,众多的新器和传统的器物,大都呈大小系列组合,表现出一种秩序感,富于庄严的艺术效果,其典型代表是列鼎的出现。所谓列鼎就是在一列鼎内,每件鼎的形制、花纹相同,大小依次从奇数排列,以表示使用者的身份等级。"②这种系列化的成套礼器,更有一种宏大、庄严、肃穆的氛围,礼制化色彩浓厚,是礼乐文化深化、影响的结果。

　　其次,西周青铜器艺术风格的演变,大致可以分为三个阶段,西周早期、中期和晚期。西周早期(武王至昭王)的青铜器主要是对晚商的继承和发展,在造型上没有太大的变化,几乎没有出现新的器型。纹饰还是遵循为礼器服务的宗旨,主题仍以兽面纹为主,凤鸟纹开始兴盛。当然这时也出现了一些新的纹饰,如蜗纹(或曰卷体夔纹)、双尾龙纹、象纹等。作为衬底的云雷纹减少,纹饰不那么繁缛,显得疏朗,满花器减少,器上纹饰多呈带状形式。另外,直棱纹也在这个时期兴盛。直棱纹是指装饰在青铜器上的一种几何图形——竖条、成组、有着明显的两端——是青铜器重

---

① 李松、贺四林:《中国古代青铜器艺术》,陕西人民美术出版社 2002 年版,第 72 页。
② 朱和平:《中国青铜器造型与装饰艺术》,湖南美术出版社 2004 年版,第 9 页。

要的装饰花纹,主要辅助主体纹饰,增强立体感。这也是西周青铜纹饰走向规范化的一个表现。西周中期(穆王至夷王)的青铜器处于一种新旧交替的时期,在保留传统式样的同时,又出现了许多新的式样。该时期几乎摆脱了殷商的神秘色彩,纹饰较写实,并且走向了规范化,礼制色彩浓厚。商代的重要礼器如角、觚、斝、瓿已退出历史舞台,爵、觯、方彝、觥至本期末也基本绝迹,以鼎为中心的礼器系统已经确立,迥异于商文化的列鼎、列簋制度已经形成。乐器有很大发展,钟的数量明显增多。商代占主导地位的兽面纹,已很少见,即使存在,其构形简单,多无云雷纹衬底,往往没有装饰在器物的主要部位。乳钉纹、蝉纹、各种雷纹渐次退出历史舞台。新纹饰如环带纹、重环纹等开始出现,与繁缛的商代纹饰不同,它们构图简单,线条清晰,给人以明快的感觉。西周晚期(厉王至幽王)的青铜器是中期的延续,更趋向于朴实化、生活化,甚至是粗糙简陋,造型和纹饰流于程式化,有不少器物逐渐消失,如爵、觥、觯等。那些与生活相关、实用且造型简练的壶成为当时的主要容器。因此,随着周王朝的衰落,青铜器在西周晚期呈现出衰落的趋势,不少器物制作粗糙,但是由于有前代的基础,该时期还有青铜精品出现,如近年出土的逨盘、逨盉等器,造型优美,纹饰精巧。波曲纹、重环纹和窃曲纹已占统治地位。包括兽面纹、鸟纹在内的写实动物纹饰,几乎消失殆尽。商代以来纹饰的神秘气氛消失了,呈现出一种朴素明快的氛围。但由于纹饰种类少,又缺乏结构的多变性,装饰显得单调、呆板,艺术价值显然逊色多了。

　　总之,西周时期的工艺美术有了划时代的进步,青铜器的实用内涵和精神内涵得到进一步丰富和加强,器物的整体意象与装饰加工得到了完美的统一。这时的青铜器与礼制的结合更加紧密,冶铸技术日趋成熟,出现了长篇铭文,是商代光辉青铜文化的发展,是中国青铜文化走向巅峰并开始衰微的时代。早期基本沿袭晚商,纹饰仍以兽面纹、夔纹为主,凤鸟纹装饰多于商代,出现了象纹和双身龙纹等新的纹饰。中期以后,王权专制逐渐转向衰弱,旧的生产关系影响了青铜工艺的发展,纹饰更加朴素简单,多以横条沟纹为主。晚期,礼器制作往往粗率简陋,造型与纹饰都趋于程式化和定型化,精神内涵中大量渗入了社会意识和人文意识。青铜器的艺术之路,由凝重走向轻灵,由繁复走向简朴,由怪诞走向平易,由神魔的世界走向世俗的世界,实际上也反映了审美意识的解放。

第五节　青铜器铭文

西周是青铜器的极盛时期,也是青铜器铭文的鼎盛时期。青铜器铭文由商末的几十字发展到数百字,内容主要有祭祀典礼、征伐纪功、赏赐锡命、书约剂、训诰群臣、称扬先祖六大类。西周时期文字处理水平的提高,使得青铜器铭文的发展取得长足的进步。在书法艺术上,因礼器的大量需要,西周青铜器铭文超越商代甲骨文,迅速走向成熟,构成了书法发展的主流形态。这些青铜器铭文上承甲骨文传统,下开小篆新风,是大篆书体鼎盛时期的杰出代表。

一、线　条

西周青铜器铭文是大篆书体走向成熟的标志,其书写点画改变了商代甲骨文和青铜器铭文细硬瘦长的线条形态,变得屈曲圆转,粗细均匀,具有适度的装饰性。萦绕廻叠,屈曲转引极有法度,表现了西周先民圆融内敛、浑穆沉潜的理性品格,改变了甲骨书系的线条特点,带来了书写风格的转变,开启了篆书的风尚。

一是适度的装饰性。这种装饰性主要表现在它具备装饰性的“篆”的特点,既展现了物象形态,又扬弃了商人装饰意味浓厚的书写风格,显得恰到好处。所谓大篆书体的“篆”就是指装饰性。《周礼·考工记》云:“钟带谓之篆”,这里的“篆”指钟四周的装饰图案。《周礼·宗伯》也有“孤卿夏篆”的说法,郑玄注云:“五采画毂约也。”这里的“篆”是指车轮上的装饰图案。两者均指出了“篆”的特点即具有装饰性。文字与纹饰在先民的心目中是神圣的,青铜器铭文与甲骨文都讲究装饰效果。因此,篆书作为一种书体,无论大篆还是小篆,都注重文字的装饰性。

西周青铜器铭文作为青铜器的一部分,器型、纹饰和青铜器铭文相映成趣。商代及西周早期青铜器铭文有少数线条呈蝌蚪状,丰中锐末,即中间部分肥厚而线条的边缘较为锐薄,并且伴有块状实体,较多体现为书法笔意上的圆润,具有较强的装饰意味。随着礼乐文化的推进,文饰越来越为秩序服务。因此,与商代装饰意味浓厚的书写风气相比,西周青铜器铭文既讲究适度修饰,又有实用价值。"在商代金文中,有一类象形性、美术化倾向都很清楚的作品,学术界称之为'图画文字''文字画''族徽文字',我们则根据其书体特征,易名为'象形装饰文字'。"①这类文字到西周以后数量明显减少,且多为商代遗民之作。商代这类"象形装饰文字"实际上是把文字同纹饰合二为一,以装饰意味浓厚的文饰表达对神灵和祖先神秘崇拜,蕴含了宗教意味。与商代相比,西周青铜器铭文蕴含着更多人文精神,线条挥洒灵动像人的感性生命一样显得多姿多彩。西周青铜器铭文的线条,由于背后渗透着一种理性的光辉,因此线条的修饰恰到好处。东周时代的大篆书体线条的装饰作用加强,但其中蕴含的人文精神锐减。

二是圆转流畅。西周青铜器铭文线条既体现了宇宙万物生命的律动,又渗透了理性的品格,萦绕廻叠,屈曲转引极有法度,因此显得圆转流畅,浑厚沉稳。这些线条以圆曲为主,少有锋芒,既避免了刻板和凝滞,又没有因过分灵动飘忽而轻浮浅薄,显得沉稳厚重。甲骨文以刀刻骨,形成了细长且直来直去的文字线条,弯曲之处,多半以方折为主。而西周青铜器铭文线条由甲骨文的细长瘦硬变为圆转流畅,带来了书写风格的转变,开启了篆书的风尚。如西周早期作品《我方鼎》中的"丁"字铸成了圆形的实心的"口"形,线条也变得圆润起来。因刻铸而导致许多笔画连在一起,形成块面,从而具有立体感。又如《宰鼎》的线条圆润含蓄而又流畅婀娜,虽然偏近阴柔美,但并不纤弱,也不雍肿和媚俗,有种浑厚的深沉感,苍茫的历史积淀蕴含在其中。

三是粗细均匀。粗细均匀是书写规范化进程的重要一环,代表线条逐步走向独立。"在西周早期的金文书法作品中,还有两个非主流现象。其一线条作首尾尖细或头粗尾细状,意味着两种笔法共存的书写感较强

---

① 丛文俊:《中国书法史·先秦卷》,江苏教育出版社 2002 年版,第 135 页。

的式样,它们与粗细匀一的线条并行,但前者只见于早期,后者则延续到中期。其二分布颇有规律的肥笔,属于象形装饰文字的孑遗。"①西周青铜器铭文扬弃了首尾尖细、头粗尾细以及肥笔等线条样式,而将粗细均匀如一的线条形态发扬光大,这体现了西周人带有文化印记的时代精神、审美情趣和性格禀赋。西周中晚期青铜器铭文逐步摆脱商代青铜器铭文的影响,开始形成自己的风貌,装饰性的肥捺笔触走向纯粹线条化,字型的象形意味逐渐消失,"线"的自足性得以彰显,笔墨韵味开始摆脱铸范工艺而获得独立,线条显得浑厚圆润,凝重自然。因此,西周青铜器铭文线条经历了一个从细长到圆润、从粗细不匀到均匀工整的变化历程。

总之,西周青铜器铭文的线条圆曲转引,粗细匀称,具有适度的装饰性,既展现了物态形象,涌动着宇宙万物生命的韵律,又彰显了西周先民的理性品格,显得浑厚沉稳。与商代甲骨文和青铜器铭文相比,西周青铜器铭文线条摆脱图案化和工艺化倾向,逐步走向独立。西周青铜器铭文使大篆书体向着美化、规范化、个性化三个方向发展,进而将书法风格推向了唯美主义的境界。

二、结 体

西周青铜器铭文在结体上与商代的甲骨文和青铜器铭文相比已经有了明显的变化。甲骨文的字形以长形为主,线条瘦硬细长。总体上说,商代青铜器铭文受到甲骨文的影响,结体也以长形为主,图画痕迹较为浓厚,文字较少,通常只有一两个字,且多与某些图案并列在一起,结体诡奇,组成族徽一样的图案。而西周青铜器铭文的结体在造型、结构及线条风格等方面都有着鲜明的特点。

一是以圆造型。这给人的感觉是一种温润的阴柔美,改变了甲骨文带给人冷硬的印象。西周早期的一些青铜器铭文结体表现为长形,刻划痕迹浓重,受到了商代青铜器铭文的影响。其后西周青铜器铭文字形更多地表现出以圆造型的特点。这时的文字虽然比商代甲骨文和青铜器铭

① 丛文俊:《中国书法史·先秦卷》,江苏教育出版社 2002 年版,第 186 页。

文已经前进了一大步,但还没有完全摆脱图画的痕迹。甲骨文象形字的字形繁复,笔画也可随意增省,异体字较多。西周青铜器铭文象形字的字形则相对简单,笔画有了一定的规范性,但这种简化与秦代篆书相比,还显得相当复杂。秦代篆书经过严密的整饬,大小一律,分间布白均等,象形元素逐渐抽象化,象形痕迹逐渐消失。西周青铜器铭文象形字还停留在"随体诘诎"、"画成其物"的阶段。《乍册般甗》与商周之际的《乃孙乍且己鼎》相比,虽点画结体都比较相似,但线条的两端和中段圆了一些。然而正是这一点圆,改变了作品的风格,给人的感觉不再刚硬,多了一点温和。西周青铜器铭文《雍伯鼎》和《事族簋》分别是早期和晚期的作品,这两件作品都具有圆形的特点,特意强调圆形:线条圆,结体圆,拓印底子的外形也圆。

二是均衡。均衡的结体反映了先民们平衡和谐的审美观念。在西周青铜器铭文中,组成文字的各部分无论对称与否,都产生了平衡和谐的效果。左右对称、上下对称,使得文字的构架十分稳定,如《格伯簋》中的"癸"字。而不对称的均衡则通过文字各部分协调好空间比例关系,形成稳定的重心,如《小臣传簋》中的"既"字。作为空间造型的西周文字结构相对规范、精美,结字也应规入矩、平稳端庄,繁复、流畅的线条整饬而不乱,有着一种井然有序、时空交错的造型美和韵律美。比起商代文字,西周青铜器铭文尽管没有摆脱图画的痕迹,但已有了明显的进步。这主要表现在结体上抽象的造型意识更为明显,从而把四面八方延伸的线条统一在单一文字之内,且线条在文字内上下、左右均衡排列分布,形成一个重心稳定、和谐美观的空间造型。

三是动态感。西周青铜器铭文的线条屈曲流动,结字参差错落,讲究化静为动,形成一种强烈的韵律感,蕴含了丰富的阴阳变化观念。线条的方向不同、写法不同,会产生不同的效果。直线有静感、安定感,曲线有动感、活泼感。西周青铜器铭文线条以曲线为多,不同方向的曲线交织错落,带来更多的动感,稳定的圆形结体中线条有序交叉,向着四面流动,体现了更多生命的跃动。《鲁生鼎》线条浑圆修长,多弯曲,有流动的韵律美。《能匋尊》中的"能"字,中心一个圆圈,引出六条圆形的线条,向四周发散,既像圆形的花瓣,又像蠢蠢欲动的蟹爪。《史颂簋》中的文字过于整齐,会显得呆板,必须要让文字动起来,因此通过左右倾斜,点画上的圆转,斜线条产生张力,以此增强运动感和方向性。除了线条具有韵律感之外,西周青铜器铭文还通过字的各部分参差排列,来产生强烈的动感。

西周青铜器铭文结体在圆内造型,一方面表明单个文字造型还没有完全脱离图画的痕迹,另一方面,也给西周青铜器铭文带来了圆浑苍润、古朴童稚的审美意趣。西周青铜器铭文还讲究文字的对称均衡排列,形成一个和谐美观的造型空间,显示了西周先民抽象的造型意识。同时,西周青铜器铭文也注重结字的参差错落,化静为动,在线条的律动中蕴含了丰富的阴阳变化观念。

三、章　法

与商代的甲骨文相比,西周青铜器铭文有着更广阔的书写空间,且文字载体外形的规整有利于谋篇布局。和商代青铜器铭文相比,西周青铜器数十字以上的铭文不下六七百篇,字数最长的《毛公鼎》有 497 个字,可谓鸿篇巨制,如何利用器表空间进行有机安排变得尤为重要。因此,西周青铜器铭文在章法上更显功力。

一是规整化。章法的规整化是书法从无序走向秩序化的必经之路。这种规整化的发展趋势主要指的是从甲骨文的横无序、纵成行,发展到西周青铜器铭文的横平竖直,再到严格整饬规范文字的界格。西周青铜器铭文的章法是在甲骨文章法的基础上发展起来的。甲骨文由于在不规整的兽骨或者龟壳上书写,所以只考虑竖行的整齐,不顾及横列的平直,字形或大或小随体而定,或长跨数字,或缩为一截,分布参差错落、跳跃跌宕。西周早期的一些作品,如《令簋》,在章法上是星罗棋布排列的,具有纵成行、横不成列的特点。到了中后期,出现了横平竖直、字距和行距平均分布的格式。如康王的《大盂鼎》,严格遵守一字一格的规矩,每个字占据大致相同的面积,大小划一。《井鼎》是西周早期或中期的作品,线条劲挺,横平竖直,干净利索,结体方整,转折处化圆为方,气骨开张,章法上有横竖相交的界格,每个字在界格中秩序井然。因此,西周青铜器铭文章法由商周之际的凌厉跌宕、郁拔纵横趋向于平和简静。

二是和谐性。西周青铜器铭文的章法能协调好各部分文字的空间关系,体现出整体和谐统一的观念。在规整化的同时,西周青铜器铭文更加注重整体布局的美观得体。比起商代甲骨文和青铜器铭文,西周青铜器铭文讲究文字造型元素的对立统一。《小臣传簋》是西周早期的作品,利用象形字的优势,把三角形、菱形、四方形、圆形交织杂糅,字体高低、上下错落有序,在造型上非常有特点。《作册卣》分间布白很用心,所以被切割出来的局部空间,大小、方圆、正侧都对比参差,美不胜收。西周青铜器铭文能够通过行距变化,有意营造错综复杂、回环往复的章法结构。西周中期的《格伯簋》总体看来横无行、纵无列。第二行上半段靠近第一行,下半段靠近第三行,第四行和第五行中间布白多,后面四行文字行距紧密,但字距疏朗,形成一种疏密交错,主次分明的较为复杂的章法结构。西周青铜器铭文结体以圆为主,上下左右字离得太开会觉得散漫,因此一般都靠得较紧。而其字形繁简反差显著,避让穿插错落有序。这使得青铜器铭文特别注意处理上下左右的空间关系。西周青铜器铭文中有些字数少的作品,如《雁公方鼎》、《效父簋》等,重视对比关系。点画的粗细长短、块面与线条,结体的正侧大小,方圆和三角形,各种造型元素参差错落、穿插避让、疏疏密密、虚虚实实。既对比丰富,又自然浑成,空间关系处理得非常巧妙,表现出西周先民鲜明的空间造型意识。

三是因物赋形。西周青铜器铭文往往根据器物的形状谋篇布局,使得文字与器型相得益彰。一般说来,器皿的形状不同,青铜器铭文的位置也会不同,这会影响到通篇文字的章法安排。西周青铜器铭文字数比商代青铜器铭文明显增多,如何利用器表空间进行有机安排变得尤为重要。作为青铜器的一部分,西周青铜器铭文一般处于器物的内壁或者底部。因此青铜器铭文必然要受到器物形体的影响,器形无论是圆是方,西周铭文都有一种因物赋形的整体感。《虢季子白盘》在追求方正的同时,结构紧凑,每一个字都向中心收缩,而很多的笔画又向四方极力地伸展,呈现出辐射状,而它的章法布局则追求疏朗有致、顾盼有情的姿态,非常具有艺术魅力。西周早期的作品《能匋尊》上文字位于尊的圆形底部,章法和结体就有圆的感觉,而且每个字,尤其是四周的字的左右倾斜也受到圆的影响,好像跟着旋转,使得章法有着一种律动和节奏感。

西周青铜器铭文章法显现了周代先民们初步的空间造型意识,比商代先民更加注重文字整体布局的美观。商代甲骨文和青铜器铭文的章法大体是参差错落,星罗棋布,显得较为古朴自然,而西周青铜器铭文整体布局讲究形式规范,对立统一、比例对称、均衡和谐等形式法则运用得更为娴熟,使得书法艺术向前迈进了一大步。

四、风 格

西周初期,青铜器铭文继承商代甲骨文和青铜器铭文风貌,风格多姿多彩,异彩纷呈,有恣放瑰奇、质朴缜密、遒丽凝练、圆润整饬、荒率恣肆等多种样式,但随着礼乐文化的确立,西周青铜器铭文多姿多彩的风格样式如过眼云烟,逐步形成了端庄典雅和奇异恣肆两种主要风格。

西周青铜器铭文的第一种风格是奇异恣肆。这种风格的形成主要继承了商代青铜器铭文自由奇肆的特点。反映西周青铜器铭文早期的风貌。商代青铜器铭文远不像西周多数青铜器铭文的作品那样规范和严谨,有着一种随意天真的神秘感和浪漫气质。郭沫若先生就曾感慨地说:"商人气质倾向艺术,彝器之制作精绝千古。而好饮酒,好田猎,好崇祀鬼神,均其超现实之证。"①西周早期的一些青铜器铭文作品具有这种浪漫自由的气质,承袭了商代青铜器铭文的风格。《何尊》的方笔直线和方形结体受到甲骨文的影响,章法布局上讲究因势而定,自由恣肆,风格较为豪放。《扬方鼎》结体偏长,线条两头细中间粗,显得精神抖擞,且疏密相间,高低错落,十分自由。西周青铜器铭文在典雅端庄的主体风格发展到极致后,整饬规范妨碍了书法的灵动,于是商代青铜器铭文那种自由奇肆的风格再次卷土重来。西周青铜器铭文在继承商人的基础上,不断进行艺术探索,形成奇异恣肆的书写风格,是高度掌握规范基础上的再创造。在西周青铜器铭文成熟期,这种风格的代表作是具有写意特点的

---

① 郭沫若:《青铜时代·附录》,科学出版社 1957 年版,第 312—313 页。

《散氏盘》。它的字距、行距非常疏朗、开阔；用笔豪放，结字不拘一格，欲正还斜，错落有致，静中生动，颇有情致，我们已看不到周代晚期成熟青铜器铭文的规整形态，看不到那装饰性很强的粗线，也看不到那工整纯熟、精美华丽的铸铭技艺，而是将稚拙与老辣、恣肆与稳健、粗放与含蓄完美地统一在一起，呈现在眼前的是一派天机。它既有青铜器铭文的凝重遒美，又有草书的流畅飞动，可算是青铜器铭文中的神品，也是早期尚意书风最成功的作品，无怪乎有人称之为"金文中的草书"了。《五祀卫鼎》和《大鼎》是西周中期的作品，风格与《散氏盘》相近，但稍微工整一些，左右结构的字上下参差，结体更加欹侧，章法注重大小变化和穿插避让。《师汤父鼎》是西周中期作品，从整体看，星罗密布，结体以圆转为主，方正为辅，三角形穿插，折笔，斜线，角的形状杂糅在一起，充满了动感和张力，因此，增大行距字距以避免冲突。

而西周青铜器铭文的主导风格是端庄典雅。这代表了大多数作品的审美风格。其中渗入了礼乐文化的功利意识，青铜器铭文成为礼教的附庸。这种风格的青铜器铭文给人整体的感觉是凝重沉稳，显示了周人圆融内敛、浑穆沉潜的理性品格。西周早期青铜器铭文风格延续了商代青铜器铭文的风格，风格类型多姿多彩：或灵动活泼，或不加雕饰，或随意散漫，显得琳琅满目，异彩纷呈。西周先民重视理性，喜好修饰的文化心理使得他们选择了端正典雅的艺术风格，从而在潜移默化中完成了对商代青铜器铭文风格的继承和革新。西周初期青铜器铭文多姿多彩的风貌很快转变成端庄典雅占据主导地位的格局。其代表作是《毛公鼎》、《大克鼎》、《虢季子白盘》等。《毛公鼎》显示了西周后期成熟的铭文风貌，笔力坚挺，线条古朴浑厚，结体严谨端正，通篇雄浑肃穆，刚柔相济，如众星之棋罗，四时之列序。《大克鼎》笔画均匀圆润，布局完整，字体端庄质朴，出现了横直相交的界格，显示出秩序井然的风貌。《虢季子白盘》整体风貌端庄秀雅，纵能成行，横则大致成列，有意高低错落，形成一种动态美。西周青铜器铭文讲究书法元素的对立统一，在形式组合中方、圆和三角形互相搭配，字距行距疏疏朗朗，井然有序，对秦代小篆的风格产生了重要的影响。

西周青铜器铭文经历了规整和放逸兼而有之的繁荣期。《大克鼎》严谨的界格既表现了书法技巧的熟练和精到,同时也意味着束缚了创作的灵性,书法往往会朝着相反的方向发展。"书法史上常常有这样的情况,当一种字体成熟之后,接下去的发展就是两级分化:趋于规范和趋于放逸,法则的建立和破坏同时产生。"①因此,西周青铜器铭文风格主要表现为趋于规范和放逸的两级分化。趋于规范的艺术风格是在官方的礼乐文化的支持下发展起来的,与西周庄严肃穆的时代风貌相一致;趋于放逸的艺术风格代表西周青铜器铭文艺术的最高成就,集中显现了文字背后生命的律动和情感的张扬。这两种艺术风格都展示了西周先民在书法艺术上的积极探索,拓宽了中国书法的艺术表现领域。

西周青铜器铭文书体书风的变化,有外因也有内因。从时代风尚看,它作为青铜器的附属物,受到周代礼乐文化的制约,承担着祭祀等礼仪功用,因此整体朝着工整规范的方向发展,形成了端庄典雅的审美风格;从书法自身发展来看,所谓物极必反,任何书体书风一旦完全成熟,就会定型凝固,变为程式,最终会僵化。这时书体会朝着与此风格相反的方向发展。西周初年受到商代青铜器铭文影响的自由奇肆的风格再次卷土重来,使得西周青铜器铭文风格演化呈现波浪式曲折发展的变化历程。

总之,西周青铜器铭文作为礼乐文化的附属物,形式上逐渐趋于规范严谨,在讲究书写规范的基础上更加注重形式的美观得体,在商代甲骨文和青铜器铭文积累的形式法则上进一步发展,对立统一、比例匀称、均衡和谐等规律运用得更为娴熟自然。从整体上看,西周青铜器铭文线条屈曲圆转,结体以圆造型,章法讲究寓多样于统一,更加注重整体的协调一致,浑然一体,表现出圆浑苍润的特点。其中蕴含了西周先民因物赋形的构思能力和尚圆意识,在书法发展史上有着重要的价值和地位。

总而言之,西周器物一改商代的狞厉繁缛的风格而变得温和静穆,且规整统一。这种风格在陶器上表现为器形的规整和端庄,并且富于节奏感和韵律感;其纹饰透过圆润饱满、均匀流畅的线条以及几何纹与复合纹

---

① 沃兴华:《插图本中国书法史》,上海古籍出版社 2001 年版,第 80 页。

的叠加,呈现出中和之美;其表现手法更加灵活多样,将情感与自然法则融合在一起,形成虚实相生、气韵生动的艺术效果,充分体现了时代精神。同时,玉器亦通过写实的手法塑造活泼自然的动物形态,并倾向于内敛规整,以应和礼制社会的审美情趣;其纹饰特征更突出地表现在龙纹与鸟纹的抽象化和程式化上,并向工艺化方向发展。而西周的青铜器不但注重以方圆搭配来凸显其审美性,而且更注意淡化青铜器的神秘色彩,趋向于增强造型的写实性,纹饰对称性减弱,二方连续开始加强,形成了生动活泼的效果;其整体风格也由凝重沉稳而变得轻灵细腻且简朴平易。西周青铜器的铭文在殷商甲骨文和铭文的基础上变得更为规整统一,注重字与字之间的比例对称,结体上形成了圆形构造的特点,整体风貌厚重典雅而又圆润质朴。这些都表明了西周器物开始退去神秘色彩,而趋于平易质朴的风格特点,体现出由祭祀型器物向礼制型器物的过渡,从艺术的侧面显示出注重理性和现实的时代已经到来。

第十一章

东周器物

东周是我国历史上一个风雨飘摇而又极富思想性和创造性的时代。一方面诸侯纷争,礼崩乐坏,一方面诸子奔走,百家争鸣,动荡变革的时代风云为器物工艺的发展创造了一种宽松有利的社会环境。东周器物从春秋到战国的发展过程中,不断解构着旧的审美规范,同时又在解构和传承中不断建构着时代特有的审美风尚。

第一节　概　述

东周器物所体现的审美特征,不仅有此前就已形成传统的实用与审美的统一,线条的流畅婉转体现着尚圆意识与写意性、虚实相生等原则;而且那轻灵奇巧而又不失雅致,世俗趣味与人间情怀相统一,以及技工于巧,在变化中求统一、在对称中见和谐的奇思巧构等审美风尚,既如璀璨群星映照着那个遥远的时代,又作为源头活水滋润着后世工艺美术的发展。这主要体现在以下六个方面:

第一,东周器物浸染着世俗的人间兴味,活泼的生活气息迎面扑来。这种气息一方面表现在器物新增的种类上,而尤其渗透于器物的造型、纹饰和铭文中。在器物种类方面,玉器中除玉梳、玉刀、玉册、玉牌、玉笄等日用器物的大量出现外,经由兵器转化来的玉扳指、玉剑饰、玉带钩等也都表现出浓郁的生活气息。陶器中作为明器的彩绘陶的兴盛,透露出国人一贯的"向死求生"的世俗趣味。在造型方面,极为典型的如青铜器莲鹤方壶,"它从真实的自然界取材,不但有跃跃欲动的龙和螭,而且还出现了植物:莲花瓣"①,终于挣脱了庄严神秘的宗教和繁缛规整的礼教的束缚。在纹饰方面,除了继承传统的动物仿生纹饰和几何纹饰以外,现实的生活场景和社会画面也逐步进入器物工艺的表现视野,出现了一些刻划有鸟、兽、人物骑射和狩猎宴饮等生活内容的花纹图案。这对于后来的人物画有着先导的意义。在青铜器铭文方面,除秦系外,齐系、楚系都摒弃了西周森严肃穆的风格,而通过纤细的线条和美化的字形显示出活泼清新的新风貌,甚至产生了生动奇诡的鸟虫篆。人们在栩栩如生的器物中传递着他们对生活的热爱,对人生的眷恋,而东周器物这种现实的世俗化的人间情怀在后世的官方和民间的器物工艺中得以承续和发扬。

第二,东周器物表现出工于巧的艺术倾向,形式美因素逐渐上升。一方面这与生产工具的进步和技术的发展有着紧密的关系。春秋战国时期,由于冶铁技术的进步,制物的工具也得到了明显的改进,铁器工具的运用更有利于工匠们得心应手地施展他们的巧思奇构。而镶嵌、错金银、镂雕、彩绘、磨光、施蜡等工艺技术的发展,使东周器物给人以强烈的审美冲击力。如青铜器中的虎噬鹿器座展现一头猛虎口衔小鹿向前奔驰的状态,纹饰以真实表现动物的神态为原则,结合鹿身的梅花斑、虎背的条斑等毛皮花纹的变化,分别镶、错以形状各异的金银纹饰,与强烈的动势相应,产生闪烁不定、富于动感的色彩效果。又如玉器中镂雕所呈现的虚空,萌生无限意蕴,回首间,蜿蜒处,恰将神龙奇凤的飞动之美表现得淋漓尽致。各种表现技法在不同器物间的相互借鉴和运用,共同雕刻着东周那个错彩镂金、雕缋满眼的艺术世界。另一方面,东周器物的工于巧又是时代发展的必然走向。在长期的、零散的经验积累中,东周工匠们对美的形式法则有了自觉的意识,并自觉地按照形式美的要求去设计和创造,以求实现文质殊胜的艺术效果。如各器物中复合造型的出现,变化中见统一;纹饰上也体现出很强的装饰性,主次纹样巧妙搭配,空间布局巧妙有序等都是在长期的摸索中,开始形成自觉的设计意识。青铜器铭文方面,线条的横平竖直,结体的均匀平整和布局的规范统一以及布白的疏密有

---

① 宗白华:《宗白华全集》第3卷,安徽教育出版社1994年版,第451页。

致都是追求形式美的具体表现。此外,东周社会神性衰退,人性方滋,统治阶级奢靡的生活欲望毫不掩饰地表现出来,体现在器物上,就是沉醉于造型的轻巧与纹饰的绮丽。由此,庇护于统治阶级羽翼下的百工自然要迎合这种审美趣味,既要彰显统治者尊贵的身份、雍容的气度,又要显出独特性,追求形式的精美与雅致。而对奇巧淫技的批判,道与器的争论亦滥觞于此期。但作为器物发展的早期阶段,东周器物追求形式美的过程中体现出的雅致还有一定的限度,表现出原始的生气。

第三,东周器物在造型和纹饰方面还表现出变化中见统一,对称中见和谐的奇思巧构。在造型方面,复合造型大量出现。无论是青铜器中的虎噬鹿底座、莲鹤方壶、错金四龙四凤方案,还是玉器中的玉四节佩、玉透雕三龙形饰以及陶器中的羊钮陶鼎、虎头形陶水管,设计者既求变求新又求稳求和,既有基于实用的理性追求,又不失浪漫的想象和写意式的模仿,设计之巧令人赞叹。在纹饰方面,东周陶器主次纹样分明,空间布局合理有序。拿玉器来说,山东曲阜鲁国故城乙组 52 号墓出土的战国早期玉器,"玉璧内外缘有阴线刻轮廓线。肉上纹饰用一周隐起的陶索纹分隔成两重纹带;内区满饰卧蚕纹;外区四组双尾龙纹,双尾龙纹之间有弦纹隔栏。龙纹在隔栏内互相蟠绕"①。这里阴线条、陶索纹、弦纹的运用增强了区间感和节奏感,而卧蚕纹、龙纹装饰其间又使空间充盈,纹饰布局极其有序,既富于变化,又不失统一。在青铜器铭文方面,东周铭文字形趋于方正,布局同样纵横交错趋于规整,如《秦公簋》字体大小匀称统一,布局严谨有序,设计精致巧妙。当然最为称道的还是依形饰纹,纹饰与造型的和谐统一。如东周陶器中一般是瓮、坛和体型较大的罐拍印米字纹、方格纹、米筛纹、粗麻布纹等比较粗犷的花纹,显得雍容大度;小件器物如盂、钵和各式小罐等拍印细麻布纹等一类比较细腻的纹样,给人以细腻优柔之感。总之,东周器物在有限的空间束缚中表现出无限的审美意蕴。

第四,东周器物的整体风格由规范质朴走向轻灵奇巧。这主要表现

---

① 杨伯达主编:《中国玉器全集》上,河北美术出版社 2005 年版,第 265 页。

在器型由厚重而轻灵,造型由严正规范而自由灵活,纹饰由简约而繁缛,从而更富有人间趣味。虽然这些常常是细处着眼,局部演变,但在时间的推移中却不断地改变着东周器物整体的审美风貌。在造型方面,如东周青铜器鼎,设计者往往会在下部装上比较高的三柱或四柱形的足,以形成"虚"的空间,和厚重的上部相呼应,既符合实用要求又缓解了青铜器的笨拙之感,虚实相应,富有空间感和轻灵之美。又如东周玉器的玉龙佩在不断发展过程中,龙身由短肥微曲向瘦长和极度蜷曲发展,多采取"S"形,极能表现那种飞腾之势、灵动之美。在纹饰方面,器物常采用主次纹样相互搭配,空间布局有序而多变,节奏鲜明,流动不居,与造型相互契合,更添轻灵奇巧之美。在青铜器铭文方面,东周铭文线条由丰腴而纤细,结体由朴质而谨严,规范之中更显飘逸和灵动。

　　第五,东周器物在大一统的审美特征中又表现出明显的地域性特征。由于受地理环境、思想观念、风俗习惯和宗教信仰等方面的影响,各诸侯国地区在器物工艺上形成了各具地域特色的审美趣味和艺术风格。在陶器方面,如秦国所用的釜、甑、盆等就体现出与其他地区不同的质朴洗练、求实尚用的制陶风格,而四川巴蜀地区的陶器造型则明显受楚国以修长高挑为美的审美风格的影响。在玉器方面,如湖北省曾侯乙墓出土的玉多节龙凤纹佩,集龙凤于一体,正面侧身兼备,对称而又富有变化;纹饰繁缛,集切割、阴刻、阳刻、接榫、碾磨、镂雕等技艺于一体。此种玉佩在其他地区少见,其雕琢之精,构思之巧可算战国玉器工艺的奇葩,从某一侧面反映了战国时期曾国王室独特的审美追求。在青铜器铭文方面,这种地域特征得到了最好的体现,如以《齐侯盂》为代表的齐系铭文瘦削挺拔,骨气奇高;以《王孙遗者钟》为代表的楚系铭文则崇尚柔婉飘逸,柔美灵动;以《秦公簋》为代表的秦系铭文则以方正规整,平实稳健见长。各地器物既独具特色,又相互影响,共同推动着整体的时代审美浪潮的翻滚。例如,"东周青铜器文化中关系密切的郑器和楚器的源头均是西周青铜文化。春秋中期后,郑器进入成熟期,以华丽的风格异于周、晋为代表的中原地区青铜器,又以完善的青铜礼器组合,规整的器型异于楚器。春秋中期前,楚器通过对郑器的借鉴,从器类、器型、组合、纹饰上吸收较多中原青铜文化因素,并形成了自己的鲜明特色。春秋中期后,楚器自身体系确立,器物组合重视水器,装饰华丽,楚器的这些特性又反过来对郑器有所影响,并通过郑器将这些风格传播到整个中原地区"①。

总之,东周器物在造型、纹饰、表现技法和艺术风格等方面都呈现出生动的形式美感,同时又蕴含着体物细腻的情感抒发。其对世俗现实生活的关注,对形式美的自觉追求,昭示着新的审美时代的到来。它所表现出的一些民族特色亦被后代传承,如文字在器物风格表现中的装饰效果,器物在统治阶级掌握下,既工于巧又不流于俗,展现出雍容大度的气质;人物画像类纹饰的构图,布局表现形式等都对后世产生了深远的影响。

第二节 陶 器

东周包括春秋和战国两个历史阶段,它以西周宗法社会基本结构的解体为特征,是我国古代社会最活跃、最剧烈的一个大变革时期。集实用与审美于一身的陶器也在这次大变革的洗礼中焕发出时代特有的风貌。东周陶器仍以泥制或砂制灰陶为主,印纹硬陶和原始瓷在长江中下游地区较为流行。在制法上盛行轮制,陶质细腻,器型规整。器表纹饰以素面或磨光者居多,主要饰绳纹,兼有一些弦纹、划纹、附加堆纹和暗纹等。此外,一些陶器还装饰有制作精美的仿生型和几何型花纹图案。陶制品种类繁多,包括日用陶器、陶制生产工具、建筑用陶、陶塑、陶礼器和陶明器等。日用陶器的种类比西周略有减少,制作简单,艺术性不强。而作为建筑用陶的陶砖和瓦当以及作为陶明器的彩绘陶等却极为兴盛,它们制作精美,形式多样,具有很高的艺术审美价值,代表了当时制陶工艺的最高成就。在春秋战国两个不同的历史时期,陶器的品种、形制、器表花纹装饰和烧成温度等方面都有不同的特征。而东周列国由于政治经济发展的不平衡,加之文化传统、风俗习惯等方面的差异,又使陶器的制作和生产呈现出明显的地域性特征。

---

① 杨文胜:《郑国青铜器与楚国青铜器之比较研究》,《中原文物》2002 年第 3 期。

一、文化背景

春秋战国时期是我国历史上的大变革时期,表现为春秋时期的礼崩乐坏和战国时期的革旧立新。这一变革既有社会基本结构的解体,又伴着社会文化心理、思想观念的解放。铁器的使用和牛耕的推广极大地促进了社会生产力的发展,并使西周时期的宗法制走向衰亡,政治上出现了《礼记·郊特牲》记载的"天子微,诸侯僭;大夫强,诸侯胁"的混乱局面,而社会的巨变震荡着当时人们的社会心理。伴随着心灵的阵痛,人们的社会观念,包括审美观念也发生着巨大的变化。殷周以来的远古巫术与礼教传统在迅速地退却,"'如火烈烈'的蛮野恐怖已成过去",原始的非理性的不可言说的宗教情绪和西周以来的宗法礼乐传统再也无法束缚人们的心灵,"理性的、分析的、细纤的、人间的意兴趣味和时代风貌日渐蔓延"①。从此,中国古代社会在意识形态领域进入了第一个理性主义新时期,在理性之光的烛照下,人们开始了对生活中美的自觉追求与创造。反映在陶器等日用器物上,器型由厚重而轻灵,造型由严正规范而自由灵活,纹饰由简体定式抽象化而繁复多样理性化,手法由象征写意而具象写实,风格由神秘静穆而自由奔放。总之,东周陶器在社会的大变革中正逐渐由宗教化、礼制化走向理性化、世俗化。

就陶器自身的历史演变而言,在由青铜时代过渡到铁器时代的过程中,东周先民在承袭前人制陶工艺的基础上,积极地革新技术,推陈出新,制陶工艺有了很大进步。圆窑窑炉结构的改进和龙窑的使用,保证了陶器的烧成温度。而战国时期陶器生产的集中化、专业化以及私营制陶作坊的出现进一步促进了制陶手工业的繁荣。另外,陶制品的商业化和列国之间的经济文化交流等,也要求在保证陶器实用性的同时,不断提高陶器的审美性、艺术性。陶器正自觉不自觉地从陶技走向陶艺,从生活走向审美。

---

① 李泽厚:《美的历程》,三联书店 2009 年版,第 46 页。

二、造型特征

东周陶器在不同的历史时期呈现出不同的造型特征。春秋早中期的陶器基本上承袭了西周晚期陶器的制陶风格,大多为严整规范的几何造型,只是形制较西周时期相对简单。春秋晚期以后,随着社会生产力的发展,制陶手工艺的进步以及审美趣味的变化,东周陶器逐渐摆脱西周陶器那种程式化、规范化的造型,形成了具有自身时代特征的灵活多样的造型风格。

首先,东周陶器造型的内容和题材有了新的变化,以动物为主的仿生造型在东周陶器中较为流行。曾经盛极一时的仿生造型经过西周时期的沉寂之后,在东周又一次焕发出生机。但与此前具有浓郁原始巫术宗教色彩的仿生造型不同,东周陶器一洗原始仿生造型的神秘、凝重与恐怖,表现出一种轻松愉快的生活气息。动物形象传递给人们的不再是一种不可言说的神秘力量,而是一幅幅栩栩如生的生活画卷。从此,陶器的仿生造型逐渐开始从蒙昧时代的娱神走向文明时代的娱人。例如,1958 年 5 月河北省易县东南战国时期燕国的下都故城遗址出土的虎头形陶水管,该水管由灰陶制作,长 120 厘米,前半部塑成虎头形,直径 44 厘米,后部为圆管,径略小于前半部,为 38 厘米。虎头造型生动,制法洗练明快,借圆管之圆口稍作切削而成大张着的虎口,再用简洁的双勾阴线刻画出虎的颜面各部位。挺拔的鼻梁,舒张的鼻孔,圆睁的双眼,因警惕竖起的双耳,栩栩有神。前肢屈曲,给人以匍匐在地的印象,即使虎口大张也不觉得可怖,反有一种驯顺的憨态,顺从地接受着人们的驱使。再如河北中山国墓出土的战国陶鸟柱盘,该盘通高 17.8 厘米,盘径 23.2 厘米,浅腹,侈口,中间圆柱形柱上塑有一陶鸟。该鸟造型轻盈别致,刻画逼真,鸟头高昂,与头部平衡对称的尾翼笔挺,双翅振振,呈疾飞状,极具动感,充满生活情趣。

其次,东周陶器仿青铜器造型更多的是一种复合造型。东周时期,礼崩乐坏,诸侯争雄,社会动乱,青铜器已丧失了其作为庙堂重器的神圣地位。因此在制陶方面,仿制青铜器蔚然成风。东周陶器中的仿青铜礼器也随着青铜艺术的衰退而走向轻灵奇巧,追求一种无伤大雅的复合造型。例如,1991年河北省赤城县半壁店出土的战国时期的磨光灰陶鼎,通高43.5厘米,口径28厘米,深腹圜底,附耳很高,有方穿,三蹄足较高,上饰有兽面。有盖,盖为鼓顶,盖周附三只羊形纽,羊首高昂,圆目张口。鼎腹部及盖面饰有涡纹组成的网纹带,耳上有连续的“S”形纹饰,均为刻划纹。这是一件典型的复合型陶器,就其整体造型而言,它既吸取了青铜鼎的磅礴气势,又以细密有致的纹饰与轻灵活泼的羊纽,使器身由庄重走向轻巧。圆目张口的羊头与沉重大气的器身动静相谐,既富于浪漫的想象,又基于理性的追求,具有一种精湛典雅的造型风格,与商末周初那些充满神秘静穆气氛的青铜礼器大异其趣。

再次,传统的几何造型由严整规范走向纤细玲珑。东周陶器打破了西周以来的程式化的造型规范,追求一种纯粹的、自由的、更富有韵味的几何造型。如果说商代的陶器表现一种质胜文的神秘感,西周陶器表现一种文质彬彬的静穆感,那么东周陶器则表现一种文胜质的形式美。人们不再去关注陶器造型所表征的那遥远的巫术礼仪、宗教情结,不再去恪守那纲纪过去的礼乐传统。他们只关注现实的生活,关注陶器造型中物化了的生活中的点点滴滴。因此在陶器的造型上,人们在满足实用要求的同时,更多的是去美化它的形式。点、线、面诸要素的灵活调动,线条勾勒得出神入化,浪漫的想象、奔放的激情以及理性的焦灼,共同凝铸成一个富有生活气息的几何体。例如,春秋早晚期陶器的形制就有明显的不同。鬲足由早期的矮胖袋足发展为后期的象征性的乳头足,直至发展为釜;早期豆内外有折棱与折角,晚期则发展为外弧内折;陶盆由早期的折沿斜面发展为晚期的折沿圆弧面。由此可见,东周陶器几何造型中灵活的弧线造型日渐取代呆滞的直线造型,器型也变得更为流畅、圆融。

最后,东周陶器在造型上还表现出更为明显的地域性特征,反映出各地区、各民族不同的审美趣味。由于地理环境、文化传统、风俗习惯的差异和政治经济发展的不平衡等,各诸侯国地区的陶器造型也呈现出明显的地域性特征。大体可以分为三晋中原地区,以关中为中心的秦国地区,南方楚国地区和东南吴越地区。如秦国所用的釜、甑、盆等陶器造型就体现出与其他地区不同的质朴洗练、求实尚用的制陶风格。釜的腹上有短颈，以加强口部的承受力。甑，形如折腹盆，下腹斜收，在大小不同的釜口上均可使用。甑口唇面平宽，使覆盖在口上的折腹盆放置牢固，不易滑脱。使用时，盆作为甑的盖，甑置于釜上，构成一套大小相配、盖合紧密的完整的炊器。

另外，在少数民族地区还有大量具有独特民族个性、造型别致的日用陶器。位于我国西南部的四川巴蜀地区，常见的日用陶器有杯、壶、罐等。杯多数作喇叭口，有的是亚腰凹底，有的束颈、球腹、喇叭形圈足；也有的圆筒腹、平底，腹部环装三个不同等高的器耳，形式多样，大小不一。壶为喇叭口，椭圆腹，平底，肩部装一个斜直的管状流。这些器物在造型上明显受楚国地区以修长高挑为美的制陶风格的影响，同时其别致多样的造型和纹饰又表现出强烈的民族色彩，体现着他们对本民族生活的独特体验和感悟。

总之，东周陶器在造型上既有栩栩如生的仿生造型，又有纤巧玲珑的几何造型。它们都是东周先民观物取象的结果，凝聚着他们对现实生活的深切体验与感悟，体现了他们独特的思维方式和对自由活泼的造型风格的追求，对后来秦汉陶器的造型产生了深远的影响。

三、纹饰特征

东周陶器纹饰方面的显著特征就是装饰图案的繁复性、写实性和鲜明绚丽的色彩意识。东周陶器的纹饰除了拍印传统的绳纹、弦纹、划纹等之外还装饰有制作精美的线刻图案。它们有的是仿生性的兽纹、龟纹，有的是彩绘的几何纹，如漩涡纹、三角纹、矩形纹、水波纹、方连纹、"S"形纹、雷纹、云纹、柿蒂纹、龙凤纹和蟠螭纹等，有的是磨光暗花。总之，东周陶器的纹饰繁多，色彩绚丽。作为纹样，它们更多地是一种独立的审美装饰，而此前那种种不可言说的神秘已经基本消失。

首先，东周陶器的纹饰讲究纹样的图案化、写实化，丰富的生活题材被摄取概括到陶器的纹样装饰中。东周先民近取诸身，远取诸物，立足于现实，从丰富而又鲜活的日常生活中去寻找美、发现美、表现美。因此，生活中的花草树木,鸟兽虫鱼,乃至宴饮、狩猎、战争等无不成为他们表现的题材。他们用精湛的制陶工艺,把他们所感悟到的生活瞬间,物化到陶器的纹饰当中,成为"有意味的形式"。

与庙底沟等史前彩陶装饰图案的写意性不同,东周陶器在纹样装饰上由此前的抽象写意走向具象写实,强调纹饰的真实性、形象性。东周先民重写实而轻写意,并不意味着东周先民的审美意识淡薄了。而且,正是东周先民有了更强的审美追求,也有了更高的发现美、表现美的能力,所以他们才自觉地去追求生活中那鲜活的美,而不是先前那些抽象的、象征的、不可名状的东西。这一特点在战国时期的建筑用陶上有明显的表现。战国空心砖的表面印有形式各异的装饰纹样,其中既有传统的几何纹,也有大量刻画有鸟、兽、人物骑射和狩猎宴饮等内容的花纹图案,这是秦汉瑰丽多彩的画像砖的滥觞。就图案纹饰的表现手法而言,空心砖的形象塑造与青铜器装饰纹样的风格有些相似,两者都具有形影观察和线描表现两个特点。尤其是写实纹样,它们的形象都是在一个平衡的规矩内展开各种主题的运动变化,它们或静止,或行进,或飞升,或流连顾盼,其线条之生动有如行云流水,繁复而不紊乱。

第二,东周陶器尤其是彩绘陶器还表现一种鲜明绚丽的色彩意识,寄寓了东周先民那热烈奔放的生活激情。东周时期出现一种有别于史前的彩陶与黑陶的彩绘陶。它是在素面磨光的灰陶器表用红、白、黄、蓝等色绘制出宽窄条带纹、三角纹、旋涡纹、水波纹、矩形纹、云雷纹、柿蒂纹、龙凤纹和蟠虺纹等纹饰,其中有的直接绘在陶器表面,也有的在涂有白或黄的底色上,再用红、黑或黄等颜色进行绘制。彩绘陶鲜艳醒目,在装饰上追求视觉的真实、刺激,而后世陶艺中所倡导的"塑形绘质"的审美观念早在东周就得以实践和彰显。

彩绘陶器那夺人心魄的色彩承载的是东周社会那沧海横流的时代气象,物化的是东周先民那真挚丰富、昂扬奔放的生活激情。色彩存在于生活中,存在于人们的情感体验中,存在于情感的物化产品中。人们往往会借助那绚丽多姿的色彩去表现内心深处那捉摸不定的情感。东周先民对社会变革的深刻体验,对现世生活的关注与留恋,对人生意义的冥想与追问……所有一切无不浸染到那包孕万言的色彩中,驻足于那光彩照人的陶器上。

第三,在传统的几何纹饰上,东周的陶器艺术家借鉴摹仿青铜器的装饰纹样,采用蟠龙纹、蟠夔纹、蟠螭纹等变形几何纹。与先前的云雷纹、勾曲纹等相比,它们具有更好的装饰效果。作为地纹,云雷纹需要其他主题的衬托,否则就会平淡无奇,而蟠龙纹等却并不依赖其他主题;相反,蟠龙纹作为地纹却可以使其他纹饰主题更为突出,更为鲜明。同时,这一新型的纹饰也可以作为一种独立纯粹的装饰形式。由于龙形主要由曲线组成,它就可以针对不同造型的需要展开任意的变化。有时它的面目突出,独领风骚;有时它若即若离,变化多端;有时它静止犹如沉渊。而二方连续、四方连续的装饰布局,也使其极富艺术装饰性。

总之,东周陶器的纹饰内容丰富,形式多样,既有仿生动物纹又有彩绘几何纹。而反映现实生活的写实性图案,构图严谨,运笔流畅,制作精美,色彩绚丽,表现一种繁复绮丽的装饰风格,极富装饰性和观赏性,体现了东周先民对装饰美的自觉追求。

四、艺术表现

东周先民在借鉴前人制陶工艺的基础上,运用自身的聪明才智,根据时代的审美要求和民族的审美趣味,创造性地改进了许多制陶方法,既提高了陶制品作为生活之物的实用性,又升华了其作为艺术品的审美性,特别表现在内在胎质与外在装饰浑然一体所呈现出来的风韵。

首先,绘画、雕塑、漆艺等作为艺术技法综合运用于东周陶器的制作和艺术处理中。绘画、雕塑与漆艺作为一种艺术,在东周虽然有较大发展,但更多的还是表现在陶器等器物的艺术处理中。绘画技法在陶器中的运用,极大地提高了陶器的装饰效果。线条的运用,对色彩的驾驭以及构图画像的能力都使陶器在装饰上表现出一种独特而精妙的艺术风格。其一,注意画面的层次性。在绘画装饰中,商周时期流行的剪影式演变为图解式。作为一种装饰形式,其着色简单,层次鲜明,格调浓烈。运用平涂色块、点描线勾等手法,有力地烘托出画面的各种主题,具有一种远景式多层次的艺术效果。其二,彩绘陶器讲究纹饰色彩的搭配与对比。如粉绘常用朱、黄、白或黑、白、朱等多种颜料配合绘成,多数用三种色彩,也有用朱、黄二色的。楚国等地常用白色作底,然后绘朱、黄彩,少数用黄色作底再画朱、白彩绘。其三,构图中注意对空间感和运动感的表现。东周的陶器艺术家用毛笔绘图画像,毛笔的弹性柔韧能充分展示点、线、面的抑扬顿挫等微妙的变化,另外毛笔构图的灵活性还有助于进行精致的细节刻划,表现一种虚实相生的空间意识。例如,长沙所出土的战国时期的彩绘陶俑,造型虽稍有程式化的倾向,但也是现实生活的再现。人物所着的衣帽均刻划有美丽的花纹图案,既是对当时的人物及其服饰的写照,又对后世产生了相当的影响。

雕塑工艺在陶器中的运用,既有栩栩如生的独立的雕塑作品,而更多的是作为器物装饰成为器物外观造型的一部分。东周时期雕塑工艺发达,刀法圆熟的线刻,深浅有度的浮雕,基于现实而又富于想象的表现手法,使陶器的造型奇巧工丽,优美和谐,使器表纹饰细腻繁复,形象生动,整体上表现为一种洗练明快的风格。例如,1991 年河北省赤城县半壁店出土的战国陶方壶,该壶方形,口微外侈,长颈四面附兽面衔环,四面拐角处各附一卧虎,虎作回首翘尾状,壶身饰彩绘。该壶也是典型的复合型陶器,战国的陶匠在结合实用的基础上,尽情地发挥想象,巧妙构思,精雕细琢,既突出了卧虎的威严气势,又体现了十足的生活情趣。

战国时期漆器手工业发达,青铜器的制作也出现了不少新工艺,如错金银、镶嵌、线刻等,它们给制陶工艺的改进和提高以重大影响。在陶明器中,磨光、暗花和彩绘等多种装饰方法迅速发展,以求达到青铜器、漆器的艺术效果。产生于战国中期的漆衣陶器,就是漆艺在陶器上的运用。漆衣陶器是一种在陶器上髹漆作画的器物。在涂有黑漆的底色上,施以红、黄、蓝、绿等彩绘,勾勒出一个多姿多彩,斑驳陆离的艺术世界,造成一种强烈的视觉冲击力。例如,1978 年湖北省云梦县文化馆在城头东郊珍珠坡发掘的战国中期楚墓中,出土了成套的仿铜漆衣陶礼器,器型为壶、钫、豆等,同墓还出土了用漆彩绘的鼎、敦、高足壶、豆等陶器。该墓所出土的漆衣陶器及彩绘陶器用漆以黑、红、白和金粉彩绘为主,纹饰有弦纹、蟠虺纹、三角雷纹、斜角雷纹、卷云纹、变形蟠虺纹、网纹等。这些漆衣陶器流光溢彩,达到了漆器的艺术效果。其纹饰的精美,色彩的绚丽记录了当时那个风云变幻,个性张扬的时代。

其次,根据器物造型安排纹样装饰,追求纹饰与造型的和谐统一。给器物拍印各种花纹既是成型的需要,也是为了美化器物。所以花纹往往根据器物的形状和大小而分别选用,精美的纹饰往往布置在器物外表比较显眼的部位。一般情况是瓮、坛和器型较大的罐拍印米字纹、方格纹、米筛纹、粗麻布纹等比较粗犷的花纹,显得雍容大气;小件器物如盂、钵和各式小罐等拍印细麻布纹一类比较细密的纹样,给人以细腻优柔之感。一些彩绘纹饰也按照器物的不同形状和部位有选择地运用。它们画在器表或盖上,组成各式的纹饰带,绘于器物的颈腹部,上下配合,前后对称,编织成色泽鲜艳、绚美华丽的完整画面。

总之,东周时期窑炉结构的改进,陶器生产的集中化与专业化等极大地提高了制陶的工艺水平。而绘画、雕塑、漆器等工艺手法的借鉴和运用,使器物造型灵活多样,纹饰丰富多彩,陶器由生活之物更多地升华为艺术之物。作为一种器物文化,东周陶器特别是战国时期的陶器,在造型、纹饰和表现技法等方面呈现出生动的形式美感和丰富的情感意蕴,体现了沧海横流的时代旋律。其中既有风云际会、个性张扬的时代摹写,又有体物细腻、感慨良多的情感抒发。其杂采众长、灵活多样的表现手法,洗练明快、自由奔放的艺术风格,体现了东周人丰富的想象力和高超的创造力,反映着他们的精神追求和审美理想。陶器表现出的对现实的关注,对人生的眷恋,具有一种质朴而强烈的人文关怀。所有这些无不代表了一种全新的审美趣味,昭示着一个新的审美时代的到来。

第三节 玉 器

玉器发展至东周这样一个极为动荡变革而又极富思想性和创造力的时期,并未因长年战乱而黯淡了光芒;相反,它继承了西周以来的技术和文化的能量,在春秋到战国的不断琢磨过程中,达到了玉器发展历程中一个新的高峰。东周玉器中,玉佩饰大量增加,还出现了精巧的玉扳指、玉剑饰、玉带钩等,表现出较浓的世俗趣味和日常生活气息。在造型方面和纹饰方面,奇思巧构,装饰化和图案化意味很浓,从近取诸身,远取诸物的摹仿走向一定的自觉的形式设计,标示着玉器制作逐渐走向工艺化的进程。另外,东周玉器还渐渐挣脱了繁缛礼制的束缚,整体风格由西周玉器的规整质朴转向活泼灵动。无论是造型、纹饰还是风格上,东周玉器都给人以强烈的时代激情和审美冲击力。

一、时代背景

工艺制作一般在动荡年代都会受到相应的冲击,而东周玉器在动荡的社会里不衰反盛,有其特殊的时代背景。平王东迁以后,西周森严的等级制度和礼乐制度逐步走向瓦解,东周社会诸侯争霸,战乱不断,纷争频起,礼崩乐坏。由"礼乐征伐自天子出",变而为"政自诸侯出",又变而为"政自大夫出"。中央集权的削弱导致了各诸侯僭礼成风,《论语·八佾》记载让孔夫子气愤地发出"是可忍也,孰不可忍也"感叹的"八佾舞于庭",就是众多僭礼举动之一。在此背景下,赋予浓厚的政治色彩、浸染着深刻等级制度和礼仪制度的玉器,自然也会被加以利用。这就刺激了玉器的需求、生产和发展。一方面,玉器制作可以在统治阶级的庇护下有一个较为安定的制作环境;另一方面熟能生巧,通过大量玉器的制作生产,制玉工艺会相应提高,玉器日益精美。所以,东周玉器的发展不仅表现在品类、数量的大大增加和繁荣,还表现在形式技巧有了显著提高,线条婉转柔美,造型精美奇特,呈现出崭新的审美风貌。

东周社会充满动荡变革,思想领域也产生了剧烈的碰撞,出现了百家争鸣的局面。在用玉理论上,各家依据自己不同的利益提出了不同的主张。如墨子表现出他一贯的节用、爱民的朴素情怀,视用玉为奢侈的活动,《墨子·辞过》说"费财劳力不加利"。法家韩非子则从功利主义出发,虽然欣赏质美的玉器,但同时也认为不能实用的玉器还不如一件瓦器。大家各抒己见,可见玉器当时正渐渐地从神秘的殿堂走向世俗。在器即是器和器亦有道的矛盾分岔口上,儒家因势利导,重新阐释了自己的用玉理论,将对玉器的需求从外在的神权等级律令转向内在的道德追求,《荀子·法行》记载质问于孔子"君子之所以,贵玉而贱珉者,何也?"孔子曰:"夫玉者,君子比德焉。温润而泽,仁也;栗而理,知也;坚刚而不屈,义也;廉而不刿,行也;折而不挠,勇也;瑕适并见,情也;扣之,其声清扬而远闻,其止辍然,辞也。故虽有珉之雕雕,不若玉之章章。诗曰:'言念君子,温其如玉。'此之谓也。"在等级化、礼制化的标签下,玉器又具有了人格化的含义,这一思想同时符合统治阶级的政治目的,因而得到宣扬和传播,既延续了悠久的用玉传统,又给予了玉器一个世俗而又尊贵的地位,成为支配玉器发展的又一股新鲜而富有生命力的思想脉流。东周玉器玉佩饰的大量增加,呈现出日渐小巧化、精致化的倾向,也是受这一思想的影响。

春秋战国时期,制玉工具的提高,玉料的精美和广泛传播,对玉器的发展也起到了很重要的推动作用。可见玉器的审美特征不仅受社会文化方面的影响,基础性的物质存在的变化也可以对玉器的发展起推动作用,如《考工记》所云:"天有时,地有气,材有美,工有巧,合此四者,然后可以为良。"春秋战国时期,铁制工具广泛运用,使制玉工具也得到了显著的提高。砣具大大改进,旋转速度加快。"工欲善其事,必先利其器",构思得以完美落实必须借助得心应手的工具。阴线、阳线、直线、曲线、宽线、细线等各种类型线条的使用与镂雕、抛光、浮雕、镶嵌等塑形技术的运用,加上巧妙的艺术构思和熟练的制玉流程,使东周玉器在造型、纹饰方面具有令人惊叹的形式美。再者,器物之美很大一部分依赖于材质。自西周传说中的"穆王西巡"起,新疆和田玉得到广泛的运用。春秋战国战乱频繁,间接促使玉料流通方便,而不拘于地域。东周出土的玉器就质地而言,有许多属于上乘玉料。有些白玉白如凝脂,细腻非凡;有些黄玉犹如新剥蒸栗,明艳可爱;也有一些青玉如潭水苍苍,幽光暗放。工匠们充分发挥了自然赋予这些玉料的丽质,使玉料在技术的发掘下,自然因素得以很好的表现。温润秀美的玉料加上精雕细琢的技术,使东周玉器给人以精彩纷呈、琳琅满目的感觉。

二、造　型

时代的因素和技术变革凝为合力,影响着东周玉器的发展。东周玉器的品种大致沿袭前代,但亦有显著变化。礼玉类有玉璧、玉琮、玉圭、玉璋、玉璜、玉环、玉戈等,更为注重纹饰,但数量比前代相对要少;装饰玉类,动物型仿生玉饰较为少见,仅有虎、鱼、蝉、蚕、鹦鹉、马等;几何型玉饰则更为多种多样,有长方形、半圆形、三棱形、管形、弧形、长条齿边形、竹节形等;日用器类如梳、刀、灯、册等。还有成组串饰及组佩,玉镯、玉牌、玉笄等,此期出现的小巧精致的玉扳指、玉剑饰、玉带钩等也表现出较浓的日常生活气息;丧葬玉类则有玉晗、玉衣片、缀面玉罩等。它们在造型上形成了时代的独特特征。

首先,龙凤不仅仅是作为装饰的纹样而出现,还成为造型的重要手段。龙凤造型主要分为三种情形:一是单独成形,如山西太原市金胜村晋卿赵氏墓出土的春秋玉佩,河南省淮阳县平粮台 16 号墓出土的战国玉佩等,多作回首屈身翘尾状。二是依龙凤之形制物,如 1977 年安徽省长丰县杨公 2 号墓出土的战国晚期玉条形觿,鸟体弯曲作弧形,顶端鸟首、长冠、尖喙,中部鸟翼向上卷扬,以细密的斜阴线饰羽毛的尾翎向下垂弯,呈锐利的锥状,用以解结,既符合实用的目的性又不失美的规律性。三是成对出现,如河北省平山县七汲村中山国 3 号墓出土的玉透雕四凤饰,1 号墓出土的玉双龙佩。另外,东周玉璧和玉璜的内缘或外缘经常雕以对称的双龙或双凤,神秘而美丽。

龙凤造型的盛行究其原因,一方面是时代因素。虽然春秋战国时代神性衰退、人性滋长,但玉器作为祭祀礼仪用品,龙凤依然充满神秘的意味,其飞腾之势如《易·乾卦》中"飞龙在天"所言的意趣,表现了那种激荡勃发的时代精神,亦成为各诸侯贵族肯定自我权力,张扬自我的一种潜意识象征。这在以后历代帝王将相的服饰、居室、日用器物中可见一斑。另一方面则是镂雕工艺的发展。在此之前,也有玉器采用了镂雕技法,但到了战国,镂雕工艺空前发展,甚至成为雕琢和造型的重要手段。宗白华先生谈到中国建筑的美学思想时讲道:"中国古代工匠喜欢把生气勃勃的动物形象用到艺术中去,可以体现一种飞动之美。镂雕中的虚空是萌发无限动意的源泉,回首间,蜿蜒处,将神龙奇凤的飞动之美表现得淋漓尽致。"

其次,复合造型大量出现,奇思巧构,变化中求统一,对称中见和谐。这主要出现在战国玉器中。如1978年湖北省随州市擂鼓墩曾侯乙墓出土的战国早期玉四节佩,"系一块玉料透雕成三环四节而成一器。其中间一环是活动的,上下两环皆不能自由折卷。三环首尾相接,组成龙纹。各节镂雕龙凤布列左右:其第一节刻双凤对首;第二节雕双龙呈相反的'S'形蟠绕,其尾端化而为凤;第三节刻双龙作对称的卷体状,分置于横长方形镂空环的两侧;第四节系两小龙,龙首相对,龙身向左右曲伸,尾部向下旋转"①。玉佩雕琢精巧,整体呈左右对称,充满稳定感和秩序感。然观其局部,有相向对称,也有反向对称,即使同是龙形,或卷体状,或"S"形蟠绕,或自然左右曲伸,形体有大有小,龙首龙尾在曲伸方向上变化不断,再加上娴熟的镂空技术营造的虚空灵动,整个玉四节佩变化中求统一,静中有动,极富韵律,给人以完满和谐的感觉。又如河北省平山县七汲村中山国一号墓出土的玉透雕三龙形饰,中间一环,环外雕镂三条姿态相同的龙,皆独角、圆眼、张口,屈身翘尾,作顺时针爬行状,颇富动感。中间的玉环表面刻有细密的绹索纹,环曲缠绕,亦充满生生不息的运动。而且是三龙以环为中心,玉环的内外边缘又雕琢突弦纹的轮廓周线,这种圆的重心感又使整个造型变化中有统一,飞腾舒展又不失稳定感。其实在同时代的青铜器中也出现了相似的审美特征,如中山墓出土的错金银四龙四凤方案,可见在整个时代氛围中,不同种类器物之间亦有相通之处。

再次,金玉组合开始出现,这既得利于技术的进步,工匠摸索到金属工艺与玉器工艺的相互适应性,又是时代风气使然,一股新的审美风潮暗自萌动,后世器物中追求金玉巧妙搭配所呈现的既富且贵的审美效果,便肇始于此。由于工艺的不同及应用领域的差异,在战国之前,金银器的发展与玉器的发展并未存在交集情形。但在战国时期,出现了很多金银器工艺与玉器工艺的完美结合。如河南省淮阳县平粮台16号墓出土的金

---

① 杨伯达:《中国玉器全集》上,河北美术出版社2005年版,第274页。

柄玉环首,河南省信阳县长台关 1 号墓出土的错金银嵌玉铁带钩,山东省
曲阜市鲁国故城乙组 58 号墓出土的鎏金嵌玉铜带钩,广东省肇庆市北岭
松山 1 号墓出土的金柄玉环等。对于这种金玉组合出现的原因,我们只
能依据史料加以推测。一则战国时期金银生产繁荣。如《韩非子·内储
说上》:"荆南之地,丽水之中生金,人多窃采金。"从一定程度上反映了当
时的黄金生产状况。从诸子的著作中也可以感觉到弥漫在战国时期的奢
侈之风。二则在金属工艺与玉器工艺的不断雕刻琢磨过程中,工匠摸索
到了两者的相互适应性。同时期的青铜器物虎噬鹿铜底座在虎鹿皮毛的
花纹上亦采用了错金银工艺手法,说明匠人已经熟练掌握了这种工艺,并
有意识地巧妙制造出一种别样的美。最重要的可能应该是这时人们对待
金玉的观念发生了一定的变化。英国学者罗森认为,金在《圣经》描述的
天国里象征金色光亮的彼岸世界,玉的温润柔和则暗合了道家白色迷蒙
的混沌的道的理想①。因此金和玉这两种材料首先被选为装饰品和器
具,后来便成为暗示超自然和天国的方法。其实,作为象征世俗权力和财
富的金与象征超然的神秘道德的玉,两者都是贵族阶级所极力推崇的,它
们的结合也就不足为奇。这对后世产生了很深远的影响,被称为展现社
会真实画卷的《红楼梦》中贾宝玉所佩之玉与薛宝钗所戴之金不就被称
为天生绝配吗?

　　总之,东周玉器的造型已渐脱离原始玉器质朴单纯的生气,走向轻灵
奇巧的风格。这样由点、线、面等构成的造型不仅仅是具有近取诸身、远
取诸物的摹仿的一面,而且开始自觉地创造一定的形式,在自然象征的旨
趣外,又增添了许多装饰和工艺的特点。

三、纹 饰

　　东周玉器的纹饰很明显地显现了时代交替所留下的继承与发展的痕
迹。这既表现在纹饰表现技法上由平雕向立雕演进,还表现在纹饰的种
类由西周神秘的动物性纹饰独领风骚,发展到动物性纹饰和谷纹、蒲纹等

---

① 罗森:《中国古代的艺术与文化》,孙心菲等译,北京大学出版社 2002 年版,第 2 页。

植物形纹饰、几何形纹饰互相搭配,层层叠叠中构造着纹饰和谐有序的空间,纹饰风格也渐趋图案化和装饰化。

首先,纹饰表现技法逐步演进,由阴线平面刻发展至阴线刻兼浮雕和减地突雕等。雕琢技法的进步增加了玉器的表现力,使玉器看上去更为光泽秀美、生动活泼。春秋早期的玉器仍带有较浓厚的西周遗风,如仍大量使用双钩阴线,但是内线细、外线宽的一面坡法已渐少见,出现了内外双线均匀的双钩阴线。早期的阴线纹仍呈平面刻,发展至后期出现了阴线刻兼浮雕的方法。如春秋晚期的许多玉龙形佩、玉璜所雕的蟠虺纹,勾勒纹饰轮廓的阴线深入地刻下去,纹饰隐起,起伏不平,立体感很强。而战国时期的谷纹已是明显采用了“减地突雕法”,即将谷纹的形状大致雕出,再将四周逐地减低,细心琢磨,使工艺了无痕迹,谷纹圆润饱满。阴线刻兼浮雕使动物形纹饰更具生命之力和飞动之美,减地突雕法也完美地表现了谷纹的圆润饱满,纹饰与表现技法互相成就,赋予东周玉器精美的形式和丰富的情感内涵。

其次,东周玉器纹饰的种类及风格在春秋向战国的发展过程中也有很大的变化,神秘的动物性纹饰依然盛行,但战国开始出现由植物摹仿变形而来的谷纹和蒲纹,纹饰风格也渐趋图案化和装饰化。春秋时期的纹饰多蟠虺纹、勾云纹、卧蚕纹、羽状纹、兽面纹、鳞纹等,仍多是出自神化的幻想动物。发展到战国一个显著的变化是谷纹、蒲纹的出现。谷纹形状圆润饱满,雕成旋涡状,像发芽的种子;蒲纹则由三种不同方向的平行线交叉组织形成的近乎六角形的纹样,似古代用蒲草做成的编织物的形式结构。有的学者认为谷纹是兽面纹的简化分解形式,但依据当时谷物的大量生产及蒲草在生活中的广泛应用,应当是随着玉器所代表的神秘的宗教气息的减弱以及长期固定的农耕文化的熏染,植物亦渐渐进入纹饰的范围,玉器开始散发日常生活气息,并体现出一种世俗的情趣。此外,春秋时期的纹饰细密而充实,至战国已由繁向简发展,布局规整有序,空间感很强。

再次,东周玉器纹饰装饰意味已经很浓,呈现出一定的区间性、有序性。玉器周边常以阴线条雕出清晰的轮廓线,使整个造型充满流动感和整体感,而蟠虺纹、卧蚕纹、勾云纹等常作四方连续图案布满器身。这一时期的玉璧一反前代的光素无纹,如山东省曲阜市鲁国故城乙组 52 号墓出土的战国早期玉璧,"玉璧内外缘有阴线刻轮廓线。肉上纹饰用一周隐起的绹索纹分隔成两重纹带;内区满饰卧蚕纹;外区四组双尾龙纹,双尾龙纹之间有弦纹隔栏。龙纹在隔栏内互相蟠绕。"①阴线条、绹索纹、弦纹的运用可以达到区间感强烈、节奏鲜明的效果,而卧蚕纹、龙纹装饰其间,又使空间充盈,纹饰布局极其有序。此外在春秋战国较常出现的玉板中,纹饰的区间性、有序性运用得也极为完美。如河北省平山县七汲村中山国 6 号墓出土的玉龙纹长方板。三条横向的隔栏将长方形玉板界成三区,每区又以雕有绹索纹的对角线隔成两个对应的直角三角形,三角形中又分别雕琢龙和夔龙,三条对角线连续起伏,龙和夔龙身上纹饰变化多样、交相对称,位置相互交错,真如凝固的音乐,流动不居,节奏鲜明。

　　总之,东周玉器既有动物形纹饰,又有植物形纹饰和几何形纹饰,并且一致追求装饰化和图案化,表现出"最具数理化的均齐之美"②。而纹饰与造型之间某些固定的甚至法则化的搭配,也标示着玉器制造走向工艺化的进程。

四、风　格

　　东周玉器线条环曲流畅,干净利落,造型精美奇特,纹饰装饰意味浓厚,既表现了先民对形式美感运用的游刃有余,也反射着那个时代如火如荼、奔放不拘的激情和对世俗生活的热爱。

　　首先,东周玉器在造型和纹饰设计上奇思巧构,表现出明显的形式美上升的倾向,这既是由于新的审美风尚的兴起,又可归结为零散的经验制作在长期的渐变中带来了形式的质变。一方面,东周玉器中世俗的人间的趣味上升,早期那种象征通天礼地,浸染着神秘的宗教气息和崇拜意味的强烈的本体存在意味已荡然无存,自然会投入对形式美的追求中。在

① 杨伯达:《中国玉器全集》上,河北美术出版社 2005 年版,第 265 页。
② 柳宗悦:《工艺文化》,徐艺乙译,广西师范大学出版社 2006 年版,第 164 页。

当时那礼崩乐坏和百家争鸣的合奏中,民本思想和理性精神上升,佩玉人格化成为新的审美风范。统治阶级保护下的玉工自然也要设法迎合统治阶级的新风范,既要表现出统治阶级尊贵的等级身份,展现出诸侯将相等贵族们雍容大度的气势,又要表现出独特性,自然要"工于巧",追求形式的精美与雅致。另一方面,技术的不断改进,材料质地的提高,也为追求形式美提供了物质的条件。匠人在大量长期的制作中所积累的关于美的形式的经验也不容忽视。虽然如宗白华先生认为东周时期处于"错彩镂金,雕缋满眼"的艺术氛围中,东周玉器的雅致还是有着一定的度,保持着一种原始的生气。

其次,东周玉器还表现出活泼灵动的审美风格。在纹饰方面,春秋战国流行的勾云纹、卧蚕纹、谷纹、蟠虺纹等,大量使用曲线。环曲委婉的曲线,如行云流水,充满动感。造型上,如玉龙佩,在不断发展过程中,龙身由短肥微曲向瘦长和极度蜷曲发展,多采取"S"形,作蜷身回首状。"S"形是艺术中常用的造型,如雕塑的少女就经常采用"S"形表现那种柔美感和流动感。玉龙佩也采用了这种最能表现自己飞腾之势、灵动之美的"S"形形态。而被娴熟运用的镂雕工艺中的虚虚实实,激发着欣赏者丰富的想象力,虚而不屈,动而愈出,透着无限活泼的生气和无尽的灵动。纹饰、造型和一切表现技法最后自然无痕地融合于整个玉器,使之活泼灵动,与时代精神相契合。

再次,东周玉器在大一统的审美风格中,还呈现出地域文化的特征。这种地域性是由大的时代环境下具体的特殊的土地、特殊的气候、特殊的历史、特殊的风俗等共同造就的。如山东省曲阜市出土的鲁国故城玉器,一般呈青色、青色泛黄、青色含棕、青黑色等,玉料淡雅沉稳,其造型和纹饰也多典雅大方而不失静穆,十分契合礼乐氛围较浓厚的鲁地的审美风范。河北省平山县七汲村中山国一号墓出土的玉透雕三龙形饰蜿蜒飞腾中尽显游牧民族那种奇异的想象和不拘的激情。而湖北省随州市曾侯乙墓出土的玉四节佩、玉多节龙凤纹佩等,造型上龙、凤、兽面等均有,正面和侧身兼备,纹饰上蚕纹、弦纹、云纹、绚索纹等齐汇,繁缛精美,且又集切割、平雕、分雕、透雕、碾磨、接榫等技艺于一器,奇思巧构,变化多端,形式

精巧,在其他地区少见,可称为战国工艺制玉上一枝独放的奇葩,反映出
战国曾王室在艺术领域的独特爱好和追求。各地玉器独特的审美风格如
百花争妍,共同丰富着东周玉器文化。

综上所述,东周玉器在造型、纹饰等方面既不乏丰富的自然象征主义
意趣,又有自觉的形式美感的追求。它不仅以独特的审美特征、历史面貌
活跃在那个动荡变革、充满生气的年代,它所表现出的一些特色亦被后代
所传承。如线条的环曲流畅,体现着华夏民族追求那种生生不息的运动
感和尚圆的和谐意识。又如器物在统治阶级的掌控下,既工于巧又不流
于俗,展现出雍容大度的气质。这些都对后世产生了深远的影响。

第四节　青铜器

在前代工艺的积累与进步的基础上,东周青铜器在镶嵌、包银、度锡、
鎏金及三维装饰等方面取得了显著的成就,实用功能与审美特征达到了
完美的结合,器型结构更为均匀,并注重纹饰与器型的协调、和谐,体现了
虚实相生等原则。在纹饰上,东周青铜器更注重画面的动感,更富于生
趣。随着人们思维能力的进一步提高,东周青铜器的抽象几何变形纹饰
得到了进一步发展,人物画像类的纹饰在构图、布局等表现方式方面,对
后代中国画的发展产生了深刻的影响。青铜器的风格由狰狞恐怖向优美
典雅的方向发展,主要表现为繁复华丽之美和简约素净之美的并存,空
灵、奇巧、生动,器型与纹饰浑然一体。尤其莲鹤方壶等青铜器象征意味
浓厚,寓意深远,体现了新的时代精神风貌。各诸侯国青铜器风格多元共
存,富有地方特色,对后代艺术风格的丰富性产生了积极的影响。

在春秋战国时期,青铜器的铸造和工艺技术虽有很大的发展和成就,
但由于冶铁技术的产生和发展,中国的青铜时代最终为铁器时代所取代。
尽管如此,春秋战国时代的青铜器还是把青铜器艺术推向了前所未有的
高峰,并对后世的造型艺术产生了深远的影响。从总体上说,东周青铜器
的造型由厚重变得轻灵奇巧,纹饰由神秘而变得易于理解和更接近人间
趣味。在器型、纹饰和风格方面它继承了西周的青铜器的特征,在表现力

和技巧方面又因时代特征有了自己的特色,形成青铜器发展的又一高峰,是青铜器发展历程中的重要环节。

一、创制背景

春秋战国时期是中国历史上一个大动荡的时期。这一时期最大的特点是王室衰微,诸侯并起,长期进行着争霸战争。各国为了称霸,先后进行内政改革,加强实力。在王室的地位下降,诸侯实力增强的背景下,青铜器不再是神权和王权的象征,而逐渐审美化和实用化了。东周青铜器大多为各国贵族在举行祭祀、宴飨、婚丧礼仪时所用的礼器和乐器,也有一些生活用具、车马器、乐器及工具等。在春秋战国青铜器中,各国诸侯和卿大夫的礼器数量最多,除东周王室外,几十个诸侯国都有青铜器流传至今。由于互相征伐的战争十分频繁,各国都重视兵器的研制,所以铸造兵器的青铜业技术水平高超,这时的铜剑十分锋利,矛与戈合为一体而成为戟,可以兼有钩、刺、砍等作用。特别是吴、越的宝剑,异常锋利,名闻天下,出现了一些著名的铸剑大师,如干将、欧冶子等人。有的宝剑虽已在地下埋藏两千多年,但仍然可以切开成叠的纸张。

在文化意识形态领域,"制礼作乐"、"学在官府"的文化垄断在春秋战国时期已被打破,以"士"为中心新的文化体系开始崛起,显示出春秋战国人本主义的觉醒。社会制度的解体与观念的解放是连在一起的,怀疑论、无神论思潮在春秋已蔚为风气。殷周以来的远古巫术宗教传统迅速褪色,失去其神圣的地位。作为西周"礼乐"制度象征的青铜文明在春秋战国也同西周的王权专制一样走向全面衰落。青铜器作为礼器已从宗教巫术礼仪的笼罩中解脱出来而萌发出对美的自觉追求,不再是不可僭越的"神器"。西周"礼乐"制度的崩溃,使作为"礼"的象征的青铜器制作摆脱了王室的绝对控制,列国诸侯卿大夫开始大量自铸青铜器,用于祭神祀祖的青铜器的神圣感已荡然无存,青铜礼器逐渐变为反映社会身份的象征。到东周,青铜器中的礼器比例渐小,日用器比例增大,新出现的器类有敦、盆、鉴、錞于、长剑等。

由于春秋晚期已经进入铁器时代,新兴地主阶级取代旧的贵族阶级,逐步取得政治优势而进行社会改革,新的生产关系适合于生产力的发展,从而促进了社会生产的进步。从当时各种遗存诸如玉雕、漆器、原始青瓷、纺织品等来看,制造工艺的水平的确有了极大提高,青铜铸造业并不由于青铜时代的终结而衰败,反而由于整个社会生产发展的需要而注入了新的生命力,春秋晚期的青铜铸造业在生产技术、艺术水平和器物种类等许多方面,呈现出崭新的面貌,在青铜器发展史上形成第二个高峰。由于铸造与装饰工艺的发达,不仅传统的装饰工艺如镶嵌绿松石已在器物上广泛使用,且春秋中晚期开始出现的镶嵌红铜、错金银、贴金等工艺,在这一时期得到了长足的发展,成为器表装饰的主要手段之一。同时,还出现了包银、镀锡、鎏金等新的装饰工艺。这些工艺手段往往结合使用,把青铜器装扮得五彩缤纷精美异常。失蜡法的运用在这一时期也得到进一步推广,使平面装饰增加了三维的视觉内容,给新奇清秀的器型平添了前所未有的辉煌色彩,制造出各种玲珑剔透,巧夺天工的铜器来,如战国中晚期的虎噬鹿器座、翼龙、犀牛座以及龙凤方案座等,造型之独特,结构之精巧,图纹之精美,充分显示了高度发达的手工工艺。

二、造型特点

由于青铜器的冶铸不再受到王室控制,东周时期地区性的冶铸规模不断扩大,青铜器造型开始打破旧传统的制约和束缚,逐渐出现一些新的器类和器型,表现了这一时期人们新的审美趣味和审美观念,造型由庄严肃穆走向华丽精巧,更加注重实用性和审美性,并出现了多元化的地域风格。

东周青铜器实用功能与审美特征达到了完美的结合。这时的青铜器既是不可缺少的生活用品又是包含审美理念的艺术作品。青铜器制造者在不断完善青铜器实用功能的同时,也不断吸收了新的时代思想和实践经验。总体上说,其器型由厚重而轻灵,造型设计由严正而奇巧,取代礼器而成为青铜器主体的是日常生活用品和兵器。如青铜器鼎的足,原是为了放置方便,但后来人们又进一步在足上刻上花纹兽面等图案,形成了一种独特的审美趣味。战国早期的蛟龙纹盉,鼓腹圆底,下置兽蹄足,提梁两端设龙首,向上与肩相接,后设透雕龙,下为卷尾。不论兽足,整个器皿的形态已全然似一条驰骋风云的游龙了,形象生动逼真,器型与纹饰浑然一体,相互映衬,其观赏价值远远超出了实用价值,是不可多得的艺术珍品。山西浑源李峪村出土的春秋晚期的牺尊,通体作牛形而又不十分写实,周身以模印方法施加了华美的兽面等纹饰,并在牛颈和背上的容器口沿部分饰以一圈造型很生动的牛、虎、豹等浮雕,背上开三穴以容锅,作为温酒器,脱下礼器的外衣而实现"文质彬彬"、"美善兼顾",反映了春秋战国之际艺术创造和审美观念的新变化。

东周青铜器器型结构均匀协调,纹饰线条鲜明流畅、布局有序,注重纹饰与器型的协调,在形式、韵律、节奏中体现了和谐。这一时期的艺术家已掌握了形式美的基本原则,寓变化于整齐,在对立中求统一,既继承了商代和西周对称布局的平衡原则,也开始运用了非对称的平衡原则,如络纹扁形链壶,壶背为平面,正面看似圆壶,侧看是扁壶,造型别致,富有情趣,已朦胧地包含"横看成岭侧成峰"的辩证意味了。东周青铜器所有的几何体造型都"力求使器物的上、中、下各部位比例协调,左、中、右各部位保持平衡,以便使器物的重心落在理想位置上,从而取得沉稳的视觉效果"。"器物的各种附件如耳、柱的安置,都在不破坏整体平衡的原则下进行。"①湖北随州的"连座壶",由大小形制完全相同的两圆形壶骈连座列在同一禁上。壶两侧各有一伏龙形耳,龙头上昂,龙尾上卷,龙腰弓成壶耳,龙足与壶相连,龙做回首张望态,龙的形态与壶的造型融为一体,使器物和谐稳重,灵韵生动。

青铜器造型中注重虚实相生的原则,创造出蕴涵强烈生命意识的青铜艺术。宗白华说:"《考工记》《梓人为筍虡》章已经启发了虚和实的问题。钟和磬的声音本来已经可以引起美感,但是这位古代的工匠在制作筍虡时却不是简单地做一个架子就算了,他要把整个器具作为一个统一的形象来进行艺术设计。在鼓下面安放着虎豹等猛兽,使人听到鼓声,同时看见虎豹的形状,两方面在脑中虚构结合,就好像是虎豹在吼叫一样。

---

① 朱和平:《中国青铜器造型与装饰艺术》,湖南美术出版社 2004 年版,第 16 页。

这样一方面木雕的虎豹显得更有生气,而鼓声也形象化了,格外有情味,整个艺术品的感动力量就增加了一倍。"①东周青铜器的制作也同样如此,青铜器的鼎,往往上部都比较厚重,为了不使整体上让人感到蠢笨,设计者通常会在下部装上比较高的三柱或四柱形的足,以形成"虚"的空间和上部呼应,既有实用的目的,也缓和了青铜器的笨拙之感,虚实对应,富有空间感和轻灵之美;既不失青铜器的粗犷厚重,又显得古意盎然,质朴幽雅。龟鱼纹方盘长方体,形体巨大,铸造精湛,以其瑰丽雄奇的纹饰与造型见称,其工细瑰丽的盘体龟鱼纹与蓄势待发的四立体兽形足相得益彰,生意盎然,是战国青铜盘中罕见的佳作。虺纹禁四边及侧面均饰透雕云纹,有 12 个立雕伏兽,体下共有 10 个立雕状的兽足,透雕纹饰繁复多变,尤为华丽,禁足由 10 只蹲伏的虎形动物构成,用上翘的尾部支撑着禁体。在禁足之间的禁侧面,排列着 12 条龙头怪兽。铜禁四周攀附龙头怪兽,框边纹饰均为多层云纹,层层叠叠的透空附饰,玲珑剔透、层次丰富、节奏鲜明,富有音乐的美感,在兽类实体的感官刺激下,更增添了一份空灵虚幻之美。

东周青铜器表达了当时人们独特审美的追求,不再刻意地夸张变形,由厚重庄严变为轻灵奇巧,实用与审美达到了完美的结合。器型结构均匀协调,纹饰线条鲜明流畅、布局有序,注重纹饰与器型的协调,在形式、韵律、节奏中体现了和谐。其注重虚实相生的原则,真实地反映了有生命的世界。

三、纹饰特征

东周青铜器纹饰的内容以接近生活的写实为主要题材,内容更加生活化和多样化,出现了人物画像类纹饰。在纹样的种类上,除了蟠螭纹、龙纹、凤鸟纹等传统流行纹样外,极富生活气息的贝纹、舒卷飘逸的卷云纹、图案化的"S"形纹、菱形纹等抽象的几何纹样也开始广为使用。这些纹饰方面的新探索和新贡献,对后来的中国造型艺术产生了深远的影响。

---

① 宗白华:《宗白华全集》第 3 卷,安徽教育出版社年 1994 年版,第 454 页。

　　首先,在写实性的基础上更注重画面的动感,无论是动物还是人物,都着重表现其动态,富于生趣。东周青铜器的纹饰在很大程度上依然是对大自然的写实性塑造,同时在新的时代环境和思想的影响下,也出现了新的纹饰和图案。除了继承商周传统的动物纹饰外,人类的生活场景和社会画面也逐步进入青铜器艺术表现的视野,出现了一些宴乐、狩猎、征战等当时生活场景的题材,反映了人类自我意识的进一步觉醒和新的审美追求。除了人物画像纹饰,其他图案纹饰的形状变化丰富,构图活泼,也不同于以前的装饰手法,给人以别具一格的清新感受。战国青铜动物雕塑的代表作有陕西兴平出土的犀尊、江苏涟水出土的卧鹿、河北平山中山国墓出土的虎噬鹿器座等。犀尊躯体结构准确,充分表现出巨大体量的动物在静止时的内涵力量;卧鹿则生动地表现了在静卧中仍然保持警觉的鹿的神态。错金银和镶嵌技艺的巧妙运用,也增强了作品的表现力,犀尊以黑料珠镶目,周身饰以精细流畅的云纹,与躯体骨骼筋肉的起伏变化相配合,表现了犀皮坚韧粗糙的质感,卧鹿的斑纹以绿松石镶嵌,效果美丽、和谐。虎噬鹿器座展现一头猛虎衔住小鹿向前奔驰的状态,有力地表现了兽类在激烈搏斗中迸发出的冲击力量,庞伟雄健的老虎与瘦弱无助的小鹿形成了鲜明的对比。纹饰以真实表现动物的神态为原则,结合鹿身的梅花斑、虎背的条斑等毛皮花纹的变化,分别镶、错以形状各异的金银纹饰,与强烈的动势相应,产生闪烁不定、富于动感的色彩效果,与商代和西周静态、驯服的动物表现方式不同,属于战国时期受到北方游牧民族审美心理影响而产生的新风格,体现了强烈的生命意识和飞动之美。

　　其次,人们思维能力的进一步提高,推动了几何变形纹的发展。抽象的过程是从再现到表现的过程。幻想动物纹如龙纹凤纹的产生,实际上就是对各种动物不同特征的分解组合再创造,而形成的新的整体。春秋晚期青铜器纹饰中各种龙蛇纹占有支配的地位,其构图有单体虬结或复合的作各种形状交缠,排列成繁杂的四方连续,这种纹饰是在春秋中期同类构图微型化的基础上发展起来的,大都是文献中所记载的卷龙或蛟龙之类,有许多纹饰是龙的形象的缩微,有的是变形,因为图像缩小得只能用极细的双钩来显示其结构,因此,具体部位的表现只能省略变形了。那种有回旋状小羽翼密集的变形龙纹,其体躯多省略,只表现头部和凸起的羽翼,是飞龙的纹样,整体看来如无数刺粒状,吴王光剑、吴王夫差剑、令尹子庚墓的甬钟等,都有这类纹饰。战国中晚期出现了许多嵌金、银、铜以及其他物质的几何变形图案,有云纹、菱纹、勾连纹、三角纹等,这种变形的几何纹极具规律,但又变幻莫测。几何变形纹的出现,使商周以来整个青铜器神秘狰狞的风格彻底改变,标志着古典的青铜工艺发展史进入了新的阶段。

再次,东周青铜器中人物画像类纹饰是中国绘画的前身,它的构图布局表现方式,对后代中国传统绘画的形成产生了深刻的影响。无论是商代、西周的二方连续图案,还是春秋开始使用的四方连续图案,其特点都是某一单元纹饰的不断重复,还常常在纹饰与纹饰之间划界,在规整之余,不免有单调、刻板的感觉。而春秋晚期刚刚出现、盛行于战国时期的人物画像类纹饰,则宛如一幅幅丰富多彩的社会生活图景,内容有狩猎、宴饮、乐舞、水陆攻战等。东周时期的人物画像纹则以人为主体,充分展示了人的魅力,人的蓬勃生气,体现人类自我意识的高度觉醒。宴乐渔猎攻战纹壶,器身用带状分割的组织方法,将画面分为三层六组,分别表现采桑、射击、狩猎、水战的场面。第一层右面表现妇女们坐在树上采摘桑叶,左面描写射击和狩猎。第二层右面表现人们在楼房上举杯宴饮、歌舞,而楼下则是奏演音乐的情景,左面有猎人举弓射猎物。最后一层右面描绘攻防战,左面描绘水战的情景,桥上战士们兵弩相向,河上战士们奋力划船,河里还有游鱼。每一层用卷云纹组成花边,形成间隔,使画面繁而不乱,既统一又有变化。图案呈平面散布状,填满空间,没有使用中心点和透视的方式,从中可以看出中国早期绘画的表现形式。这种布局方式和中国传统山水画"以大观小"的表现方式一脉相承,中国画从不注重使用透视法,画家的眼睛不是从固定角度集中于一个透视的焦点,而是流动着飘瞥上下四方,一目千里,把握大自然的内部节奏,把全部景色组织成一幅气韵生动的艺术画面。这种表现方法创造的艺术品,更适合多角度欣赏和品位,符合人们多元的审美视角和中国人传统的审美习惯。刻纹宴乐图杯内雕刻着两个以建筑物为中心的宴乐场面,一面以树为界,包含舞乐、饮宴、射猎三个内容,另一面包括邀会、建筑物阁外的饮宴和射箭游乐。这六组构成一个整体,内容中心是宴乐,以一系列的事件把它们联系起来,展开人物的活动,这是我国早期绘画的特点。所以,马承源说:"从战国青铜器上的画像开始,到汉代的各种画像艺术,以至于敦煌南北朝时代壁画上一些佛本生及经变等的故事画,都可以看到这一传统特色的深远影响。"①由此形成了一个源远流长的中国人物画传统。

最后,东周的青铜器铭文已作为独立的装饰因素,构成青铜器器表装饰的重要组成部分。较之前代,这时的铭文字体艺术性更强、地域性特征更为明显,各诸侯国书法艺术的区别也更大。春秋战国时期的青铜器铭文由于摆脱了宗教礼仪的文化重负,而表现出强烈自觉的审美意识,铭文的书史性质趋于衰落,逐渐变为艺术性的装饰。由于诸侯割据,各区域间经济、文化发展极不平衡,"言语异声,文字异形",青铜器铭文地域性风格渐趋形成。从春秋战国开始,青铜器铭文宗周传统被打破,而开始产生多元化审美格局。从字体来看,其地域差别较为明显,中原晋、卫、郑诸国的字体端方劲美;秦国字体工整仿古;吴楚字体修长秀丽,有时则为鸟篆。以楚国青铜器铭文为例,楚文化的地域色彩极为浓厚,楚人尚鬼崇巫,喜卜好祀,尚保留着氏族社会后期强烈的原始宗教意识观念,与中原礼乐文化的理性精神恰恰构成鲜明对照。这种"巫"文化反映到书风上即表现为楚国青铜器铭文冲破西周青铜器铭文的理性精神而注入楚骚浪漫的神韵,从而形成楚国青铜器铭文诡谲、流美的审美风格。从中期开始,花体杂篆构成了楚国青铜器铭文的主流形态,而这种形态实际在《楚公蒙钟》《楚公逆铸》中即已显露萌芽。从审美观念分析,花体杂篆的产生在很大程度上源于楚人的龙、凤族徽。他们将龙、凤的流美造型和自然崇拜的文化心理意识融入花体杂篆的创造中,从而使花体杂篆成为楚人巫骚浪漫的积淀物。

同时,伴随着新的工艺的出现和应用,这一时期的装饰风格更加精美圆熟,在写实性的基础上更注重画面的动感,富有生活情趣,充分表现了

---

① 马承源:《中国青铜器研究》,上海古籍出版社2002年版,第434页。

现实生活与艺术的密切关系。纹饰种类较商代及西周有很大的变化,过去的兽面纹等繁缛纹样已淘汰,代之以动物纹、植物纹、几何纹与图像纹等。从审美的角度来看,纹饰的变化显示出商周时期青铜器所特有的狰狞、恐怖、威慑,以及可怕的宗教神秘色彩和礼乐色彩,在东周青铜器中已经逐渐地淡化至消失。一种追求自然的真实美感,追求灵动活泼的审美心理在崛起,取代了原来的庄严和神秘,艺术创造向着更加人性化的方向发展。

四、艺术风格

在周王室衰微、礼乐制度崩溃、政治多元化的背景下,代表王权的青铜礼器从全盛的顶峰逐渐衰落下来,代之以清新活泼的特征,从而表现出多样性和地方性的艺术风格。几何变形纹饰的运用,也使东周青铜器的象征意味更加深远,体现了新的时代精神风貌。由于日常生活用品取代了青铜礼器的地位,鼎的造型也向更加实用的圆鼎回归,不再刻意地夸张变形,其风格由厚重庄严变为轻灵奇巧,追求一种圆润和谐之美,如春秋晚期的佣鼎,线条更为圆润,弧度更为明显,更加实用以及符合人们的审美习惯,表现了人们由追求感官强烈冲击的狰狞恐怖向优美典雅审美趣味的变迁。其风格特点具体表现为以下三个方面:

第一,繁复华丽之美和简约素净之美并存。中国传统审美意识中美的理想有两种:繁复华丽之美和简约素净之美。《易经·贲卦》中就包含了这两种美的对立:"上九,白贲,无咎。"贲本来是斑纹华采,绚烂的美。白贲,则是绚烂之极又复归于平淡。战国中晚期,一方面由于铸造工艺水平的提高,制作出不少精美绝伦、巧夺天工的器物,如湖北省随县发现的曾国青铜器等,体现着一种绚丽之美;另一方面,由于中国青铜器正走向它的最后阶段,不少青铜器形制简单,没有装饰花纹,如战国晚期的长颈壶,整器无纹饰,仅在腹部上方两侧设兽面环耳,器型别致,线条流畅,体现着简洁质朴之美,可以认为是后世玉器乃至瓷器纤细光洁器型的始祖。宗白华指出,莲鹤方壶的出土"证明早于孔子一百多年前,就已从'镂金错采、雕缋满眼'中突出一个活泼、生动、自然的形象,成为一种独立的表现,把装饰、花纹、图案丢在脚下了"。"表示了春秋之际造型艺术要从装饰艺术独立出来的倾向。尤其顶上站着一个张翅的仙鹤,象征着一个新的精神,一个自由解放的时代。"①可以说东周青铜器打破了商周以来繁复华丽的审美追求,凸显了"芙蓉出水"的审美理想,去除镂金错采的装饰,追求自然可爱,在中国审美意识发展史上是一大解放。从此,繁复华丽之美和简约素净之美这两种美感,作为两种审美理想,在中国历史上一直贯穿下来,表现在诗歌、绘画、工艺美术等各个方面。

第二,东周青铜器象征意味浓厚,寓意深远,体现了新的时代精神风貌。新石器以来的艺术创作中造型和纹饰已经有了很大的表意性,纹饰器型无论是具体写实的,还是抽象表意的,都有了写意的意味。几何纹饰,除了承载着演化前的实物韵味引发联想外,间接的寓意更为丰富,甚至具有朦胧多义的象征意味。商和西周青铜器礼器作为神权和王权的象征毫无疑问地具有宗教的神秘色彩和等级地位的象征意味。而春秋战国作为一个百家争鸣、人文兴盛的新时代,新的时代精神也毋庸置疑地投射到青铜器的艺术作品中。莲鹤方壶是一件巨大的青铜盛酒器,壶上有冠盖,器身长颈,垂腹,圈足。该壶造型宏伟气派,装饰典雅华美。壶冠呈双层盛开的莲瓣形,莲瓣中央立一鹤,展翅欲飞;壶颈两侧用附壁回首之龙形怪兽为耳;器物外表刻满了蜿蜒的蟠螭纹,四角各饰一条经翼寻缘的虺龙,器座为两张口吐舌的巨虬,支托着沉重的器。其构思新颖,设计巧妙,融清新活泼和凝重神秘为一体,被誉为时代精神之象征,是要求从旧的思想束缚中解放出来的社会心理的真实反映。龙兽提梁盉,铸从龙兽,三兽蹄足,龙身提梁,显示了一种自然崇拜的信仰。龙纹、凤纹、兽纹和其他几何纹饰在这一时期也趋于成熟,构成了中国传统吉祥图案的雏形,一直沿用至今,成为中国传统文化艺术的典型代表。

第三,各地风格多元共存,富有地方特色,对后代艺术风格的丰富性产生了积极的影响。东周时期的青铜器除了继承前人的传统外,也显示了一些新的特色,那就是带有地域文化特征。青铜器按其器型、纹饰、制

---

① 宗白华:《宗白华全集》第3卷,安徽教育出版社1994年版,第451页。

作工艺等方面的差异,可分为三晋、齐鲁、燕、秦、楚、吴越六大区域。青铜器不同地域风格的形成,与各地的思想主流和工艺传统密切相关。各地青铜器工艺既独具特色、相互区别,又相互促进、共同发展。例如,"东周青铜文化中关系密切的郑器和楚器的源头均是西周青铜文化。春秋中期后郑器进入成熟期,以华丽的风格异于周、晋为代表的中原地区青铜器,又以完善的青铜礼器组合,规整的器型异于楚器。春秋中期前,楚器通过对郑器的借鉴,从器类、器型、组合、纹饰上吸收了较多中原青铜文化因素,并形成了自己的鲜明特色。春秋中期后,楚器自身体系确立,器物组合重视水器,装饰华丽。楚器的这些特性又反过来对郑器有所影响,并通过郑器将这些风格传播到整个中原地区"①。又如春秋的三轮铜盘,由盘、三轮和双兽组成,盘呈圆形,腹部饰一圈编织纹,具有浓厚的地方色彩。盘的圈足上安装有三个轮子,前轮两侧各铸一条回身欲饮的龙形兽,兽身从盘底伸出,上折,曲线优美,极富装饰意味,同时也是轮盘的把柄。此盘铸造精美,设计别具匠心,盘体素雅,与轮结合成一体,别具动感。这种极富创意的盘形不见于其他地区,和吴地独特的文化背景是密切相关的。吴国多水,独木舟是生活中的常物,直至春秋晚期才开始使用车。车在当时是新奇之物,在设计和铸造青铜器之时摹仿车形也是极有可能的。正是新鲜的创造思维造就了这极富浪漫气息的三轮铜盘,从而产生了中国青铜艺术中的一朵奇葩。

　　总之,东周青铜器集中国上古青铜器艺术之大成,不仅在工艺方面取得了更大的进步,如包银、镀锡、鎏金等新的装饰工艺和失蜡法、雕刻技术的运用等,而且在器型和纹饰方面深化了前人的探索,特别是从礼器中解放出来后,东周的青铜器在器型和纹饰的创造方面有了更大的自由度,各诸侯国的探索使其风格更加丰富。其风格表现为优美典雅、华丽轻巧、生动活泼,繁复华丽之美和简约素净之美并存,并在象征意味和人物画像等方面取得了突破性的进展,为后世玉器、瓷器等器物的造型风格提供了借鉴和范例,并直接或间接影响了雕塑、浮雕等其他艺

---

① 杨文胜:《郑国青铜器与楚国青铜器之比较研究》,《中原文物》2002 年第 3 期。

术形式的发展变化。人物画像类纹饰作为早期中国绘画的前身,其构图布局的表现方式已暗含中国传统绘画的方式和特点。青铜器铭文的宗周传统被打破,开始产生多元化审美格局,对后世书法书体的多元化发展也起了重要影响。

第五节　青铜器铭文

东周自平王迁都洛邑后,王室式微,礼崩乐坏,诸侯各自为政,攻伐连连,各国逐渐形成相对封闭的政治环境,同时也产生了具有地域特色的民俗风情和审美情趣。这促成了东周青铜器铭文地域风格的形成,在中国书法发展史上颇具特色。当然,这种地域风格的划分并不与国家政权简单对等。在分类上,王国维的《战国时秦用籀文六国用古文说》分为东土和西土两系,唐兰也同样有类似的两系之说。但同为二分法,郭沫若的《青铜时代》则分南北二系。陈梦家的《西周铜器断代研究》分东土、中土、北土、西土、南土五系。李学勤的《战国题铭概述》综合诸家之说将战国文字划分为"齐国题铭"、"燕国题铭"、"三晋题铭"、"楚国题铭"和"秦国题铭"五个部分,由此逐渐形成了五系说。但正如刘绍刚《东周金文书法艺术简述》所说:相比之下,燕系文字特色并不鲜明,"燕系能作为东周文字中独立的一个体系,主要是因为燕国的兵器、玺印等古文字资料非常丰富。"[1]实际上,三晋金文除线条外,其余部分的特征并不明显,不宜独立成系。青铜器铭文虽然存在着地域上的差异,但都趋于追求形式美,郭沫若就曾说:"东周而后,书史之性质变而为文饰,如钟镈之铭多韵语,以规整之款式镂刻于器表,其字体亦多作波磔而有意求工。……凡此均于审美意识之下所施之文饰也,其效用与花纹同。中国以文字为艺术品之习尚当自此始。"[2]这一时期书法的地域风格特征主要表现在线条、结体和章法等方面。

---

① 刘绍刚:《东周金文书法艺术简述》,见白文化等编:《周绍良先生欣开九秩庆寿文集》,中华书局1997年版,第12页。

② 郭沫若:《青铜时代》,科学出版社1957年版,第314页。

一、线 条

东周金文线条总的趋势表现为匀一规范,但地域特征也很明显:齐系、楚系线条都表现出向纤细化发展的特点,但齐系线条直笔多弧笔少,楚系线条却弧笔多而直笔少;而秦系和晋系仍然沿袭宗周风格,保持线条的丰腴厚实,但是秦系线条均匀平直,晋系线条却保留丰中锐末笔意。这种地域化特征使得青铜器铭文线条向多元化发展,为后世提供了运用线条的范本。

齐系金文线条在保留西周风格的同时,渐趋横平竖直、瘦削挺拔,主要表现在以下五个方面:第一,线条均匀、细密,并渐趋瘦长。第二,横平竖直,以直笔为主,曲笔为辅,转折处以圆转为主,但有向方折发展的趋势。齐系金文直笔硬瘦有力,曲笔弧度不大,且通常表现为起笔至中段为直笔,末端微曲。因此,整体感觉峻峭挺拔,似有骨立其中。第三,线条末端毫芒尽显,状如悬针,有甲骨遗韵。这在东周铭文线条中绝无仅有,也是齐系金文清瘦若有仙骨之貌的重要原因。第四,线条中央时有饰点镶嵌。饰点多出现于竖笔中段,较少出现在弧笔中央,并且多呈圆形,主要用于填补线条拉长所造成的单薄感,这种脱离了实际作用的饰笔是一种自觉的审美实践。《齐侯盂》就代表了典型的齐系书风,其铭文字形长方,横平竖直,线条瘦削挺拔,末端现出锋芒,给人空灵剔透,简洁干练之感。再如战国时齐《陈纯釜》竖笔中央都嵌有饰点,再配合以末端的锋芒,仿佛以剑尖将物体刺穿,构形一扫萎靡之气而别具耿介意蕴。

楚系诸国,地处东南,远离王畿,风格狂放不羁,与西周差异最大,以线条屈曲摆动、柔婉飘逸见长,这主要表现在以下三个方面:第一,线条匀平细密,由丰腴而变得纤秾修长。楚系线条修长与齐国相仿,两国毗邻,应存在互相影响的可能。第二,线条萎靡柔婉,弧笔多而直笔少,且以圆折为主。相比于齐系而言,楚系金文弧笔较多,即使是竖笔也略具弧度,再加之纤秾、圆折等特点,更显得柔软细腻,直若无骨,若裙裾随风飘荡。第三,饰点。楚系金文同样在线条中央嵌以饰点,以消除线条纤细修长所造成的单薄感。春秋末楚《王子午鼎》在直笔中央缀有椭圆形饰点,线条虽以纤细为主,弯折处却刻意求宽,追求参差不一的效果,显示出强烈的对比,视觉上更具冲击力。春秋时楚《王子申盏盂》的线条已经开始变得纤瘦,直笔绝少,曲笔显著,秀丽圆润。而战国楚惠王时的《楚王盦章镈》更是楚系线条纤秾风格的代表,线条修长而细密,直笔多于末端微曲而尽显自然飘逸。

三晋地近西周王畿,因此继承西周肥笔笔意,以丰中锐末为主要特点,具体表现为:第一,线条丰满。这一特点是对西周的继承,与齐楚书风相异。第二,曲笔为主。晋系金文几乎全无直笔,且刻意求曲,反复层叠,追求一种圆润、舒张而毫无棱角的书风。第三,丰中锐末。这一特点完全继承了宗周肥笔遗意,在东周诸国中独树一帜,线条中段丰腴而末端尖锐,这一笔意发展到极端则形成了蝌蚪文。三晋书风的典型代表则是《晋栾书缶》,线条柔软弯曲,直笔绝少,笔画转折处亦全为圆折。如"金"字的底部横线都被刻意改成弧线以追求圆润的整体风格。三晋金文的另一名作,约作于春秋晚期的《智君子鉴》更好地体现了"丰中锐末"的笔意特点,直笔从中间开始呈椭圆形,逐渐变窄变细,状似蝌蚪。

秦国青铜器铭文出土于战国中期以前的较少,但从战国中后期作品来看,秦系金文由于地处偏僻,文化发展相对保守,故与三晋相似,也以继承西周风格为主。表现在线条上则有以下特点:第一,线条均匀圆润,笔画丰腴厚实。这种线条呈现出淳朴坚定,雄浑健壮的风格特点。第二,直笔多,曲笔少,笔画纵横平整,以方折居多。例如秦系早期作品《秦公钟》线条厚实稳健,并且已经开始出现了规整化发展的端倪,与西周《虢季子白盘》的区别还不明显,但战国时的《秦公簋》则完全反映了秦系文字美化后的整体风貌,其线条粗细均一,坚实强劲,规整平直,笔势拗折,凸显出一股凶悍勃郁之风。

总之,线条的不同发展倾向是东周金文地域化风格形成的基本要素之一。发展的总体方向可分为两类:一是秦系和三晋文字,它们继承了西周遗风并且进行了平整化规范化的修饰,使线条变得均匀平直;二是楚系和齐系文字,这一类文字更具开拓意义,它们发展出纤细线条,以示对西周文化的反叛,体现出两地的开放心态和创新精神。横平竖直、线条均匀的总体发展倾向,则表现了东周时逐渐产生的以匀直为尚的抽象审美意识。

二、结 体

东周金文结体与线条的地域化特点同时存在并相互影响。西周金文结体以率意质朴为上,不拘泥于统一,而东周金文则总体表现出方整化的变化趋势,但在各系统中的具体形式却有所不同。齐系和楚系金文都朝着纵向取势、竖长结体的方向发展;秦系金文则横向取势,方正结体。结体上各自的特点是促进地域化风格形成的又一重要原因。

齐系金文结体的特点总体表现为纵向取势,各部分疏密有致,均匀分布。纵向取势从春秋早期就在齐系金文中开始出现,但不明显,甚至结体仍不够规整。如《齐侯匜》字形歪斜,重心左倾,与西周铭文无异。到了中期,《齐侯盂》、《齐侯{素命}镈》等规范化的结体特征则完全代表了齐系金文的发展方向。其字体长方,纵势明显,结体开阔,但上下匀称;再如《陈曼簠》的铭文中多数字体重心居中,少数字体因重心过高而倾斜。齐系金文劲瘦的线条影响了其结体特征,其铭文的中轴竖笔径直而修长决定了文字纵向延伸的特征。

楚系金文也同样纵向取势,字形更为瘦长狭窄,并且显得稀疏开阔,结体松散。春秋中期,楚系的地域化结体特征就露出端倪,例如楚《王子申盏》中比较繁杂的文字受限于章法布局的安排,开始呈现出纵向取势的特征。但是,从晚期的金文起则开始出现了不同于齐国的纵势结体。如徐《沇儿钟》和吴《吴王孙无壬鼎》,其取势都是纵势,但是形体狭窄修长,中轴的竖笔往往被刻意拉长,形成大量空白,导致字体部分紧凑部分稀疏,疏密有间、错落有致。又如《吴王孙无壬鼎》中的"王"字,第一横与第二横相隔非常短而第二、三横间距则非常长,有重心上移的结体倾向,这种结体方式也同样影响到楚系文字风格,显得轻盈飘逸。

秦系文字的结体特征在渐变中形成,早期呈现出圆势的特征,逐渐向方正结体的方向靠拢,整体表现为方正紧凑、结构匀称。早期的圆势特征继承了西周的风格,如《秦公钟》、《秦公镈》便是如此,其结体紧凑匀称,重心居中,浑厚朴质,坚实有力。然而《秦公簋》在保持结体紧凑匀称的基础上又显示出方正的特点。这说明秦系金文由圆势而逐渐采取横向取势,最终变为方形,字体变得端正而规范,与齐楚的长方形结体形成了反差。这种结体方式说明了宗周笔势自然发展的结果,最终导致秦汉的篆书风格的形成,并且显示出秦地朴质稳重的性格特征。

楚系的吴越文字发展出来的虫书则完全颠覆了正统结体模式,以象形的方式塑造字体的形状,内部结构则完全以动物形状为标尺随意赋形。虫书就是鸟虫书,也称鸟虫篆,韦续《五十六种书》十二云:"周文王时赤雀衔书集户,武王时丹鸟入室,以二祥瑞,故作鸟书。"其二十二又云:"虫书,鲁秋胡妻浣蚕所作,亦曰雕虫篆。"这种字体完全不被东周的结体趋势所拘束,其风靡的地域主要在吴、楚、蔡等东南偏僻地区。它完全不顾本字字形,结体成鸟状或虫状。为了达到这样的效果,鸟虫书增设了大量无实际作用的饰笔。如《越王剑》的"用"字上增饰一个鸟头和一只翅膀,"用"字的本体部分则演化成鸟足和支架。又如《王子匜》铭文中的"子"字则增饰出虫足和虫头以状虫之形。并且,随着时间的推移,这种鸟虫书的结体开始逐渐由图像化向抽象化发展①,最后完全脱离实际功用而成为纯粹的装饰性字体,今人更将其称为东周时的美术字。但这只是东周金文发展出的旁支,并非正体,不能代表整体风貌。

总之,东周青铜器铭文的结体特征与线条一样,仍然向新旧两个方向发展。以齐系和楚系为代表的金文表现出东周金文新体的结体特征,秦系文字却是宗周金文自然演变、修饰美化后的结果,而三晋文字由于处在两者之间摇摆不定,个性不明显。由于圆形取势非常难以统一规范,纵向和方形取势就成为东周金文美化、规范化的唯一途径,而且纵向方形取势也是线条平直发展后所产生的结果。

三、章 法

东周时期青铜器铭文的章法并不像线条和结体一样呈现出地域性特

---

① 丛文俊:《中国书法史·先秦秦代卷》,江苏教育出版社 2002 年版,第 261 页。

征,反而表现为相对一致的发展趋势,这种趋势表现为以线条的横平竖直来规范金文作品的布局,但其发展过程大致可以分为三个阶段。

第一阶段为春秋早期。此时的金文竖成列而横不成行,字体大小依结体繁杂程度而变化。虽然西周时的《虢季子白盘》、《静簋》等许多金文作品基本上已经形成了横成行竖成列的布局,但是更多的作品像《利簋》和《毛公鼎》一样只是竖成列而横不成行。如前文所述,春秋早期各诸侯国主要是继承了西周主流风格,章法上也不例外,例如楚《中子化盘》、齐《齐侯子行匜》都呈现出一种向横成行竖成列的布局方向发展的趋势,而字体大小不一致导致最后只能保持竖成列的布局。然而《秦公镈》却是特例,它大体上呈现出横成行竖成列的规整布局风格,但是字体的大小仍然没有统一,行列也不太规则,只是大体成行。

第二阶段为春秋中期。此时的特征为横成行竖成列,但字体仍然大小不一,因此布白参差不齐。此时横成行竖成列的金文作品已大大增加,更加表现出金文字体布局的规整化发展方向。如《郑大内史书上匜》、《秦公簋》、《齐侯盂》都基本形成了横成行竖成列的布局,而字体的大小仍不够规整一致,这是结体取势的风格还没有成型所导致的,虽然行列成型,但仍不够规范。

第三阶段包括春秋末期和整个战国时期。此时的布局风格已经趋于成熟,不但纵横交错、整齐划一,而且字体的大小也变得完全一致,留白适中,平整规范。例如齐《陈曼簠》、吴《吴王光鉴》,布局较为开阔,字与字之间空隙均匀得体。值得一提的是,由于齐系和楚系都是纵向取势的字体,因此两国都发展出横排间距约等于字体本身宽度的金文作品,布局结构精致巧妙,堪称艺术典范,如楚《王孙遗者钟》、齐《陈曼簠》、蔡《蔡侯盘》等。相比之下,以方正结体的秦系金文布局略显拥挤、留白较少,上述现象绝少出现。

总之,东周时期在布局上追求规整统一,这种规整统一在章法和结体上均有所表现,它们相互适应、相辅相成。与西周的浑然质朴不同,东周对形式美的追求体现出审美意识的觉醒。所以宗白华说:"长篇的金文也能在整齐之中疏宕自在,充分表现书写的自由而又严谨的感觉。中国古代商周铜器铭文里所表现章法的美,令人相信传说仓颉四目窥见了宇宙的神奇,获得自然界最深妙的形式的秘密。"①这一点在战国时期表现得尤为突出。

四、风　格

地域风格的划分是建立在线条、结体和章法三个基本元素之上的。虽然三晋铭文在线条上有"丰中锐末"笔意,但其结体和章法特点却杂糅不一,尤其战国之初三家分晋之后,风格更趋复杂,沃兴华在《上古书法图说》中说:"中土的晋国与宗周毗邻,可能是长期受周文化控制,缺乏自我发展的独立意识。进入东周以后,书风处于一种无所适从的状态,一会儿学齐国风格,一会儿受秦国影响,一会儿又表现出对楚和吴越的倾心,始终没有形成自己的风貌。"②因此东周金文主要包括三种地域风格,即齐系、楚系和秦系。

齐系金文线条径直而锋芒毕露,结体均匀且严整端正,显示出一种遒劲瘦削,清瘦高傲的风骨。与楚国诡谲华美的纯形式风格和秦国端正平实的实用风格相比,以《陈曼簠》为代表的齐系金文表现出不偏不倚、整中求变的中庸思想。

而楚系金文则在同样的纤秾线条和纵向取势中表现出柔婉飘逸,自然流畅,不可捉摸的整体风貌,凸显出一种阴柔之美,这种风格与楚地对巫术鬼神的崇尚以及楚地神秘奇诡的民俗风情紧密相联,楚《王孙遗者钟》就是典范。

秦系金文则继承西周遗风逐渐发展成厚重沉稳的字体,给人端正、务实之感,但其线条的丰腴又呈现出西土粗犷豪放的风情,富有阳刚之美。秦系金文的布局从一开始就体现出规范端正的趋向。商鞅变法之后,秦国法家思想盛行,以务实为尚,故在金文字体的演变中也崇尚平整端正、不过度美化的实用型风格。

---

① 宗白华:《宗白华全集》第 3 卷,安徽教育出版社 1994 年版,第 424 页。
② 沃兴华:《上古书法图说》,浙江美术学院出版社 1992 年版,第 59—61 页。

　　地域风格在东周金文中仍表现出一定的规律,东北部的齐系、南部的楚系、西部的秦系——都是处于以西周王畿为中心区域的外围,也就是说其风格的形成具有放射性的特点。而居于中央的三晋风格则是在三种独立风格的相互作用下所形成的杂糅形态。而这样的三种风格与国家的实力和文化差异相联系又恰恰构成一种交织作用的结构模式。楚地民俗祝发文身,蛮夷自居,在青铜器铭文上却更加注重形式的整体美感,在艺术上的追求要远远超过内陆保守的秦系金文,表现出一种不断创新的精神风貌,对青铜器铭文的发展贡献最大。

　　总之,东周青铜器铭文的发展在整体上呈现一定的统一化趋势,反映了当时人们形式抽象能力的大大增强,并将其付诸艺术实践。这具体表现为线条的横平竖直,结体的匀称、疏密有致以及布局的纵横规整。如果说西周青铜器铭文对书写形式美的追求是不自觉的,那么东周青铜器铭文则完全表现出一种自觉的美化意识,从中反映出东周人形式抽象能力的逐渐形成,是书法艺术的自觉表现。

　　总而言之,东周器物逐步卸去凝重、端庄和质朴的风格,而变得轻灵、活泼和奇巧,在形式上也更加注重审美因素的融合,在对称中追求和谐的艺术效果。伴随着东周时期动荡的局势,器物的地域化风格表现得尤为突出。灵活多样的造型风格在陶器的造型上体现为以动物为主的仿生造型的流行,以及大量的几何造型,整体感觉也由凝重沉稳变得灵动奇巧;其纹饰也因贴近生活和丰富的色彩而显得更加生动活泼。玉器的造型得到长足的发展,龙凤图案不再只作为纹饰,而进一步成为造型的元素。金玉组合的普及彰显出东周先民脱离了单纯质朴的审美情趣,而更向世俗社会的审美情趣靠拢。青铜器的造型纹饰同样更关注器物线条的流畅性、节奏性和韵律美,在对立中追求统一和虚实相生。其铭文在线条、结体、章法的多样化和创新性上都大大超过了西周而取得了辉煌的艺术成就,形成了多元化的格局,地域风格突出,为后世的书法创作提供了更为丰富的范本。这种多元化的艺术风格反衬了东周时期王权的消失和诸侯纷争、各自为政的政治形势,其审美趣味也由于时局的动荡而显得异彩纷呈。

第十二章

东周文学

　　东周时期,艺术风格的转变不仅体现在器物的审美创造中,而且也体现在文学的审美创造上,《诗经》、《楚辞》、诸子散文和历史散文百花齐放,比兴传统、悲秋传统、深沉的忧患意识、丰富奇特的想象、浓烈的抒情性、深刻的哲理性均为后代文学的审美风格及其发展定下了基调。其中《诗经》是远古到春秋时代诗歌的汇集,其中尤其包含了相当数量西周的作品。为了论述的方便,本书依成书年代,把它放在东周文学中加以论述。

第一节　概　述

　　东周时期,社会制度由奴隶制向封建制转型,是一个诸侯兼并、互相攻伐的时代,诸侯国之间频繁而输赢不定的局部性战争,使整个社会政治极度动荡。然而,正是在这种此消彼长的战争中所形成的竞争和冲突,促进了理性文化的萌芽,并不断地向意识形态和社会各个领域扩展,进而为文化的繁荣发展,尤其是文学审美风格的演变提供了动力。

　　东周时代是一个生气勃勃、富有创造性的时代,是一个思想大解放、文学大发展的时代,各种文学思想得到充分而深刻的阐发,呈现出百家争鸣的繁荣景象,由此而形成的极具时代气息的文学风格,也独树一帜地招摇于中国文学之林。东周时期的文人们写下了伟大的文学著作,形成了辉煌的中国古典文明,与希腊和印度古典文明的发展遥相辉映。

　　从内容构成来看,东周文学可以说是蔚为大观,包罗万象,大致形成了四个基本门类:第一种是"诗人"的文学,主要以《诗经》的风、雅、颂为代表,将贵族士大夫和人民大众的生活进行了热情的歌颂,是中国诗歌延绵不断的源头;第二种是"楚辞"的文学,主要以楚国屈原和宋玉的《楚辞》为代表,将奇特的想象和美好的愿望展现得淋漓尽致,是中国文学史上的一朵奇葩;第三种是"史家"的文学,主要以《春秋》、《左传》、《战国策》为代表,再现了东周时代瞬息万变的社会政治风云,是中国历史散文的起源;第四种是"诸子百家"的文学,主要以儒家的《论语》、《荀子》,道家的《老子》、《庄子》,墨家的《墨子》和法家的《韩非子》为代表,用多样的形式和深刻的语言,系统阐述了诸子的思想主张,是中国散文的滥觞。

　　从审美风格来看,东周文学可以说是呈现出百花齐放的局面。在表现形式上,刘师培在《文章原始》里说,"直言者谓之言,言难者谓之语,修词者谓之文"。虽然形式各不相同,但是其中却有一种一以贯之的普遍精神,即不拘一格、自由发展的创造能力。傅斯年说:"以文情而论,同在一时,而异其旨趣;以形式而论,师弟之间而变其名称"。① 东周时期各类文学形式以百花齐放之势,将比兴的传统、悲秋的传统、深沉的忧患意识、奇特的想象、浓烈的抒情性、深刻的哲理性融入文中,为后代各类文学样式的审美发展奠定了基础。东周文学真可谓中国文学最自由的时代,形成了别具一格的文学风气和审美风格。

　　诗歌是中国文学最原始的表现形式之一,其发展形式经历了从口头到书面、从民间到宫廷、从集体歌唱到个人单独创作的漫长过程。到了东周时代,已经有文字形式的诗歌作品传世了,其中影响最深远的当数《诗经》和《楚辞》。在文学史上,我们习惯于将《诗经》和《楚辞》并称为"风骚":"风"指十五国风,代表《诗经》;"骚"指《离骚》,代表《楚辞》。《国风》和《离骚》作为东周时期诗坛上的双璧,代表了现实主义和浪漫主义的两大审美传统,开创了中国古典文学发展的光辉道路。

　　《诗经》作为我国最早的诗歌总集,无论在现实主义倾向的内容上,还是在审美化的形式上,均奠定了中国诗歌发展的传统。从现实内容上看,《诗经》包括"风"、"雅"、"颂"三个部分。《国风》大多是民歌,生活气息十分浓厚,其中农事诗相当忠实而细致地描绘了劳动人民的社会情状,是后

---

① 《傅斯年全集》第一卷,湖南教育出版社 2003 年版,第 142 页。

代田园诗的滥觞;政治批评和道德批评的诗反映了社会中下层民众对上层统治者的不满;恋爱和婚姻诗用一种含蓄微妙的表达方式咏唱着迷惘感伤、可求而不可得的爱情。《雅》多为政治性很强的史诗,表现了忧国忧民的情绪,开创了中国政治诗的传统。《颂》主要是《周颂》,是歌颂祖先功德,向神祈求丰年以及酬谢神的乐歌。这些诗歌反映社会现实,揭露阶级矛盾,充分反映了两个阶级、两种文化的斗争,是我国文学现实主义的源头。从审美形式上看,《诗经》中运用的比兴手法、文学意象和极富韵律感的篇章结构都具有高度的审美价值。首先,“比”、“兴”作为《诗经》最显著的艺术表现手法,通过以主观之“意”见之于客观之“物”的方式,使情感与想象、理解相结合,形象生动地表现了先民们的思想感情。例如,《魏风·硕鼠》中把奴隶主贵族比成老鼠;《周南·关雎》以“关关雎鸠,在河之洲”起兴,给后面的内容创造了和睦欢快的气氛。其次,极富想象力的文学意象,作为感物动情的产物,体现了情景交融的艺术特征,在中国文学史上形成了历史悠久的文学传统。最后,重章复沓的手法和大量叠字的应用构成了韵律感十足的篇章结构。一首诗常常由几章组成,而章与章之间只是变动少数几个字,通过反复吟唱,把感情表现得淋漓尽致,使诗篇增强了抒情性和感染力。同时,诗篇中大量双声叠韵词的运用,也增强了诗歌的音乐美。

继《诗经》之后,在我国文学史上放射出万丈光芒的诗歌就是“楚辞”。春秋战国时期,楚国屡次同北方诸侯国接触,文化艺术颇受其影响。楚国文化一面吸收中原文化,一面又丰富、提高自己的文化。江汉的民歌,沅湘的民俗,以及音乐、舞蹈等艺术都极为发达,而又各具特色。屈原是秦楚争霸时被卷入斗争旋涡的中心人物,他坚决反对楚王对敌妥协投降,表现了崇高的爱国主义精神。屈原政治上的失败促使了那悲愤沉痛、缠绵悱恻而又具有浓厚的浪漫主义色彩的诗篇《楚辞》的诞生。《楚辞》主要是伟大的爱国诗人屈原的作品,是他在学习民歌的基础上创造的新诗体。《楚辞》的产生具有浓厚的革新意义,它是《诗经》以后的一次诗体大解放。屈原“楚辞”是一种骚体形式,它汲取了民间文学特别是楚声歌曲的新形式,打破了《诗经》三百篇特别是“雅”、“颂”中的古板的四言形式,而代之以从三四言到七八言的参差不齐、长短不拘的骚体诗,建立了一种诗歌的新体裁。不仅如此,在内容上大量采用民间的素材,如神话传说和方言习俗等,在创作方法上也大胆吸收神话的浪漫主义精神。屈原高度的爱国主义精神在诗篇中洋溢着悲愤炽烈的感情,表现了崇高的政治理想,而想象丰富、词采瑰丽的艺术风格又是我国文学浪漫主义的远祖。因此,《楚辞》代表了先秦诗歌的发展,同时也标志着先秦文学的革新。

东周时期的散文也和诗歌一样也取得了极其光辉的成就,其发展同样也经历了一段漫长的过程。殷商时代,既有甲骨的契刻文,又有竹木简的记载。到了西周,金属范铸的铭文在殷商的基础上取得了新的突破。历史方面,既有记言的《尚书》的训诰体,又有记事的《春秋》的策书体。而到了东周时期,社会政治发生剧烈变化,各式各样的思想相互斗争,散文百花齐放、丰富多彩的灿烂局面终于得以呈现。这一时期以《论语》为代表的诸子散文和以《春秋》为代表的历史散文构成了我国散文史上的黄金时代。

东周的诸子散文大多是哲学著作,最初为语录体,在中间夹杂质朴议论的过程中逐步发展为对话体,进而向论点集中的专题论文过渡,在文体、语言、结构上具有独特的审美价值。诸子散文是在当时各种阶级、阶层和各个学派的政治斗争中发展起来的。这些派别不同、思想见解各异的学者,都以客卿的身份住在诸侯贵族之家,站在自己的阶级立场讨论着国家大事,形成了百家争鸣的繁荣局面。先秦的诸子百家中最突出的代表作品有《论语》、《孟子》、《荀子》、《墨子》、《老子》、《庄子》、《韩非子》。这些散文以其丰富奇特的想象、巧妙的构思和精妙的语言,增强了文章的说理性。在此基础上,诸子散文还在字里行间渗透着浓烈而深沉的情感,使情理交融,让人深受感动。在语言上,诸子散文尤其重视文辞的优美,体现出个性、禀赋与才气。诸子长于取譬设喻,并大量使用排比、对偶和夸张等手法,使文章饶有兴味,增强了作品的表现力,正是这些构成了诸子散文的文学审美特征。在诸子散文中,无论是儒家学派的孔孟思想,还是道家学派的老庄思想,无论是积极入世的现实主义审美风格,还是消极避世的浪漫主义审美风格,都对中国文学的发展产生了深远的影响。

历史散文在东周大致经历了由简到繁、由质而文、由片断的文辞到较详细生动的记言、记事、写人的发展过程,主要以记述历史事件的演变过程为主,有记言体、记事体、编年体、国别体等多种体裁。《春秋》以"微言大义"的"笔法",通过谨严精练的语言,对历史人物与历史事件暗寓褒贬;《左传》变概述为描述,用直书无隐的精神和"以事解经"的方式,全方位、立体化地描写了战争,并且十分注重语言和细节的描写;《战国策》进一步发展了《左传》的辞令描写,"其辞敷张而扬厉,变其本而加恢奇焉",叙事"能委折而入情,微婉而善讽也"①,尤其在人物刻画上,或表现血气方刚,或表现老谋深算,或表现奇异常人,或表现恩怨报施,个个形象生动,个性鲜明。从总体上看,东周的历史散文都注意将神话、传说渗入史籍,使历史事件故事化;注重描写与人物特征刻画,使历史人物形象化;注重对事件进行褒贬评价,使记叙记言声情并茂,这些形式体例与审美特征,对后世史书、散文、诗歌、小说、戏曲等都有重大而深远的影响。

总之,东周时期的思想文化领域十分活跃,百家争鸣的局面促进了文学的繁荣,先后产生了《诗经》、《楚辞》两部文学诗歌名著,也产生了感情充沛、饱含哲理的历史散文和思想深邃、风格鲜明的诸子散文。东周文学是我国文学史上光辉灿烂的一页,表现了诗与文并行的文学发展特征。《诗经》和《楚辞》并称"风骚",共同开创了我国诗歌现实主义和浪漫主义的优秀传统;诸子散文和历史散文,作为散文的两大类型,共同构成了我国散文发展的基本模式。东周文学具有很高的思想性与艺术性,为中国文学的发展打下了坚实的基础,同时也展现了一个辉煌时代的文学审美风格。

第二节 《诗 经》

《诗经》是从远古开始到春秋时代遗存诗歌的汇集,它由口头到书面,经过了当时人的提炼、删改和整理。其中以周代的作品为主,又保留

---

① 章学诚:《文史通义校注》,叶瑛校注,中华书局 1985 年版,第 61 页。

了脍炙人口、千古传唱的上古遗留作品。这些作品继承了远古歌谣,体裁成熟、内容丰富,以北方为主的风格也很鲜明。在比兴、意象、篇章结构、语言特点和风格等方面精湛卓越,具有高度的审美价值,对中国后世的诗歌艺术产生了深刻的影响,形成了一个悠久的诗歌传统。

一、比兴的思维方式

在《诗经》中,比兴方式不仅是俯观仰察、近取远取的体悟方式,而且是审美的思维方式和意象的创构方式。它们是对自然的类比感悟中产生的生命体验,并使得物与我相互触发而又融为一体,对主体情感的表达也显得含蓄蕴藉。"关关雎鸠,在河之洲。窈窕淑女,君子好逑",便比直抒胸襟更有兴味。

唐代孔颖达《毛诗正义》引东汉郑众的解释并加以阐释说:"司农(即郑众)又云兴者托事于物,则兴者起也,取譬引类,起发己心,'诗'文诸举草木鸟兽以见意者,皆兴辞也。"孔安国注"兴"时,有"引譬连类"的说法。朱熹《诗集传》所说:"兴者,先言他物以引起所咏之词。"这种托物起兴的做法,只是即兴感发,有的烘托氛围(如《风雨》以凄清悲凉的气氛烘托出女子对心上人的相思苦恋),有的起比喻作用(如《关雎》、《桃夭》),未必完全合意,所以朱熹说:"诗之兴多是假他物举起,全不取义。"只是以物寄情,抒发自己的情怀。如《小雅·鹿鸣》:"呦呦鹿鸣,食野之苹。我有嘉宾,鼓瑟吹笙。吹笙鼓簧,承筐是将。人之好我,示我周行。"以形象生动的"鹿鸣"起兴,营造热烈而和谐的气氛,引入鼓瑟吹笙、宾主飨宴的情形。生活中习见的动植物形象如"鸠"、"燕"、"熊"、"凤"、"鱼"、"桃"、"茅"等,许多鸟、兽、草、木、鱼、虫物象,常常与日常生活、原始崇拜有关。诸如"犬"、"桑"(空桑、扶桑)、"瓜"、"鹤"、"龟"等意象,体现了自然与人和社会的生命共感。

《诗经》中的比,既是一种诗性的思维方式,又是一种语言的修辞方法,托物而陈,类比明理。其中有明喻,如《召南·野有死麕》"白茅纯束,有女如玉";《魏风·汾沮洳》"彼其之子,美如玉"等,以纯洁、温润的玉形容美丽的容颜和温柔的性格。《王风·采葛》"一日不见,如三秋兮",将一日的分别看得焦急难耐,度日如年,表达了主人公难分难舍的情感体验。其他如《邶风·简兮》"有力如虎"、《邶风·谷风》"其甘如荠"、《小雅·巧言》"巧言如簧"等,将抽象难以表达的内容,具体化了。隐喻如《卫风·硕人》"螓首蛾眉",以前额开阔方正的小蝉比喻丰满开阔的美女的头,以蚕蛾形容美女的眉毛,也同样生动感人。其他如以硕鼠比喻剥削者等,也是生动有力、意味深长的。另有对喻如《陈风·衡门》"岂其食鱼,必河之鲂?岂其娶妻,必齐之姜?"《小雅·巧言》"他人有心,予忖度之;跃跃毚兔,遇犬获之",更以整齐的句式体现了修辞的对称。

二、意象特征

《诗经》从生活中选取大量的自然物象和社会物象,大抵是自然界的天地、日月星辰、风雨雷电与鸟兽虫鱼,以及农桑渔猎间习见的日常所遇的事物,它们大都"以象喻意"。明人陆时雍的《诗镜总论》曾论《诗经》云:"三百篇赋物陈情,皆其然而不必然之词,所以意广象圆,机灵而感捷也。"

《诗经》中的意象首先是感物动情的产物。《诗经》中的"国风"和"小雅"大都是感物动情的产物,出自内心,又打动心灵。《诗大序》精辟地论述了诗歌缘情生成的过程,说它们是"情动于中而形于言"的产物,可以"感天地、动鬼神"。《毛传》、《郑笺》中多有对情感的感悟与评点。朱熹反对对《诗经》里的诗歌穿凿附会,把它们一律当作讥刺,说它们是"感物道情,吟咏情性"[1]。《诗经·豳风·七月》:"春日迟迟,采蘩祁祁,女心伤悲,殆及公子同归。"以伤春女子的情感色彩表现春天。《毛传》谓"春女悲,秋士悲,感其物化也"。《郑笺》谓"春女感阳气而思男,秋士感阴气而思女,是其物化所以悲也"。在这种自然审美的过程中,万物和人因季节的变化而变化,影响到主体社会化的情感在感发过程中的对应,自然意象遂从中生成。

诗经的意象体现了情景交融的特征。《诗经》"昔我往矣,杨柳依依,

---

① (宋)黎清德编,王星贤点校:《朱子语类》,中华书局1986年版,第2076页。

今我来思,雨雪霏霏"。杨柳迎风摇曳,仿佛善解人意。从对象的姿态中,给人以心灵的感发。抓住杨柳、桃花、草虫等物象的特征作简约的描画,寄托作者的情思,从而创构出物我为一、生动感人的意象。《诗经》中的赋体诗往往抒情、写景和叙事兼而有之,多为直抒胸臆,直接披露内心情怀。这些诗往往坦率、真挚,不加雕饰,也有的则寓情于物,意在言外,从中表现出人对自然的积极顺应。自然界万物顺情适性,天机自备,意趣自在,如同《大雅·旱麓》所言:"鸢飞唳天,鱼跃于渊。"这便是自由而活泼的审美情调,便是在顺应自然中自得其乐。

《诗经》中的意象在中国文学史上形成了历史悠久的文学传统,以至被一些学者借鉴西方原型理论而称为意象原型,如"国风"中大量的对水的描写等。《诗经》中的水,有的表示距离之遥远,江水之阻隔,如《秦风·蒹葭》、《周南·汉广》和《陈风·泽陂》等,传达了男女相思的痛苦;而《郑风·溱洧》、《唐风·扬之水》和《鄘风·桑中》等,则借河水表达了少男少女相见、相戏、相思和相爱的欢乐。它们或是情感的表征,或是生活的氛围,都与抒情主人公的爱恨情怨融为一体,不仅反映了当时的生活环境,而且折射了当时的风俗民情,形成了悠久的文学传统。《王风·黍离》:"彼黍离离,彼稷之苗。行迈靡靡,中心摇摇。知我者谓我心忧,不知我者谓我何求。悠悠苍天,此何人哉!"这位东周的大夫路过故都镐京,看到原来的宫室殿堂之地都变成了禾黍之地。面对故国的衰败,黍稷下面埋藏着对故国热烈的怀恋和深沉的悲怆。主体抑制不住感情的迸发,以至于如痴如醉,忧心忡忡,呼天抢地。作为象的黍离无疑具有强烈的感染力,此后在感叹故国衰亡的作品中屡屡出现。

三、语言特征

《诗经》的语言继承前人的传统,在各种修辞方法的使用上精彩纷呈,强化了表现力。特别是其中叠字、叠韵和双声词的大量使用,增强了语言的韵律感。叹词"兮"等语助的使用,也有助于音律的整齐,增强了情感的表达。它们从口头到书面,又经过提炼,并为着配乐,节奏整肃,字句简括,形成了两个节拍、四字句式为基调的句式。这便使得诗句或铿锵有力,或婉转悠扬,余音袅袅,吟诵起来也朗朗上口,富有音乐性。

《诗经》在描摹外物的形态时,创造性地运用了叠字、叠韵和双声词,它们通常又被称为连绵词。叠字是两字重言,即两个单音节重叠,如关关、夭夭、翩翩等。叠字既描写草木、景物,又描写神态、心理,绘声绘色,在拟声和写貌方面尤见特色;有时还作为衬字,使诗句整齐划一,音调铿锵,富有音乐感。叠韵是两个韵母重叠,如窈窕、逍遥、绸缪、蜉蝣等;双声词则是两个音节的声母相同,参差、匍匐、蒹葭、踟蹰等,不但细致入微地写景状物,生动形象地描绘人物的外貌特征,增强了语言的形象性,而且把丰富的感情、复杂的事件、美妙的意境浓缩在一两个词语中,在听觉上强化了声律的美。刘勰《文心雕龙·物色》中所说的:"故'灼灼'状桃花之鲜,'依依'尽杨柳之貌,'杲杲'为日出之容,'瀌瀌'拟雨雪之状,'喈喈'逐黄鸟之声,'喓喓'学草虫之韵。'皎日'、'嘒星',一言穷理;'参差'、'沃若',两字穷形。并以少总多,情貌无遗矣。"在表现力方面,有所谓"写气图貌"、"属采附声"。这些叠字、叠韵和双声词逼真地描摹了人情物态,具有很强的形象概括性,让人如闻其声,如见其人,如临其境。

《诗经》的语言以四言为主体,兼用杂言,既整齐和谐又活泼自由,抒情自然,错落有致。唐代成伯玙《毛诗指说》:"三百篇造句大抵四言,而时杂二三六七八言。意已明则不病其短;旨未畅则无嫌于长。短非塞也;长非冗也。"有时为了强化表达效果,或语气效果,或抒情效果,宁愿格式不够整齐,如《桧风·隰有苌楚》作为以四言为主体的诗,每段末的"乐子之无知"、"乐子之无家"和"乐子之无室",均多出一字,目的是服从表达情感的需要。

《诗经》中的许多民歌,为了歌咏和表达情感的需要,常常采用重章叠唱的方式。重章叠唱是语言中的叠字拓展到整个句子,乃至整个段落。其中有连续叠句、间隔叠句和叠句的变式。叠句可以在诗中分清层次和语气转折。这些作品有的各章间的结构和语言只换几个字,回环复沓,既便于记忆,便于传唱,又深化了情感的表达,增强了感染力。如《周南·芣苢》,三章只改动了六个动词,节奏鲜明,情调轻快,在反复咏唱中,表现了采撷时的不同动作和过程,创构和强化了一个优美的情境。《陈风·月出》也通过重章叠唱的方式,将美女的容貌、仪态和情态层层深入地展开,给人以无穷的回味。《秦风·无衣》则以衣着、兵器名称等变化,使主题得到深化,情感得到加强。其他如《召南·摽有梅》、《王风·采葛》和《王风·葛藟》等,都能让人感到一唱三叹,余味无穷。这种重章叠唱在合乐歌唱的过程中,常常是对唱互答的。它们大都抒情性强,宜于表达人们单纯、明快、质朴或忧愤、悲愁等情感,便于唤起共鸣、营造氛围,且层层递进,增强了抒情的容量。这些作品通过时空转换等特点,展开情节,拓展情感的表达。

四、风格特征

《诗经》在风格上以民歌《国风》的质朴率直为主导,而大雅、小雅和颂诗则又有多元的风格,使得《诗经》的风格,丰富多样。方玉润在《诗经原始》卷九中引严粲语云:"盖优柔委屈,意在言外者,风之体也;明白正大,直言其事者,雅之体也。纯乎雅之体者为雅之大,杂乎风之体者为雅之小。"方玉润进而认为:"小雅多燕飨赠答,感事述怀之作。大雅多受陈戒,天人奥蕴之旨。"指出了大、小雅在风格上的差异。它们构成了《诗经》风格的丰富性,代表上古的北方文学风格,对后世的诗歌风格产生了广泛的影响。

《诗经》的《国风》等诗以其朴实、自然的风格,直率的感情抒发深深感动着读者,感情真挚,不矫揉造作,不无病呻吟。特别是其中的民歌,大多是"饥者歌其食,劳者歌其事"的真情实感之作。它们或是表现爱情的甜美,如《邶风·静女》;劳动的欢欣,如《周南·芣苢》;嘉会的喜悦,如《小雅·鹿鸣》;和新婚的美满,如《唐风·绸缪》等,或是传达怨愤的宣泄,如《魏风·硕鼠》;艰辛的倾诉,如《小雅·采薇》;热情的礼赞,如《周颂·清庙》;深情的追思,如《大雅·文王》等,都是情感自然而直率的流露,具有浓郁的生活情调。

在主导风格的基础上,《诗经》还有为数不少的悲慨苍凉的诗歌。这主要体现在小雅的征夫诗中,如《采薇》、《渐渐之石》、《何草不黄》等,而《邶风·式微》和《豳风·东山》也与这类风格相近。在这些诗里,征夫述说自己在征战行役中的所见、所感,显得沉郁悲壮。如《采薇》写一个征夫在返乡途中踽踽独行,道路崎岖,又饥又渴;一路走来,百感交集,成了厌战之诗的楷模。《渐渐之石》云:"渐渐之石,维其高矣。""渐渐之石,维其卒矣。"以地形变化渲染山高水长、风雨交加的征行历程,出征士卒们之戎马倥偬、劳苦困顿的情形。《何草不黄》反映了当时"四夷交侵,中国皆叛,用兵不息,视民如禽兽"(《诗小序》)的社会现实,控诉了经久不息的征战摧残征夫青春的罪恶。《式微》是厌倦征戍士兵的怨歌,"非君之故,胡为乎中露?""非君之故,胡为乎泥中?"道出了役者的悲惨遭遇和深沉怨恨。

大雅、颂诗则多具有豪放雄浑、雄壮激昂的风格。大雅和颂诗多气势宏大,描写军戎战阵,赞扬君主、辅臣们的武功战绩,赞美先王、先君功业。大雅如《大明》、《皇矣》、《崧高》、《烝民》、《江汉》、《常武》,周颂如《桓》、《武》、《酌》,鲁颂如《泮水》、《閟宫》等,场面宏大,色彩鲜明,气势雄浑豪放。其中一些"史诗"性作品,一定程度上反映了华夏民族的一些重大历史事件,和一些杰出人物所作出的巨大贡献,令人自豪和崇敬。《大明》呈现武王伐商情形云:"殷商之旅,其会如林,矢于牧野。"商、周二军阵于牧野,刀枪如林,气氛紧张。相比之下,雅诗深沉含蓄,具体表现为严肃雍容、迂徐平缓、沉郁持重、悲凉凄恻等特点。而颂诗则庄严肃穆,热烈诚挚,"冲融而隽永,肃穆而沉静"①。《乐记》所说"宽而静,柔而正者,宜歌《颂》;广大而静,疏达而信者,宜歌《大雅》",正是说大雅和颂的区别。

第三节 《楚 辞》

在中国诗歌艺术史上,《诗经》产生三百年之后,历经沉寂的诗坛出现了一种新的诗体——楚辞,标志着我国诗歌艺术的发展进入了新的历史阶段。与产生于北方黄河流域的《诗经》相比,楚辞是产生于南方的一种带有强烈个性、充满激情、富于想象力和浪漫精神、结构宏伟、句式新颖

---

① 参见方玉润:《诗经原始》卷十六,上海古籍出版社 2009 年版。

灵活的新型诗体。它是战国时代楚文化高度发展的成就在文学方面的集中体现，是东周时代与中原文化相对应的南方文化长期发展的硕果。屈原作为楚辞的奠基者和代表作家，是中国文学史上第一位署名的作家，也是历史上爱国忠君者的典范、文人感伤哀怨的始祖。楚辞以其缠绵悱恻的情感节奏，丰富奇特的想象，瑰丽绚烂的意象和"惊采绝艳"的语言形式等共同构造了一个古拙而浪漫、狞厉而神幻的艺术世界，体现出独特的审美风范。

一、丰富奇特的想象

艺术离不开想象，楚辞体作品熔铸神话传说，想象丰富奇特。由于楚文化具有较浓郁的乡土气息和地方色彩，保留着大量远古的传说、神话、巫俗和巫文化，为楚辞丰富奇特的想象提供了成长的土壤——色彩绚丽、神秘莫测的山川景物养成了诗人们非凡的想象力、浓烈的情感和浪漫的奇思；"信鬼而好祀"的宗教习俗，为他们的创作提供了无比丰富生动而瑰玮诡谲的素材。为了表达对美好事物和理想的追求，屈原等楚辞作家吸取了楚地神话和宗教民俗方式，融入自己的楚辞创作中，从而使作品中充满了激情和想象力。在奇特想象的田园里，楚辞保存并自行创作了大量的神仙鬼怪故事，成为保存神话故事最多的《山海经》之后又一个重要的神话渊薮。如《九歌》就是改造楚地民间的神话故事，并借用巫文化中的祭歌形式创作出的抒情诗。

但《楚辞》神话已不是《山海经》里的神话。《楚辞》中，除了所乘的龙之外，已经没有兽身人面的怪物了。昔日面目狰狞的神灵们一变为窈窕淑女，与人眉目传情。另外，楚辞体作品中的神话和民俗只是作为文学表现手法而利用，就楚辞本身而言，它是在吸取民间文学题材的基础上加以创造性提高的结果，已完全摆脱了宗教性。比如在楚辞作品中，地上的山川、空中的风云、天上的日月等，往往被赋予人的形貌和情感，成为人格化的自然神祇。《九歌》是屈原采用民间祭祀鬼神的乐歌为原始材料进行艺术加工创作而成的，描写的主要是神与神相爱的情景、歌舞娱神的欢乐场面。诗歌自然而真挚地描写了他们的恋爱生活，表现了他们美好的内心、丰富的感情以及同人一样的喜怒哀乐。在改造神话传说的过程中，屈原充分地发挥了高度自由的创造性想象。在诗人的想象中，神也有情，鬼也神伤，山鬼在与情人约会之前精心打扮："被薜荔兮带女罗"；想到恋人慕己花容时，"既含睇兮又宜笑"；经过漫长等待未果时，她开始绝望而生怨。于是，栩栩如生地出现在人们面前的是一个血肉丰满的女子形象，而不是一个面目狰狞的女鬼。

《离骚》集中展现了瑰丽的画面和浪漫的色彩，屈原在写自己神游时，诗人的思绪遨游于广袤的宇宙太空，与古往今来的圣人贤哲对话，完全不受时间和空间的限制。他朝发苍梧，夕至悬圃，在幻想的世界里上天入地，四处奔走，结果却是四处碰壁。如此大胆丰富的想象构成了庄严富丽的情调，将自己政治抱负不得实现的悲愤抒发得淋漓尽致，显得波澜壮阔。如《离骚》说："吾令羲和弥节兮，望崦嵫而勿迫。路漫漫其修远兮，吾将上下而求索。饮余马于咸池兮，总余辔乎扶桑。折若木以拂日兮，聊逍遥以相羊。前望舒使先驱兮，后飞廉使奔属。鸾皇为余先戒兮，雷师告余以未具。吾令凤鸟飞腾兮，继之以日夜。飘风屯其相离兮，帅云霓而来御。纷总总其离合兮，斑陆离其上下。"在这里，苍梧、羲和、天门、凤凰、雷师、扶桑等在现实中并不存在的神话传说中的意象，凭借作者奇特的想象，都进入了诗歌中，变成形象丰满、富有艺术特色的语言，显出浪漫天真的生机和活力来。另外，屈赋中除运用虚拟对话展开内心冲突外，诗人还借助铺排缤纷的想象中的心灵游历来宣泄情感。这种方式是屈原用自己丰富想象力在抒情方式上的一种开拓，在情节上带有想象、虚拟的特点。在东周时代，能将艺术想象力发展到如此高度的人，除了庄子就只有屈原了。

二、比兴手法

从文本上来看，楚辞是一个由比兴手法创作的各种瑰丽意象组合而成的神奇世界。比兴是诗歌艺术传统的创作手法，我国诗歌的比兴、象征手法，到了以屈原为代表的楚辞创作，已产生了巨大的飞跃。

首先，《诗经》中的比兴往往是一物比一物或一物兴一物，所以诗歌意象都比较单纯。但在楚辞中用来比兴的客体和主体已大量地融合,将单纯的比兴上升发展到艺术上的象征的性质,使草木风云、禽兽神鬼等都具有了人格意义。楚辞中的比兴物象,从自然界深入到了社会生活中,如《离骚》"乘骐骥以驰骋兮,来吾导夫先路",《惜往日》"乘骐骥以驰骋兮,无辔衔而自载;乘泛桴以下流兮,无舟辑而自备"用车马征行比喻用贤为治。《离骚》"固时俗之工巧兮,偭规矩而改错;背绳墨以追曲兮,竞周容以为度","举贤而授能兮,循绳墨而不颇"用规矩绳墨比喻法度修明。

其次,《诗经》的比多是片断、单个的比,比与比之间没有什么内在的联系,屈原创造性地发展和丰富了比的手法。在楚辞中,客观景物如草木、鱼虫、鸟兽和风云雷电,都被赋予了生命,可以活动,并具有人的意志,寄托了诗人的思想感情。王逸《离骚序》说:"《离骚》之文,依《诗》取兴,引类譬喻;故善鸟香草,以配忠贞;恶禽臭兽,以比谗佞;灵修美人,以媲于君;宓妃佚女,以喻贤臣;虬龙鸾凤,以托君子;飘风云霓,以为小人。"不仅《离骚》,《橘颂》也是如此,整篇都采取了比的手法,以橘喻人,托物述志。由此可见,屈原把比提高到一个新境界,不再停留在孤立地描写意象上,而是由众多的物根据审美理想和审美情感的需要进行系列化和组合,渗入了深沉的感情,用缤纷多姿的语言、深刻的比喻、广阔的联想,构成了一个意象体系。

屈原开创的"香草美人"的比兴传统,在中国古典诗歌中奠定了"香草"、"美人"比兴象征的经典地位。诗人在《楚辞》里创构的是一个奇异而绚丽多彩的"香草""美人"世界。仅在《离骚》中就有荷、桂、兰、蕙、椒、薜荔等几十种香花美草,它们共同构成了楚辞中的"香草"意象系统。如《离骚》中有这样的诗句:"揽木根以结芷兮,贯薜荔之落蕊。矫菌桂以纫蕙兮,索胡绳之纚纚。"在这四句诗中就出现了木兰、薜荔、菌桂、蕙、胡绳五种香草。诗人抓住了比兴之物本身所具有的丰富的美学内涵,来美化抒情主体的形象。《楚辞》的"香草"意象从功能上来看,本身就是诗人美学理想的外化,是诗人人格、情操和芳洁之志的集中体现,这些香草无论是从外形还是从内质上来看都体现了审美价值。《楚辞》的这一比兴系列显然已具有鲜明的感情色彩和审美意象,从而直接把读者带进完整统一的审美境界,使我们受到美的熏陶,心灵也得到净化。

从《诗经》中的作品来看,比兴固然可以成为群体表现情感的最佳表现方法,但对于强烈个性化的主体感情,则往往因缺乏高度凝练和概括的功能,而不能充分完满地表达。而《楚辞》中的比兴在这方面则有了转变和飞跃:它的情感的复杂性和个性化大大增强,强烈个性化的主体情感得到了高度集中而生动的审美表现,因而也更富有艺术感染力。最具个性的"男女君臣"的比兴意象,在一定程度上体现了楚辞比兴的丰富性和多样性。

楚辞在思维方面最显著的特点是超现实的特征,这是由于它在思维方式上继承了神话传说的特性和比兴传统。作品中还有许多超现实的意象,如龙凤。龙凤形象最早是作为先民的一种图腾,有神圣而深刻的含义。它在楚辞中的出现是对巫风文化图腾的借用,是人为塑造出来的艺术形象。楚辞作品中多有关于龙凤意象的描写,如《离骚》有"凤凰既受诒兮,恐高辛之先我","为余驾飞龙兮,杂瑶象以为车";《九歌·云中君》有"龙驾兮帝服,聊翱翔兮周章";《天问》有:"河海应龙,何画何历?"宋玉《九辩》亦云:"众鸟皆有所登栖兮,凤独遑遑而无所集";"骐骥伏匿而不见兮,凤凰高飞而不下?"龙凤形象浸染南方巫文化色彩和龙凤对举描写,是屈赋的一个创造性发展,大大丰富了龙凤形象的文化意蕴和审美价值,并呈现了浓郁的浪漫主义色彩。同时,在各种缤纷奇丽的形象中寄予憎爱褒贬之情,使人于优美的形象中受到美的启迪,获得感性的愉悦。

三、浓烈的抒情性

楚辞屈赋的"发愤以抒情"是我国抒情诗发展的重要理论,突出了诗歌创作中诗人的主体地位。楚辞不是群众性的集体创作,而是属于屈原的个人创作。因此,在文学史上,楚辞的出现是具有划时代的重大意义的,它标志着中国文学从集体创作到作家个体创作的转变。

浓烈的抒情性是楚辞体最突出的本质特征。除了屈原的作品外,楚辞体的另一大家宋玉的《九辩》也是一篇高度抒情的千古绝唱。其悲怆恻恻之情开创了我国古代文人悲秋感怀之传统。从文化渊源上看,楚辞之所以有这种浓郁的抒情色彩,除了与楚人激发狂放的民族气质有关,也借鉴了巫术文化中所特有的抒情艺术,并将二者与诗人内心的感情和谐地融合在一起,相辅相成,成为一个整体。从情感特征上看,楚辞作品多是情绪激昂,一唱三叹,回环往复。

当然,抒情性是大多诗歌的共同特点,而楚辞体抒情的特性有其特定的内涵:

首先,楚辞感伤的色彩浓厚,所抒之情哀婉,格调忧郁,营造的也多是苍凉的意境。对于楚辞的抒情多为感伤激愤之情的这一特点,古人多有注意,如胡应麟《诗薮》所云:"《离骚》、《九章》,怆恻浓至。"朱熹《楚辞集注》认为屈词"尤愤懑而极悲哀,读之使人太息流涕而不能已"。

楚辞中倾泄的多是敏感的情怀和多思的心胸以及热情和焦虑的感情。在《楚辞》中,有时为了抒情言志的需要,便采用大量虚拟的自然景物来作比兴或象征,有时则直接采用神话传说中的自然景观。《楚辞》山水景物描写多呈感伤性色彩,且每每以自然山水历程之艰险象征人世道路之艰难,情景交融者甚多。即使是在描写虚拟的自然山水景物时,也有明显的感伤色彩。如《离骚》中"朝吾将济于白水兮","忽反顾以流涕兮,哀高丘之无女",像这样的虚幻山水景物,在诗中有反复叙写,不仅与《楚辞》富于浪漫情调的整体风貌浑然相融,而且最有效地表达了作者满腔的爱国热情,传递了无限的遭弃感伤。

又如在《九歌》组诗中《湘君》一诗里,诗人勾勒出柔丽幽晦的意境,浓郁地渲染了落叶生悲的凄凉气氛和哀婉情调:"帝子降兮北渚,目眇眇兮愁予。袅袅兮秋风,洞庭波兮木叶下。"在这样的背景下,诗人写出了湘夫人见不到湘君时的哀怨:"捐余袂兮江中,遗余佩兮醴浦。"通过洞庭烟波浩淼、烟水茫茫的自然景物,把男女之间忧伤的情怀和哀怨的意绪淋漓尽致地表现出来,情景交融,浑然一体。"荒乎兮远望,观流水兮潺湲。"湘夫人极盼"帝子"而无望,不得不离去,此时,无论是"秋风"、"木叶"、"洞庭波",还是"流水",都已染上了她浓郁难化的感伤情绪。

在运用自然景物的感伤色彩来表现凄惨愁苦的情怀上,宋玉的《九辩》发挥得更为出彩。他在诗歌的起始便以"悲哉,秋之为气也"一语开端,便使凄怆悲凉的秋气笼罩全篇。"萧瑟兮草木摇落而变衰",作者因秋令而兴感,接连用的"萧瑟"、"摇落"充满感伤色彩,"坎廪兮贫士失职而志不平","惆怅兮而私自怜",情景妙合无垠,尽情抒发了贫士遭嫉之不平及对身世的悲痛之情。全诗通过秋景、秋色、秋声、秋容的描绘,把萧瑟的秋气意境与自己的哀怨之情交织熔铸在一起,使读者感到秋景即哀思,成为我国历代文学"悲秋"主题的滥觞。

其次,想象中的神游作为屈原的一个独创,它在抒情上更能自由抒发心志,以冲破现实的束缚,更加淋漓尽致地表达郁积于心的情感,使诗人的抒情空间获得了极大的拓展。同时,情感的抒发因不同诗境氛围的烘托或反衬,而变得愈加深沉哀切。但由于终究无法超越现实,最终还是被现实的无情所惊醒,跌到痛苦的深渊,从而使情感得到更加激荡的表现。如在《离骚》后半篇,诗人在"上下求女"失败后,驾驭缤纷的神话意象,创造了极为瑰丽的"远逝"境界。在这里,主人公役使众灵,拥有富丽雍容的车骑随从,一路云旗飘展、凤凰飞腾,达到了以乐境衬悲情的强烈的反衬效果。

再次,屈原是我国文学史上第一位最充分最热烈地抒发爱国之情的诗人。他的作品中处处充满了对楚国无比热烈深沉的挚爱。屈原一生志行芳洁,满怀忠贞,然却高洁遭嫉,终被多次放逐。于是,那种痛彻心扉的哀愁幽思,满腔失志的难平之情便倾泄于诗作之中,因而"发愤而抒情"。"愤"者,内心之愤懑也;"发"者,发露以舒泄也。抒情而强调"发愤",是屈原楚辞抒情的一大特点。而宋玉的《九辩》作为自叙性的抒情长诗,也可说是抒写身世之感、之作。怀才不遇而悲秋伤春,低吟人生的落寞与不平,这些都赋予了楚辞以浓郁的悲剧色彩。

最后,《楚辞》作品有多种多样的抒情方式。《离骚》直言不讳地表达了对时政的不满,对楚王昏庸的批评,对奸臣的厌恶憎恨,大胆袒露了自己远大的理想抱负,并以象征的手法、自豪的口吻描述着自己高尚的人格、杰出的才能和崇高而光荣的孤独感。因而,在抒情方式上具有坦诚直接、直言无忌的特点,充满了气派雄浑、淋漓酣畅的艺术风格。而宋玉在抒情诗的艺术手法上有了很大开拓。如通过自然景物的描写创造意境,抒发感情,表现对时代、政治生活、生活景状的感受,而不是直抒胸臆,因而显得更含蓄婉转。

楚辞体作品的情感表现突破了儒家的"乐而不淫,哀而不伤"、"温柔敦厚"、"中和"的理想,在总体风貌上体现了气势和力度上的一种"激切"的取向。其实无论是"中和"还是"激切",只要在形象表现上抒发了真实感人的情感,都是符合审美要求的。《楚辞》发愤而无羁的"激切",则显示了审美的丰富性和多样性原则。

四、结构形式

较之《诗经》,楚辞的篇幅、结构明显地扩大,如《离骚》、《天问》和《招魂》都是洋洋数百句,长达数千字的鸿篇巨制,这在我国诗歌史上都是罕见的作品。篇幅的长短必然会影响到作品内容的容量,再加上楚辞的句式参差不齐,篇章词句多任意变化,长短自由,所以楚辞作品的内容都很丰富厚腴。

《离骚》篇幅宏大,结构完整。它从一个生命的源流开始写起,描述了其辉煌的族系和神奇的诞生,继而赞美了主人公的高洁情操和远大志向,抒发了自己高洁遭嫉、壮志难酬的苦闷心情;接着驰骋想象,在幻想的世界里神游;最后回到了现实,表达了宁死不屈的决心。就整个结构形式而言,是由现实走向梦幻,再由梦幻回到现实。从开篇生命的诞生到结尾欲死之决心,前后照应,构成了人生的基本历程。而中间各部分衔接自然,联系紧密。与《离骚》相比,《招魂》在结构上又更加成熟,以整饬严谨、完备和谐的结构安排见长。

楚辞作品从结构上看还有个很鲜明的特点,就是在本文后有个"乱"的结构。由此,我们可以看出它的音乐文化特质。"乱"在乐曲中既是乐歌尾声的高潮部分,又是突出高潮的音乐处理手法,是歌诗中的结语。除了《离骚》、《招魂》、《大招》以及《九章》中的《涉江》、《抽思》、《怀沙》、《哀郢》等诗中都有"乱"词。《抽思》除末尾用"乱"外,中间还有"少歌曰"、"倡曰",这些也都是乐章的组成部分。"少歌"是前一段歌词的小高潮。《招魂》的开头有"序曲",末尾还有"乱",这表明《抽思》与《招魂》都是成套的大型乐歌。《东皇太一》、《东君》还写到了多种乐器的演奏和歌舞。

不过，虽然楚辞具有音乐的特性，但它毕竟是以诗为主，乐只是作为诗的依附。如《离骚》的结尾："乱曰:已矣哉,国无人莫我知兮,又何怀乎故国? 既其足与为政兮,吾将从彭咸之所居!"屈原在上下求索无门理想彻底破灭之后,决心投水而死。这段是他的悲愤绝望心情达到顶点时的抒情,因而乐曲的调式也完全依照所抒写的"情志"需要,在歌节的结构、节奏上都有了改变,通过用"乱"这种音乐形式,将乐曲推向了最高潮。总的来说,楚辞确与地方民歌、乐、舞有着亲缘关系,但已经过作者加工、提高,上升为文学作品,如《九歌》。而《离骚》、《天问》、《九章》、《招魂》等则明显地脱离了乐、舞而成为一种不歌而颂的纯文学的诗。

五、语言特色

语言是诗歌的基本要素,诗歌是语言的艺术。对以《离骚》为代表的楚辞,刘勰曾评价为"惊采绝艳,难与并能",这也可以视为对楚辞诗歌语言美的高度赞赏。受荆楚巫风大盛的社会文化心理的影响,楚辞作品多有对巫术、神话传说的吸收,并融汇作者独特的想象所形成的奇幻瑰丽、谲怪浪漫的意象体系,因此,楚辞的语言大都辞彩瑰丽,文彩斐然。

第一,楚辞有瑰奇绚丽的文辞。楚辞的语言瑰丽绚烂,极富美感,具有强烈的感染力。楚辞的表现色彩,受到江南山水的濡染和"巫风"对色彩的神秘观念影响而带有瑰奇富艳的特征。从楚辞中的一系列诗歌形象来看,都是些色彩很浓重的形象,而这也是楚文化和楚国艺术的特点。正是楚人对浓墨重彩之美的欣赏影响了屈原,从而使得屈原笔下的楚辞也充满了浓烈的色彩之美。楚辞在对一些女性形象的描绘上,诗人浓墨重彩地刻画了衣饰、神态,在浓妆艳抹的色彩组合中雕绘出一个个立体的女性形象。《大招》有:"青色直眉,美目媔只。靥辅奇牙,宜笑嘕只。丰肉微骨,体便娟只。"一个唇红齿白、眉目如画的南方美女的形象跃然纸上。《山鬼》"被薜荔兮带女罗","辛夷车兮结桂旗","被石兰兮带杜衡",华美的衣饰展现出色彩绚丽的画面。这种绚烂鲜明、浓墨重彩的色彩追求为中国文学的整体风格注入了独具特质的艺术营养,形成了"雄奇瑰丽"或"惊采绝艳"的语言风格。

第二,楚辞有灵活的语言形式。就形式而言,楚辞体是我国古代各种诗体中最接近散文的一种。它句式多变,长短不拘,相对于《诗经》过短的句式,偏于急促的节奏来说,无疑是巨大的进步。同时,浓郁的抒情意味,多变的句式,"兮"字的灵活运用,体现了楚文化的浪漫精神和诗人的热烈情感,这与楚辞所表现的情感特征是十分和谐的。

楚辞还创造了一种新的语言结构形式。由于脱离了和乐而歌,楚辞少了许多重章叠句,篇章词句多是任意变化,长短自由,一气呵成。从句式上来看,楚辞打破了《诗经》的四言句式,代之以五言、六言乃至七言、八言的长句句式,并保留了咏唱中的"兮"字,扩大了它的涵容量;从体制上来看,将《诗经》中的短章、重叠发展为"有章无节",更适宜表现广阔的社会生活。

"兮"字的大量运用是楚辞体最明显的标志,这一特征承袭和取鉴了楚地民歌。楚辞作品中的"兮"字具有多种位置:有的位于每句的中间,如《九歌》;有的位于上下句的中间,如《离骚》和《九章》的主要篇章;有的位于下句末,如《橘颂》。就意义而言,"兮"字既起着咏叹、表情的作用,也起了句读、调整节奏的功能,增强了诗歌的节奏感。

第三,《楚辞》还运用了多种修辞手法。如作品频繁而形式多样地运用"互文"这一修辞手法。如《九歌·云中君》"浴兰汤兮沐芳,华彩衣兮若英"。"沐"、"浴"相互补充,"兰汤"与"芳"彼此隐含,形成互文。又如《离骚》"启《九辩》与《九歌》兮,夏康娱以自纵"。"启"就是夏启,上句的"夏"与后句的"启"互文见义。

第四,善用对偶、对仗以形成音韵节奏之美。如《离骚》中:"朝饮木兰之坠露兮,夕餐秋菊之落英"。在这句中,"朝""夕"相对,"餐""饮"相对,尤其是双声叠韵词的运用,使描写更加生动细致,传神感人,读起来悦耳动听,如"木兰""秋菊"相对,"坠露""落英"相对,不仅在字面上对得工整有序,而且在音韵上也相当有美感。

第五,楚辞的语言常常显得气派雄浑、淋漓酣畅。以屈赋为代表的

《楚辞》较之《诗经》而言，更善于铺叙，更善于铺张扬厉。如屈原的《招魂》，诗人在描写楚国贵族的豪富欢乐方面，采用排比、铺张的手法，从宫室、陈设、饮食、女乐、歌舞、博弈等方面，极写其富丽堂皇。无怪乎有后人以"艳绝深华"评之。在楚辞中，即使是自然观照，也重在展示其整体风貌，极尽铺张。如《招魂》、《大招》对天地四方的铺陈，《天问》中的抒情主人公直面浩茫之广宇，对天地、山川、日月、星辰的诘难，都展现了辽阔浩瀚、阔大恢宏的意境。《涉江》"山峻高以蔽日兮，下幽晦以多雨。霰雪纷其无垠，云霏霏而承宇。哀吾生之无乐兮，幽独处乎山中"。这里便将山高路险、雨雪纷飞的恶劣环境与诗人孤独悲切的感情结合起来，以悲壮的情境渲染了诗人悲愤、痛苦而忧愁的情愫。

六、深远影响

楚辞在中国文学史上产生了巨大而深远的影响。它对汉赋的诞生、发展，以及魏晋、六朝、唐诗的繁荣有重要的意义。曹植、庾信、李白、杜甫、苏轼、陆游，以至近代的龚自珍、黄遵宪，现代的郭沫若、闻一多等人，都深受楚辞的影响。所以，鲁迅先生指出，"较之于《诗》，则其言甚长，其思甚幻，其文甚丽，其旨甚明，凭心而论，不遵矩度。故后儒之服膺诗教者，或訾而绌之，然其影响于后来之文章，乃或在三百篇之上"①。

楚辞所抒发的爱国情怀内涵之广泛，情感之激烈，篇幅之宏大都是前无古人的。而此后历代表达爱国情感的作品都多少受到了屈原楚辞的影响。如唐代杜甫的诗歌，宋代陆游、文天祥等人的诗词以及明清之际的诗文戏曲，莫不受其熏陶。屈原忧愤深广的爱国情怀为中国文化增添了一股深沉而刚烈之气。自屈原起，关心民计民生已成为中国文学史上的一个传统主题。杜甫沉郁顿挫的诗风，辛弃疾豪放悲壮的词风，以及岳飞的《满江红》等都在艺术上继承并发展了楚骚美学传统。

楚辞"惊采绝艳"的文采对后世的文学语言也有着极大的影响。《离骚》中写屈原的第一次漫游队伍中有月神、风神、灵鸟、雷神等，浩浩荡

---

① 《鲁迅全集》第9卷，人民文学出版社1981年版，第370页。

荡,场面壮观,还有《招魂》对天地四方、上上下下面面俱到的描写都显示了楚辞非同凡响的铺张扬厉的表现手法。汉大赋结构宏大、语言华丽、句式工整的审美情趣和特点,直接受到了楚辞的影响;抒情赋则以《楚辞》为摹仿对象,具有抒情述志,注重音韵节奏而篇幅不长的特点。楚辞语言准确、流畅、华美并富于音乐性,对后世的文学语言特别是诗歌语言的发展也产生了巨大的影响。如李白诗歌的篇章结构及浪漫主义的表现手法都深受屈赋的影响。诚如刘勰在《文心雕龙》中所说的"其衣被词人,非一代也"。

最后,楚辞的忧患意识形成了楚骚美学传统。楚辞的作者,无论是屈原还是宋玉,都是具有进步思想的贤人志士,但又处在朝政混乱、国家危亡关头,或遭放逐,或遭压抑,这就使楚辞的情感表现几乎都带有深切的"忧患感"及强烈的不平和愤懑。它的审美取向与儒家的温柔敦厚的"中和"不同,而表现为狂放、激烈和悲亢。《楚辞》凸显了时代先驱的精神气质。屈原的全部诗歌中对反对革新图治的罪恶的抨击,都鲜明地体现了他的开拓创新精神和革命进取精神,表达了他的历史进步要求,开中国文学以诗歌批判现实,反抗黑暗政治,反抗邪恶的创作传统。可以说,这为此后诗人作家树立了诗品与人品统一、文章与道德合一的典范。

第四节　诸子散文

春秋中叶至战国之际,社会急遽变革,伴随着思想的解放,出现了一些博学之士,他们思考社会与人生,回答种种现实问题,宣扬自己的政治主张。由于出身、立场各不相同,因而形成了儒家、道家、法家、墨家等众多学派。其时,他们纷纷授徒讲学,著书立说,争辩不休,《汉书·艺文志》说:"九家之术蜂出并作,各引一端,崇其所善,以此驰说,取合诸侯",有"百家争鸣"之称。于是,诸子散文便在这一场争鸣中应运而生了,它们是诸子百家对自然和社会提出的各种不同见解,阐述各自政治主张的论说文,主要以道家的《老子》、《庄子》,儒家的《论语》、《孟子》、《荀子》,墨家的《墨子》,法家的《韩非子》为代表。尽管从内容上看,诸子散文应该属于政治、哲学的范畴,但其结构形式、风格特征、语言艺术等方面在我国文学史上都具有划时代的意义,有着非常鲜明的审美特征,为中国散文之滥觞。

一、奇特的想象

丰富奇特的想象是东周诸子散文的一大特色。在百家争鸣的过程中,诸子们奔走于各国之间,游说诸侯,他们对于自然、社会、人生的认识都是超然于感性经验之上的富有理性特色的阐释与总结,这些抽象、玄妙的哲理,由于受思维能力所限,不易为更多的人所理解和接受,有时也只可意会,不可言传。加之诸子们在揭示社会丑恶,嘲讽时弊的时候,直言谴责往往会导致矛盾冲突,使自己陷入被动的境地。因而他们凭借大胆、奇特的想象,或是在现实事物的基础上对其进行加工改造,或是完全依靠自己的主观幻想,虚构出大量的意象、寓言、故事,形象地表达了深刻的思想,在当时形成了波澜壮阔的高潮。故而东周诸子散文常常带有一种纵横驰骋、神思飞扬的想象之美,《老子》、《论语》、《孟子》、《韩非子》等散文,无一不有这类想象的内容。

诸子散文中的想象是非常丰富多彩的。一些想象在某种意义上是一种由此及彼的联类无穷,具有生活化的特点。如《老子》第七十三章中谈到"天之道"时说:"勇于敢则杀,勇于不敢则活。此两者或利或害。天之所恶,孰知其故?天之道,不争而善胜,不言而善应,不召而自来,繟然而善谋。天网恢恢,疏而不失。"老子就将"天之道",即自然的规律,想成是一张广大无边,无所不在的网,万物都受它的作用,无可逃脱。这样,通过想象,原本抽象的道理就变得具体可感,容易理解了。《论语·子张》中这样的例子也有不少,如子贡谈过错,子贡曰:"君子之过也,如日月之食焉;过也,人皆见之;更也,人皆仰之。"君子的过错在这里被想象成了日蚀、月蚀一般,人人可见;改正了错误,也能受到众人的敬仰,非常形象生动。此外,还有《荀子》的"青,出于蓝而青于蓝"、"源清流洁";《孟子》的"杯水车薪"、"缘木求鱼"等,都是把深奥的思想由联想寓于形象的事物之中,从而使得其论说深入浅出,通俗易懂。

　　有时,诸子还会利用想象、联想,对一些历史故事和民间传说加以移植或改造,作为宣扬他们立场与主张的一种手段。如《墨子·兼爱》中"晋文公好士之恶衣"、"楚灵王好士细腰"、"越王勾践好士之勇"三个历史故事,是墨子为了说明"上弗以为政,士不以为行"这一上行下效的道理而引用的。《论语·泰伯》中"子曰:泰伯,其可谓至德也已矣! 三以天下让,民无得而称焉"。孔子认为谦让为礼制的重要内容之一,君子待人应该谦让敬重,所以他联想到历史上传说的人物——泰伯,用其真心诚意谦让天下的行为,来倡导人们都能以谦让不争来规约自己。

　　如果说上述的想象还只是取材于现实已有的事物或题材,那么到了孟子、韩非子、庄子等诸子的笔下,便有了更为丰富的虚构式的创造想象。他们散文中广泛出现的故事很多并非如《论语》那样实有其人、实有其事,而是他们从自然观照与现实感受出发,根据自己说理的需要,有意识地在幻想和想象中编织了一个个蕴含深义、诙谐有趣的寓言或所谓的历史故事,来抒发自己的人生感慨与理想,使人们在短小有趣的故事中体悟到某种含蓄与幽默。《孟子》当中,就有一个妇孺皆知的故事——"揠苗助长",带有极为明显的虚构想象的成分,因为这样荒唐的人和事在现实生活中是绝难找到的,其目的只在于向人们昭示:不遵守事物的发展规律办事,急于求成,反而欲速不达。《韩非子》的内外《储说》、《说林》上下两篇基本都由历史故事和通俗故事组成,其中不少也源于韩非子的创造和想象。如"郑人买履"的故事中,同样发挥了自己的想象力,塑造了一个宁可相信脚的尺码而不信自己脚的愚人;"买椟还珠"里,郑人被珠盒的精致外表所眩惑,买下盒子而丢弃了真正昂贵的宝珠;《难一》中则有个同时夸耀自己所卖矛和盾却不能自圆其说的人;另外还有"滥竽充数"、"守株待兔";等等。这些在实际生活中不大可能出现的蠢人蠢事,简洁短小却不失形象生动,造意奇特,均是韩非子虚构出来的,以达到讽喻的目的,同时也显示了韩非子想象的奇特。

　　而将诸子散文的这种虚幻想象发挥至极致的,则非《庄子》莫属。其他诸子的想象,大多还带有生活化、现实化的特点,而庄子看透了现实黑暗,认为"天下为沈浊,不可与庄语",所以用"谬悠之说"、"荒唐之言"、

"无端涯之词"、"以卮言为漫衍,以重言为真,以寓言为广"的思考方式沉浸于主观幻想之中,在他的散文中杜撰神奇故事,充满天马行空般的想象,具有非常明显的超现实性,即《史记·老子韩非列传》所谓"皆空言无事实"。对于庄子来说,天底下似乎没有什么事是不可以虚构的,大鹏小雀、骷髅幽魂、树石虫草,一切生命或非生命的万物聚拢其笔端,辩论说理,无奇不有,将读者引入奇幻的世界之中。首篇的《逍遥游》中,便以惊人的想象力幻想了一条长达几千里的"鲲",化而为"鹏":"鹏之背,不知其几千里也;怒而飞,其翼若垂天之云。是鸟也,海运则将徙于南冥。南冥者,天池也。齐谐者,志怪者也。谐之言曰:鹏之徙于南冥也,水击三千里,抟扶摇而上者九万里。"极力夸张、渲染了鲲、鹏的宏大形象及其变化的雄奇壮美,想象的新奇、大胆、荒诞迷离令人叹为观止。同时,《庄子》的想象拥有恣意纵横、超越时空的神思,大到北溟之鱼,小到蜗角之国,潇洒飘逸,来去自如,有盎然的动态之美,将东周诸子散文的想象无限、纵横跌宕体现得淋漓尽致。

正是由于东周诸子散文大多采用这种想象的内容来代替抽象的议论,把玄奥的道理寓于生动的形象之中,既增强了说服力,易于人们了解与接受,又使得文章富有形象性与生动性,言有尽而意无穷,十分耐人寻味。

二、真切的情意

诸子散文虽然主要是说理的,使读者晓其事,知其理,但依然包含了作者对生活的感受,是自身情感的一种流露,让读者悟其心、感其情。因此,这些富有真情实感的诸子散文,受到了读者的喜爱,历久而不衰。东周诸子散文之所以不同于一般的政论文章,也就在于它们阐明哲理,致力论辩的过程中,能够使人感受到其中强烈而深沉的情感,具有一定的抒情色彩。

在《论语》里,我们就能深切体会到孔子及其弟子的真性情。孔子对弟子的关爱,似乎远远超出了普通的师生之情,而近于一种父子之情。《论语·雍也》中,孔子称赞颜回:"贤哉,回也!一箪食,一瓢饮,在陋巷,人不堪其忧,回也不改其乐。贤哉,回也!"颜回是孔子最得意的弟子,即使处于贫穷窘困的环境之中也不忧愁,孔子对他的喜爱之情是不言而喻的,对于颜回他毫不吝惜自己的夸耀之词,赞叹他的贤德。以至于当颜回英年早逝时,孔子悲痛不已:《论语·先进》:"颜渊死,子曰:噫! 天丧予!天丧予!""颜渊死,子哭之恸。从者曰:子恸矣! 曰:有恸乎? 非夫人之恸而谁为?"其悲痛之情,描述得非常真实、感人,可见他对颜回的感情之深。然而对于懒惰、不思进取的学生,孔子也不留情面,加以痛斥,《论语·公冶长》他批评宰予:"朽木不可雕也,粪土之墙不可圬也。"措辞非常尖锐、严厉。可以说,《论语》中所流露出的这种感情是很真实、深刻的,让人看到了一个有血有肉、真实可感的孔子。

即使作为政治哲理著作的《老子》,细细体会的话,还是同样能感受到其中的忧愤之情。虽然老子一直主张的是"虚静无为",但他对社会现实仍旧十分关注。《老子》第五十三章:"大道甚夷,而人好径。朝甚除,田甚芜,仓甚虚;服文采,带利剑,厌饮食,财货有余;是为盗夸、芋。非道也哉!"《老子》第七十四章:"民不畏死,奈何以死惧之! 若使民常畏死,而为奇者,吾得执而杀之,孰敢! 常有司杀者杀,夫代司杀者杀,是谓代大匠斫。夫代大匠斫者,希不伤其手矣。"前者概括了当时社会严重的贫富分化状况,老百姓为农田荒芜、仓廪空虚所苦,而统治者却穿着华丽,佩戴利剑,饱食精美的食物,钱财取之不尽,老子于是愤怒地称这些统治者为强盗之首;后者则是老子对当时严苛刑法的谴责。从这两章亦可知老子对于社会不合理的深恶痛绝和愤慨之情非常强烈,这种充沛的情感可能也是《老子》一书之所以吸引人的原因之一。

到了战国时期,一方面论辩之风的兴盛,使得诸子们的思想异常活跃,加上自由的文化氛围,他们愈加"放言无惮"。另一方面,此时的诸子散文,篇幅也比以前增加,突破了简短的语录体形式,又受到《诗经》、史传文学等抒情因素的影响,因而诸子们在表达观点与看法时,常常将自己的情感融注于议论、说理之中,寓情于理,情理交融,用情的感染代替理的说教,所以其感情色彩较此前更为浓厚。

《孟子》中的情感多数是对社会、统治者的不满与批判。如梁惠王向孟子求教为政,孟子抨击统治者的穷奢极欲和以政杀人:"庖有肥肉,厩有肥马,民有饥色,野有饿莩,此率兽而食人也。兽相食,且人恶之;为民父母,行政,不免于率兽而食人,恶在其为民父母也? 仲尼曰:'始作俑者,其无后乎!'为其象人而用之也。如之何其使斯民饥而死也?"统治者的厨房里有皮薄膘肥的肉,马厩里有健壮的骏马,但是老百姓却面带饥色,野外到处是饿死的尸体。孟子用了一个比喻句,将统治者的为政比作了率领着禽兽来吃人。这不仅仅只是为了说明一个简单的事理而已,联系下文的感叹与反问,就明白这样的比喻寄寓着孟子痛恨统治者对人民的暴政,流露出他对人民的同情与关怀,是孟子在宣扬仁政时难以自制地将自己的感情融入论说之中,极富艺术感染力。

而东周诸子散文中,最富于抒情性的是《庄子》。它也有对世俗的极端厌恶与鄙视,《庄子·胠箧》"窃钩者诛,窃国者为诸侯;诸侯之门而仁义存焉",是庄子对人间沉浊肮脏的愤世嫉俗之情。他看透了社会的黑暗,于是翱翔在幻想的天地里,醉心于动植物与神仙的世界,借此来发泄自己的感情与情绪。与其他诸子散文相比,《庄子·至乐》中主体的情感达到了前所未有的高度。篇有"庄子妻死":人且偃然寝于巨室,而我嗷嗷然随而哭之,自以为不通乎命。故止也。这正如《庄子·渔父》中说的:"故强哭者虽悲不哀,强怒者虽严不威,强亲者虽笑不和。真悲无声而哀,真怒未发而威,真亲未笑而和。"真实自然的感情在于内心,真正的悲伤是无声无息却十分哀痛的,因此他是"真悲",是无法诉说和形于色的痛苦,感情非常炽热但又深沉隐晦。

后来的《韩非子》也很注重主体的抒情因素,《韩非子·人生》慨叹:"其当途之臣得势擅事以环其私,左右近习朋党比周以制疏远,则法术之士奚得进用,人主须时得论哉? 故君人者非能退大臣之议,而背左右之讼,独合乎道言也,则法术之士安能蒙死亡之危而进说乎?"带有很浓郁的"悲士不遇"的意味。可以说,正是诸子们论说时情感的自然流露与灌注,赋予了东周诸子散文一种真挚感人、极富浪漫气息的韵味,具有很高的文学价值。

三、巧妙的构思

东周诸子散文早期以语录体为主,简短是其主要的特点。如《论语》《老子》多为只言片语，寥寥数字即成文章。在内容上，尽管每章有着内在的一致性，但是他们都不构成完整的体系，章与章之间缺乏有机的逻辑联系，所以此时东周诸子的论著尚不是真正意义的结构完整的文章。两者也不作任何论证与阐述，只是提出论断，近于格言警句。例如：《论语·为政》"学而不思则罔，思而不学则殆。"《论语·卫灵公》"人无远虑，必有近忧。"《老子·四十六章》"知足之足，常足矣。"《老子·三十一章》"胜而不美。"所不同的是，《论语》更多的是对实践经验的归纳与总结，而《老子》则是形而上的抽象哲理的思辨与体悟。这种特征归根结底是由于诸子早期的著述往往先是通过口头传讲而后被记录下来，整理成书的，因而具有凝练、简洁的特点。加上多为长者的教诲之言，具有权威性与可靠性，故而无须推理和论证。在此之后，伴随着百家争鸣的日益高涨，各种流派纷纷涌现，相互争辩，诸子散文所反映的社会内容也日渐丰富，如何把庞杂繁多的材料熔铸为有机统一的艺术整体，怎样论述才能使文章更具说服力，成为诸子们必须思考的问题，从而他们开始讲究文章的谋篇布局，琢磨论述的形式，导致后来诸子散文的艺术结构的多样化，并渐渐趋向于完善。

战国中期的《孟子》，虽然基本还是语录体，但是形式结构与《论语》相比，已经发生了很大变化。除少数篇章保留较短的语录体外，多采用长篇对答的形式，这种形式不仅用于应答，更多带有说理、辩难的性质，也就是在论辩过程中，运用各种方式有力批驳对方的错误观点，以逐步分清是非，达到论辩的目的，对驳论体制的建立与发展有着深远的意义。《孟子》中还有些章节，表面为专题言论，实际已成为阐述某一特定观点的论文，结构也比较完整，代表了东周诸子散文由语录体向专题论文发展的过渡阶段。这种过渡阶段的文体形态在《墨子》中表现得就更为显著了。可以说，东周诸子的论说文章，由《墨子》开始逐渐走向成熟。它大部分的篇章都有一个明确的中心论题，围绕中心论题组织安排材料，形成一个有机的结构。每章的各段或通过自设问答，或假设诘难彼此连缀，有较紧密的联系，不再如《论语》那样仅仅为语录的凑集。另外，《墨子》有了直接揭示题旨的标题，已初具专题论文的特点了。而东周诸子散文体制的真正成熟与完备应该是在战国末期,这一阶段,散文已由零散、孤立的语录发展成了体系分明、结构完整的鸿篇巨制。如《庄子》一书33篇,大多为专题立论。《荀子》和《韩非子》则完善了诸子散文论说的立论和驳论体制。他们在体制、形式、论述上虽称不上完美无缺,但其整篇文章结构完整,层次清晰,体式宏大,论证缜密,有内在的逻辑统一性,标志着论说文体制的定型与完善。

在形式、构思、布局方面,语录体之后的东周诸子散文,也丰富多样,不拘一格。如《孟子·告子下》的"生于忧患而死于安乐",开篇采用排比句式,一连举了舜、傅说、胶鬲、管夷吾、孙叔敖、百里奚六位古人在逆境中奋发,终获启用的事例,从个别到一般,引申出作者的观点,即"天将降大任于斯人也",必会使他在各方面经受种种严峻考验之意,然后从理论上分别对"生于忧患"、"死于安乐"加以论证,通过正反两方面的论述说明逆境对个人成才、国家生存的重要意义,进而推断出中心论点:生于忧患,死于安乐。卒章显志,论辩层次清晰,逻辑严密,运用了"苦其心志,劳其筋骨,饿其体肤,空乏其身,行拂乱其所为"、"人恒过,然后能改;困于心,衡于虑,而后作;征于色,发于声,而后喻"及"入则无法家拂士,出则无敌国外患者,国恒亡"等一系列排比句式,增添了文章的气势与说服力。而《公孙丑下》的"天时不如地利,地利不如人和"一篇,则是开门见山地提出中心论点:天时不如地利,地利不如人和。然后层层推理,进行论证,先后分别设例论证"天时不如地利,地利不如人和"。最后展开议论,以对比衬托的手法阐明"人和"的重要,引出"得道多助,失道寡助"的著名论断,又回扣中心论题,一环紧扣一环,结构严谨,说理透辟。从中足见其结构的灵活多变,匠心独运。《韩非子》同样也是如此,它的形式构造十分繁多。《五蠹》、《显学》、《说难》、《孤愤》等为综合性或专题性论文,而《主道》、《十过》、《八说》、《亡征》等则是篇幅较小的专题短文。其中有对问应答式的格式,有专题性的驳难,还有双重驳难等等。此时,东周诸子散文之间,也是形式、结构各异,不一而足,独具匠心。

纵观东周的诸子散文,我们可以发现其文体随社会与时代的变迁而发生改变,经历了"从言辞到文章"的发展过程,有着非常明显的阶段性特征。它们的结构可谓日益严密,篇幅越来越长,系统渐渐分明,论证更为严谨,论述的方式与构思布局也没有因循固有的章法规矩,而是新颖多变,别具一格,对后代的多种文体产生了深远的影响。

四、精妙的语言

东周诸子在艺术表现上,对散文的语言精雕细琢,十分讲究文采,骈散结合,句式多变,音韵铿锵,还运用了多种修辞手法,语言既概括又形象,富有感染力。

诸子散文的文采,有绚烂华美的,也有质朴自然的。鲁迅《汉文学史纲要》认为,"儒者崇实,墨家尚质。故《论语》、《墨子》其文皆略无华饰,取足达意而已",《孟子》"生当周季,渐有繁辞,而叙述则时特精妙",《庄子》"其文则汪洋辟阖,仪态万分"①,因而各有千秋。相对而言,儒家较为关注现实的社会人生,其文以简约朴实为主,却也不乏文采。如《论语》中,语言多数通俗平易,有大量的口语和虚词,再现了谈话的本然形态,亲切自然,同时又吸取古代书面语言典雅蕴藉的长处,文辞简洁含蓄,意味隽永。它还常常采用多句并列的形式,层层递进,逐步深入,语言流畅而有节奏,体现了较高的文字驾驭能力。儒家的另一经典《孟子》,语言也浅易平实,明白晓畅,较少雕饰。但在遣词和文字技巧上,讲求精准凝练,描写人物更为细致生动,惟妙惟肖,文学色彩较《论语》有了显著提高与发展。而相形之下,道家的散文就更加注重文饰,极善描摹。《老子》几乎通篇用韵,韵脚随文意和节奏灵动变换,朗朗上口。而且文中阐述的道理、表达的观点被提炼成整饬的文句,或对偶,或排比,或串联,或重叠,有一种自然和谐的节奏感和音乐美。到了《庄子》,其语言愈益变幻无穷,富有创造性,间或自然而然使用韵语。在东周诸子散文中,语言艺术具有明显的文采化、繁复化特色的是《荀子》,荀子非常注重语言之美,他在《大略》中谈到"语言之美,穆穆皇皇",认为文章的语言应该壮美而有光仪。因此他也把这种理念实践于自己的散文中,有意识地去追求

---

① 参见《鲁迅全集》第 9 卷,人民文学出版社 1981 年版,第 364 页。

文采。他的散文用喻繁复，铺陈排比，音韵和美，文采斐然。同时期的《韩非子》尽管语言比较质实，不过受到老庄、荀子等诸子的影响，有时也会通篇使用流畅的韵语，这些都对后来散文的骈俪化起到了促进和推动的作用。

东周诸子散文语言的这种文采化与他们善用修辞是密不可分的，其中最常见、运用最为娴熟的为"譬称以喻之"的修辞艺术，即比喻，这已经成为诸子散文论说观点与事理的主要手段之一。诸子百家之中几乎找不到不使用比喻手法的，有的夹杂于议论、说理之中，有的整篇整章用喻。他们"深于比兴，深于取象"，使用数量众多、形式各异的比喻来说明深奥难懂的哲理，使人们在生动形象、浅易明了的语言中对抽象的事物有具体的了解。随着百家争鸣和诸子散文的兴盛，比喻的艺术也日臻完美。

大体来看，诸子散文中的比喻格式是十分丰富的，有明喻、隐喻、借喻、博喻等，明喻的喻词通常为"如"、"譬"、"若"等，如：《论语·为政》子曰："为政以德，譬如北辰，居其所，而众星共之。"《老子·第二十章》"众人熙熙，如享太牢，如春登台。我独泊兮，其未兆，若婴儿之未孩。"《孟子·梁惠王篇》"民之归仁也，犹水之就下，兽之走圹也。"还有省去比喻词，只有本体、喻体的隐喻，常常喻体位于本体之前，是一种由此及彼，由喻及理的类比，后期论说体的诸子散文中，这种比喻形式比较广泛：《荀子·劝学篇》"不登高山，不知天之高也；不临深溪，不知地之厚也；不闻先王之遗言，不知学问之大也"。这里是用登高山、临深谷来比喻先王之遗言。在东周诸子散文中，借喻则更多是以寓言的形式出现，通过故事借喻说理，表达言外之意，较为深沉含蓄。庄子的"佝偻者承蜩"、"津人操舟若神"、"吕梁丈夫蹈水"等故事皆为此类。早期的诸子散文，比喻多为一事一喻的形式，论说文发展与成熟之后，一事多喻的博喻也成为时常可见的比喻形式，《荀子·劝学篇》比喻不下五十个，"学不可以已。青，取之于蓝而青于蓝；冰，水为之而寒于水。木直中绳，輮以为轮，其曲中规，虽有槁暴，不复挺者，輮使之然也。故木受绳则直，金就砺则利，君子博学而日参省乎己，则知明而行无过矣"，开头便以类比的方式，引物连类，广取博喻，说明了学习有助于提升一个人的才能，具有重要的意义。后面

"不积跬步,无以至千里;不积小流,无以成江海。骐骥一跃,不能十步;驽马十驾,功在不舍。锲而舍之,朽木不折。锲而不舍,金石可镂。蚓无爪牙之利,筋骨之强,上食埃土,下饮黄泉,用心一也。蟹六跪而二螯,非蛇蟮之穴无可寄托者,用心躁也",同样以类比的方式,巧譬博喻,从正反两方面阐述坚持不懈、用心专一就能获得成功的道理。

除了上述这些常见的比喻格式以外,东周诸子散文中还存在着对喻、暗中喻、反喻等较为少见的比喻格式,如《孟子·告子上》:"五谷者,是天下种之美者也,苟五谷不成,则不胜荑稗之所奋。夫仁者,亦天下道之美者也,苟为仁不成,则不胜不仁之所害。"品种最优秀的五谷,如果不能成熟,反而不如秕米和稗子。孟子巧妙地用这个反喻,表明学仁也要追求达到成熟;否则比不学更糟糕,有时比正喻更能起到发人深省的作用。

诸子散文中的比喻,有的取材现实生活中客观存在的事或物,有的则出自诸子们的想象与虚构。且比喻艺术还会与其他修辞手法,如排比、夸张、对比、设问,反诘等相互融合,共同造就了东周诸子散文文约辞丰、形象生动的语言之美。

总之,东周诸子散文由最初的简单朴素逐步发展到后来的成熟完备,它们在想象、情感、结构、语言等方面都表现出了某些共同的审美特征,有着鲜明的时代特色。由于诸子们所处环境不同,出身、个性、立场有很大不同,其散文也有着鲜明的个性特色。大体上,《论语》含蓄雅正,《老子》哲理深邃,《孟子》气势恢宏,《庄子》恣肆奇幻,《墨子》质朴明快,《荀子》比喻繁复,《韩非子》严峻峭拔,各师其心,独领风骚。独特的艺术风格是文学的重要特质,也对后代散文产生了重要影响。荀子、韩非之文衍生出了汉初贾谊、晁错等人的文章,而魏晋阮籍、嵇康等人的作品中也可窥见老庄的影子,直至后来的唐宋八大家,他们千差万别的审美风格,都可以从东周诸子散文中找到其源流。

第五节 历 史 散 文

周代的历史散文除了《尚书》中的《周书》和《逸周书》中的部分内容

系西周时代所作外,其他如《春秋》、《左传》、《国语》和《战国策》等都是东周的作品。它们作为上古历史文献不仅是中国史学的源头和开山之作,而且具有较高的文学价值,在叙事、描写、结构和语言等方面对中国后代的散文和小说艺术产生了决定性的影响,有些整齐的韵语还影响到了后代的诗歌。因此,它们具有很高的审美价值,在中国文学史和美学史上的地位是不容忽视的。

一、叙事特点

早在唐代,刘知几《史通·叙事》就已经指出后世古文的叙事艺术可以上溯到东周历史散文,东周历史散文的叙事艺术直接给后世古文提供了写作艺术的营养:"夫国史之美者,以叙事为工,而叙事之工者,以简要为主,简之时义大矣!历观古今,作者权舆,《尚书》发迹,所载务于寡事;《春秋》变体,其言贵于省文……然则文约而事丰,此述作之尤美者也。"

可见,东周历史散文对复杂历史事件材料的综合与剪裁巧妙,主次安排合理,详略处理得当,词约意丰,含蓄简练,具有很高的审美价值,与后世古文的叙事艺术息息相关。东周历史散文的叙事往往叙事工巧,词约义丰,脉络清晰,一些重要的历史事件皆自成篇章,能够完美地刻画出人物的性格特征和历史事件的内在本质关联,从而使全书组成了一个严密的整体。所以,明代文学家王世贞在《经义考》209 卷引中对《国语》、《左传》等历史散文叙事之详备、组织之工巧备加赞赏,认为这些文章"商略帝王,包括宇宙,该治乱,迹善败,按籍而索之,班班详覆,奚翅二百四十二年之行事!其论古今、天道、人事备矣。即寥寥数语,靡不悉张弛之义,畅彼我之怀。极组织之工,鼓陶铸之巧,学者稍掇拾其芬艳,犹足以文藻群流,黻黼当代,信文章之巨丽也"。

东周历史散文的叙事不仅言简意丰,组织工巧,而且还体现出情节曲折、故事性强、结构布局完整谨严的特点。它能够抓住中心线索,明晰地描述事件发展的过程,同时又避免平铺直叙,不时穿插事件,做到左右映带,上下关合,张弛有致。同时,东周历史散文的作者还擅长在叙事中写人,把人物性格放在动态发展的过程中加以表现,并不单纯着眼于人物形象的刻画,而是因事及人,事起人起,事讫人讫,所以就能从人物个性化的语言和行动入手,将人物放在事件的矛盾冲突中加以描写,从而使人物鲜明生动,栩栩如生。例如《国语》叙秦晋韩原之战前后,晋饥而秦予籴;秦饥而晋不予;及秦岁定帅师伐晋,获晋惠公。三事分别发生于鲁僖公十三年、十四年、十五年,《左传》分三年记之。《晋语三》则以 5、6 篇分因果记之,且将秦之大度助人与晋之见危不救放于一章,题为《秦荐晋饥晋不予秦籴》,加强了对比效果,使读者更觉晋惠公之卑鄙自私,韩原惨败之罪有应得,并使事件显得波澜起伏,曲折有致。《左传》鞌之战、崤之战等篇章也是这种叙事艺术的生动体现。

在东周叙事散文中,往往借助叙事过程中所体现的事情的内在情势,依据一个国家的政策、国君的言行,通过一些有识之士的分析,对事情的发展作出预测。《左传·桓公二年》写晋大夫师服分析晋国的政治结构后,认为晋国的统治不能长久:"夫晋,甸侯也,而建国。本既弱矣,其能久乎?"《左传·襄公三十一年》写宋之盟后,晋随着与楚斗争的缓和,在悼公时已平息的内部斗争又渐起,政权逐步从公室转到强族手中,鲁政治家穆伯据此预言"晋君将失政",其后数十年晋国政治走向正如穆伯所预见。在专制的社会中,国君的一言一行往往左右着国家的政局变化,国君的贤明与否常常关系着国家的兴衰存亡,所以有的政治家也常从国君的行为举动来预言一个国家的前途命运。这也与其叙事手法结合在一起。《左传·庄公八年》记载,齐襄公刚继位时,言行没有准则。富有远见的鲍叔牙说:"君使民慢,乱将作矣。"于是审时度势地带公子小白逃到莒地,次年襄公被杀,公子小白从莒回到齐国做了国君,即齐桓公。这些预言都是一些具有敏锐的眼光、聪明的头脑且阅历丰富的贤人通过观察事件形势、揣测人物心理、依靠自己的经验得出的。例如《左传·昭公二十三年》,记楚国贤大夫沈尹戌根据古代攻守的历史经验和吴、楚两国的军事形势,得出了"吴入楚"的结论,14 年之后果如其言。这些预言式的叙事手法是东周历史散文叙事的一个重要特征,直接开启了后世小说叙事的先河。这类预言叙事在《左传》、《国语》、《战国策》等书中比比皆是。实际上,人的性格品行是一个人社会本质的集中体现,表现出一个人对现实的态度,又反映出一个人与其稳定的思想体系相一致的行为方式和世界观,是人的精神面貌的综合反映。这是东周散文预言叙事的内在依据。

东周历史散文的这种预言叙事艺术,与其采用全知视角和虚构手法来叙事密切相关,不仅为读者展示了事情发展的完整态势,而且给全书增加了浓厚的文学色彩。所以钱锺书先生在《管锥编》中指出:"吾国史籍工于记言者,莫先乎《左传》,公言私语,盖无不有。……盖非记言也,乃代言也,如后世小说、剧本中之对话独白也。左氏设身处地,依傍性格身份,假之喉舌,想当然耳。"①

春秋时期礼崩乐坏,首先就是从四时常祀中体现出来的,所以史官非常关注四时常祀中的不正常事件,一旦它被载录,就表达了史官的谴责,所以载录非常之事就是"讥"。将"常事不书"这一原则推而广之,就形成了史官记录中的"春秋笔法"、"微言大义",也就是叙事中的"曲笔"。这是滥觞于《春秋》、继承于《左传》,在后世史书、小说中一直不断的特殊叙事规则。在《春秋》时期,其叙事还处于早期阶段,其叙事者出现在文本的叙述层,读者只能通过叙事者在史著中的遣词用字、书法义例来窥视叙事者的态度及评判,可以说叙事者完全隐藏在文本的文字下。这种曲笔叙事艺术,往往将部分基本事实隐于纸背,带有特殊的寓意。到了《左传》时代,史传叙事已经达到基本成熟阶段,叙事者出现在文本的叙事层面,史家往往把论断寓于叙事中,使读者自见善恶,可以说叙事者的态度若隐若现在文本的文字中。例如《左传·隐公八年》,"三月,郑伯使宛来归祊。庚寅,我入祊"。"三月,公会郑伯于垂。郑伯以璧假许田"。祊与许为郑鲁两国在对方境内的飞地,两国为了各得方便,将土地作了交换,郑国还以玉璧为补偿。然而这是严重违背周礼的事情:封邑乃天子所赐,岂能由诸侯随意交换?作者遂以带有特殊寓意的词句"入祊"来表示鲁国得到祊地,以婉语"璧假许田"遮盖许田永远失去的事实。这样,两个诸侯国之间作交易的事就被隐藏了起来,文中只见两桩表面上没有联系的事实,而作者的价值判断就需要读者揣摩领悟其中所蕴含的深意,也就

① 钱锺书:《管锥编》,中华书局 1979 年版,第 164—165 页。

是刘勰在《文心雕龙·史传》中所说的"褒见一字,贵逾轩冕;贬在片言,诛深斧钺"。这种以一字寓褒贬的叙述手法主要是通过具有倾向性和特殊规定的动词、称谓来实现的。

这种叙事艺术在《左传》之中得到左丘明的大力使用,他善于在叙事中巧妙地寄寓论断,曲折地表达叙事者对历史的评判,或以微言寓褒贬,或录言行显品行,或借小事论得失,或托他人评是非,无不微妙深曲。左氏对笔下的人物倾注了丰富的思想感情,因而在记录他们的言行时寄予了分明的情感倾向,读者从人物的言行中可真切地感受到叙事者或褒或贬的态度。贪婪狂妄的楚灵王、雍容大度的郑子产、奸诈的费无极、忠厚的晏子,无不以各自的言行为其品行作了具体详明的注脚。

二、描写特点

东周历史散文的描写特点主要通过人物描写和场景描写体现出来。这两方面的出色描写具有较高的艺术水平和美学价值,值得仔细玩味。

人物描写在东周历史散文的艺术世界中占有重要地位,其描写手法也是丰富多样的,有一个明晰的发展过程。在《春秋》中,作者对人物的褒贬往往以一字表现,人物的性格特点、价值理想都在这一字中体现出来,其情感渗透还是比较隐含的;在《左传》、《国语》中,这种情感渗透趋于明朗,作者往往直接现身说法,表达自己对人物的爱憎情感;到了《战国策》,不仅褒贬分量加重,作品中的人物还经常有大段的内心独白,直接表达自己的内心感受,从而使人物的类型和情感丰富化。可见,东周历史散文的写人艺术从《春秋》简单的记言到《左传》、《国语》、《战国策》在叙事中刻画人物,渐趋丰富,为后来小说的人物刻画提供了无尽宝藏。

在《左传》、《国语》、《战国策》等书中,作者皆以饱含感情的浓笔重彩去描绘自己仰慕的人物。在叙写时,不仅很少受时间空间的限制,而且能任意掇拾人物身上最有亮色的性格特征,在自成格局的事件中,充分昭示人物形象的某一侧面,使人物的一言一行、一笑一颦给人以深刻的印象。这样,在东周历史散文中,就把叙写重点,从片断质朴的叙事写人转移到以更高涨的热情来叙写历史、生活事件中的人物,以更酣畅的笔墨叙写矛盾冲突中的人物,这在写人艺术发展过程中有着重要意义。而且,他们还注重把人物放在历史事件动态发展的过程中,让人物复杂多样的性格特征逐步地显现出来,人物性格与事件发展融为一体,达到了高度的统一。此外,作者为了完美地刻画人物,较多运用了夸张、虚拟和细节描写艺术,把这一写法放在文学史的长河中就可以显示出其写人艺术的伟大成就。可以说,正是东周历史散文开启了人物细节描写的艺术大门,就是依凭这种方法,东周历史散文中的人物无不形象生动、跃然纸上,有呼之欲出之感。

例如《战国策·秦策一·苏秦始将连横》篇,为了突出苏秦失败回家时的狼狈困窘,书中写其归来之时的情状:"黑貂之裘弊,黄金百斤尽,资用乏绝,去秦而归。羸縢履蹻,负书担橐,形容枯槁,面目黧黑,状有归(通'愧')色。"这段话对苏秦从上身的貂裘到下体的裹腿草鞋的着装和对人物因身心交瘁、力疲神衰、"形容枯槁"的容貌的描写,刻画了他因奔波跋涉、风尘仆仆、"面目黧黑"之状态和因自惭形秽、羞愧难言的神情。再如《战国策·燕策三·荆轲刺秦王》篇,在写太子丹向田光请教时,通过"太子跪而逢迎,却行为道(通'导'),跪而拂席"的描写,细致入微地再现了太子丹先是跪着向前亲迎,接着一边倒退一边为田光引路,最后又跪着为田光拭席拂尘的情状,其行动刻画可谓细致入微,入木三分。于是,太子丹虚心求教、虔诚致敬之情状就跃然纸上、活灵活现。这种细针密缕地对人物外貌的描写,在东周历史散文以前是前所未有的,即使是后代以叙述描写见长的小说在刻画人物方面,要达到这个程度,也是很难的事情。

此外,运用灵活多样的对比手法刻画人物是东周历史散文常用的方法之一。作者往往在尖锐的矛盾冲突中对矛盾双方进行对比描写,使双方人物形象泾渭分明。如在描写《触龙说赵太后》一文中,赵太后的气势汹汹咄咄逼人和触龙的从容不迫娓娓而谈,冯谖的远见卓识和孟尝君的短视平庸,荆轲的无所畏惧和秦王的惊惶失措。在对比中,人物形象得到了的表现。即使在没有激烈矛盾的场景描写中,作者也能抓住不同人物的不同特征缓缓道来,让读者自然而然地在对比中感受到人物不同的风貌。如在荆轲刺秦王一节,荆轲和秦武阳都被太子丹所信赖器重,在面见秦王时,前者镇定自若机智答对,后者"色变振恐"令敌生疑,两人孰优孰劣一目了然;在秦军兵临邯郸城下万分危急之际,同一阵营的人却表现各异:辛垣衍主张妥协尊秦为帝,鲁仲连坚持与敌斗争抗衡到底,平原君犹豫不决毫无定见。三人不同的形象特征,在对比映衬中显得格外分明醒目。除此之外,作者还通过人物自身前后不同的境遇和表现的对比来刻画人物形象,使人物思想性格得到充分的反映。比如在写苏秦游说失败回家时的满面羞惭和载誉荣归故里时的喜形于色的先后对比描写,既写出了权势地位对人的影响,又写出了苏秦的浅薄。

除了人物描写具有丰富的审美价值之外,东周历史散文的场面描写也是具有丰富审美价值的对象。对叙事场面的注重,丰富了史传文学的艺术表达能力,既有廊庙之中千官济济、战场上万马驰突的宏大场面,又有深庭后院、花前月下的细小场面;既有祭祀场面的庄严肃穆,也有轻松活泼、富于生活气息的日常生活小场景。例如《国语·晋语四》"醉遣重耳"一节就是一出轻快滑稽的小喜剧,既庄谐并重,又发人深省:"姜与子犯谋,醉而载之以行。醒以戈逐子犯。曰:'若无所济,吾食舅氏之肉,其知厌乎!'"重耳恨的是子犯破坏了他暂时的较为安适的生活,故气急败坏,似乎活啖子犯还不能解愤,不光以戈追逐子犯,口中还恨恨有声。子犯则边跑边答:"若无所济,余未知死所,谁能与豺狼争食? 若克有成,公子无亦晋之柔嘉,是以甘食,偃之肉腥臊,将焉用之?"

最后,一些较为细致的自然景物描写的出现,在东周历史散文中具有首创之功。《国语·周语》记单襄公聘楚,假道于陈而看到的一派破败混乱景象,则是较为成型的自然景物描写,是为突出中心议题服务的,包含目击者的主观感情色彩,具有文学审美意义。当时的陈国,"火朝觌矣,道茀不可行也。侯不在疆,司空不视涂,泽不陂,川不梁,野有庾积,场功未毕。道无列树,垦田若艺。膳宰不置饩,司里不授馆。国无寄寓,县无旅舍,民将筑台于夏氏,留宾不见",将自然景物描写与陈国政纲败坏和谐地融合在一起,自然而然地反映出著者的思想倾向,流露出著者的憎恶,同时也丰富了史传文学写景状物的表现手法。

三、作品结构

东周历史散文的结构美学也达到了很高的艺术成就,即使是《尚书》、《春秋》这些叙事简约的散文,其结构安排也针线绵密、材料裁剪适度。到后来的《左传》、《国语》、《战国策》的历史著作中,其叙事结构就较为固定,首尾呼应,结构完整,保证了叙事的统一性。同时,在不违背历史真实的前提下,东周历史散文还常运用想象虚构使历史事件的叙述更加完整曲折,历史人物形象更加血肉丰满,补充了事实索链中脱落或未发现的环节,从而使其结构具有艺术的整一性特征。《左传》、《国语》经常运用想象虚构的手法,形象地反映历史,描摹出历史上真实的人物形象,从而使结构紧凑,曲折动人。如《国语》记优施教骊姬谮申生,骊姬夜半而泣,是历来为人们所艳称的名篇,具有很高的文学价值,其文则纯系想象虚构之词。《左传》不载此事。《孔从子答问》记陈涉读此,谓博士曰:"人之夫妇,夜处幽宫之中,莫能知其焉,虽黔首犹然,况国君乎? 余以是知其不信,乃好事者为之词。"所谓"好事者为之词",实际就是指作者根据自己的经验直觉以及一般常理来作出推断,叙述描写。骊姬夜泣,实则"告枕头状",其窃窃私语决不能让旁人知道。这种记载,只能出于《国语》作者拟想之词。作为历史,或有失实之处;作为文学作品,却是极大的成功。《左传》中这类篇什也是常见的。

上文所叙的《左传》、《战国策》、《国语》等著作中的预言叙事,包含着丰富的内容,不仅是其叙事手法的体现,一定程度上又使叙事波澜起伏,在结构上起到铺垫、暗示的作用,使事件的发展前后联系紧密,基本克服了编年体史书、史事断裂分散的缺点。这是其组织结构的一大特色。比如《左传》,是一部编年体史书,无疑存在着史事断裂分散与叙事要求完整、人物描写要求集中的矛盾。而众多的预言使事件的发展前后呼应,人物形象动态丰满,克服了这一矛盾。许许多多的预言中,预测与应验的连缀是形成它严密结构的重要原因之一。预言的应验有的在很短时间内,有的则在十几年甚至几十年后。《左传·宣公九年》郑伯在柳棼打败楚国军队后,郑国人十分高兴,只有子良忧叹道:"是国之灾也,吾死无日矣。"从结怨于楚认识到后果的严重性,此后的几年中,晋楚两国交相伐郑,十二年终于招来"郑伯肉袒"迎楚子入郑的灾祸。《左传·哀公元年》记载,为了报定公十四年槜李之战的仇怨,吴越又发生了夫椒之战,结果吴军大败越军。越军被困于会稽山,想要讲和,吴国贤人伍子胥说:"不可,臣闻树德莫如滋,去疾莫如尽。"劝吴王不要与越讲和,不然后患无穷。在哀公二十二年,越国终于崛起而进入吴国。可见,《左传》《国语》等书中的预言叙事从文学角度看还有着伏笔的作用,避免了结构的平铺直叙,增强了表达效果。尤其在一些战争事件的描写中,这种预言叙事更能使整个事件连贯为一,构成一个立体的网状结构,甚为微妙。结构安排就更富匠心,战前态势的演化,战役过程的组合,战后结局的余波,皆精心设计,严整而善变。其结构的突出特点是叙战与论战的融合,既将战事描写得出神入化,又表现出作者的倾向性。

《左传》写一些重大战役,往往将前后之事加以集中,以整篇文字记叙战事始末。如晋楚城濮之战、泌之战、鄢陵之战、齐晋鞌之战等重大战役,都是通过种种迹象来预言战争的发展方向和结果,然后以完整篇幅叙写,一气呵成,既可以使读者了解战事的前因后果和情势大要,又可以在战局之外鸟瞰全景,就如刘勰在《文心雕龙·史传》里所说,结构上要"总文理,统首尾,定与夺,合涯际,弥纶一篇,使杂而不越者也"。例如,秦晋韩之战是发生在僖公十五年。而早在两年之前,作者就种下远因:僖公十三年,"晋荐饥",秦救灾恤邻,输粟于晋。十四年,"秦饥,使乞籴于晋,晋人弗与"。晋大夫庆郑当时就说:"背施幸灾,民所弃也","四德皆失,何以守国?"至僖公十五年,秦果然伐晋。《左传》充分运用预言叙事的长处,将战事前因逶迤写来,并暗示战争的胜负。到战争将起之际,作者又以集中叙事形式,详写了战争的起因,接着,文章浓墨重彩地描写了战役全过程,使战事详明备具。战争结束后,又对这四点起因的了断——交代清楚,使之神完气足、结构整一。其他如晋楚城濮之战、齐晋鞌之战等皆是如此。

可见,这种预言叙事可以将影响战局的各种背景关系写得清清楚楚,为战斗过程的叙写构筑起巨大的舞台,将战前态势,战斗过程和战后结局三个分散的局部组成一个清晰的线性结构;不仅可以将引起战争纠纷的各种矛盾来龙去脉介绍清楚,预示战争结局,昭示胜负轨迹,而且可以凸显结构中的高潮部分,让事件的高潮越发显得激烈紧张,动人心弦,情节组合极尽转折顿挫之妙,如巨瀑入潭,回环荡漾,余波不尽,从而保证了结构的完整性。如《左传》记晋楚泌之战。文章始叙楚兵围郑,郑人一国大哭,竟将楚兵哭退,这种抗战方式真是匪夷所思。不久楚师复进,郑伯赤膊上阵,"牵羊以逆"楚军,楚乃许郑和,起手便见波澜。接着,作者折笔晋营,写晋将帅和战之争。士会力主退兵避楚,中军佐先却擅自率部冒进,新任主帅荀林父控制不住,遂使三军渡河作战。写完晋军内部的纷争,又叙述楚阵内部针锋相对的矛盾。楚相孙叔敖主退,令"南辕反旆",准备回国。嬖人伍参欲战,巧言说项,使楚王令"改乘辕而北之",准备一战。看似战火将起,孰料风平浪静。晋大将栾书极论楚不可克;而楚王亦派使者"求成于晋"。分明渐成和局,万无决战之理,双方"将盟有日"。岂知情节突变,战云陡起。楚乐伯等三人竟私自驾车驰入晋阵挑战,"入垒折,执俘而还"。晋将魏锜、赵旃亦不示弱,前去楚营挑战。这一段情节颇有戏剧性:晋军追击楚挑衅者时,乐伯射中一只麋鹿,送给晋人"膳诸从者",因此获免。转而晋将魏锜被楚兵围攻时,亦如法炮制,射一麋鹿作为礼物献上,同样安然无事。这麋鹿滋味竟有如此神通,令人咋舌。这里的叙述飘忽变幻,极尽跌宕腾挪之妙。接下去文势如幽溪别浦,开出新境。楚军见晋人以轺车迎魏锜、赵旃,误以为晋军发起进攻,于是紧急应战,战役进入了激烈的高潮。交战之后,情节又有许多转折变化。

在以《左传》、《国语》、《战国策》为代表的东周历史散文中,其结构的另一个重要审美特征就是把结构的重心放在与整个事件紧密相关的政治因素和人物性格特征上面,从而既揭示了历史事件的内在因素,刻画了人物,又使文章结构错落有致、变化曲折。这些篇章在叙述一些较重大的战役时,总是把主要注意力放在为何而战、何以战、孰是孰非、胜败之道何在等政治因素上,而对铁骑成群的阵势、风悲日曛的战场、寄身锋刃的格斗、血流漂橹的残局,往往不过多描绘。结构的重心,或所谓"文眼",往往不在对战役过程的具体摹写,而在表现与此战相关的政治因素上。其描写虽不是以人物为结构的中心,但作者善于因事及人,注意在事件的叙述结构中给人物描写留有广阔的天地。由于结构上的这种设计,加之描写语言的高超,《左传》等著作中的人物形象生气远出,跳动在纸面上。它或集中篇幅描写出一个人的性格、事迹,以战事中的主要人物为线索,纵贯一章始末,结构因之显得严谨完整;或把人物事迹散见于各章之中,"前后相会,隔越取同";或运用典型细节和对比凸显人物性格特征,显示出文章结构内含富于辩证的说服力。例如《蹇叔哭师》和《曹刿论战》。这两个篇章都集中笔墨描写了两位谋臣的形象,同时这两个人的言论行动都是作为结构的主脉总摄全篇的。蹇叔虽只有秦军出发前露过一次面,但整个论战的结构都以蹇叔之语为纲贯注而下,后文中虽不见其人,但处处可见其魂。长勺之战起手便引出曹刿,以其"远谋"的性格呼起全文,继而战役过程、战后解说无一不是围绕曹刿其人展开,结构严谨。

东周历史散文这种丰富的结构审美特征泽被后世,成为后代文人学士学习取法的对象和不尽的营养宝库。它在结构上的精妙安排,使"汉以后的文章家竟可以说没有一个不学《左传》的"①。其对战争的结构安排、材料剪裁直接影响了《三国演义》的创作。《三国演义》描写战争,重点就放在写指挥者的谋划、战争与政治的关系等方面,其对战争连续性和战役独立性的总体布局,对写战争与写政治的关系处理,对论战与叙战的有机结合等,皆吸取了东周历史散文战争描写的丰富营养,受其影响甚为明显。其结构艺术对后世古文章法的影响也甚为明显。清人周笔峰指出:"左氏文学为百家之祖,韩柳欧苏无不摹仿其章法句法字法,遂卓然成一家",一语道出唐宋散文大师对东周历史散文章法结构的学习。所以,桐城派始祖方苞在解释桐城派纲领"义法"时,强调"序事之文,义法皆备于《左》《史》"②。这种高超的结构艺术为我们树立起一个典范样品。

---

① 瞿蜕园:《左传选译·导言》,上海古籍出版社1982年版,第16页。
② (清)方苞著,刘季高校点:《方苞集》,上海古籍出版社1983年版,第614页。

四、语言特色

梁启超在《要籍题解及读法》之《读古传法之二》中说《左传》等东周历史散文"其记言文渊懿美茂,而生气勃勃,后此亦殆未有其比!又其文虽时代甚古,然无佶屈聱牙之病,颇易诵习"。就赞颂了东周历史散文语言深邃而典雅,充实而有生气,是运用语言的典范。刘知几在《史通·叙事》中指出东周历史散文"言近而旨远,辞浅而义深"的语言特色受到历来文人学士的称赞。《左传》、《国语》、《战国策》等著作,作为东周历史散文不同阶段的代表作,其语言艺术体现了各自不同的审美特点。

就《国语》语言特色来看,其所载的朝聘、飨宴、讽谏、辩诘、应对之辞,逻辑性都很严密。并且在对话中时时结合人物性格、身份和处境来表现,显得颇为真实而生动,篇中往往出现一些警策言辞,颇为精炼。① 谭家健《试论〈国语〉的文学价值》一文总结了《国语》语言艺术:通俗化、口语化、风格多样化和议论条理化。此外,《国语》在刻画人物时采用了集锦、对比、丛见、映衬四种手法。其中,较为突出的是集锦法和丛见法。有意把某个人言行集中一起,通过许多的小故事将他的主要表现、思想品质乃至个性特征呈现出来,有向人物传记过渡的趋势,即所谓集锦式的写法。

《左传》简洁精练、辞浅义深的语言历来受到称赞,它往往能用寥寥一二百字把宏大的战争场面写得纵横开阖,波澜曲折,表现出高超的语言驾驭技巧;它还擅长用寥寥数字,刻画出人物的本质和形貌特征,具有很强的语言表现力。即使对纷繁复杂的宫廷事件的描写也是笔墨经济,于点画间叙清事件,而又秩序井然。例如对齐连称、管至父之乱的叙述,这是一篇简约的叙事文,描绘的是齐国一场内乱,牵涉到整个齐国的政局。齐襄公是一个政令无常、荒淫暴虐的国君,他同自己的妹妹私通,妹妹嫁给鲁桓公以后,仍回娘家同齐襄公幽会。公元前 679 年,鲁桓公夫妇同到齐国,齐襄公竟命令公子彭生把鲁桓公暗杀了以满足自己的私欲,鲁国人

---

① 曹础基:《先秦文学集疑》,广东高等教育出版社 1988 年版,第 194 页。

死了国君当然不肯罢休,齐襄公无奈,杀死公子彭生作牺牲品,平息了风波。不久,齐襄公也在政变中被人杀了,直到齐桓公从莒回到齐国,自立为君,齐国的政局才稳定下来。文章所述,正是齐襄公被杀这一关键性事件。对这样一个内容庞杂、头绪纷繁的历史事件,《左传》的描述只用了280个字,即以出场人物而论,也多至16位,但作者却能执简驭繁,写得有条不紊,令后人称颂。《鞌之战》一文的语言,也鲜明地体现了这一特点。文章大体上依照时间顺序,对交战双方的种种活动,交错地进行叙述,并以齐晋两国在争霸战争中的矛盾关系为主干,有条不紊地穿插进一些细节,从不同侧面将战争起因、经过、结果以及重要人物的性格和心态,生动清晰地表现出来,行文忽开忽合,层次井然,文无剩句,句无剩字,前呼后应,气势磅礴,显示出作者驾驭语言的高超能力。

此外,《左传》的作者惜墨如金,为了使语言简洁、明快,在不影响语意表达的情况下,大量地运用了省略手法。省略的方法多种多样,既有承前省、倚后省,又有居中省;省略的内容也各式各样,既有句子成分的省略,如主、谓、宾的省略,又有整个句子的省略。这种节缩省略修辞手法的运用,把一些音节过多的词语加以删节、压缩或归并,达到言简意丰之目的。节缩修辞方法多种多样,不仅有词语的节缩,而且有书名、地名、年号、姓名等的节缩。

与《左传》的语言比较起来,《战国策》的语言明显属于不同的系统。前者简练,典重,多说教,带有雍容典雅、简约矜持的宫廷气息;后者则通俗易懂,形象生动,富有活泼清新、朗朗上口的民间色彩。善用多种修辞手法,纵横恣肆、气势逼人、活泼清新、生动形象的语言风格是《战国策》语言的典型特征,历来受到人们的激赏。宋代李文叔在《书〈战国策〉后》中言:"《战国策》所载……其事浅陋不足道。然而人读之,则必向其说之工,而忘其事之陋者,文辞之胜移之而已。"明张文燧《战国策谈概》中提到明代方孝孺更赞之曰:"繁辞瑰辩,烂言盈目。"

首先,《战国策》作为战国时代策士言行的记录,十分注重策士们论辩应对时的理直气壮,因此其语言体现出纵横恣肆、气势逼人的审美特征。而在论辩中最重要的是掌握事情的理,掌握对方的论点要害。"盖理直则气壮,气壮则言宜。"因此,其语言往往与理俱进,三言两语就逼得对方无言以对,低头认输,有压倒一切的气势。例如,《客见赵王》(《赵策四》)中,客抓住赵王买马必待相马之工者而治国却不待治国之工者的谬误连续发问:"臣闻王之使人买马也,有之乎?"王曰:"有之。""何故至今不遣?"王曰:"未得相马之工也。"对曰:"王何不遣建信君乎?"王曰:"建信君有国事,又不知相马。"曰:"王何不遣纪姬乎?"王曰:"纪姬妇人也,不知相马。"对曰:"买马而善,何补于国?"王曰:"无补于国。""买马而恶,何危于国?"王曰:"无危于国。"对曰:"然则买马善而若恶,皆无危补于国,然而王之买马也,必将待工,今治天下,举措非也,国家为虚戾,而社稷不血食,然而王不待工,而与建信君,何也?"这样的论辩,环环相扣,步步紧逼,犹如千军万马,铺天盖地而来,气势纵横,词锋逼人。

为了让自己的陈述能够说服对象,战国策士在论辩中往往引而不发,逐步积累力量,积蓄气势,然后全面铺开倾泻而出,纵横恣肆,变化莫测,以达到折服对方的目的。如《范雎至秦》中,秦王迎屏跽跽,态度不可谓不诚恳;再三求教,心情不可谓不急迫。而范雎本来早已详细地分析了天下大势,制定了"远交近攻"的方针,采取削弱太后、穰侯、泾阳、华阳势力等一系列重大决策,但一开始并不急于和盘托出,直至摸透秦王心思,蓄足了倾泻长篇大论之前的气势,然后一触即出,洋洋洒洒,滔滔不绝。排比、夸张、铺叙、连问、连珠、顶真等多种修辞手法的连环运用是《战国策》文学语言策略的基本特点,以此加强语言的气势和文章的表现能力。如《苏秦为赵合从说齐宣王》(《齐策一》):"齐南有太山,东有琅邪,西有清河,北有渤海,此所谓四塞之国也。齐地方二千里,带甲数十万,粟如丘山。齐车之良,五家之兵,疾如锥矢。战如雷电,解如风雨……"在这段话里,苏秦通过铺陈和夸张,极言齐地形的便利优越,国家的强盛繁荣,语言浑然一体,极富气势,读后能令人精神为之一振。《苏秦始将连横》:"毛羽不丰满者不可以高飞,文章不成者不可以诛罚,道德不厚者不可以使民,政教不顺者不可以烦大臣。"就使用排比加强其论说的说服力量,让人感觉到他的道理十分令人信服。再如《张仪说秦王》(《秦策一》):"今欲并天下,凌万乘,诎敌国,制海内,子元元,臣诸侯,非兵不可!""大王试听其说,一举而天下之从不破,赵不举,韩不亡,荆魏不臣,齐燕不亲,伯王之名不成,四邻诸侯不朝,大王斩臣以徇于国,以主为谋不忠者。"长句排比如同波涛滚滚,汹涌而来,连绵不绝,给人宏大、壮阔、雄浑恢廓的感觉。短句排比如同疾风骤起,摧枯拉朽,席卷千里,给人势如破竹、锐不可当的感觉。

连珠、顶真语言的运用也是《战国策》语言描写策略的一个重要手段。《张仪说秦王》:"围梁数旬,则梁可拔。拔梁,则魏可举,举魏,则荆赵之志绝,荆赵之志绝,则赵危,赵危则荆孤。"《平原君谓平阳君》(《赵策三》):"夫贵不与富期,而富至;富不与粱肉期,而粱肉至;粱肉不与骄奢期,而骄奢至,骄奢不与死亡期,而死亡至。"这样的手法,"首尾萦回,如环无端"。读起来声调铿锵,富有音乐性和煽动性,同样能加强语言的气势。

其实,从《战国策》中比喻运用变化多端,层出不穷的表现看,作者更喜欢使用比喻的修辞手法。有时候为了深刻、彻底地说明一个问题或一种事物会同时迭用几个比喻。《张仪为秦连横说韩王》(《韩策一》)中,张仪为了说明秦与山东力量相比之悬殊,连用三喻:"夫秦卒与山东之卒也,犹孟贲之与怯夫也;以重力相压,犹乌获之与婴儿也,夫战孟贲、乌获之士,以攻不服从之弱国,无以异于堕千斤之重,集于鸟卵之上,必无幸矣。"

最后,《战国策》的作者还善于使用动词和语气词准确生动地反映、富有层次和变化的人物心理和事件。《魏将与秦攻韩》(《魏策三》)中"韩必德魏、爱魏、重魏、畏魏,韩必不敢反魏",由德而爱,由爱而重,由重而畏,由畏而不敢反,意思一层层加深,极为分明。《齐王使使者问赵威后》(《齐策四》)中,首先用三"耶"字,中间用"也"字,末又改用"乎"字,变化搭配,错落有致,一唱三叹,韵味悠长。恰与赵威后对钟离子等贤者的景仰,和对陵子仲憎恶的心情合拍。

五、风格特征

东周历史散文的范围比较广泛,其审美风格也是不尽统一的,《尚书》、《春秋》、《左传》、《国语》和《战国策》都有各自不同的审美风貌。

《尚书》中的语言风格还是商周时代书面文字，还处在非常古奥晦涩的水平，所以韩愈评价为"周诰殷盘，佶屈聱牙"。但有的学者就认为《尚书》中的散文艺术已经具有丰富的审美价值，比如譬喻的文句、格言的文句，能在极精简的句子里反映出很复杂的思想。章培恒、骆玉明的《中国文学史》也认为，抛开文字的障碍不谈，在情感的表达上，《尚书》其实是朴素而简要的。也有人认为，《尚书》的古奥对于后人来说是一种特殊的美感，质朴自信，又显示出征服的力度。徐相霖将《尚书》与甲骨文、青铜器铭文做了比较，认为《尚书》的文学因素大大增长，它采用不少形象化手段，使说话人声貌情态毕现，其中不乏精辟的比喻，口语化特色非常鲜明，通过对话塑造了简略的人物形象，有些文章感情充沛，并能适当地运用排比、比喻等修辞手法。① 《尚书》在中国散文发展史上具有重要意义，开创了文与史结合的先河。

游国恩指出，《春秋》在思想上维护周王朝奴隶制的统治，主张尊王攘夷正名定分，而其艺术成就则体现在谨严的法度和叙述错落有致。其文句虽简短，但在文字的技巧及史事的编排上，比起《尚书》都有显著进步，在造字用句上非常简练平浅，在语言上谨严深刻，一丝不苟，反映了语言运用技巧的进步。同时，《春秋》寓褒贬于记事的"春秋笔法"也开创了史传文学和叙事文学隐曲叙事美学的先河。它启示了后人修史应该注意严谨的倾向性，让作家体会到用词选句应该力求简洁而富有深义，虽然它也产生"使人修辞故意吞吐，难于捉摸"的消极影响。所以有学者认为，东周两汉史传散文史是在《春秋》的影响下发展起来的，《春秋》的义例和书法对《史记》的影响，无论怎样估计也不为过高。

《左传》的出现使东周史传散文达到了一个空前未有的高峰。刘大杰在《中国文学发展史》中指出："在历史散文的地位上，是成为上承《尚书》、《春秋》，而下开《国策》、《史记》的重要桥梁，是战国时代无可否认的最优秀的历史散文作品。"在思想方面，《左传》通过各国历史事实的记

---

① 参见徐相霖：《先秦史传散文纵向观》，《四川大学学报》1988 年第 3 期。

述,揭露了社会各种矛盾和斗争,反映了社会现实,对统治阶级的腐败残暴作了一定的批判。对于子产、晏子、伍子胥一类的著名政治家和具有爱国精神的人物,予以表扬和赞美,表现出褒贬、美刺的精神。其次,《左传》也反映出比较进步的民本思想,可以看到天命、神鬼思想的衰退,人本思想的抬头。作为一部历史著作,《左传》有鲜明的政治与道德倾向。其观念较接近于儒家,强调等级秩序与宗法伦理,重视长幼尊卑之别,同时也表现出"民本"思想。书中虽仍有不少讲天道鬼神的地方,但其重要性却已在"民"之下,肯定"君义、臣行、父慈、子孝、兄爱、弟敬"和"利民"、"卫社稷"一类的历史行为,批判了那些破坏伦理道德和所谓"贱妨贵、少陵长、远间亲、新间旧、小加大、淫破义"之类的"逆道",也批判了统治阶级骄奢淫逸的败行。所以郭丹的《史传文学》认为,民本、崇礼、崇霸是《左传》思想的三大特点。在艺术上,前代评论家对《左传》的文采、叙事成就、人物形象都有一些精彩的评点。《左传》在记言记事方面都表现了很高的艺术成就。作者用简练的或者接近口语的文句,以写人叙事的手法,把当日复杂的史事和多样的人物活跃地记载或表现出来,即使我们现在读了,还能亲切地感到当日政治生活的实况和那些人物的精神面貌。可以说,《左传》是东周时代史传文学作品的卓越代表。其叙事富于故事性、戏剧性,有紧张动人的情节;善于写战事,特别是几次大规模的战事写得最出色,直接影响了《战国策》、《史记》的写作风格,形成文史结合的审美传统。这种传统既为后代小说、戏剧的写作提供了经验,又提供了丰富的素材。比较此前的任何一种著作,《左传》的叙事能力有了惊人的发展。

《国语》的思想和艺术成就虽不及《左传》,但亦有值得肯定之处。如在思想上提倡"耀德不耀兵",不要"勤民以远",认为"防民之口,甚于防川",主张"为民者宣之使言",也包含了许多政治经验的总结,其思想倾向略近于《左传》,主要反映了儒家崇礼重民的观念,继承了西周以来的敬天保民的思想。在艺术方面,《国语》与《左传》偏重记事不同,以记言为主,古朴简明,生动而富有表现力。如《国语·晋语》重耳与子犯对话幽默生动;记叔向谏晋平公,滑稽讽刺有似《晏子春秋》,《越语下》载越王勾践与范蠡的问答多用韵语,很有特色,都是比较精彩的文字。其中,《晋语》中记"骊姬之难"的故事,较《左传》记载更详尽曲折,能很好地描摹出人物情态,较具体生动。《吴语》和《越语》以吴越争霸和勾践报仇雪恨之事为中心,也写得波澜起伏,很有气势。这些文字在逻辑思维方面缜密严谨,又有通俗、口语化的特点,生动活泼而富于形象性。徐相霖《先秦史传散文纵向观》指出,在先秦史传散文的发展链条中,《国语》起着承上启下的作用。在写人方面,作者运用了"集锦法"、"丛见法"和"比衬法",继承了《尚书》的特点又有很大发展。书中的人物语言大都长于说理,重于教训;有的通俗自然、明白晓畅,有的则显得风趣幽默、风姿摇曳,审美风格丰富多样。

《战国策》文笔清新流丽,文采斐然,气势磅礴。与《左传》、《国语》相比,无论在叙事、描写、形象塑造、情节结构、语言运用等方面都有了进一步发展,为后世历史散文和小说的写作提供了许多有益的借鉴。首先,它继承了《国语》以人系事的叙事方法,是纪传体历史散文的萌芽,为后来中国小说的发展提供了一种可以借鉴的艺术形式。其次,它善于把握人物的主要性格特征,注意描写人物个性,善于选择最适宜表达人物个性的情节和细节,成功地塑造了一大批栩栩如生的人物形象,为后世小说的创作树立了光辉的榜样。再次,战国策士,或谒时君,或相互辩难,经常引用历史故事、民间传说,形象地比喻说理,以增强言辞的说服力。无论是个人陈述还是双方辩论,都喜欢运用多种修辞手法、夸张渲染,从而反映了战国时代各种历史人物的精神面貌和审美趣尚。

东周历史散文是传记文学的萌芽阶段,由编年大事记到具体生动的社会生活描绘,由纯粹的记事到着意写人,人物形象由实录形似到重在神似,其审美风格在不断丰富发展,对后世历史学家和古文家尤其对小说家产生了不可估量的影响。从司马迁的《史记》到贾谊、晁错的政论,从韩愈、柳宗元到苏洵、曾巩,从魏晋志怪小说到《金瓶梅》、《红楼梦》,都可以说接续了东周历史散文的命脉,是其艺术手法、风格特征的进一步发展。可见,深入研究和概括东周历史散文的审美特征具有十分重要的意义。

总而言之,东周时期的文学已经逐步走向辉煌和成熟。在东周社会变革和思想转型的时代,出现了百花齐放、百家争鸣的新局面,文学也更为丰富多彩。诸子说理中运用了比喻、寓言等多种修辞手法,语言生动精美,对后世的文学有着深远的影响。东周的史传文学标志着我国的叙事文学有了新的发展,出现了多种艺术表现手法,更富有文学色彩和表现力。商代一些简单的歌谣已经发展成为《诗经》中情景交融的意象,语言上的重章叠字等给人以无穷回味。《楚辞》中的神话成分想象力十分丰富,具有强烈的抒情色彩,构思更为精巧,内容更为丰富,且风格趋于多样化,为后世学习和借鉴提供了楷模。

结　语

　　夏商周时代是我国审美意识发展和审美思想形成的重要时期。夏商周三代的陶器、玉器和青铜器，给我们留下了先民生动、丰富的审美意识的标本，对中国古代艺术的发展产生了深远的影响，昭示了中国后代审美意识和审美思想的发展方向。系统深入地开展夏商周审美意识研究，不仅有助于传承先民们艺术创造的精华，厘清审美意识的发展变迁脉络，而且有助于探索中国本土的艺术和美学资源，使它们发扬光大，以推动当代艺术的创造和发展，并为中国美学史的研究提供感性资源。

　　在夏商周时代，先民们已经从自发的审美意识走向了自觉的美学思想。他们在制造工具的过程中，人们对自然界的法则，诸如均衡、对称、色感等形式逐渐有了一定的意识。这种意识从自发到自觉，并且通过对物质材料的征服，使之在创造过程中得以表现。他们还从现实的生活中不断地加以总结，以少象多，以抽象的形式规律，象征着更为丰富的感性世界，并且诗意地加以引申和生发。他们从功能的角度去领会生命的节奏和规律，又从装饰、美化的意义上理解美，并以阴阳和五行的范畴加以体悟，将其推广到视觉、听觉、味觉等感官领域和社会生活的一切领域。从认知的意义上看，其中的许多比附性的体会是荒诞不经的，但从审美的意义上看，这些领域又是诗意盎然、饶有兴味的。因此，尽管当时阴阳五行思想从现有的材料上还很难概括，我们还是对它们给予了足够的重视。虽然恢诡谲怪的神话虽然已经被融进了后代的众多的神话之中，但是商代的造型艺术和思想观念里，无处不深深地浸染了当时的神话意蕴，以至我们根本无法将其从审美意识中加以剔除。因此，虽然我们对精致美妙的器皿中的神话意蕴不能作明晰的领悟，但是透过商代神话的吉光片羽，我们依然可以朦胧地领略到器皿中所包孕的神话的韵致。

实用的需要和宗教、政治等意识形态的影响,又推动了人们在制造工具和器皿的过程中对法则的运用,使得工具和器皿在为宗教和政治服务的过程中得到深化和发展。由于宗教祭祀和礼法方面的原因,牛羊等动物的头形较早、且更多地成为制器之形及其中的纹饰,巫及巫术对舞蹈和造型艺术也起着重要的作用。器皿中的鸟兽形象常常是祖神和王权的象征。夏商周时代的工艺作品受宗教和礼法的影响,有了普遍存在、逐步定型并且形成传统的母题,如人兽母题等。至今,夏商周的许多审美结晶还保存在我们的审美意识和民间文化中。例如民间的小孩虎兜、老虎童鞋和各种装饰图案等,依然还有着商代审美文化的影子。

夏商周的陶器、玉器、青铜器等器物以及文字和文学作品等具体的创造物和艺术作品,都显示了中国人独特的审美趣味和审美理想,显示了他们对技艺与宇宙之道的融会贯通。由此而产生的相关艺术理论和艺术批评,昭示了中国后代审美意识和审美思想的发展方向。在此基础上,我们系统深入地研究了夏商周的审美意识发展的历史,揭示夏代、商代、西周和东周的陶器、玉器和青铜器在中国器物创造中一脉相承的发展历程,系统阐释了中国商周时代的甲骨文和金文的字形特点以及《易》卦爻辞、《尚书·盘庚》、《诗经》、《楚辞》、诸子散文、历史散文等文学作品的审美特点,初步揭示了中国审美意识由自发走向自觉,由朴素的审美意识走向相对丰富的美学思想,再发展成为成熟的美学理论形态的演变历程,以期填补中国美学史中史前夏商周时期的审美意识和美学思想发展史研究的空白,使中国美学史的研究趋于完整。

我们注重对中国美学史中的道与器、雕饰与自然以及雅与俗趣味的分析,使夏商周的审美意识得到了更全面的展示。在分析和研究夏商周原始器物、文学艺术等方面的审美特征时,我们也发现了很多艺术创造的规律,如石器、骨器、陶器、玉器和青铜器的造型和纹饰,甲骨文和金文的构形和笔法,都是中国传统艺术象形表意的滥觞;这段时期的文学艺术和哲学思想对中华传统的艺术思维产生了深刻的影响,显示了先民们独特的创造力和审美的想象力对后世的审美意识,特别是造型艺术的深远影响。

　　在夏商周时期,艺与道、审美意识与美学思想逐步走向了融合。一方面是先民们大量的艺术实践;另一方面是占据了历史制高点的先秦哲学思想,这既是审美意识自发萌生的时代,又是理性方滋、美学思想逐步形成的时代,对后世的艺术形式、艺术经验和审美观念、审美理论都产生了重大影响。因此,本书既注重三代的艺术实践,从大量的艺术品中探究原始而朴素的审美意识及其总体特征,在艺中观道;同时又注重从三代尤其是东周哲学思想的高度俯瞰当时的艺术观念,在道中观艺。先秦美学思想的道与艺的高度融合状态,决定了本书从道与艺两方面着手研究的方法。从夏商周三代的艺术实践中抽绎审美意识和美学思想,又从审美意识和美学思想中反思艺术实践。这种尝试虽然不可避免地存在经验不足的问题,但是,种种缺憾也可为后续的研究提供更为广阔的探索空间。

　　在研究夏商周时代的器物、文学艺术、哲学思想等本来面目的同时,我们也发现了很多艺术创造的规律,如石器、骨器、陶器、玉器和青铜器的造型和纹饰,甲骨文和青铜器铭文的构形和笔法,都是中国传统艺术象形表意的滥觞,显示了先民们独特的创造力和审美的想象力,对后世的造型艺术、审美意识乃至对中国传统的艺术思维产生了深刻的影响。因此,研究夏商周审美意识,对于我们总结夏商周先民的艺术创造规律和推动当代的艺术创造实践都具有不可忽视的意义。

　　我们研究夏商周审美意识的变迁规律,不仅有助于我们进一步认识中华先民早期的审美意识,探索中国本土的艺术和美学资源,传承先民们艺术创造的积累,探索艺术的审美意识发展的脉络,使它们发扬光大,以推动当代艺术的审美创造和发展,并且有助于我们探索中国本土的艺术和美学资源,又传承先民们艺术创造的积累,为中国美学史的研究提供感性资源,以推动当代审美创造和建设中国特色的美学理论体系,使之发扬光大、走向世界。

参 考 文 献

（以姓氏拼音为序）

B

白寿彝主编：《中国通史》第 3 卷，上海人民出版社 1994 年版。

C

陈梦家：《尚书通论》，中华书局 1985 年版。

陈梦家：《殷墟卜辞综述》，中华书局 1988 年版。

陈佩芬：《夏商周青铜器研究》，上海古籍出版社 2006 年版。

陈望衡：《狞厉之美：中国青铜艺术》，湖南美术出版社 1991 年版。

陈望衡：《中国古典美学史》，武汉大学出版社 2007 年版。

陈旭：《夏商考古》，文物出版社 2001 年版。

陈兆复：《古代岩画》，文物出版社 2002 年版。

程金城：《远古神韵——中国彩陶艺术论纲》，上海文化出版社 2001 年版。

D

邓福星：《艺术前的艺术》，山东文艺出版社 1986 年版。

邓以蛰：《邓以蛰全集》，安徽教育出版社 1998 年版。

杜金鹏、杨菊花：《中国史前遗宝》，上海文化出版社 2000 年版。

E

E.H.贡布里希：《艺术发展史》，天津美术出版社 1989 年版。

F

范文澜：《中国通史简编》（修订本），人民出版社 1965 年版。

方玉润：《诗经原始》，中华书局 1986 年版。

G

高蒙河:《铜器与中国文化》,汉语大词典出版社 2003 年版。

公木:《公木文集》第 2 卷,吉林大学出版社 2001 年版。

郭沫若:《奴隶制时代》,人民出版社 1973 年版。

郭沫若:《青铜时代》,科学出版社 1957 年版。

郭沫若:《殷契萃编》,科学出版社 1965 年版。

郭沫若:《中国古代社会研究》,《郭沫若全集》历史编第一卷,人民出版社 1982 年版。

广西少数民族社会历史调查组:《花山崖壁画资料集》,广西民族出版社 1963 年版。

H

胡厚宣:《战后宁沪新获甲骨集·述例》,来熏阁书店 1951 年版。

户晓辉:《地母之歌——中国彩陶与岩画地生死母题》,上海文化出版社 2001 年版。

户晓辉:《中国人审美心理的发生学研究》,中国社会科学出版社 2003 年版。

J

姜亮夫:《古文字学》,浙江人民出版社 1984 年版。

L

李伯谦:《中国青铜文化结构体系研究》,科学出版社 1998 年版。

李福顺:《中国美术史》上卷,辽宁美术出版社 2000 年版。

李纪贤:《马家窑文化的彩陶艺术》,人民美术出版社 1982 年版。

李圃:《甲骨文字学》,学林出版社 1995 年版。

李淞:《中国绘画断代史·远古至先秦绘画》,人民美术出版社 2004 年版。

李松、贺四林:《中国古代青铜器艺术》,陕西人民美术出版社 2002 年版。

李孝定:《甲骨文集释》(第 4、5 卷),台湾"中央研究院"历史语言研究所 1974 年版。

李学勤:《古文字学初阶》,中华书局 1985 年版。

李学勤:《走出疑古时代》,辽宁大学出版社 1997 年版。

李砚祖:《工艺美术概论》,吉林美术出版社 1991 年版。

李泽厚:《美的历程》,三联书店 2009 年版。

李泽厚、刘纲纪主编:《中国美学史》第 1 卷,中国社会科学出版社 1984 年版。

列·谢·瓦西里耶夫:《中国文明的起源问题》,郝镇华译,文物出版社 1989年版。

林希逸:《南华真经口义》,云南人民出版社 2002 年版。

刘大杰:《中国文学发展史》(上册),上海古籍出版社 1982 年版。

刘岱:《中国文化新论·艺术篇·美感与造型》,三联书店 1992 年版。

刘凤君:《美术考古学导论》,山东大学出版社 2002 年版。

刘经庵:《中国纯文学史》,东方出版社 1996 年版。

刘梦溪主编:《中国现代学术经典·董作宾卷》,河北教育出版社 1996 年版。

刘师培:《中国中古文学史·论文杂记》,人民文学出版社 1998 年版。

刘锡诚:《中国原始艺术》,上海文艺出版社 1998 年版。

刘雪涛:《甲骨文 如诗如画》,台湾光复书局 1995 年版。

罗振玉:《殷虚书契考释》(增订本)卷中,东方学会 1925 年版。

吕思勉:《先秦史》,上海古籍出版社 1982 年版。

M

马承源:《仰韶文化的彩陶》,上海人民出版社 1957 年版。

马承源:《中国青铜器研究》,上海古籍出版社 2002 年版。

P

庞朴:《稂莠集——中国文化与哲学论集》,上海人民出版社 1988 年版。

Q

钱锺书:《管锥编》(第 4 卷),中华书局 1979 年版。

青浦县县志编纂委员会:《崧泽文化》,上海人民出版社 1992 年版。

裘锡圭:《文字学概要》,商务印书馆 1988 年版。

R

容庚、张维持:《殷周青铜器通论》,文物出版社 1984 年版。

S

沈尹默:《书法论丛》,上海教育出版社 1979 年版。

施昕更:《良渚——杭县第二区黑陶文化遗址初步报告》,浙江省教育厅 1938年版。

上海博物馆集刊编辑委员会:《上海博物馆集刊》第 4 期,上海古籍出版社 1987年版。

宋兆麟:《中国风俗通史·原始社会卷》,上海文艺出版社 2001 年版。
宋镇豪:《夏商社会生活史》,中国社会科学出版社 1994 年版。

T

谭丕模:《中国文学史纲》,人民文学出版社 1958 年版。
田广林:《中国东北西辽河地区的文明起源》,中华书局 2004 年版。
田自秉、吴淑生、田青:《中国纹样史》,高等教育出版社 2003 年版。

W

汪裕雄:《意象探源》,安徽教育出版社 1996 年版。
王大有:《龙凤文化源流》,北京工艺美术出版社 1988 年版。
王国栋:《中国新石器时代彩陶泛论》,华文出版社 2003 年版。
王国维:《观堂集林》第 2 册,中华书局 1959 年版。
王国维:《宋元戏曲史》,华东师范大学出版社 1995 年版。
王献唐:《炎黄氏族文化考》,齐鲁书社 1985 年版。
王颖绢、王志俊:《西安半坡博物馆》,三秦出版社 2003 年版。
王振复:《中国美学史教程》,复旦大学出版社 2004 年版。
翁剑青:《形式与意蕴》,北京大学出版社 2006 年版。
吴山:《中国新石器时代陶器装饰艺术》,文物出版社 1979 年版。

X

西安半坡博物馆:《半坡仰韶文化纵横谈》,文物出版社 1988 年版。
谢崇安:《商周艺术》,巴蜀书社 1997 年版。
熊月之主编:《上海通史》第 2 卷,上海人民出版社 1999 年版。
徐复观:《中国艺术精神》,华东师范大学出版社 2001 年版。

Y

杨伯达主编:《中国玉器全集·上》,河北美术出版社 2005 年版。
杨公骥:《中国文学》第 1 分册,吉林人民出版社 1980 年版。
杨泓:《美术考古半世纪》,文物出版社 1997 年版。
杨向奎:《中国古代社会与古代思想研究》,上海人民出版社 1962 年版。
叶朗:《中国美学史大纲》,上海人民出版社 1985 年版。
叶舒宪:《中国神话哲学》,中国社会科学出版社 1992 年版。
易中天:《艺术人类学》,上海文艺出版社 1992 年版。
殷志强:《中国古代玉器》,上海文化出版社 2000 年版。

尤仁德:《古代玉器通论》,紫禁城出版社 2002 年版。

袁珂:《中国神话传说词典》,上海辞书出版社 1985 年版。

Z

张法:《中国美学史》,四川人民出版社 2006 年版。

张光直:《美术、神话与祭祀》,郭净译,辽宁教育出版社 2002 年版。

张光直:《中国青铜时代》,三联书店 1999 年版。

张涵、史鸿文:《中华美学史》,西苑出版社 1995 年版。

张亮采:《中国风俗史》,东方出版社 1996 年版。

张朋川:《黄土上下——美术考古文萃》,山东画报出版社 2006 年版。

张晓凌:《中国原始艺术精神》,重庆出版社 1996 年版。

张星德:《红山文化研究》,中国社会科学出版社 2005 年版。

张应斌:《中国文学的起源》,台湾洪业文化事业有限公司 1999 年版。

张之恒、周裕兴:《夏商周考古》,南京大学出版社 1995 年版。

赵国华:《生殖崇拜文化论》,中国社会科学出版社 1990 年版。

郑杰祥:《新石器文化与夏代文明》,江苏教育出版社 2005 年版。

中国美术全集编辑委员会:《中国美术全集·工艺美术编·玉器》,文物出版社 1986 年版。

朱狄:《原始文化研究》,三联书店 1988 年版。

朱和平:《中国青铜器造型与装饰艺术》,湖南美术出版社 2004 年版。

周膺、吴晶:《中国 5000 年文明第一证——良渚文化与良渚古国》,浙江大学出版社 2004 年版。

朱志荣:《中国审美理论》,北京大学出版社 2005 年版。

朱志荣主编:《中国美学简史》,北京大学出版社 2007 年版。

朱自清等编辑:《闻一多全集》第 1 卷,上海开明书店 1948 年版。

宗白华:《宗白华全集》(1—4 卷),安徽教育出版社 1994 年版。

邹衡:《商周考古》,文物出版社 1979 年版。

索　引

后　记

　　本书是我对 2009 年出版的《夏商周美学思想研究》中的审美意识部分的修改整理。原来《商代审美意识研究》中删除的部分,这次也补上了。有关新干大洋洲和三星堆的玉器、青铜器研究等方面的内容,由于这两处出土文物因沙层塌陷等原因而导致了不同时代器物的混杂,以及外来影响等诸多复杂的问题,学界的辨析尚待时日,为慎重起见,这次出版依然暂不列入。

朱　志　荣

2016 年 3 月于上海吴泾方寸斋

策划编辑:方国根

责任编辑:夏　青

封面设计:石笑梦

版式设计:顾杰珍

图书在版编目(CIP)数据

中国审美意识通史.夏商周卷/朱志荣 主编;朱志荣 著.—北京:
人民出版社,2017.8

ISBN 978－7－01－017859－2

Ⅰ.①中…　Ⅱ.①朱…　Ⅲ.①审美意识-美学史-中国-三代时期
　Ⅳ.①B83－092

中国版本图书馆 CIP 数据核字(2017)第 148791 号

中国审美意识通史

ZHONGGUO SHENMEI YISHI TONGSHI

(夏商周卷)

朱志荣　主编　朱志荣　著

人民出版社 出版发行

(100706　北京市东城区隆福寺街 99 号)

北京中科印刷有限公司印刷　新华书店经销

2017 年 8 月第 1 版　2017 年 8 月北京第 1 次印刷
开本:710 毫米×1000 毫米 1/16　印张:27.25
字数:400 千字

ISBN 978－7－01－017859－2　定价:112.00 元

邮购地址 100706　北京市东城区隆福寺街 99 号
人民东方图书销售中心　电话 (010)65250042　65289539